住房城乡建设部土建类学科专业"十三五"规划教材

高校土木工程专业规划教材

建 筑 材 料（第二版）

浙江大学　钱晓倩
　　　　　金南国　主编
　　　　　孟　涛

中国建筑工业出版社

图书在版编目（CIP）数据

建筑材料/钱晓倩等主编．—2 版．—北京：中国建筑工业出版社，2019.7（2024.6 重印）

住房城乡建设部土建类学科专业"十三五"规划教材．高校土木工程专业规划教材

ISBN 978-7-112-23556-8

Ⅰ.①建⋯ Ⅱ.①钱⋯ Ⅲ.①建筑材料-高等学校-教材 Ⅳ.①TU5

中国版本图书馆 CIP 数据核字（2019）第 058948 号

本书主要介绍常用建筑材料的原材料、生产工艺、组成、结构及构造、性能及应用、检验及验收、运输及储存等方面的要点。重点介绍水泥、混凝土、钢材、防水材料等内容，对预拌砂浆、气硬性胶凝材料、墙体和屋面材料、保温隔热与吸声材料、装饰材料和合成高分子材料，特别是建材部品也作了相应的介绍，并对建筑材料的最新研究成果和发展动态作了简介。每一章后面附有适量习题与复习思考题。建筑材料试验部分介绍了试验原理、试验方法和数据处理。

本书采用最新国家或行业标准，可作为土木工程、结构工程、市政工程和海洋工程等专业本科教学的教材，也可作为从事建设工程勘测、设计、施工、科研和管理工作专业人员的参考书。

为更好地支持本课程教学，我社向选用本教材的任课教师提供课件，有需要者可与出版社联系，索取方式如下：建工书院 http：//edu.cabplink.com，邮箱 jckj@cabp.com.cn，电话 010-58337285。

责任编辑：吉万旺 王 跃
责任校对：芦欣甜

住房城乡建设部土建类学科专业"十三五"规划教材
高校土木工程专业规划教材
建筑材料（第二版）
钱晓倩
浙江大学 金南国 主编
孟 涛

*

中国建筑工业出版社出版、发行（北京海淀三里河路 9 号）
各地新华书店、建筑书店经销
北京红光制版公司制版
北京圣夫亚美印刷有限公司印刷

*

开本：787×1092 毫米 1/16 印张：22¼ 字数：537 千字
2019 年 8 月第二版 2024 年 6 月第十八次印刷
定价：**49.00** 元（赠教师课件）
ISBN 978-7-112-23556-8
（33847）

第二版前言

建筑材料发展日新月异，特别是在我国建设事业高速和高质量发展过程中，近年来各种新型建筑材料蓬勃发展，相关基础理论和应用技术研究不断深入，标准体系不断完善，技术要求也不断提高。因此，本教材在修订过程中，坚持简明的基础理论、基础知识和基本原理表述方式；突出与结构材料相关内容作为重点，对混凝土一章的矿物掺合料、外加剂等内容作了适当调整和增强；对外加剂增大混凝土早期收缩等最新研究成果作了适当补充；适当增加了墙材及功能材料的相关内容；根据最新国家标准对相关技术内容和试验方法进行了相应调整。此外，本教材原来配备的教学课件光盘改网络资源。

本教材由浙江大学钱晓倩、金南国和孟涛等主编，钱晓倩教授统稿。参加编著的有浙江大学钱晓倩（绪论、第四章）、浙江大学金南国（第一章、第二章、第六章、第十一章）、浙江大学孟涛（第三章、第五章、第七章、第十章）、浙江大学赖俊英（第八章、第九章），建筑材料试验部分由浙江大学钱匡亮编写。本教材配有教学课件，由华侨大学严捍东教授编制，供老师和学生们教学和学习时参考使用。

本教材编写过程中承蒙各校建筑材料老师们的热情支持，谨此致以衷心感谢。由于编写时间仓促，特别是建筑材料及相关标准的发展和更新较快，书中错误和不足恐难避免，欢迎广大教师和读者批评指正。

编　者
2019 年 6 月

3

第一版前言

本书由浙江大学钱晓倩、詹树林、金南国主编，钱晓倩教授统稿。参加编著的有浙江大学钱晓倩（绪论、第四章）、浙江大学詹树林（第三章、第八章）、浙江大学金南国（第一章、第二章、第六章、第十一章）、浙江大学孟涛（第五章、第七章、第十章）、浙江大学赖俊英（第九章）、浙江大学钱匡亮（建筑材料试验部分）。本书配有教学课件光盘，由华侨大学严捍东编制，供老师和学生们教学和学习时参考使用。

本书编写过程中承蒙各校建筑材料老师们的热情支持，谨此致以衷心感谢。由于编写时间仓促，特别是建筑材料及相关标准的发展和更新较快，书中错误和不足恐难避免，欢迎广大教师和读者批评指正。

编　者
2008 年 10 月

目　　录

绪　论

建筑材料是指应用于建设工程中的无机材料、有机材料和复合材料的总称。通常根据工程类别在材料名称前加以适当区分，如建筑工程常用材料称为建筑材料；道路（含桥梁）工程常用材料称为道路建筑材料；主要用于港口码头时，则称为港工材料；主要用于水利工程的称为水工材料。此外，还有市政材料、军工材料、核工业材料等。本教材主要以建筑材料为主。

一、建筑材料在建设工程中的地位

建筑材料在建设工程中有着举足轻重的作用。

第一，建筑材料是建设工程的物质基础。土建工程中，建筑材料的费用占土建工程总投资的 60% 左右，因此，建筑材料的价格直接影响到工程造价。

第二，建筑材料与建筑结构、建筑施工之间存在着相互促进、相互依存的密切关系。一种新型建筑材料的出现，必将促进建筑结构形式的创新，同时结构设计和施工技术也将相应改进和提高。同样，新的建筑形式和结构布置，也呼唤新的建筑材料，并促进建筑材料的发展。例如，采用建筑砌块和板材替代实心黏土砖墙体材料，就要求结构构造设计和施工工艺、施工设备的改进；高强混凝土的推广应用，要求新的钢筋混凝土结构设计和施工技术规程；高层建筑、大跨度结构、预应力结构的大量应用，要求提供更高强度的混凝土和钢材，以减小构件截面尺寸，减轻建筑物自重；装配式建筑的发展，要求提供多规格、多功能预制构件，同时又推进配套材料和施工机械的发展；又如随着建筑功能的要求提升，需要提供同时具有保温、隔热、隔声、装饰、耐腐蚀、健康环保等多功能的建筑材料，等等。

第三，构筑物的功能和使用寿命在很大程度上取决于建筑材料的性能。如装饰材料的装饰效果、隔声性能、保温隔热性能、钢材的锈蚀、混凝土的劣化、防水材料的老化问题等，无一不与材料性能紧密相关，也正是这些材料特性构成了构筑物的整体性能。因此，从强度设计理论向耐久性设计理论的转变，以及建筑功能的提升，关键在于材料耐久性和功能的提升。

第四，建设工程的质量，在很大程度上取决于材料的质量控制。如钢筋混凝土结构的质量主要取决于混凝土强度、密实性和是否产生裂缝。在材料的选择、生产、储运、使用和检验评定过程中，任何环节的失误，都可能导致工程质量事故，事实上，在国内外建设工程中的质量事故，绝大部分都与材料的质量缺损相关。

第五，既有构筑物的可靠度评价，在很大程度上依存于材料可靠度评价。材料信息参数是构成构件和结构性能的基础，在一定程度上"材料—构件—结构"组成了宏观上的"本构关系"。因此，作为一名土木工程技术人员，无论是从事设计、施工还是管理工作，均必须掌握建筑材料的基本性能，并做到合理选材和正确使用。

二、建筑材料的现状和发展趋势

材料科学的发展标志着人类文明进步。人类的历史按制造生产工具所用材料的种类，划分为史前的石器时代、青铜器时代、铁器时代，发展到今天的人工合成材料、功能材料、纳米材料、石墨烯，无不标志着材料科学的发展。从知道黏土烧结能成陶器，到采用 X-衍射分析、扫描电镜、电子探针、红外光谱、核磁共振等先进仪器的应用，知道其所以然，再到根据性能需求进行分子设计，获取各种功能材料，不仅推动了材料科学的进步，在很大程度上正改变世界科学的发展。同样，建筑材料的发展也标志着建设事业的进步和发展。超高层建筑、大跨度结构、预应力结构、索结构、膜结构、装配式建筑、海洋工程、极地工程等，无一不与建筑材料的发展紧密相连。

从目前我国的建筑材料现状来看，普通水泥、普通钢材、普通混凝土、普通防水材料仍是最主要的组成部分。这是因为这一类材料有比较成熟的生产工艺和应用技术，使用性能尚能满足目前的需求，生产制造成本相对较低。

近年来，我国建筑材料工业有了长足的进步和发展，但与发达国家相比，还存在着品种少、质量档次低、生产和使用能耗大及浪费严重等问题。因此如何发展和应用新型建筑材料，实现建筑材料的绿色制造和应用，已成为现代化建设急需解决的关键问题。

随着现代化建筑向高层、大跨度、节能、美观、舒适的方向发展和人民生活水平、国民经济实力的提高，特别是基于新型建筑材料的自重轻、抗震性能好、能耗低、大量利用工业废渣等优点，研究开发和应用新型建材已成为必然。遵循可持续发展战略，建筑材料的发展方向可以理解为：

1. 生产所用的原材料要求充分利用工业废料、能耗低、可循环利用、不破坏生态环境、有效保护天然资源。

2. 生产和使用过程不产生环境污染，即废水、废气、废渣、噪声等零排放。

3. 做到产品可再生循环和回收利用。

4. 产品性能要求轻质、高强、多功能，不仅对人畜无害，而且能净化空气、抗菌、防静电、防电磁波等。

5. 加强材料的耐久性研究和设计。

6. 主产品和配套产品同步发展，并解决好利益平衡关系。

三、建筑材料的分类

建筑材料的种类繁多，为了研究、使用和叙述上的方便，通常根据材料的组成、功能和用途分别加以分类。

（一）按建筑材料的化学组成分类

根据建筑材料的化学组成，通常可分为无机材料、有机材料和复合材料三大类。这三大类中又分别包含多种材料类别。

（二）按建筑材料的使用功能分类

通常分为承重结构材料、非承重结构材料及功能材料三大类。

1. 承重结构材料：主要指梁、板、柱、基础、墙体和其他受力构件所用的材料。最常用的有钢材、混凝土、砖、砌块、墙板、楼板、屋面板、石材和部分合成高分子材料等。

2. 非承重结构材料：主要包括框架结构的填充墙、内隔墙和其他围护材料等。

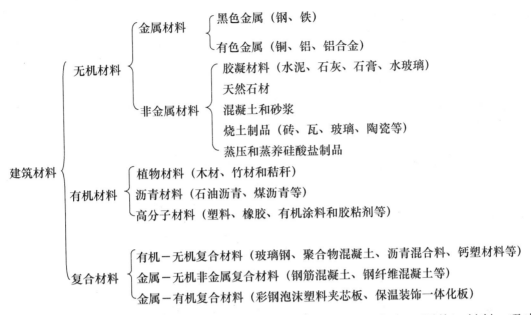

3. 功能材料：主要有防水材料、防火材料、装饰材料、保温（隔热）材料、吸声（隔声）材料、采光材料、防腐材料和部分合成高分子材料等。

（三）按建筑材料的使用部位分类

按建筑材料的使用部位通常分为结构材料、墙体材料、屋面材料、楼地面材料、路面材料、路基材料、饰面材料和基础材料等。

四、本课程内容和学习要点

各种建筑材料，在原材料、生产工艺、结构及构造、性能及应用、检验及验收、运输及储存等方面既有共性，也有各自的特点，全面掌握建筑材料的知识，需要学习和研究的内容范围很广。对于从事建筑工程勘测、设计、施工、科研和管理工作的专业人员，掌握各种建筑材料的性能及其适用范围，以及在种类繁多的建筑材料中选择最合适的品种加以应用，尤为重要。除了在施工现场直接配制或加工的材料（如部分砂浆、混凝土、金属焊接、防水材料等）需要深入学习其原材料和生产工艺外，对于以产品形式直接在施工现场使用的材料，也需要了解其原材料、生产工艺及结构、构造的一般知识，以明白这些因素是如何影响材料的性能，并最终影响到构筑物的性能。

作为有关生产、设计、施工、管理和研究等部门应共同遵循的依据，对于绝大多数常用的建筑材料，均由专门的机构制订并颁布了相应的"技术标准"，对其质量、规格和验收方法等作了详尽且明确的规定。在我国，技术标准主要有：国家标准、行业标准、地方标准、团体标准和企业标准。国家标准分为强制性标准（GB）和推荐性标准（GB/T），行业标准、地方标准是推荐性标准，行业标准也是全国性的技术指导文件，但它由各行业主管部门（或总局）发布，其代号按各部门名称而定。如建材标准代号为 JC，建工标准代号为 JG，与建材相关的行业标准还有交通标准（JT）、石油标准（SY）、化工标准（HG）、水电标准（SD）、冶金标准（YJ）等。地方标准（DB）是地方主管部门发布的地方性指导技术文件。团体标准是由学会、协会、商会、联合会、产业技术联盟等社会团体协调相关市场主体共同制定，满足市场和创新需要的标准，由本团体成员约定采用或者按照本团体的规定供社会自愿采用。企业标准则仅适用于本企业，其代号为 QB；凡没有制定国家标准、行业标准和地方标准的产品，在没有参与团体标准时，均应制订相应的企业标准。随着我国对外开放的不断深入，常常还涉及一些与建筑材料关系密切的国际或外国标准，其中主要有国际标准（ISO）、美国材料试验协会标准（ASTM）、日本工业标准（JIS）、德国工业标准（DIN）、英国标准（BS）、法国标准（NF）等。熟悉有关的技术标准，并了解制定标准的科学依据，也是十分必要的。

本课程作为土木工程类的专业基础课，在学习中应结合现行的技术标准，以建筑材料的性能及合理使用为中心，掌握事物的本质及内在联系。例如在学习某一材料的性质时，不能只满足于知道该材料具有哪些性质、有哪些表象，重要的是应当知道形成这些性质的内在原因、外部条件及这些性能之间的相互关系。对于同一类属的不同品种材料，不但要学习它们的共性，更重要的是要了解它们各自的特性和具备这些特性的原因。例如学习各种水泥时，不但要知道它们都能在水中硬化等共性，更要注意它们各自的质的区别及因而反映在性能上的差异。一切材料的性能都不是固定不变的，在使用过程中，甚至在运输和储存过程中，它们的性能都会在一定程度上发生或多或少的变化，为了保证工程的耐久性和控制材料性能的劣化，我们必须研究引起变化的外界条件和材料本身的内在原因，从而掌握变化的规律。这对于延长构筑物的使用年限具有十分重要的意义。

试验课是本课程的重要教学环节，其任务是验证基本理论，学习试验方法，培养科学研究能力和严谨缜密的科学态度。做试验时要严肃认真，一丝不苟，即使对一些操作简单的试验，也不应例外。要了解试验条件和操作过程对试验结果的严重影响，并对试验结果作出正确的分析和判断。

习题与复习思考题

1. 建筑材料主要有哪些类别？
2. 建筑材料的发展与建设工程技术进步的关系如何？
3. 建筑材料的发展趋势如何？
4. 本课程的特点及学习要点有哪些？

第一章 建筑材料的基本性质

建筑材料在建筑工程各个部位起着各种不同的作用。为此，要求建筑材料具有相应的不同性质。例如结构材料应具有所需要的力学性能和耐久性能；屋面材料应具有保温隔热、抗渗性能；地面材料应具有耐磨性能等。根据构筑物中的不同使用部位和功能，建筑材料要求具有保温隔热、吸声、耐腐蚀等性能，而对于长期暴露于大气环境中的材料，要求能经受风吹、雨淋、日晒、潮汐、冰冻等而引起的冲刷、化学侵蚀、生物作用、温度变化、干湿循环及冻融循环等破坏作用，即具有良好的耐久性。可见，建筑材料在使用过程中所经受的作用很复杂，而且它们之间有时又有耦合作用。因此，对建筑材料性质的要求是严格和多方面的，充分发挥建筑材料的正常服役性能，满足建筑结构的正常使用寿命。

建筑材料所具备的各项性质主要是由材料的组成、结构等因素决定的。为了保证建筑工程经久耐用，就需要掌握好建筑材料的性质，并了解它们与材料的组成、结构、性质的关系，从而正确并合理地选择应用建筑材料。

第一节 材料的物理性质

一、材料的密度、表观密度、堆积密度

从广义来讲，材料的密度、表观密度和堆积密度均可定义为：材料单位体积的质量。主要区别是对材料状态的定义不同，即材料的体积和质量的内涵或定义不同。

材料的体积可分为绝对密实状态下的体积和自然状态下的体积。材料在绝对密实状态下的体积，是指不包含材料内部任何孔隙（即不包含闭口孔隙和开口孔隙）的固体物质本身的体积，亦称实体积。材料在自然状态下的体积，包含有固体物质实体积、闭口（封闭）孔隙体积、开口（连通）孔隙体积和颗粒间空隙体积。闭口孔隙与外界不连通，开口孔隙与外界连通。单一材料在自然状态下的体积组成，如图 1-1 所示。

材料的质量可分为绝对干燥（干燥）状态下的质量和自然（气干、饱和面干、湿润）状态下的质量。

（一）密度

干燥材料在绝对密实状态下单位体积的质量称为材料的密度，有时称为真密度。用公式表示为：

$$\rho = \frac{m}{V} \quad (1\text{-}1)$$

式中 ρ——材料的密度（g/cm³）；

m——材料在干燥状态下的质量（g）；

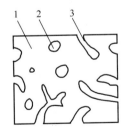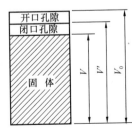

图 1-1 自然状态下体积示意图
1—固体；2—闭口孔隙；3—开口孔隙

V——干燥材料在绝对密实状态下的体积（cm³）。

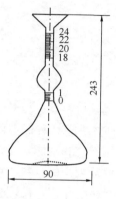

图 1-2 李氏比重瓶

材料的密度只取决于材料自身的物质组成及微观结构，与孔隙状况无关。当材料的物质组成与微观结构一定时，材料的密度为常数。建筑材料中除钢材、玻璃等外，绝大多数材料内部均含有一定的孔隙。测定内部含有孔隙的材料密度时，须将材料磨成细粉（粒径小于 0.20mm），经干燥后用李氏比重瓶测得其纯固体体积。材料磨得越细，测得的密度值越精确。材料密度试验用李氏比重瓶，如图 1-2 所示。

工程上还常用比重的概念，比重又称为相对密度，是用材料的质量与同体积水（4℃）的质量的比值表示，无单位，其值与材料的密度值相同。

为了实际应用方便可引入视密度概念。材料的视密度是指材料在近似密实状态下单位体积的质量，可用 ρ_a 表示。

$$\rho_a = \frac{m}{V_a} \qquad (1\text{-}2)$$

式中　ρ_a——材料的视密度（g/cm³）；

　　　m——材料在干燥状态下的质量（g）；

　　　V_a——干燥材料在近似密实状态下的体积（cm³）。

所谓近似密实状态下的体积，指包含材料的闭口（不包含开口）孔隙和固体物质的体积。一般材料的视密度小于其密度。质地坚硬密实（孔隙率微小）的材料，因其视密度和密度的标准试验结果很接近，通常可将视密度视为材料的密度。

（二）表观密度

材料在自然状态下单位体积的质量称为材料的表观密度。有些规范、标准中也称为毛体积密度或重度，有些应用领域也称为体积密度。用公式表示为：

$$\rho_0 = \frac{m}{V_0} \qquad (1\text{-}3)$$

式中　ρ_0——材料的表观密度（g/cm³ 或 kg/m³）；

　　　m——材料在自然状态下的质量（g 或 kg）；

　　　V_0——材料在自然状态下的体积（cm³ 或 m³）。

材料在自然状态下的体积是指人的视觉自然感观的材料外部形状体积（表观体积），包含材料的固体物质实体积、闭口孔隙体积和开口孔隙体积。

材料的表观密度与其含水状况有关。材料在自然状态下含水率变化时，其质量和体积均有所变化，因此测定材料表观密度时，须同时测定其含水率，并予以注明。通常所讲的表观密度是指气干状态下的，但是材料进行对比试验时应处于绝对干燥状态。

在建筑工程材料领域，通常测定材料在自然状态下的体积时，对于规则形状的材料，可直接用量具测定其外部尺寸并进行计算；对于不规则形状且质地坚硬、开口孔隙率小（吸水率小）的材料，通常采用排水或排液置换法测定；对于不规则形状且开口孔隙率较大（吸水率大）并易与水等发生反应的材料，在材料试样表面采取涂蜡等措施，使表观体积（尤其是开口孔隙体积）测试结果更为准确。

（三）堆积密度

粒状材料在自然堆积状态下单位体积的质量称为堆积密度，用公式表示为：

$$\rho_0' = \frac{m}{V_0'} \qquad (1\text{-}4)$$

式中　　ρ_0' ——粒状材料的堆积密度（kg/m³）；

　　　　m ——粒状材料在自然堆积状态下的质量（kg）；

　　　　V_0' ——粒状材料在自然堆积状态下的体积（m³）。

粒状材料在自然堆积状态下的体积，既包含颗粒的固体物质实体积及其闭口、开口孔隙体积，又包含颗粒之间的空隙体积。自然堆积状态下粒状材料的体积和质量可用已标定容积的容器，并按规定方法徐徐加入粒状材料后测定，砂子、石子的堆积密度（松散堆积密度）即用此方法测定。砂子堆积密度试验装置，如图 1-3 所示。若以捣实或振实体积计算时，则称为紧密堆积密度，简称为紧堆密度。

通常所讲的堆积密度是指气干状态下的，材料进行对比试验时应按绝对干燥状态。

由于大多数材料中或多或少含有一些孔隙，所以严格来讲材料的 $\rho > \rho_a > \rho_0 > \rho_0'$。实际上自然界中质地坚硬且密实的许多材料，其密度、视密度和表观密度的标准试验结果很接近，可视为相等。

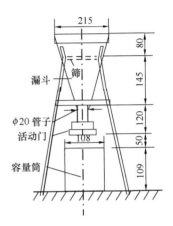

图 1-3　砂堆积密度试验装置

建筑工程中，在计算材料用量、构件自重、配料、材料堆放的体积或面积时，常用到材料的密度、表观密度和堆积密度。常用建筑材料的密度、表观密度和堆积密度如表 1-1 所示。

常用建筑材料的密度、表观密度和堆积密度　　　　　　　　表 1-1

材料名称	密度（g/cm³）	表观密度（kg/m³）	堆积密度（kg/m³）
钢	7.85	7850	
花岗岩	2.60～2.90	2500～2900	
碎石	2.50～2.80	2400～2750	1400～1700
砂	2.50～2.80	2400～2750	1450～1700
黏土	2.50～2.70		1600～1800
水泥	2.80～3.20		1250～1600
烧结普通砖	2.50～2.70	1600～1900	
烧结空心砖（多孔砖）	2.50～2.70	800～1480	
红松木	1.55	380～700	
泡沫塑料		20～50	
挤塑聚苯板		40	
岩棉板		80	

材料名称	密度（g/cm³）	表观密度（kg/m³）	堆积密度（kg/m³）
纤维增强水泥板		1800	
纸面石膏板		1050	
玻璃	2.55		
普通混凝土	2.50～2.90	2000～2800	
陶粒混凝土		1300～1400	
无机轻集料保温砂浆		650～750	
水泥砂浆		1700～1800	

二、材料的孔隙率与密实度

（一）孔隙率

材料的孔隙体积占总体积的百分率称为孔隙率。用公式表示为：

$$P_0 = \frac{V_0 - V}{V_0} \times 100\% = \left(1 - \frac{\rho_0}{\rho}\right) \times 100\% \tag{1-5}$$

材料孔隙率的大小直接反映材料的密实程度，孔隙率小，则密实度高。孔隙率相同的材料，其孔隙特征可以不同。按孔隙的特征，材料的孔隙可分为开口孔隙（连通孔隙）和闭口孔隙（封闭孔隙）。按孔径大小，孔隙可分为微孔、小孔及大孔。材料的孔隙率大小、孔隙特征、孔径大小、孔隙分布等，直接影响材料的力学性能、热物理性能、耐久性能等。一般而言，孔隙率较小，闭口微孔较多且孔隙分布均匀的材料，其强度较高，导热系数较小，吸水性较小，抗渗性较好，抗冻性较好。

（二）密实度

材料的固体物质体积占总体积的百分率称为密实度。用公式表示为：

$$D = \frac{V}{V_0} \times 100\% = \frac{\rho_0}{\rho} \times 100\% \tag{1-6}$$

材料的密实度反映材料中固体物质充实的程度。根据孔隙率和密实度的定义，同一材料的孔隙率和密实度的关系为：

$$P_0 + D = 1$$

三、材料的空隙率与填充率

（一）空隙率

粒状材料堆积体积中，颗粒间空隙体积占总体积的百分率称为空隙率。用公式表示为：

$$P_0' = \frac{V_0' - V_0}{V_0'} \times 100\% = \left(1 - \frac{\rho_0'}{\rho_0}\right) \times 100\% \tag{1-7}$$

空隙率的大小反映粒状材料颗粒之间相互填充的密实程度。

在配制混凝土时，砂、石的空隙率是作为控制混凝土中骨料级配及计算混凝土砂率的重要依据。

（二）填充率

粒状材料堆积体积中，颗粒体积占总体积的百分率称为填充率。反映粒状材料堆积体积中颗粒填充的程度。用公式表示为：

$$D' = \frac{V_0}{V_0'} \times 100\% = \frac{\rho_0'}{\rho_0} \times 100\% \qquad (1\text{-}8)$$

根据空隙率和填充率的定义，同一粒状材料的空隙率和填充率的关系为：

$$P_0' + D' = 1$$

四、材料与水有关的性质

（一）亲水性与憎水性

当材料在空气中与水接触时可以发现，有些材料能被水润湿，有些材料则不能被水润湿。

材料能被水润湿的原因是材料与水接触时，材料与水之间的分子亲合力大于水分子之间的内聚力，材料表现为亲水性。当材料与水之间的分子亲合力小于水分子之间的内聚力时，材料不能被水润湿，材料表现为憎水性。

材料被水润湿的情况可用润湿边角 θ 表示。当材料与水接触时，在材料、水、空气这三相体的交点处，沿水滴表面引切线，此切线与材料和水接触面的夹角 θ，称为润湿边角，如图 1-4 所示。θ 角愈小，表明材料愈易被水润湿。试验证明，当 $0° < \theta \leqslant 90°$ 时（图 1-2a），材料表面易吸附水，材料易被水润湿而表现出亲水性，这种材料称为亲水性材料；当 $\theta > 90°$ 时（图 1-2b），材料表面不易吸附水，材料不易被水润湿而表现出憎水性，这种材料称为憎水性材料；当 $\theta = 0°$ 时，表明材料完全被水润湿，这种材料称为完全亲水性材料。上述概念也适用于其他液体对固体的润湿情况，相应称为亲液材料和憎液材料。

图 1-4　材料润湿边角

（a）亲水性材料；（b）憎水性材料

亲水性材料易被水润湿，且水分能沿着材料表面的开口孔隙或通过毛细管作用而渗入材料内部。憎水性材料则能阻止水分渗入毛细管中，从而降低材料的吸水性。憎水性材料常被用作防水、防潮材料，或用作亲水性材料的覆面层，以提高其防水、防潮性能。

材料的亲水性和憎水性主要与材料的物质组成、结构等有关。建筑材料大多数为亲水性材料，如水泥、混凝土、砂浆、石灰、石膏、砖、木材等，有些建筑材料如沥青、玻璃、塑料等为憎水性材料。

（二）吸水性与吸湿性

1. 吸水性。材料在水中吸收水分的性质称为吸水性。材料的吸水性用吸水率表示，有以下两种表示方法：

（1）质量吸水率：质量吸水率是指材料在吸水饱和时，其内部所吸收的水分质量占材料干质量的百分率。用下式表示：

$$W_m = \frac{m_b - m_g}{m_g} \times 100\% \qquad (1\text{-}9)$$

式中　W_m——材料的质量吸水率（%）；

m_b ——材料在吸水饱和状态下的质量（g）；

m_g ——材料在干燥状态下的质量（g）。

（2）体积吸水率：体积吸水率是指材料在吸水饱和时，其内部所吸收的水分体积占材料干体积的百分率。用下式表示：

$$W_v = \frac{m_b - m_g}{V_0} \cdot \frac{1}{\rho_w} \times 100\% \tag{1-10}$$

式中　W_v ——材料的体积吸水率（%）；

　　　V_0 ——干燥材料在自然状态下的体积（cm^3）；

　　　ρ_w ——水的密度（g/cm^3），在常温下可取 $\rho_w = 1g/cm^3$；

　　　m_b 和 m_g 的含义同前。

土木工程中所用材料的吸水率通常用质量吸水率表示。质量吸水率与体积吸水率有以下关系：

$$W_v = W_m \cdot \rho_0 \tag{1-11}$$

式中　ρ_0 ——材料在自然状态下的干表观密度（g/cm^3）。

绝大多数材料所吸收的水分是通过开口孔隙吸入的，故开口孔隙率大，其吸水性强，则材料的吸水量多，其吸水率大。通常吸水饱和状态下的体积吸水率，即为材料的开口孔隙率。

材料的吸水性与材料的孔隙率及孔隙特征等有关。对于细微开口的孔隙，孔隙率越大，则吸水率越大。闭口的孔隙内水分不易进入，而开口大孔内虽然水分易进入，但不易存留，只能润湿孔壁，所以吸水率较小。各种材料的吸水率差异很大，如花岗岩的吸水率只有 0.5%～0.7%，混凝土的吸水率为 2%～3%，烧结普通砖的吸水率为 8%～20%，木材的吸水率可超过 100%。

对一些吸水性很强的轻质多孔材料，如加气混凝土、木材等，由于质量吸水率往往超过 100%，故可用体积吸水率表示。

2. 吸湿性。材料在大气环境中吸收水分的性质称为吸湿性。材料的吸湿性用含水率表示。含水率是指材料内部含水质量占材料干质量的百分率。用公式表示为：

$$W_h = \frac{m_s - m_g}{m_g} \times 100\% \tag{1-12}$$

式中　W_h ——材料的含水率（%）；

　　　m_s —— 材料在吸湿状态下的质量（g）；

　　　m_g ——材料在干燥状态下的质量（g）。

材料的吸湿性随着所处环境的相对湿度和温度的变化而改变，当相对湿度较大且温度较低时，材料的含水率较大，反之则小。材料中所含水分与所处环境的相对湿度相平衡时的含水率，称为平衡含水率。当材料吸湿达到饱和状态时的含水率即为吸水率。具有细微开口孔隙的材料，吸湿性特别强，在潮湿环境中能吸收很多水分，这是由于这类材料的内表面积很大，吸附水的能力很强所致。

材料的吸水性和吸湿性主要与材料的物质组成、结构等有关。材料的吸水性和吸湿性均对材料的性能产生不利影响。材料吸水后会导致其自重增大、导热性增大、变形增大，材料的强度和耐久性等将产生不同程度的下降。材料干湿交替还会引起其尺寸形状的改变

（如湿胀干缩），从而影响正常使用。

（三）耐水性

材料在吸水饱和状态下，强度不显著降低的性质称为耐水性。材料的耐水性用软化系数表示：

$$K_R = \frac{f_w}{f_d} \qquad (1-13)$$

式中　K_R——材料的软化系数；

　　　　f_w——材料在吸水饱和状态下的抗压强度（MPa）；

　　　　f_d——材料在干燥状态下的抗压强度（MPa）。

软化系数的大小反映材料在吸水饱和后强度降低的程度。材料的软化系数主要与材料的物质组成、结构等有关。一般来说，材料被水浸湿后，强度均会有所降低，这是因为水被组成材料的微小颗粒表面吸附，形成水膜，削弱了微小颗粒之间的结合力。软化系数越小，表示材料吸水饱和后强度下降越多，即耐水性越差。材料的软化系数在0～1之间。不同材料的软化系数相差颇大，如黏土 $K_R = 0$，而金属 $K_R = 1$。土木工程中将软化系数大于等于0.85的材料，称为耐水性材料。长期处于水中或潮湿环境中的重要结构，要选择软化系数大于等于0.85的耐水性材料。用于受潮较轻或次要结构的材料，其软化系数不宜小于0.75。

（四）抗水渗透性

材料抵抗压力水渗透的性质称为抗水渗透性。材料的抗水渗透性常用渗透系数表示。渗透系数的含义是：一定厚度的材料，在单位水头压力作用下，在单位时间内渗透单位面积的水量。用公式表示为：

$$K_s = \frac{Qd}{AtH} \qquad (1-14)$$

式中　K_s——渗透系数（cm/h）；

　　　　Q——渗透水量（cm^3）；

　　　　d——材料厚度（cm）；

　　　　A——渗水面积（cm^2）；

　　　　t——渗水时间（h）；

　　　　H——静水压力水头（cm）。

渗透系数 K_s 值越大，表示渗透材料的水量越多，即抗水渗透性越差。

工程实际中材料的抗水渗透性通常用抗渗等级或渗水高度表示。

抗渗等级是反映规定要求的试件，按照标准要求逐级施加水压力，当规定数量的试件所能承受的最大水压力。用公式表示为：

$$Pn = 10H - 1 \qquad (1-15)$$

式中　Pn——抗渗等级；

　　　　H——规定数量试件渗水时的最大水压力（MPa）。

抗渗等级符号"Pn"中，n为该材料在标准试验条件下所能承受的最大水压力的10倍数，如P4、P6、P8、P10、P12分别表示材料能承受0.4、0.6、0.8、1.0、1.2MPa的水压力而不渗水。

渗水高度是反映规定要求的试件，按照标准要求施加恒定水压力时的平均渗水高度。

材料的抗水渗透性主要与材料的物质组成、结构等有关，尤其与其孔隙特征有关。细微开口的孔隙中水易渗入，故这种孔隙越多，材料的抗水渗透性越差。闭口孔隙中水不易渗入，因此闭口孔隙率大的材料，其抗水渗透性仍然良好。开口大孔中水最易渗入，故其抗水渗透性最差。材料的抗水渗透性还与材料的憎水性和亲水性有关，憎水性材料的抗水渗透性优于亲水性材料。

抗水渗透性是决定材料耐久性的重要因素之一。在设计地下结构、压力管道、压力容器等承受水压力的结构时，均要求其所用材料具有一定的抗水渗透性。抗水渗透性也是检验防水材料质量的重要指标。

（五）抗冻性

材料经受规定条件下的多次冻融循环作用，其质量损失率和抗压强度损失率（或相对动弹性模量）满足规定要求的性质称为材料的抗冻性。

材料的抗冻性通常用抗冻标号或抗冻等级表示。

抗冻标号适用于材料在慢冻法气冻水融条件下，抗压强度损失率或者质量损失率不超过规定时的最大冻融循环次数来表示的抗冻性能，用符号"Dn"表示，其中 n 即为最大冻融循环次数，如 D25、D50 等。

抗冻等级适用于材料在快冻法水冻水融条件下，相对动弹性模量下降或者质量损失率不超过规定时的最大冻融循环次数来表示的抗冻性能，用符号"Fn"表示，其中 n 即为最大冻融循环次数，如 F25、F50 等。

材料抗冻标号或者抗冻等级的选择，是根据结构物的种类、使用要求、使用环境及气候条件等来决定的。例如烧结普通砖、陶瓷面砖、轻混凝土等墙体材料，一般要求其抗冻标号为 D15 或 D25；用于建筑、桥梁、道路工程的混凝土抗冻等级为 F100、F150，水工、水运工程的混凝土抗冻等级要求可高达 F500。

材料的抗冻性主要与材料的物质组成、结构等有关，尤其与其孔隙特征和孔隙率有关。材料遭受冻融破坏主要是因为其孔隙中的水结冰所致。水结冰时体积增大约 9%，若材料孔隙中充满水，则水结冰膨胀对孔壁产生冻胀应力，当此应力超过材料的抗拉强度时，孔壁将产生局部开裂。随着冻融循环次数的增多，材料破坏加重。所以材料的抗冻性取决于其孔隙率、孔隙特征、充水程度和材料对水结冰膨胀所产生的冻胀应力的抵抗能力。如果孔隙中未充满水，即未达到饱和，有足够的空间，则即使受冻也不致产生很大的冻胀应力。极细小的孔隙虽可充满水，但是因孔壁对水的吸附力极大，且部分孔壁上的材料溶解于水而成为水溶液，吸附在孔壁上水和水溶液降低其冰点，在一般负温下不易结冰。粗大孔隙中一般不易充满水，对冻胀破坏可起一定的缓冲作用。毛细管孔隙中易充满水，又能结冰，故对材料的冰冻破坏影响最大。通常情况下，材料的变形协调能力越强、抗拉强度越高、软化系数越大，则其抗冻性越好。一般认为软化系数小于 0.80 的材料，其抗冻性较差。

另外，从材料的外部环境条件来看，材料受冻融破坏的程度与冻融温度、结冰速度、冻融循环次数等因素有关。使用环境温度越低、降温速率越快、冻融越频繁，则材料受冻融破坏越严重。材料的冻融破坏主要从约束较小的外表面开始，逐渐向内部发展。

抗冻性良好的材料，抵抗使用环境温度变化、冻融交替等破坏作用的能力较强，所以抗冻性常作为决定材料耐久性的重要因素之一。在设计寒冷地区及寒冷环境（如冷库）的建筑物时，必须考虑材料的抗冻性。处于温暖地区的建筑物，虽无冰冻作用，但为了抵抗大气环境的作用，确保建筑物的耐久性，也常要求其材料具有一定的抗冻性。

五、材料的热物理性能

建筑材料除了满足必要的强度及其他性能要求外，为了降低建筑物的使用能耗，以及为生产和生活创造适宜的条件，常要求建筑材料具有一定的热物理性能。通常考虑的热物理性能有导热系数、传热系数、比热容、热阻、蓄热系数、导温系数、热惰性等。

1. 导热系数

导热系数（也称热导率）是指材料在稳定传热条件下，1m 厚的材料，两侧表面的温差为 1 度（K 或℃），在 1 小时内透过 1m^2 面积传递的热量，单位为瓦/（米·度）[W/(m·K)，此处的 K 可用℃代替]。导热系数计算公式表示为：

$$\lambda = \frac{Qa}{(T_1 - T_2)A \cdot t} \tag{1-16}$$

式中　　λ——材料的导热系数[W/(m·K)]；

　　　　Q——传热量（J）；

　　　　a——材料厚度（m）；

　　　　A——传热面积（m^2）；

　　　　T——传热时间（s）；

$(T_1 - T_2)$——材料两侧表面温差（K）。

不同的建筑材料具有不同的热物理性能，衡量建筑材料保温隔热性能优劣的主要指标是导热系数 λ[W/(m·K)]。材料的导热系数越小，则通过材料传递的热量越少，表示材料的保温隔热性能越好。各种材料的导热系数差别很大，一般介于 0.025～3.50W/(m·K) 之间，如泡沫塑料导热系数为 0.035W/(m·K)，而大理石导热系数为 3.5W/(m·K)。

导热系数是材料的固有特性，导热系数与材料的物质组成、结构等有关，尤其与其孔隙率、孔隙特征、湿度、温度和热流方向等有着密切关系。由于密闭干燥空气的导热系数很小，约为 0.023W/(m·K)，所以，闭口孔隙率较大的材料其导热系数较小，但是如果孔隙粗大或贯通，由于对流作用，材料的导热系数反而增大。材料受潮或受冻后，其导热系数显著增大，这是由于水和冰的导热系数比空气的导热系数大很多，水的导热系数约为 0.581W/(m·K)，冰的导热系数约为 2.326W/(m·K)。因此，材料处于干燥状态，有利于发挥其保温隔热效果。

2. 传热系数

传热系数（也称总传热系数）是指在稳定传热条件下，围护结构两侧空气温差为 1 度（K 或℃）时，1h 内透过 1m^2 面积所传递的热量。其单位是"W/(m^2·K)"，传热系数是建筑围护结构保温隔热性能的重要指标。

3. 比热容

材料受热时吸收热量或冷却时放出热量的性质称为热容量，材料的热容量可用比热容表示。材料的比热容表示 1kg 材料，温度升高或降低 1K 时所吸收或放出的热量。比热容计算公式表示为：

$$c = \frac{Q}{m(T_1 - T_2)} \tag{1-17}$$

式中　　　c——材料的比热容$[kJ/(kg \cdot K)]$；

　　　　　Q——材料吸收或放出的热量（kJ）；

　　　　　m——材料的质量（kg）；

$(T_1 - T_2)$——材料受热或冷却前后的温度差（K）。

比热容是衡量材料吸热或放热能力的物理量。比热容也是材料的固有特性，材料的比热容主要取决于矿物成分和有机成分含量，一般无机材料的比热容小于有机材料。不同的材料比热容不同，即使是同一种材料，由于所处的物态不同，比热容也不同，例如，水的比热容为$4.19kJ/(kg \cdot K)$，而水结冰后的比热容则是$2.05kJ/(kg \cdot K)$。

材料的比热容，对保持建筑物内部温度稳定有很大作用，比热容大的材料，能够在热流变动或采暖设备供热不均匀时，缓和室内的温度波动。

4. 热阻

根据导热系数的定义式可改写成：

$$Q = (\lambda/a)(T_1 - T_2)At \tag{1-18}$$

λ/a决定了材料在一定的表面温差下单位时间内通过单位面积的热流量。建筑热物理性能中，把λ/a的倒数a/λ称为材料层的热阻，用R表示。热阻R的单位是"$m^2 \cdot K/W$"。热阻R反映材料抵抗热流通过的能力，即热流通过的阻力。热阻与导热系数或传热系数不同的是，热阻与传热物体的厚度有关。同样温度条件下，热阻越大，通过材料的热量越少。

5. 蓄热系数

当足够厚度的单一材料层一侧受到谐波热作用时，通过表面的热流波幅与表面温度波幅的比值，称为蓄热系数。蓄热系数是衡量材料储热能力的重要指标。它取决于材料的导热系数、比热容、表观密度以及热流波动的周期。蓄热系数计算公式表示为：

$$S = \sqrt{\frac{2\pi}{T}\lambda c \gamma_0} \tag{1-19}$$

式中　S——材料的蓄热系数$[W/(m^2 \cdot K)]$；

　　　λ——材料的导热系数$[W/(m \cdot K)]$；

　　　c——材料的比热容$[J/(kg \cdot K)]$；

　　　γ_0——材料的表观密度(kg/m^3)；

　　　T——材料的热流波动周期(h)。

通常采用周期为24h的蓄热系数，记为S_{24}。材料的蓄热系数大，其蓄热性能好，热稳定性也较好。

6. 导温系数

导温系数又称为热扩散率或热扩散系数。材料的导温系数是衡量材料传播温度变化的能力。当热作用随时间改变时，材料内部的传热特性不仅取决于导热系数，还与材料的储热能力有关。在随时间变化的不稳定传热过程中，材料内部各处温度达到相同或均匀一致的速度与材料的导热系数λ成正比、与体积热容量成反比。体积热容量等于比热容c与表观密度γ_0的乘积，其物理意义是$1m^3$材料升温或降温1K时所吸收或放出的热量。材料的导温系数计算公式表示为：

$$\delta = \lambda / c\gamma_0 \qquad (1\text{-}20)$$

式中　δ——材料的导温系数（m^2/s）；

　　　　λ——材料的导热系数[$W/(m \cdot K)$]；

　　　　c——材料的比热容[$J/(kg \cdot K)$]；

　　　　γ_0——材料的表观密度（kg/m^3）。

材料的导温系数越大，其内部传播温度变化越迅速，材料内部各处温度越快达到相同或均匀一致。材料的分子结构和化学成分对材料的导温系数影响很大。表观密度相同的情况下，晶体材料的导温系数比玻璃体材料导温系数大。导温系数一般随材料表观密度减小而降低，然而，当表观密度减小到一定程度时，导温系数反而随材料表观密度的减小而迅速增大。导温系数随着温度的升高有所增大，但是，影响幅度不大。湿度对导温系数的影响较为复杂，这是因为当湿度增大时导热系数和比热容也都增大，但是增大速率不同，而导温系数取决于导热系数与比热容的比值。

7. 热惰性

热惰性是衡量围护结构抵抗温度波动和热流波动的能力，用热惰性指标 D 表示。热惰性指标 D 是表征围护结构对周期性温度波在其内部衰减快慢程度的无量纲指标，其值等于材料层的热阻与蓄热系数的乘积。单一材料围护结构 $D = R \cdot S$，多层材料围护结构 $D = \sum(R \cdot S)$，R 为结构层的热阻，S 为相应材料层的蓄热系数。热惰性指标 D 值越大，周期性温度波在其内部的衰减越快，围护结构的热稳定性越好。

材料的导热系数和比热容是设计建筑物围护结构（墙体、屋盖）时进行热物理性能指标计算的重要参数，设计时应选用导热系数较小，而比热容较大的建筑材料，有利于保持建筑物室内温度的稳定性。同时，导热系数也是工业窑炉热物理性能指标计算和确定冷藏保温隔热层厚度的重要数据。几种典型材料干燥状态下的热物理性能指标如表 1-2 所示，由表可见，水的比热容最大。

几种典型材料干燥状态的热物理性能指标　　　　表 1-2

材 料 名 称	导热系数 [$W/(m \cdot K)$]	比热容 [$kJ/(kg \cdot K)$]	蓄热系数(24h) [$W/(m^2 \cdot K)$]
紫铜	407.000	0.42	324.00
青铜	64.000	0.38	118.00
建筑钢材	58.200	0.48	126.00
铸铁	49.900	0.48	112.00
铝	203.00	0.92	191.00
花岗岩	3.490	0.92	25.49
大理石	2.910	0.92	23.27
建筑用砂	0.580	1.01	8.26
碎石、卵石混凝土	1.280~1.510	0.92	13.57~15.36
自然煤矸石或炉渣混凝土	0.560~1.000	1.05	7.63~11.68
粉煤灰陶粒混凝土	0.420~0.950	1.05	5.73~11.40

材料名称	导热系数 [W/(m·K)]	比热容 [kJ/(kg·K)]	蓄热系数(24h) [W/(m²·K)]
黏土陶粒混凝土	0.490~0.840	1.05	6.43~10.36
加气混凝土	0.093~0.220	1.05	2.81~3.59
泡沫混凝土	0.190	1.05	2.81
钢筋混凝土	1.740	0.92	17.20
水泥砂浆	0.930	1.05	11.37
石灰水泥砂浆	0.870	1.05	10.75
石灰砂浆	0.810	1.05	10.07
石灰石膏砂浆	0.760	1.05	9.44
无机轻集料保温砂浆	0.120~0.150	1.05	2.10~2.50
纳米二氧化硅保温毡	0.018		0.55
烧结普通砖	0.650	0.85	10.05
蒸压灰砂砖砌体	1.100	1.05	12.72
KP1型烧结多孔砖砌体	0.580	1.05	7.92
炉渣砂砖砌体	0.810	1.05	10.43
松木(热流垂直木纹)	0.140	2.51	3.85
泡沫塑料	0.033~0.048	1.38	0.36~0.79
泡沫玻璃	0.058	0.84	0.70
膨胀珍珠岩	0.070~0.058	1.17	0.63~0.84
挤塑聚苯板	0.032	1.38	0.34
矿棉、岩棉、玻璃棉板	0.045	1.34	0.75
硬泡聚氨酯板	0.024	1.38	0.29
纸面石膏板	0.330	1.05	5.28
胶合板	0.170	2.51	4.57
纤维增强水泥板	0.520		8.52
交联聚乙烯垫	0.038		0.36
实木地板	0.170		4.90
强化复合木地板	0.170		4.57
细木工板	0.230		5.28
平板玻璃	0.760	0.84	10.69
冰	2.326	2.05	
水	0.581	4.19	
静止空气	0.023	1.00	

第二节 材料的基本力学性质

一、材料的强度及强度等级

（一）强度

材料在外力作用下抵抗破坏的能力称为强度。当材料受外力作用时，其内部产生应力，外力增加，应力相应增大，直至材料内部质点间结合力不足以抵抗外力时，材料即发生破坏。材料破坏时，应力达到极限值，这个极限应力值就是材料的强度，也称为极限强度。

根据外力作用形式不同，材料的强度有抗压强度、抗拉强度、抗弯（抗折或弯拉）强度及抗剪强度等，如图 1-5 所示。

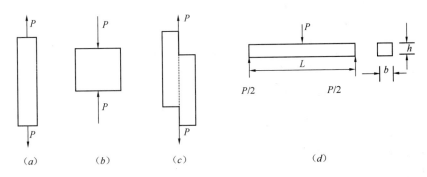

图 1-5 材料受外力作用示意图
(a) 抗拉；(b) 抗压；(c) 抗剪；(d) 抗弯

材料的这些强度是通过静力试验测定的，故也称为静力强度。材料的抗压、抗拉和抗剪强度的计算公式为：

$$f = \frac{P_{max}}{A} \tag{1-21}$$

式中　f ——材料的强度（抗压、抗拉或抗剪）（N/mm²）；

　　　P_{max} ——试件破坏时的最大荷载（N）；

　　　A ——试件受力面积（mm²）。

材料的抗弯强度与试件的几何外形及荷载施加方式有关，对于矩形截面和条形试件，当两支点中间作用集中荷载时，其抗弯强度按下式计算：

$$f_{tm} = \frac{3P_{max}L}{2bh^2} \tag{1-22}$$

式中　f_{tm} ——材料的抗弯强度（N/mm²）；

　　　P_{max} ——试件破坏时的最大荷载（N）；

　　　L ——试件两支点间的距离（mm）；

　　　b、h ——分别为试件截面的宽度和高度（mm）。

（二）影响材料强度的主要因素

1. 材料的组成：材料的组成是材料性质的物质基础，不同化学组成或矿物组成的材料，具有不同的力学性质，对材料的性质起着决定性作用。

2. 材料的结构：即使材料的组成相同，其结构不同，强度也不同。材料的孔隙率、孔隙特征及内部质点间结合方式等均影响材料的强度。晶体结构材料，其强度还与晶粒粗细有关，细晶粒的强度高。玻璃是脆性材料，抗拉强度很低，但当制成玻璃纤维后，具有较高的抗拉强度。通常，材料的孔隙率越小，强度越高。对于同一品种的材料，其强度与孔隙率之间存在近似线性的反比关系。

3. 含水状态：大多数材料被水浸湿或吸水饱和状态下的强度低于干燥状态下的强度。

这是由于水分被组成材料的微粒表面吸附，形成水膜，增大了材料内部质点间距离，材料体积膨胀（湿胀），削弱微粒间的结合力。

4. 温度：通常温度升高，材料内部质点振动加剧并且因体积热膨胀（热胀）增大质点间距离，导致质点间作用力减弱，故材料的强度降低，反之相反（除了负温状态）。

5. 试件的形状和尺寸：同种材料相同受压面积时，立方体试件的抗压强度高于棱柱体试件的抗压强度；同种材料相同形状时，小尺寸试件的强度高于大尺寸试件的强度。

6. 加荷速度：通常加荷速度快时，由于材料的变形速度滞后于荷载增长速度，故测得的强度值偏高；反之，因材料有充裕的变形时间，测得的强度值偏低。

7. 受力面状态：试件的受力表面凹凸不平或表面润滑时，所测强度值偏低。

由此可知，材料的强度是在规定条件下所测定的数值。为了使试验结果准确，且具有可比性，各个国家均制定了统一的材料试验标准。在测定材料强度时，必须严格按照规定的试验方法进行。

（三）强度等级

各种材料的强度差异甚大。建筑材料通常按其强度值的大小，人为划分为若干个强度等级。如硅酸盐水泥按 28 天的抗压强度和抗折强度划分为 42.5～62.5 级，共三个强度等级；普通混凝土按 28 天的抗压强度划分为 C15～C80，共十四个强度等级。建筑材料划分强度等级，对生产者和使用者均有重要意义，使生产者在质量控制时有据可依，从而保证产品质量；对使用者有利于直观掌握材料的性能指标，便于合理选用材料，正确地进行设计和控制工程施工质量。

材料的强度是实测的极限应力值，是唯一的，是划分强度等级的依据；而每一强度等级则包含一系列强度值。常用建筑材料的强度，如表 1-3 所示。

常用建筑材料的强度（MPa） 表 1-3

材　料	抗压强度	抗拉强度	抗弯强度
花岗岩	100～250	5～8	10～14
烧结普通砖	10～30	—	1.8～4.0
普通混凝土	10～100	1～4	2.0～8.0
松木（顺纹）	30～50	80～120	60～100
钢材	235～1800	235～1800	—

（四）比强度

比强度是反映材料单位体积质量的强度，其值等于材料的强度与其表观密度之比。比强度是衡量材料轻质高强性能的重要指标之一。优质的建筑结构材料，必须具有较高的比强度。几种建筑材料的比强度，如表 1-4 所示。

几种建筑材料的比强度 表 1-4

材　料	表观密度 ρ_0（kg/m³）	强度 f_c（MPa）	比强度（f_c/ρ_0）
普通混凝土	2400	40	0.017
松木（顺纹抗拉）	500	100	0.200
松木（顺纹抗压）	500	36	0.072
玻璃钢	2000	450	0.225
烧结普通砖	1700	10	0.006

由表 1-4 中比强度数据可知，玻璃钢和木材属于轻质高强材料，它们的比强度较大。普通混凝土的比强度相对较低，而表观密度较大，所以努力改进普通混凝土（这一当代用量最多、最重要的建筑材料）向轻质高强发展是一项十分重要的工作。

二、材料的弹性与塑性

材料根据其变形特征通常分为弹性材料、塑性材料和弹塑性材料。

材料在外力作用下产生变形，当外力撤除后完全恢复变形的性质称为弹性。这种可恢复的可逆变形称为弹性变形，具有这种性质的材料称为弹性材料。弹性材料的变形特征常用弹性模量 E 表示，其值等于应力（σ）与应变（ε）之比，即：

$$E = \frac{\sigma}{\varepsilon} \tag{1-23}$$

弹性模量是衡量材料抵抗变形能力的一个重要指标。同一种材料在其弹性变形范围内，弹性模量为常数，弹性模量越大，材料越不易变形，亦即刚度越大。弹性模量是结构设计的重要参数。

材料在外力作用下产生变形，当外力撤除后不能恢复变形的性质称为塑性。这种不可恢复的不可逆变形称为塑性变形，具有这种性质的材料称为塑性材料。

实际上，纯弹性变形的建筑材料是没有的，通常一些建筑材料在受力不大时，表现为弹性变形，当外力超过一定值时，则呈现塑性变形，如低碳钢就是典型的这种材料。另外许多建筑材料在受力时，弹性变形和塑性变形同时产生，这种材料当外力取消后，弹性变形即可恢复，而塑性变形不能消失，这种材料称为弹塑性材料，混凝土就是这类材料的代表之一。弹

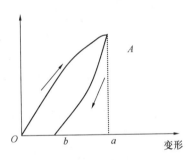

图 1-6 弹塑性材料的变形曲线

塑性材料的变形曲线如图 1-6 所示，图中 ab 为可恢复的弹性变形，bo 为不可恢复的塑性变形。

三、材料的脆性与韧性

材料根据其破坏特征通常分为脆性材料和韧性材料。

材料在外力作用下无明显变形而突然破坏的性质称为脆性。具有这种性质的材料称为脆性材料。脆性材料的抗拉强度远小于其抗压强度，只有其几分之一甚至十几分之一。脆性材料抵抗冲击荷载或振动作用的能力很差，只适合用作承压构件。建筑材料中大部分无机非金属材料均属于脆性材料，如天然岩石、陶瓷、玻璃、普通混凝土等。

材料在外力作用下产生较大变形而不破坏的性质称为韧性。具有这种性质的材料称为韧性材料。材料的韧性用冲击韧性指标 a_K 表示，反映带缺口的试件在冲击韧性破坏试验时，断口处单位面积所吸收的能量。其计算公式为：

$$a_K = \frac{A_K}{A} \tag{1-24}$$

式中　a_K ——材料的冲击韧性指标（J/mm^2）；

　　　A_K ——试件破坏时所消耗的能量（J）；

　　　A ——试件受力净截面面积（mm^2）。

土木工程中，对于承受冲击荷载、振动荷载或有抗震要求的结构或构件，如吊车梁、桥梁、路面等所用的材料，均要求具有较高的韧性。

四、材料的硬度与耐磨性

（一）硬度

硬度是指材料表面抵抗硬物压入或刻划的能力。材料硬度测试方法有多种，不同材料用不同测试方法，常用的有压入法和刻划法两种。压入法主要有布氏硬度和洛氏硬度。布氏硬度通常用于铸铁、非铁金属、低合金结构钢及结构钢调质件、木材、混凝土等材料。洛氏硬度理论上可以用于各种材料硬度的测试，洛氏硬度的压痕小，所以常用于判断钢材的热处理效果。洛氏硬度试验机如图1-7所示。但是，因为采用不同的硬度等级测得的硬度值无法比较，故常用于淬火钢的硬度测试。刻划法主要有莫氏硬度，莫氏硬度主要用于无机非金属材料，特别是矿物的硬度测试。按莫氏硬度把矿物硬度分为十级，按硬度递增顺序：滑石1级、石膏2级、方解石3级、萤石4级、磷灰石5级、正长石6级、石英7级、黄玉8级、刚玉9级、金刚石10级。

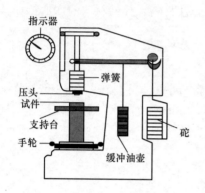

图1-7 洛氏硬度试验机

一般材料的硬度越大，其耐磨性越好。工程中有时也可以用硬度来间接推算材料的强度。

（二）耐磨性

耐磨性是材料表面抵抗磨损的能力。材料的耐磨性用磨损率表示，其计算公式为：

$$N = \frac{m_1 - m_2}{A} \tag{1-25}$$

式中　N——材料的磨损率（g/cm^2）；

m_1、m_2——分别为材料磨损前、后的质量（g）；

A——试件受磨面积（cm^2）。

材料的耐磨性与材料的组成、结构、强度、硬度等有关。土木工程中用于踏步、台阶、地面、路面等部位的材料，应具有较高的耐磨性。一般来说，强度较高且密实的材料，其硬度较大，耐磨性较好。

第三节　材料的耐久性

材料的耐久性是指材料在各种环境因素耦合作用下，能经久不变质、不破坏，长久保持其性能的性质。

耐久性是材料的一项综合性质，诸如抗冻性、抗渗性、抗碳化性、抗风化性、大气稳定性、耐腐蚀性等均属耐久性的范畴。此外，材料的强度、耐磨性、耐热性等也与材料的耐久性有着密切关系。

一、环境对材料的作用

构筑物在使用过程中，材料除了因内在原因使其组成、结构、性能等发生变化以外，还由于长期受到周围复杂环境及各种自然因素的耦合作用或共同作用，使其性能劣化、破坏。这些作用可以概括为以下几方面：

1. 物理作用：包括环境温度、湿度的交替变化，即冷热、干湿、冻融等循环作用。材料在经受这些作用后，将发生膨胀、收缩，产生内应力，长期的循环作用，使材料渐遭破坏。

2. 化学作用：包括大气和环境水中的酸、碱、盐等溶液或其他有害物质对材料的侵蚀作用，以及日光等对材料的作用，使材料本质劣化、破坏。

3. 机械作用：包括荷载的持续作用或交变作用引起材料的疲劳、冲击、磨损等破坏。

4. 生物作用：包括菌类、昆虫等的侵害作用，导致材料发生腐朽、蛀蚀等破坏。

各种材料耐久性的具体内容，因其组成和结构不同而异。例如钢材易氧化而锈蚀；无机非金属材料常因氧化、风化、碳化、溶蚀、冻融、热应力、干湿交替等作用而破坏；有机材料多因腐烂、虫蛀、老化而变质等。

二、材料耐久性的测定

对材料耐久性最可靠的判断，是对其在使用条件下进行长期的观察和测定，但是这需要很长时间。为此，近年来采用快速检验法，这种方法是根据相似性理论模拟实际使用条件，将材料在实验室进行快速试验，根据试验结果及其耐久性评价标准，对材料的耐久性作出判定或预测。在实验室进行快速试验的项目主要有：干湿循环、冻融循环、人工碳化、加速腐蚀、盐雾、酸雨、加湿与紫外线干燥循环、盐溶液浸渍与干燥循环、化学介质浸渍、温-湿-力耦合、多因素耦合、多场耦合等。

三、提高材料耐久性的重要意义

在设计选择建筑材料时，尤其是恶劣环境或严酷环境条件下，必须考虑材料的耐久性问题。采用耐久性良好的建筑材料，对充分发挥建筑材料的正常服役性能、保证建筑结构长期正常使用、延长建筑物使用寿命、降低维修费用、节约资源、保护环境等，均具有十分重要的意义。

第四节　材料的组成及结构

虽然复杂的环境因素对建筑材料性能的影响很大，但是这些都属于外因，外因要通过内因才起作用，所以对材料的性质起决定性作用的是其内部因素。所谓的内部因素就是指材料的物质组成、结构。

一、材料的组成

材料的组成包括材料的化学组成、矿物组成和相组成。它不仅影响着材料的化学性质，而且是决定材料的物理、力学性质的重要因素。

（一）化学组成

化学组成（或成分）是指构成材料的化学元素及化合物的种类及数量。当材料与自然环境或各类物质相接触时，它们之间必然按化学变化规律发生作用。如材料受到酸、碱、盐类等物质的侵蚀作用，材料遇到火焰时燃烧，以及钢材和其他金属材料的腐蚀等都属于化学作用。

材料的化学组成有的简单，有的复杂。材料的化学组成决定着材料的化学稳定性、大气稳定性、耐火性等性质。例如石膏、石灰和石灰石的主要化学组成分别是 $CaSO_4$、CaO 和 $CaCO_3$，均比较单一，这些化学组成就决定了石膏、石灰易溶于水而耐水性差，而石灰石较稳定。花岗岩、水泥、木材、沥青等材料的化学组成比较复杂，花岗岩主要由多种氧化物形成的天然矿物，如石英、长石、云母等，它强度高、抗风化能力强；普通水泥主要由 CaO、SiO_2、Al_2O_3 等氧化物形成的硅酸钙及铝酸钙等矿物组成，它决定了水泥易水化形成凝胶体，具有胶凝性，且呈碱性；木材主要由 C、H、O 形成的纤维素和木质素组成，故易于燃烧；石油沥青则由多种 C—H 化合物及其衍生物组成，故决定其易于老化等。

总之，各种材料均有其自身的化学组成，不同化学组成的材料，具有不同的化学、物理及力学性质。因此，化学组成是材料性质的物质基础，它对材料的性质起着决定性作用。

（二）矿物组成

矿物是指由地质作用形成的具有相对固定的化学组成和确定的内部结构的天然单质或化合物。矿物必须是具有特定的化学组成和结晶结构的无机物。矿物组成是指构成材料的矿物的种类和数量。大多数建筑材料的矿物组成是复杂的，如天然石材、无机胶凝材料等，复杂的矿物组成是决定其性质的主要因素。水泥因熟料矿物不同或含量不同，表现出的水泥性质不同，如硅酸盐水泥中，硅酸三钙含量高，其硬化速度较快，早期强度与后期强度均较高。

（三）相组成

具有相同的物理性质和化学性质的物质称为相。自然界中的物质可分为气相、液相、固相。凡是由两相或两相以上物质组成的材料属于多相系统，称为复合材料。大多数建筑材料可以看作复合材料。实际上许多建筑材料的化学反应是多相反应，对于多相反应来说，化学反应主要在相与相之间的界面上。多相反应速率和复合材料的性质与其组成及界面特性、特征有着密切关系。相与相之间有明确的物理界面，超过此界面，一定有某种性质（如密度、组成等）发生突变。所谓界面从广义来讲是指多相材料中相与相之间的分界面。在实际材料中，界面是一个很薄的区域（界面过渡区），它的成分及结构与相不同，它们之间是不均匀的，可将其作为"界面相"来处理。因此，通过改变和控制材料的相组成，可以改善和提高材料的性能。

人工复合材料，如混凝土、建筑涂料等，均由各种原材料配合而成，因此影响这类材料性质的主要因素是其原材料的品质和配合比例。

二、材料的结构

材料的结构可分为：微观结构、细观结构和宏观结构。

（一）微观结构

微观结构是指原子、分子层次上的结构。可用电子显微镜、X 射线等分析研究材料的微观结构特征。微观结构的尺寸分辨范围为"埃"（Å，0.1 nm）～"纳米"（nm）。材料的许多物理性质，如强度、硬度、弹塑性、熔点、导热性、导电性等均由其微观结构特征所决定。

从微观结构层次上，材料可分为晶体、玻璃体、胶体。

1. 晶体。质点（离子、原子、分子）在空间上按特定的规则呈周期性排列时所形成的结构称为晶体。晶体具有如下特点：

(1) 特定的几何外形。这是晶体内部质点按特定规则排列的外部表现。

(2) 各向异性。这是晶体的结构特征在性能上的反映。

(3) 固定的熔点和化学稳定性。这是晶体键能和质点处于最低能量状态所决定的。

(4) 结晶接触点和晶面。这是晶体结构破坏或变形的薄弱部位。

根据组成晶体的质点及化学键的不同，晶体可分为：

原子晶体：中性原子与共价键结合的晶体，如石英等。

离子晶体：正负离子与离子键结合的晶体，如 $CaCl_2$ 等。

分子晶体：以分子间的范德华力（分子键）结合的晶体，如有机化合物。

金属晶体：以金属阳离子为晶格，由自由电子与金属阳离子间的金属键结合的晶体，如钢。

晶体内部质点的相对密集程度和质点间的结合力，对晶体材料的性质有着重要的影响。例如碳素钢，其晶体结构中质点的相对密集程度较高，质点间又是以金属键联结着，结合力强，故钢材的强度较高，塑性变形较大，同时，因其晶格间隙中存在着自由运动的电子，从而使钢材具有良好的导电性和导热性。在硅酸盐矿物材料（如陶瓷）的复杂晶体结构（基本单元为硅氧四面体）中，质点的相对密集程度不高，且质点间多以共价键联结，结合力较弱，故这类材料的强度较低，变形能力差，呈现脆性。晶粒的大小对材料性质也有重要影响，一般晶粒越细，分布越均匀，材料的强度越高，所以改变晶粒的粗细程度，可以使材料性质发生变化，如钢材的热处理就是利用这一原理。

如果材料的化学组成相同，而形成的晶体结构不同，则性能差异很大。如石英、石英玻璃和硅藻土，化学组成均为 SiO_2，但是各自的性能颇不同。另外，晶体结构的缺陷，对材料性质的影响也很大。

2. 玻璃体。将熔融物质迅速冷却（急冷），使其内部质点来不及进行有规则的排列就凝固，这时形成的物质结构即为玻璃体，又称为无定形体或非晶体。玻璃体的结合键为共价键与离子键，结构特征为构成玻璃体的质点在空间上呈非周期性排列。玻璃体无固定的几何外形，具有各向同性，破坏时也无清晰的解理面，加热时无固定的熔点，只出现软化现象。因为玻璃体是在快速急冷条件下形成的，故聚集的内应力较大，具有明显的脆性，例如玻璃。

对玻璃体结构的认识，目前有如下三种观点：

(1) 玻璃体的质点呈无规则空间网络结构，此为无规则网络结构学说。

(2) 玻璃体的微观组织为微晶子，微晶子之间通过变形和扭曲的界面彼此相连，此为微晶子学说。

(3) 玻璃体的微观结构为近程有序、远程无序，此为近程有序、远程无序学说。

由于玻璃体在快速急冷凝固时质点来不及进行定向排列，质点间的能量只能以内能的形式储存起来，因此玻璃体具有化学不稳定性，亦即存在化学活性潜能，在一定条件下，易与其他物质发生化学反应。例如水淬粒化高炉矿渣、火山灰等均属玻璃体，常用于硅酸盐水泥的掺合料，以改善水泥性能。玻璃体在烧土制品或某些天然岩石中，起着胶粘剂的作用。

3. 胶体。物质以极微小的质点（粒径为 $10^{-9} \sim 10^{-7}$ m）分散在介质中所形成的结构称为胶体。极微小的分散粒子（胶粒）一般带有电荷（正电荷或负电荷），而介质带有相反的电荷，从而使胶体保持稳定性。由于胶体的质点很微小，比表面积很大、总表面积很大，表面能很大，具有很强的吸附力，所以胶体具有较强的黏结力。

在胶体结构中，若胶粒数量较少，则液体的性质对胶体结构的强度及变形性能影响较大，这种胶体结构称为溶胶结构。溶胶具有较大的流动性，建筑材料中常用的涂料就是利用这一性质配制而成。若胶粒数量较多，则胶粒在表面能作用下凝聚或在物理化学作用下彼此相连，形成空间网络结构，从而胶体结构强度增大，变形性能减小，形成固态或半固态，此种胶体结构称为凝胶结构。凝胶具有触变性，即凝胶被搅拌或振动，又能变成溶胶。水泥浆、新拌混凝土、胶粘剂等均表现出触变性。当凝胶完全脱水硬化变成干凝胶体，具有固体的性质，即产生强度。硅酸盐水泥的主要水化产物，最终形成的就是干凝胶体。

胶体结构与晶体结构及玻璃体结构相比，强度较低、变形较大。

对材料的组成和微观结构的分析研究，通常采用 X 射线衍射分析、差热分析、红外光谱分析、扫描电镜分析、电子探针微区分析等方法。

（二）细观结构

细观结构（也称显微结构或亚微观结构）是用光学显微镜等分析研究材料的结构特征。细观结构的尺寸范围在微米（μm）数量级。建筑材料的细观结构，针对具体材料进行分类研究。从细观结构层次上，混凝土可分为基相、骨料相、界面，天然岩石可分为矿物、晶体颗粒、非晶体，钢材可分为铁素体、渗碳体、珠光体，木材可分为木纤维、导管髓线、树脂道。

材料在细观结构层次上，其组成不同则性质不同，这些组成的特征、数量、分布以及界面性质等，对材料的性能有重要影响。

（三）宏观结构

建筑材料的宏观结构是用肉眼或放大镜可分辨的粗大材料层次，其尺寸在 0.10mm 以上数量级。

从宏观结构层次上，建筑材料可分为密实结构、多孔结构、纤维结构、层状结构、纹理结构、粒状结构、堆聚结构。

1. 密实结构。密实结构材料的内部基本无孔隙，结构致密。这类材料的特点是强度和硬度较高，吸水性小，抗渗性和抗冻性较好，耐磨性较好，保温隔热性差，如钢材、天然石材、玻璃、玻璃钢等。

2. 多孔结构。多孔结构材料的内部存在着均匀分布的闭口或部分开口的孔隙，孔隙率较大。多孔结构的材料，其性质决定于孔隙的特征、多少、大小及分布等。一般来说，这类材料的强度较低，抗渗性和抗冻性较差，吸水性较大，保温隔热性较好，吸声性较好，如加气混凝土、石膏制品、烧结普通砖等。

3. 纤维结构。纤维结构材料的内部组成具有方向性，纤维束之间存在较多的孔隙。这类材料的性质具有明显的方向性，一般平行于纤维束方向的强度相对较高，导热性相对较大，如木材、玻璃纤维、石棉等。

4. 层状结构。层状结构材料的内部具有叠合结构。层状结构是用胶粘材料将不同的片状材料或具有各向异性的片状材料胶粘叠合成整体，可获得平面各向同性，更重要的是可以显著提高材料的强度、硬度、保温隔热性等性质，扩大其使用范围，如胶合板、纸面石膏板等。

5. 纹理结构。天然材料在生长或形成过程中自然造就天然纹理，如木材、大理石、花岗石等；人工材料可人为制作纹理，如瓷质彩胎砖、人造花岗岩板材等。这些天然或人工制造的纹理，使材料具有美丽的外观。为了改善建筑材料的表面质感，目前广泛采用仿真技术，可研制出多种纹理结构的装饰材料。

6. 粒状结构。粒状结构材料的内部呈颗粒状。颗粒有密实颗粒和轻质多孔颗粒之分。如砂子、石子等，因其致密、强度高，适合用于大孔混凝土的骨料；如陶粒、膨胀珍珠岩等，因其多孔结构，适合用于保温隔热材料。粒状结构的颗粒之间存在着大量的空隙，其空隙率主要取决于颗粒级配。

7. 堆聚结构。它是由骨料与胶凝材料胶结成的结构。堆聚结构的材料种类繁多，如水泥混凝土、砂浆、沥青混凝土等。

习题与复习思考题

1. 试分析通常情况下，材料的孔隙率、孔隙特征、孔隙尺寸对材料的强度、吸水性、导热性、抗渗性、抗冻性、耐腐蚀性、吸声性的影响。

2. 生产材料时，在组成一定的情况下，可采取哪些措施来提高材料的强度和耐久性？

3. 材料的密度、视密度、表观密度、堆积密度有何区别？如何测定？材料含水后对它们有什么影响？

4. 影响材料吸水率的因素有哪些？含水对材料的哪些性质有影响？

5. 影响材料强度测试结果的试验条件有哪些？

6. 试分析材料的强度与强度等级的联系与区别。

7. 材料的弹性与塑性、脆性与韧性有什么不同？

8. 在有冲击、振动荷载的部位宜选用具有哪些特性的材料？为什么？

9. 影响材料抗渗性的因素有哪些？如何改善材料的抗渗性？

10. 什么是材料的耐久性？为什么对材料要有耐久性要求？

11. 某岩石在气干、绝干、吸水饱和情况下测得的抗压强度分别为 172、178、168MPa。求该岩石的软化系数，并指出该岩石可否用于水下工程。

12. 某石子绝干时的质量为 m，将此石子表面涂一层已知密度的石蜡（$\rho_{蜡}$）后，称得总质量为 m_1。将此涂蜡的石子放入水中，称得在水中的质量为 m_2。问此方法可测得材料的哪项参数？试推导出计算公式。

13. 称取堆积密度为 1500kg/m³ 的干砂 200g，将此砂装入容量瓶内，加满水并排尽气泡（砂已吸水饱和），称得总质量为 510g。将瓶内砂样倒出，向瓶内重新注满水，此时称得总质量为 386g，试计算砂的表观密度。

14. 经测定，质量为 3.4kg、容积为 10.0L 的容量筒装满绝干石子后的总质量为 18.4kg。若向筒内注入水，待石子吸水饱和后，为注满此筒共注入水 4.27kg。将上述吸水饱和的石子擦干表面后称得总质量为 18.6kg（含筒重）。求该石子的表观密度、吸水率、堆积密度、开口孔隙率。

15. 某岩石试样干燥时的质量为 250g，将该岩石试样放入水中，待岩石试样吸水饱和后，排开水的体积为 100cm³。将该岩石试样用湿布擦干表面后，再次投入水中，此时排开水的体积为 125cm³。试求该岩石的表观密度、吸水率及开口孔隙率。

16. 破碎的岩石试样经完全干燥后，它的质量为 482g。将它置入盛有水的量筒中，经长时间后（吸水饱和），量筒的水面由原 452cm³ 刻度上升至 630cm³ 刻度。取出该石子试样，擦干表面后称得其质量为 487g。求该岩石的开口孔隙率、表观密度、吸水率。

17. 某材料的体积吸水率为 15％，密度为 3.0g/cm³，绝干表观密度为 1500kg/m³。试求该材料的质量吸水率、开口孔隙率、闭口孔隙率，并估计该材料的抗冻性如何？

18. 从室外取来的质量为 2700g 的一块烧结普通黏土砖，浸水饱和后的质量为 2850g，而绝干时的质量为 2600g。求此砖的含水率、吸水率、表观密度、开口孔隙率（烧结普通黏土砖尺寸 240mm×115mm×53mm）。

19. 含水率为 10％的 100g 湿砂，其中干砂的质量为多少克？

20. 某同一组成的甲、乙两种材料，表观密度分别为 1800kg/m³、1300kg/m³。试估计甲、乙两种材料的保温性能、强度、抗冻性有何区别？

21. 现有同一组成的甲、乙两种墙体材料，密度均为 2.7g/cm³。甲的绝干表观密度为 1400kg/m³，质量吸水率为 17％；乙的吸水饱和后表观密度为 1862kg/m³，体积吸水率为 46.2％。试求：①甲材料的孔隙率和体积吸水率；②乙材料的绝干表观密度和孔隙率；③评价甲、乙两材料，哪种材料更适宜做外墙板，说明依据。

第二章　无机气硬性胶凝材料

第一节　概　　述

胶凝材料是指能将其他材料胶结成整体，并产生强度的材料。其他材料包括粉状材料（石粉、木屑等）、纤维材料（钢纤维、矿棉、玻纤、聚酯纤维等）、散粒材料（砂子、石子、轻集料等）、块状材料（砖、砌块等）、板材（石膏板、水泥板、聚苯板等）等。胶凝材料通常分为有机胶凝材料和无机胶凝材料两大类。

1. 有机胶凝材料

有机胶凝材料是指以天然或人工合成高分子化合物为基本组成的胶凝材料。最常用的有沥青、树脂、橡胶等。

2. 无机胶凝材料

无机胶凝材料是指以无机氧化物或矿物为主要组成的胶凝材料。最常用的有石灰、石膏、水玻璃、菱苦土和各种水泥等，也包括粉煤灰、矿渣粉、沸石粉、硅灰、偏高岭土、火山灰等。

根据凝结硬化条件和使用特性，无机胶凝材料通常又分为气硬性和水硬性两类。

气硬性胶凝材料是指只能在空气中凝结硬化并保持和发展其强度的材料。常用的有石灰、石膏、水玻璃、菱苦土等。气硬性胶凝材料在水中不凝结，也基本没有强度，即使在潮湿环境中强度也很低。

水硬性胶凝材料是指不仅能在空气中，而且更好地在水中凝结硬化并保持和发展其强度的材料。水硬性胶凝材料主要有各种水泥和一些复合材料。水是水硬性胶凝材料凝结硬化的必要条件，因此，在大气环境中使用时，凝结硬化初期需要浇水或保湿。

胶凝材料的凝结硬化过程通常伴随着一系列复杂的物理作用、化学反应和体积变化，而且内部和外部因素影响其过程，对凝结硬化后的性能产生很大差异。不同胶凝材料之间的差异性更大。

第二节　石　　灰

石灰是历史悠久的气硬性无机胶凝材料。原材料来源广、生产工艺简单、成本低廉，在土木工程中广泛应用。

一、石灰的原材料

生产石灰的原材料主要是富含碳酸钙（$CaCO_3$）的石灰石、白云石和白垩。原材料的品种和产地不同，对石灰性质影响较大，一般要求原材料中黏土杂质含量小于8%。

某些工业副产品也可作为生产石灰的原材料或直接使用。如：用碳化钙（CaC_2）制取乙炔时产生的电石渣，主要成分为氢氧化钙[$Ca(OH)_2$]，可直接使用，但性能不尽理想。

又如，氨碱法制碱的残渣，主要成分为碳酸钙。本节主要介绍在土木工程中最常用的以石灰石为原材料的石灰。

二、石灰的生产

1. 生石灰

石灰的生产，实际上就是将石灰石在高温下煅烧，使碳酸钙分解成为 CaO 和 CO_2，CO_2 以气体逸出。反应式如下：

$$CaCO_3 \xrightarrow{900\sim1200℃} CaO+CO_2 \uparrow$$

高温煅烧所得的 CaO 称为生石灰，是一种白色或灰色的块状物质。

生石灰的特性：遇水快速产生水化反应，体积膨胀，并放出大量热。煅烧良好的生石灰能在几秒钟内与水反应完毕，体积膨胀两倍左右。

2. 欠火石灰和过火石灰

当煅烧温度过低或时间不足时，由于 $CaCO_3$ 未能完全分解，亦即生石灰中含有石灰石（$CaCO_3$），这类生石灰称为欠火石灰。由于 $CaCO_3$ 不溶于水，也无胶结能力，在熟化为石灰膏或消石灰粉等过程中作为残渣被废弃，降低了有效利用率。

当煅烧温度过高或时间过长时，部分块状生石灰表层被黏土杂质融化形成的玻璃釉状物包裹，这类生石灰称为过火石灰。过火石灰的特点是颜色较深，密度较大，熟化很慢。

三、石灰的熟化

（1）熟化与熟石灰

生石灰（CaO）加水反应生成 $Ca(OH)_2$ 的过程称为熟化（又称消化）。生成物 $Ca(OH)_2$ 称为熟石灰（又称消石灰）。生石灰水化反应式如下：

$$CaO+H_2O \Longrightarrow Ca(OH)_2+64.9kJ$$

生石灰熟化过程的特点：

1. 熟化速度快。煅烧正常的生石灰与水接触时几秒钟内即反应完毕。

2. 体积膨胀。生石灰与水反应生成熟石灰时，体积增大 1.5～2.0 倍。

3. 放热量大。1 克分子生石灰熟化生成 1 克分子熟石灰约产生 64.9kJ 热量。

（2）石灰的"陈伏"

在煅烧生产生石灰过程中产生一定量的过火石灰是难免的。由于过火石灰表面包裹着玻璃釉状物，熟化很慢，往往正常生石灰（正火石灰）硬化后才开始熟化，从而局部体积膨胀鼓泡、隆起和开裂，影响工程质量。为消除过火石灰的危害，石灰膏（浆）在使用前应在贮灰池中存放 2 周以上，使过火石灰充分熟化，这个过程称为"陈伏"。"陈伏"期间石灰膏（浆）表面应有一层水，隔断与空气接触，防止干硬和碳化，以免影响正常使用效果。通常消石灰也需要"陈伏"。

但是，若将生石灰磨细后使用，则不需要"陈伏"。因为粉磨过程使过火石灰的比表面积大大增加，熟化速度加快，几乎可以与正火石灰同步熟化，而且又均匀分散在生石灰粉中，不致引起过火石灰的种种危害。

四、石灰的凝结硬化

石灰膏（浆）在空气中的凝结硬化主要包括结晶作用和碳化作用两个过程。

结晶作用过程是石灰膏（浆）中水分蒸发或被基体吸收，$Ca(OH)_2$ 逐渐从饱和溶液中结晶析出，石灰膏（浆）逐渐失去塑性，凝结硬化产生强度的过程。结晶作用主要在内部。

碳化作用过程是空气中的 CO_2 遇水生成弱碳酸，并与 $Ca(OH)_2$ 反应生成 $CaCO_3$ 晶体，同时释出水分并被蒸发的过程。碳化作用主要在表层。

石灰碳化生成的 $CaCO_3$ 晶体相互交错连生或与 $Ca(OH)_2$ 晶体共生，形成交织紧密的结晶网，且填充孔隙致密，使石灰的强度进一步提高。其反应式如下：

$$Ca(OH)_2 + CO_2 + nH_2O === CaCO_3 + (n+1)H_2O$$

石灰凝结硬化过程的特点：

1. 凝结硬化速度慢。水分从内部迁移到表层被蒸发或被基体吸收的过程较慢，空气中的 CO_2 浓度很低，表层 $Ca(OH)_2$ 被碳化生成致密的 $CaCO_3$ 层，使 CO_2 渗入和水分蒸发更加困难。因此，石灰的凝结硬化过程十分缓慢，通常需要几周时间。

为了加快石灰的硬化速度，通常加强通风或提高空气中 CO_2 浓度。

2. 体积收缩大。由于大量水分蒸发、$Ca(OH)_2$ 被碳化生成比其更致密的 $CaCO_3$，引起体积显著收缩。

五、石灰的主要技术性质

（一）保水性好，可塑性好

熟石灰颗粒极细（直径约为 $1\mu m$），比表面积很大，颗粒表面均吸附一层水膜，降低颗粒之间的摩擦，具有良好的保水性和可塑性。因此，土木工程中常用来配制石灰砂浆。

（二）凝结硬化慢，强度低

从石灰的凝结硬化过程可以看出，石灰的凝结硬化一般需要几周。硬化后的强度一般小于 $1MPa$。如 $1:3$ 的石灰砂浆 28d 抗压强度通常为 $0.2 \sim 0.5MPa$。但通过人工碳化，可使强度大幅度提高，如碳化石灰板及其制品，28d 抗压强度可达 $10MPa$。

（三）耐水性差

石灰在水中或潮湿环境中不产生强度，在流水环境中还会溶解流失，因此通常石灰在干燥环境中使用。但固化后的石灰制品经人工碳化处理后，耐水性大大提高，可用于潮湿环境。

（四）干燥收缩大

石灰在凝结硬化过程中，蒸发大量水分，引起体积显著收缩，石灰的碳化过程也引起体积收缩，易出现干缩裂缝。因此，石灰不宜单独使用，通常掺入砂子、麻刀、纸筋等以减少收缩或提高抗裂能力。

六、建筑石灰的技术要求

（一）建筑生石灰

根据《建筑生石灰》JC/T 479—2013 标准规定，MgO 含量小于等于 5% 的称为钙质生石灰，MgO 含量大于 5% 的称为镁质生石灰；又根据 CaO＋MgO 含量、CO_2 含量及产浆量分成若干个等级或代号，见表 2-1。同等级的钙质生石灰质量优于镁质生石灰。

建筑生石灰的技术指标   表 2-1

类别	钙质生石灰			镁质生石灰	
等级或代号	CL 90-Q	CL 85-Q	CL 75-Q	ML 85-Q	ML 80-Q
CaO+MgO 含量（%，不小于）	90	85	80	85	80
MgO 含量（%）	≤5	≤5	≤5	>5	>5
二氧化碳（%，不大于）	4	7	12	7	7
二氧化硫（%，不大于）	2	2	2	2	2
产浆量（dm^2/10kg，不小于）	26	26	26	/	/

注：摘自《建筑生石灰》JC/T 479—2013。

（二）建筑生石灰粉

根据 MgO 含量分为钙质生石灰粉和镁质生石灰粉；又根据 CaO 和 MgO 总含量、CO_2 含量和细度分成若干个等级或代号，见表 2-2。

建筑生石灰粉的技术指标   表 2-2

类别		钙质生石灰粉			镁质生石灰粉	
等级或代号		CL 90-QP	CL 85-QP	CL 75-QP	ML 85-QP	ML 80-QP
CaO+MgO 含量（%，不小于）		90	85	80	85	80
MgO 含量（%）		≤5	≤5	≤5	>5	>5
二氧化碳（%，不大于）		4	7	12	7	7
二氧化硫（%，不大于）		2	2	2	2	2
细度	90μm 筛余量（%，不大于）	7	7	7	7	2
	0.20mm 筛余量（%，不大于）	2	2	2	2	7

注：摘自《建筑生石灰》JC/T 479—2013。

（三）建筑消石灰

建筑消石灰根据 CaO+MgO 的百分含量分为钙质消石灰和镁质消石灰两类。根据，扣除游离水和结合水后 CaO+MgO 的百分含量分类，其名称及代号见表 2-3。

建筑消石灰的分类   表 2-3

类　别	名　称	代　号
钙质消石灰	钙质消石灰 90	HCL 90
	钙质消石灰 85	HCL 85
	钙质消石灰 75	HCL 75
镁质消石灰	镁质消石灰 85	HML 85
	镁质消石灰 80	HML 80

注：摘自《建筑消石灰》JC/T 481—2013。

建筑消石灰的化学成分应符合表 2-4 的要求。

建筑消石灰的化学成分（%）   表 2-4

名称或代号	CaO＋MgO	MgO	SO₃
HCL 90	≥90		
HCL 85	≥85	≤5	≤2
HCL 75	≥75		
HML 85	≥85	>5	≤2
HML 80	≥80		

注：摘自《建筑消石灰》JC/T 481—2013，表中数值以试样扣除游离水和结合水后的干基为基准。

建筑消石灰的物理性质应符合表 2-5 的要求。

建筑消石灰的物理性质   表 2-5

名称或代号	游离水（%）	细度		安定性
		0.20mm 筛余量（%）	90μm 筛余量（%）	
HCL 90				
HCL 85				
HCL 75	≤2	≤2	≤7	合格
HML 85				
HML 80				

七、石灰的应用

（一）石灰乳涂料

石灰乳是石灰粉或石灰膏加入大量的水调制成的稀浆，常用于室内粉刷。石灰乳中掺入佛青颜料，可呈纯白色；掺入 108 胶或少量水泥、磨细矿渣或粉煤灰，可提高其耐水性；掺入各种耐碱颜料，可获得更好的装饰效果；掺入聚乙烯醇、干酪素、氯化钙、明矾等，可减少涂层粉化现象。

（二）石灰砂浆

石灰粉或石灰膏单独或与水泥一起作为胶凝材料，可配制石灰砂浆或混合砂浆，常用于砌筑工程和抹面工程。石灰膏中掺入麻刀、纸筋等可用作抹面材料。

用石灰配制的砌筑砂浆和抹面砂浆，详见本书第五章。

（三）石灰土和三合土

石灰粉和颗粒状黏土按一定比例拌合，可制成石灰土。石灰土中再加入砂石、炉渣等填料拌制成三合土。一般石灰用量为石灰土总质量的 6%～12%，用水量为石灰粉质量的 100%～150%。石灰土或三合土经强力夯实，可增加其密实度，而且黏土颗粒表面的少量活性 SiO_2 和 Al_2O_3 与 $Ca(OH)_2$ 发生反应，生成不溶性的水化硅酸钙和水化铝酸钙，将黏土颗粒等胶结起来，提高其强度和耐水性。主要用于建筑物的地基加固，特别是软土地基固结和道路基层等。另外，石灰与粉煤灰、碎石拌制的"三渣"也是道路工程中常用的材料，其固结强度高于黏土（因为粉煤灰中活性 SiO_2 和 Al_2O_3 的含量高）。

（四）生产硅酸盐制品

硅酸盐制品主要包括粉煤灰砖、灰砂砖、硅酸盐砌块、加气混凝土等。它们主要以天然砂、粉煤灰、矿渣、炉渣等为原料，其中的 SiO_2、Al_2O_3 与石灰中的 $Ca(OH)_2$ 在蒸养或蒸压条件下，生成水化硅酸钙和水化铝酸钙等水硬性产物，产生强度。若没有 $Ca(OH)_2$ 参与反应，强度则很低。

<h2 style="text-align:center">第三节 石 膏</h2>

建筑石膏是以硫酸钙为主要成分的气硬性无机胶凝材料。原料来源丰富、生产能耗较低，建筑石膏及其制品有着悠久的发展历史，并具有许多优良的性能，在建筑材料领域中得到广泛应用，并发挥着重要作用。

一、石膏的原材料

（一）天然石膏

天然石膏包括天然二水石膏石（分子式 $CaSO_4 \cdot 2H_2O$，也称为生石膏或软石膏）和天然无水石膏石（分子式 $CaSO_4$，也称为硬石膏）。生石膏是生产建筑石膏最主要的原料，生石膏粉直接加水不硬化、无胶结力。硬石膏不含结晶水，与生石膏差别较大，通常用于生产建筑石膏制品或添加剂，这里不作详细介绍。

（二）化工石膏

化工石膏通常指富含二水硫酸钙（$CaSO_4 \cdot 2H_2O$）及硫酸钙（$CaSO_4$）的工业副产品。

1. 磷石膏：以磷矿石为主要原料，生产制取磷酸和磷肥时得到的以二水硫酸钙（$CaSO_4 \cdot 2H_2O$）为主要成分的副产品。

2. 脱硫石膏：通常在燃煤电厂等烟气中含有大量的 SO_2，直接排放将严重污染空气，因此，目前常采用以石灰石或石灰湿法作为脱硫剂，通过向吸收塔内喷入吸收剂浆液，与烟气充分接触混合，并对烟气进行洗涤，使得烟气中的 SO_2 与浆液中的 $CaCO_3$ 以及鼓入的强氧化空气反应，脱除烟气中的 SO_2，获得的以二水硫酸钙（$CaSO_4 \cdot 2H_2O$）为主要成分的副产品，也称为烟气脱硫石膏。脱硫石膏的特性与生石膏相似，目前得到广泛应用。

此外还有氟石膏、盐石膏、乳石膏、芒硝石膏、黄石膏、钛石膏等，经适当处理后也可作为生产建筑石膏的原材料，但是，用来生产的建筑石膏，其性能比用生石膏生产的差。

二、建筑石膏的生产

将石膏在 $107 \sim 170℃$ 条件下脱去部分结晶水而制得的半水石膏，称为建筑石膏，又称为熟石膏，分子式为 $CaSO_4 \cdot \frac{1}{2}H_2O$。其脱水反应式如下：

$$CaSO_4 \cdot 2H_2O \xrightarrow{107 \sim 170℃} CaSO_4 \cdot \frac{1}{2}H_2O + 1\frac{1}{2}H_2O \uparrow$$

石膏在加热过程中，随着温度和压力不同，其产品的性能也随之变化。在 $107 \sim 170℃$ 条件下生产的为 β 型半水石膏，也是最常用的建筑石膏。若将石膏在 $125℃$、$0.13MPa$ 压力的蒸压锅内蒸炼，则生成 α 型半水石膏，其晶粒较粗，拌制石膏浆体时的需水量较小，因此，硬化后强度较高，故称为高强石膏。

当温度升高到 $170 \sim 200℃$ 时，脱水加速，半水石膏成为可溶性硬石膏（$CaSO_4$-Ⅲ），凝结速度比半水石膏快，但需水量大，强度低。当温度升高到 200～250℃时，石膏中残留的水分很少，凝结硬化很慢，但遇水后还能逐渐生成半水石膏直至二水石膏。当温度升高到 400～750℃时，石膏完全失去水分，成为不溶性硬石膏（$CaSO_4$-Ⅱ），失去凝结硬化能力，当加入激发剂后，才具有凝结硬化能力，其强度较高，耐磨性较好。当温度高于 800℃时，部分石膏分解出的氧化钙起催化作用，又重新具有凝结硬化性能，这就是高温煅烧石膏（过烧石膏）。

《建筑石膏》GB/T 9766—2008 标准中，建筑石膏按原材料种类分为天然建筑石膏（代号为 N）、脱硫建筑石膏（代号为 S）、磷建筑石膏（代号为 P）。

三、建筑石膏的凝结硬化

（一）建筑石膏的水化

建筑石膏加水后与水发生化学反应生成二水硫酸钙的过程称为水化。水化反应式如下：

$$CaSO_4 \cdot \frac{1}{2}H_2O + 1\frac{1}{2}H_2O = CaSO_4 \cdot 2H_2O$$

生成的二水硫酸钙与生石膏分子式相同，但由于结晶度、结晶形态和结合状态不同，物理力学性能有差异。

（二）建筑石膏的凝结硬化

关于建筑石膏的水化凝结硬化机理，目前有不同的理论或阐述，其中普遍接收的是结晶理论（法国学者 H. Le Chatelier，于 1887 年提出）。常温下由于二水石膏在水中的溶解度（2.05g/L）比半水石膏的溶解度（8.16g/L）小，半水石膏的饱和溶液对于二水石膏成为过饱和溶液，所以二水石膏从溶液中析出，形成胶体微粒。由于二水石膏的析出，破坏了半水石膏溶解的平衡状态，促使半水石膏继续溶解和水化，直至半水石膏全部水化生成二水石膏；随着自由水分被水化和蒸发而不断减少，加之生成的二水石膏胶体微粒数量不断增加，而且二水石膏胶体微粒比半水石膏细，比表面积大，吸附更多的水，浆体的稠度增大，颗粒之间的摩擦力和粘结力增加，浆体很快失去可塑性而凝结；随着二水石膏胶体微粒不断生长，转变为二水石膏晶体，晶体不断长大并互相接触、共生、交错，形成网络结构（如图 2-1），石膏浆体逐渐硬化并产生强度。实际上，石膏的水化和凝结硬化过程是一个相互交叉且连续而复杂的物理化学变化过程。

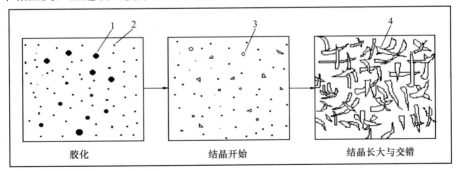

图 2-1 建筑石膏的凝结硬化过程
1—半水石膏；2—二水石膏胶体微粒；3—二水石膏晶体；4—网络的晶体

建筑石膏凝结硬化过程最显著的特点为：

1. 凝结硬化快。终凝时间不大于 30min，7d 左右可完全硬化。

2. 体积微膨胀。凝结硬化过程中体积膨胀率一般约 0.15%～1%。这一特性是其他胶凝材料所不具有的。

四、建筑石膏的技术性质

（一）凝结硬化快

建筑石膏加水拌合后约 3～12min 便失去可塑性而初凝，30min 内即可终凝硬化。由于初凝时间短不便于施工操作，使用时一般均加入缓凝剂以延长凝结时间。常用的缓凝剂有：经石灰处理的动物胶（掺量 0.1%～0.2%）、亚硫酸酒精废液（掺量 1%）、硼砂（掺量 0.1%～0.5%）、柠檬酸、聚乙烯醇等。掺缓凝剂后，石膏制品的强度将有所降低。

（二）强度较低

建筑石膏强度发展快，通常 7d 左右强度可达到最大值。建筑石膏按 2h 的抗折强度分为三个等级，最高等级的抗折强度一般约 1.6～3MPa，抗压强度一般约 3～6MPa，最高等级的 7d 抗压强度可达到 10MPa。

（三）体积微膨胀

建筑石膏在凝结硬化过程中体积微膨胀（体积膨胀率一般为 0.15%～1%）的特性，使得石膏制品表面光滑、体形饱满、不产生收缩裂纹。

（四）装饰性好

建筑石膏颜色洁白，表面细腻，具雅静感，加入各种颜料可调制成彩色石膏制品，且保色性好，特别适用于饰面和制作各种建筑装饰制品。

（五）孔隙率大

由于石膏制品生产时往往加入过量的水，蒸发后形成大量的内部毛细孔，孔隙率可达 50%～60%，表观密度小（800～1000kg/m³）、导热系数小 [0.12～0.2 W/(m·K)]，因此，具有良好的保温隔热性能和吸声性能。常用作保温隔热材料吸声材料。石膏孔隙率大也是其强度较低的主要原因。

（六）耐水性和抗冻性差

建筑石膏由于毛细孔隙多，开口（连通）孔隙率大，比表面积大，具有很强的吸湿性和吸水性，吸收水分后晶粒间的结合力减弱，强度显著降低，所以建筑石膏的软化系数小（0.2～0.3）。长期在水环境中，还会因二水石膏晶体溶解而引起建筑石膏的破坏。若石膏吸水饱和后受冻，则孔隙中的水结冰膨胀而易破坏。所以石膏的耐水性和抗冻性均较差。

（七）抗火性好

建筑石膏制品的导热系数小，传热慢，比热又大，更重要的是二水石膏遇火脱水，吸收热量并在表面形成水蒸气幕和脱水物隔热层，能有效阻止火势蔓延，所以石膏具有良好的抗火性能。

五、建筑石膏的技术要求

建筑石膏为粉状胶凝材料，堆积密度 800～1000kg/m³，密度约为 2.5～2.8g/cm³。

建筑石膏组成中 β 型半水硫酸钙 $\left(\beta\text{-CaSO}_4\cdot\dfrac{1}{2}\text{H}_2\text{O}\right)$ 的含量（质量分数）应不小于 60.0%。

建筑石膏按 2h 的强度（抗折强度）分为三个等级，其物理力学性能见表 2-6。各等级建筑石膏的初凝时间均不得小于 3min；终凝时间不得大于 30min。

建筑石膏的物理力学性能

表 2-6

等级	细度（0.2mm方孔筛筛余，%）	凝结时间（min）		2h 强度（MPa）	
		初凝	终凝	抗折强度	抗压强度
3.0				≥3.0	≥6.0
2.0	≤10	≥3	≤30	≥2.0	≥4.0
1.6				≥1.6	≥3.0

注：摘自《建筑石膏》GB/T 9766—2008。

六、建筑石膏的应用

建筑石膏在建筑工程中主要应用于抹面材料、墙体材料、装饰制品等。

（一）室内抹面及粉刷

建筑石膏的表面光洁、细腻、色白、凝结硬化快，石膏砂浆具有良好的保温隔热、调节室内空气湿度、吸声、防火等性能，所以常以建筑石膏为主要胶凝材料，配制成石膏砂浆或石膏涂料，用于内墙表面的抹面或粉刷。由于建筑石膏不耐水，故不宜在外墙使用。

抹灰石膏可大量应用于建筑物室内墙面和顶棚的抹灰。根据《抹灰石膏》GB/T 28627—2012，抹灰石膏按用途分为面层抹灰石膏、底层抹灰石膏、轻质底层抹灰石膏和保温层抹灰石膏。抹灰石膏的技术指标要求如下：

1. 凝结时间：抹灰石膏的初凝时间不小于 1h，终凝时间不大于 8h。

2. 保水率：面层抹灰石膏的保水率不小于 90%，底层抹灰石膏的保水率不小于 75%，轻质底层抹灰石膏的保水率不小于 60%。

3. 强度：建筑石膏的强度见表 2-7。

建筑石膏的强度

表 2-7

项　　目	面层抹灰石膏	底层抹灰石膏	轻质底层抹灰石膏	保温层抹灰石膏
抗折强度（MPa）≥	3.0	2.0	1.0	—
抗压强度（MPa）≥	6.0	4.0	2.5	0.6
拉伸粘结强度（MPa）≥	0.5	0.4	0.3	—

4. 体积密度：保温层抹灰石膏的体积密度不大于 500kg/m^3，轻质底层抹灰石膏的体积密度不大于 $1000\ \text{kg/m}^3$。

5. 导热系数：保温层抹灰石膏的导热系数不大于 $0.1\ \text{W/(m}\cdot\text{K)}$。

抹灰石膏是一种非常有前景的建筑抹灰材料，其应用范围逐渐扩大。

（二）石膏板

石膏板是建筑工程中使用量最大的一类板材。石膏板的种类较多，我国目前生产的主要有纸面石膏板、空心石膏板、纤维石膏板、装饰石膏板等，作为装饰吊顶、内隔墙或保温、隔声、防火等使用（详见本书第七章和第十一章）。

（三）装饰石膏制品

以杂质含量少的建筑石膏（有时称为模型石膏）加入适量纤维增强材料和胶粘剂等注模制成各种装饰石膏制品，也可掺入颜料制成彩色的石膏制品。装饰石膏制品主要有角线、线板、角花、灯圈、壁炉、罗马柱、灯座、雕塑等。

（四）其他用途

建筑石膏可作为生产硅酸盐制品中的增强剂，如粉煤灰砖、炉渣制品等，也可用作油漆或粘贴墙纸等的基层找平。

建筑石膏在运输和储存时应注意防潮，储存期一般不宜超过 3 个月，否则将使石膏制品质量下降。

第四节　水　玻　璃

一、水玻璃的原料及生产

水玻璃的生产方法分为湿法和干法两种。湿法是将石英砂（或石英粉）和氢氧化钠水溶液为原料，在压蒸锅（$0.2\sim0.3$MPa）内蒸汽加热溶解并搅拌制成黏稠状水玻璃。干法是将石英砂（或石英粉）和纯碱（碳酸钠）为原料，磨细拌匀并在 $1300\sim1400℃$ 的熔炉中熔融，经冷却后得到玻璃块状水玻璃，将玻璃块状水玻璃在热水中溶解制成黏稠状水玻璃，其反应式如下：

$$Na_2CO_3 + nSiO_2 \longrightarrow Na_2O \cdot nSiO_2 + CO_2 \uparrow$$

优质纯净的水玻璃为无色透明的黏稠状或玻璃块状，溶解于水。当含有杂质时呈黄绿色或青灰色。

二、水玻璃的分类及要求

水玻璃俗称泡花碱，是一种水溶性碱金属硅酸盐。按其碱金属氧化物，主要分为硅酸钠水玻璃（$K_2O \cdot nSiO_2$）和硅酸钾水玻璃（$K_2O \cdot nSiO_2$）两类。土木工程中最常用的是硅酸钠水玻璃，即工业硅酸钠。当工程技术要求较高时也可用硅酸钾水玻璃。

硅酸钠水玻璃分子式 $Na_2O \cdot nSiO_2$ 中的 n 称为水玻璃的模数，代表 Na_2O 和 SiO_2 的分子数比值，是非常重要的参数。n 值越大，其胶体组分相对增多，水玻璃的粘结能力和强度越高，越难溶于水；n 值越小，其晶体组分相对增多，水玻璃的粘结能力和强度越低，越易溶于水。当 n 值为 1 时，水玻璃能在常温水中溶解；当 n 值为 $1\sim3$ 时，能在热水中溶解；当 n 值大于 3.0 时，在 4 个大气压以上的蒸汽中才能溶解。故土木工程中常用的模数 n 为 $2.6\sim2.9$，既易溶于水又有较高的强度。我国生产的水玻璃模数一般在 $2.20\sim3.60$ 之间。

水玻璃在水溶液中的含量（或称浓度）常用密度或者波美度表示。土木工程中常用的水玻璃密度一般为 $1.36\sim1.50$g/cm³，相当于波美度 $38.4\sim48.3°$Bé。相同模数的水玻璃溶液，其密度越大，水玻璃含量越多，黏度越大，粘结能力越强。若在水玻璃溶液中加入尿素，可在不改变黏度的情况下，提高其粘结能力。

根据《工业硅酸钠》GB/T 4209—2008，工业硅酸钠分为液体硅酸钠和固体硅酸钠两类。液体硅酸钠分为液-1、液-2、液-3、液-4 四种型号；固体硅酸钠分为固-1、固-2、固-

3 三种型号。

根据《工业硅酸钠》GB/T 4209—2008，液体硅酸钠外观为无色、略带色的透明或半透明黏稠状液体。固体硅酸钠外观为无色、略带色的透明或半透明玻璃块状体。工业液体硅酸钠和工业固体硅酸钠应符合表 2-8 和表 2-9 要求。

工业液体硅酸钠要求 表 2-8

指标项目	液-1			液-2			液-3			液-4		
	优等品	一等品	合格品	优等品	一等品	合格品	优等品	一等品	合格品	优等品	一等品	合格品
铁（Fe），$w/\%\leqslant$	0.02	0.05	—	0.02	0.05	—	0.02	0.05	—	0.02	0.05	—
水不溶物，$w/\%\leqslant$	0.10	0.40	0.50	0.10	0.40	0.50	0.20	0.60	0.80	0.20	0.80	1.00
密度（20℃）/（g/mL）	1.336~1.362			1.368~1.394			1.436~1.465			1.526~1.559		
氧化钠，$w/\%\geqslant$	7.5			8.2			10.2			12.8		
二氧化硅，$w/\%\geqslant$	25.0			26.0			25.7			29.2		
模数	3.41~3.60			3.10~3.40			2.60~2.90			2.20~2.50		

工业固体硅酸钠要求 表 2-9

指标项目	固-1			固-2			固-3	
	优等品	一等品	合格品	优等品	一等品	合格品	一等品	合格品
可溶固体，$w/\%\geqslant$	99.0	98.0	95.0	99.0	98.0	95.0	98.0	95.0
铁（Fe），$w/\%\leqslant$	0.02	0.12	—	0.02	0.12	—	0.10	—
氧化铝，$w/\%\leqslant$	0.30	—		0.25	—		—	
模数	3.41~3.60			3.10~3.40			2.20~2.50	

三、水玻璃的凝结硬化

水玻璃在空气中的凝结硬化与石灰的凝结硬化非常相似，主要通过碳化和脱水结晶硬化两个过程来实现，反应过程如下：

$$Na_2O \cdot nSiO_2 + mH_2O + CO_2 \longrightarrow Na_2CO_3 + nSiO_2 \cdot mH_2O$$

随着碳化反应的进行，析出的无定形二氧化硅凝胶（简称为硅胶）量增加，并且自由水分蒸发及硅胶脱水，逐渐干燥成固体 SiO_2 而凝结硬化，其特点是：

1. 凝结硬化慢。由于空气中 CO_2 浓度低，故碳化反应及整个凝结硬化过程十分缓慢。

2. 体积收缩。

3. 强度低。

为了加速水玻璃的凝结硬化速度、提高强度，使用水玻璃时一般要加入促硬剂氟硅酸钠（Na_2SiF_6）。其反应过程如下：

$$2(Na_2O \cdot nSiO_2) + mH_2O + Na_2SiF_6 \longrightarrow (2n+1)SiO_2 \cdot mH_2O + 6NaF$$

氟硅酸钠的适宜掺量为水玻璃质量的 12%~15%。掺量过少，凝结硬化慢，强度低，耐水性差；掺量过多，凝结硬化过快，不便施工操作，且早期强度虽高，但后期强度明显降低。因此，使用水玻璃时应严格控制促硬剂掺量，根据气温、湿度、水玻璃的模数、密度，在上述范围内适当调整，即：气温高、模数大、密度小时，宜选用下限掺量，反之亦然。

四、水玻璃的主要技术性质

（一）黏结力和强度较高

水玻璃硬化后的主要成分为硅胶（$nSiO_2 \cdot mH_2O$）和固体，比表面积大，因而具有较高的黏结力。但水玻璃自身质量、配合料性能及施工养护等对其强度有显著影响。

（二）耐酸性好

可抵抗除氢氟酸（HF）、热磷酸和高级脂肪酸以外的几乎所有无机和有机酸的腐蚀。

（三）耐热性好

硬化后形成的二氧化硅网状骨架，在高温下强度下降很小，当采用耐热耐火骨料配制水玻璃砂浆或混凝土时，耐热度可达 1000℃。因此，水玻璃混凝土的耐热度，可以理解为主要取决于骨料的耐热度。

（四）耐碱性和耐水性差

因 SiO_2 和 $Na_2O \cdot nSiO_2$ 均溶于碱，故水玻璃不能在碱性环境中使用。同样由于 $Na_2O \cdot nSiO_2$、NaF、Na_2CO_3 均溶于水而不耐水，但可采用中等浓度的酸对已硬化的水玻璃进行酸洗处理，提高其耐水性。

五、水玻璃的应用

（一）涂刷材料表面，提高抗风化能力

水玻璃溶液涂刷或浸渍材料后，能渗入缝隙和孔隙中，硬化后的硅胶能堵塞毛细孔，提高密度和强度，从而提高材料的抗风化能力。但水玻璃不得用来涂刷或浸渍石膏制品，因为水玻璃与石膏反应生成硫酸钠（Na_2SO_4），在制品孔隙内结晶膨胀，导致石膏制品开裂破坏。

（二）作为灌浆材料，加固土壤

将水玻璃与氯化钙溶液交替注入土壤中，两种溶液迅速反应生成硅胶和硅酸钙凝胶，起到胶结和填充孔隙的作用，使土壤的强度和承载力提高。常用于粉土、砂土和填土的地基加固，称为双液注浆。

（三）配制速凝防水剂

水玻璃可与多种矾配制成速凝防水剂，用于堵漏、填缝等局部抢修。这种多矾防水剂的凝结速度很快，一般为几分钟，其中四矾防水剂不超过 1min，故在工程中使用时必须做到即配即用。

多矾防水剂常用胆矾（硫酸铜，$CuSO_4 \cdot 5H_2O$）、红矾（重铬酸钾，$K_2Cr_2O_7$）、明矾（也称白矾、硫酸铝钾）、紫矾四种矾。

（四）配制耐酸胶泥、耐酸砂浆和耐酸混凝土

耐酸胶泥是用水玻璃和耐酸粉料（常用石英粉）配制而成。耐酸胶泥、耐酸砂浆和耐酸混凝土主要用于有耐酸要求的工程，如硫酸池等。

（五）配制耐热胶泥、耐热砂浆和耐热混凝土

水玻璃胶泥主要用于耐火材料的砌筑和修补。水玻璃耐热砂浆和耐热混凝土主要用于高炉基础和其他有耐热要求的结构部位。

（六）工业硅酸钠中液、固型产品

工业硅酸钠中的液-1、液-2、固-1、固-2、固-3 型产品，主要用作黏合剂、填充料和

化工原料等；液-3 型产品主要用于建筑业；液-4 和固-3 型产品主要用作铸造业中黏合剂等。

习题与复习思考题

1. 下列名词的基本概念：胶凝材料、无机胶凝材料、有机胶凝材料、气硬性胶凝材料、水硬性胶凝材料、生石灰、熟石灰、消石灰、过火石灰、欠火石灰、石灰的陈伏、石灰土、三合土、三渣、生石膏、熟石膏、建筑石膏、二水石膏、半水石膏、硬石膏、无水石膏、高强石膏、水玻璃、水玻璃模数。

2. 石灰熟化过程的特点。

3. 磨细生石灰为什么不经"陈伏"可直接使用？

4. 石灰的凝结硬化过程及特点是什么？提高凝结硬化速度的简易措施有哪些？

5. 生石灰的主要技术性质有哪些？使用时掺入麻刀、纸筋等的作用是什么？

6. 石灰的主要用途有哪些？

7. 某多层住宅楼室内抹灰采用的是石灰砂浆，交付使用后出现墙面普遍鼓包开裂，试分析其原因。欲避免这种情况发生，应采取什么措施？

8. 石灰是气硬性胶凝材料，为什么由它配制的石灰土和三合土可以用来建造灰土渠道、三合土滚水坝等水工建筑物？

9. 建筑石膏凝结硬化过程的特点是什么？与石灰凝结硬化过程相比怎样？

10. 建筑石膏的主要技术性质有哪些？

11. 建筑石膏的主要用途有哪些？

12. 用于墙面抹灰时，建筑石膏与石灰比较具有哪些优点？

13. 水玻璃（$Na_2O \cdot nSiO_2$）中 n 的大小与水玻璃哪些性能有关？建筑工程常用 n 值范围是多少？

14. 水玻璃中掺入促硬剂的目的及常用促硬剂名称是什么？

15. 水玻璃的主要技术性质和用途有哪些？

第三章 水 泥

水泥呈粉末状，与适量水拌合成塑性浆体，经过物理化学过程浆体能变成坚硬的石状体，并能将散粒状材料胶结成为整体。水泥是一种良好的胶凝材料，水泥浆体不但能在空气中硬化，还能更好地在水中硬化，保持并发展其强度，故水泥是水硬性胶凝材料。

水泥在胶凝材料中占有极其重要的地位，是最重要的建筑材料之一。它不但大量应用于工业与民用建筑工程中，还广泛地应用于农业、水利、公路、铁路、海港和国防等工程中，常用来制造各种形式的钢筋混凝土、预应力混凝土构件和建筑物，也常用于配制砂浆，以及用作灌浆材料等。

水泥的种类繁多，目前生产和使用的水泥品种已有 200 余种。按组成水泥的基本物质——熟料的矿物组成，一般可分为：①硅酸盐系水泥，其中包括通用水泥，含硅酸盐水泥、普通硅酸盐水泥、矿渣硅酸盐水泥、火山灰质硅酸盐水泥、粉煤灰硅酸盐水泥、复合硅酸盐水泥等六个品种水泥，以及快硬硅酸盐水泥、白色硅酸盐水泥、抗硫酸盐硅酸盐水泥等；②铝酸盐系水泥，如铝酸盐自应力水泥、铝酸盐水泥等；③硫铝酸盐系水泥，如快硬硫铝酸盐水泥、Ⅰ型低碱硫铝酸盐水泥等；④氟铝酸盐水泥；⑤铁铝酸盐水泥；⑥少熟料或无熟料水泥。按水泥的特性与用途划分，可分为：①通用水泥，是指大量用于一般土木工程的水泥，如上述"六种"水泥；②专用水泥，是指专门用途的水泥，如砌筑水泥、油井水泥、道路水泥等；③特性水泥，是指某种性能比较突出的水泥，如快硬水泥、白色水泥、膨胀水泥、低热及中热水泥等。

本章以通用硅酸盐水泥为主要内容，在此基础上介绍其他品种水泥。

第一节 通用硅酸盐水泥概述

通用硅酸盐水泥是指组成水泥的基本物质——熟料的主要成分为硅酸钙，在所有的水泥中它应用最广。

一、硅酸盐水泥熟料的原材料与生产工艺

生产通用硅酸盐水泥的原料主要是石灰石和黏土质原料两类。石灰质原料主要提供 CaO，常采用石灰石、白垩、石灰质凝灰岩等。黏土质原料主要提供 SiO_2、Al_2O_3 及 Fe_2O_3，常采用黏土、黏土质页岩、黄土等。有时两种原料化学成分不能满足要求，还需加入少量校正原料来调整，常采用黄铁矿渣等。

通用硅酸盐水泥的生产工艺概括起来就是"两磨一烧"，如图 3-1 所示。

生产水泥时首先将原料按适当比例混合后再磨细，然后将制成的生料入窑进行高温煅烧；再将烧好的熟料配以适当的石膏和混合材料在磨机中磨成细粉，即得到水泥。

煅烧水泥熟料的窑型主要有两类：回转窑和立窑。技术相对落后，能耗较高及产品质量较差的立窑逐渐被淘汰，取而代之的是技术先进、能耗低、产品质量好、生产规模大

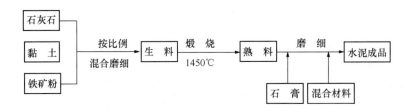

图 3-1 水泥生产工艺示意图

（目前最大日产量已达 12000t/d）的窑外分解回转窑。

二、通用硅酸盐水泥的组成

通用硅酸盐水泥由硅酸盐水泥熟料、石膏调凝剂和混合材料三部分组成，如表 3-1 所示。

通用硅酸盐水泥的组分 表 3-1

品种	代号	组分（质量分数，%）				
		熟料＋石膏	粒化高炉矿渣	火山灰质混合材料	粉煤灰	石灰石
硅酸盐水泥	P·Ⅰ	100	—	—	—	—
	P·Ⅱ	≥95	≤5	—	—	—
		≥95	—	—	—	≤5
普通硅酸盐水泥	P·O	≥80 且＜95	>5 且≤20			
矿渣硅酸盐水泥	P·S·A	≥50 且＜80	>20 且≤50	—	—	—
	P·S·B	≥30 且＜50	>50 且≤70	—	—	—
火山灰质硅酸盐水泥	P·P	≥60 且＜80	—	>20 且≤40	—	—
粉煤灰硅酸盐水泥	P·F	≥60 且＜80	—	—	>20 且≤40	—
复合硅酸盐水泥	P·C	≥50 且＜80	>20 且≤50			

（一）硅酸盐水泥熟料

以适当成分的生料煅烧至部分熔融，所得以硅酸钙为主要成分的产物，称为硅酸盐水泥熟料。生料中的主要成分是 CaO、SiO_2、Al_2O_3、Fe_2O_3，经高温煅烧后，反应生成硅酸盐水泥熟料中的四种主要矿物：硅酸三钙（$3CaO \cdot SiO_2$，简写式 C_3S）、硅酸二钙（$2CaO \cdot SiO_2$，简写式 C_2S）、铝酸三钙（$3CaO \cdot Al_2O_3$，简写式 C_3A）和铁铝酸四钙（$4CaO \cdot Al_2O_3 \cdot Fe_2O_3$，简写式 C_4AF）。硅酸盐水泥熟料的化学成分和矿物组分含量如表 3-2 所示。

硅酸盐水泥熟料的化学成分及矿物成分含量 表 3-2

化学成分	含量(%)	矿物成分	含量(%)
CaO	62～67	$3CaO \cdot SiO_2$（C_3S）	37～60
SiO_2	19～24	$2CaO \cdot SiO_2$（C_2S）	15～37
Al_2O_3	4～7	$3CaO \cdot Al_2O_3$（C_3A）	7～15
Fe_2O_3	2～5	$4CaO \cdot Al_2O_3 \cdot Fe_2O_3$（$C_4AF$）	10～18

（二）石膏

石膏是通用硅酸盐水泥中必不可少的组成材料，主要作用是调节水泥的凝结时间，常采用天然或工业副产二水石膏（$CaSO_4 \cdot 2H_2O$），也可采用硬石膏。

（三）混合材料

混合材料按其性能不同，可分为活性与非活性两大类。常用的混合材料有活性类的粒化高炉矿渣、火山灰质材料及粉煤灰等与非活性类的石灰石、石英砂、黏土、慢冷矿渣等。

第二节　硅酸盐水泥和普通硅酸盐水泥

在硅酸盐系水泥品种中，硅酸盐水泥和普通硅酸盐水泥的组成相差较小，性能较为接近。

一、硅酸盐水泥的水化和凝结硬化

水泥加水拌合后，最初形成具有可塑性的浆体（称为水泥净浆），随着水泥水化反应的进行逐渐变稠失去塑性，这一过程称为凝结。此后，随着水化反应的继续，浆体逐渐变为具有一定强度的坚硬的固体水泥石，这一过程称为硬化。可见，水化是水泥产生凝结硬化的前提，而凝结硬化则是水泥水化的必然结果。

（一）硅酸盐水泥的水化

硅酸盐水泥与水拌合后，其熟料颗粒表面的四种矿物立即与水发生水化反应，生成水化产物。各矿物的水化反应如下：

$$2(3CaO \cdot SiO_2) + 6H_2O = 3CaO \cdot 2SiO_2 \cdot 3H_2O + 3Ca(OH)_2$$
　　　　　　　（水化硅酸钙凝胶）　　　（氢氧化钙晶体）

$$2(2CaO \cdot SiO_2) + 4H_2O = 3CaO \cdot 2SiO_2 \cdot 3H_2O + Ca(OH)_2$$

$$3CaO \cdot Al_2O_3 + 6H_2O = 3CaO \cdot Al_2O_3 \cdot 6H_2O \quad （水化铝酸钙晶体）$$

$$4CaO \cdot Al_2O_3 \cdot Fe_2O_3 + 7H_2O = 3CaO \cdot Al_2O_2 \cdot 6H_2O + CaO \cdot Fe_2O_3 \cdot H_2O$$
　　　　　　　　　　　　　　　　　　　　　　（水化铁酸钙凝胶）

上述反应中，硅酸三钙的水化反应速度快，水化放热量大，生成的水化硅酸钙（简写成 C—S—H）几乎不溶于水，而以胶体微粒析出，并逐渐凝聚成为凝胶。经电子显微镜观察，水化硅酸钙的颗粒尺寸与胶体相当，实际呈结晶度较差的箔片状和纤维颗粒，由这些颗粒构成的网状结构具有很高的强度。反应生成的氢氧化钙很快在溶液中达到饱和，呈六方板状晶体析出。硅酸三钙早期与后期强度均高。

硅酸二钙水化反应的产物与硅酸三钙的相同，只是数量上有所不同，而它水化反应慢，水化放热小。由于水化反应速度慢，因此早期强度低，但后期强度增进率大，一年后可赶上甚至超过硅酸三钙的强度。

铁铝酸四钙水化反应快，水化放热中等，生成的水化产物为水化铝酸三钙立方晶体与水化铁酸一钙凝胶，强度较低。

铝酸三钙的水化反应速度极快，水化放热量最大，其部分水化产物——水化铝酸钙晶体在氢氧化钙的饱和溶液中能与氢氧化钙进一步反应，生成水化铝酸钙晶体，二者的强度均较低。上述熟料矿物水化与凝结硬化特性见表 3-3 与图 3-2。

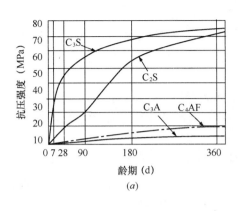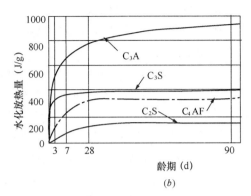

图 3-2 熟料矿物的水化和凝结硬化特性

（a）水泥熟料矿物在不同龄期的抗压强度；（b）水泥熟料矿物在不同龄期的水化放热

硅酸盐水泥主要矿物组成及其特性 表 3-3

特性 指标 \ 矿物组成		$3CaO \cdot SiO_2$ (C_3S)	$2CaO \cdot SiO_2$ (C_2S)	$3CaO \cdot Al_2O_3$ (C_3A)	$4CaO \cdot Al_2O_3 \cdot Fe_2O_3$ (C_4AF)
密度（g/cm³）		3.25	3.28	3.04	3.77
水化反应速率		快	慢	最快	快
水化放热量		大	小	最大	中
强度	早 期	高	低	低	低
	后 期		高		
收缩		中	中	大	小
抗硫酸盐侵蚀性		中	最好	差	好

由上所述可知，正常煅烧的硅酸盐水泥熟料经磨细后与水拌合时，由于铝酸三钙的剧烈水化，会使浆体迅速产生凝结，这在使用时便无法正常施工；因此，在水泥生产时必须加入适量的石膏调凝剂，使水泥的凝结时间满足工程施工的要求。水泥中适量的石膏与水化铝酸三钙反应生成高硫型水化硫铝酸钙，又称钙矾石或 AFt，其反应式如下：

$$3CaO \cdot Al_2O_3 \cdot 6H_2O + 3(CaSO_4 \cdot 2H_2O) + 20H_2O \rightarrow 3CaO \cdot Al_2O_3 \cdot 3CaSO_4 \cdot 32H_2O$$

（高硫型水化硫铝酸钙晶体）

石膏完全消耗后，一部分钙矾石将转变为单硫型水化硫铝酸钙（简式 AFm）晶体，即：

$$3CaO \cdot Al_2O_3 \cdot 3CaSO_4 \cdot 32H_2O + 2(3CaO \cdot Al_2O_3 \cdot 6H_2O) \rightarrow$$
$$3(3CaO \cdot Al_2O_3 \cdot CaSO_4 \cdot 12H_2O)$$

（低硫型水化硫铝酸钙晶体）

水化硫铝酸钙是难溶于水的针状晶体，它沉淀在熟料颗粒的周围，阻碍了水分的进入，因此起到了延缓水泥凝结的作用。

水泥的水化实际上是复杂的化学反应，上述反应是几个典型的水化反应式，若忽略一些次要的或少量的成分以及混合材料的作用，硅酸盐水泥与水反应后，生成的主要水化产物有：水化硅酸钙凝胶、水化铁酸钙凝胶、氢氧化钙晶体、水化铝酸钙晶体、水化硫铝酸钙晶体。在完全水化的水泥中，水化硅酸钙约占 70%，氢氧化钙约占 20%，钙矾石和单硫型水化硫铝酸钙约占 7%。

（二）硅酸盐水泥的凝结硬化过程

迄今为止，尚没有一种统一的理论来阐述水泥的凝结硬化具体过程，现有的理论还存在着许多问题有待于进一步的研究。一般按水化反应速率和水泥浆体的结构特征，硅酸盐水泥的凝结硬化过程可分为：初始反应期、潜伏期、凝结期、硬化期四个阶段。

1. 初始反应期。水泥与水接触后立即发生水化反应，在初始的 5~10min 内，放热速率剧增，可达此阶段的最大值，然后又降至很低。这个阶段称为初始反应期。在此阶段硅酸三钙开始水化，生成水化硅酸钙凝胶，同时释放出氢氧化钙，氢氧化钙立即溶于水中，钙离子浓度急剧增大，当达到过饱和时，则呈结晶析出。同时，暴露于水泥熟料颗粒表面的铝酸三钙也溶于水，并与已溶解的石膏反应，生成钙矾石结晶析出，附着在颗粒表面，在这个阶段中，水化的水泥只是极少的一部分。

2. 潜伏期。在初始反应期后，有相当长一段时间（约 1~2h），水泥浆的放热速率很低，这说明水泥水化十分缓慢。这主要是由于水泥颗粒表面覆盖了一层以水化硅酸钙凝胶为主的渗透膜层，阻碍了水泥颗粒与水的接触。在此期间，由于水泥水化产物数量不多，水泥颗粒仍呈分散状态，所以水泥浆基本保持塑性。

许多研究者将上述两个阶段合并称为诱导期。

3. 凝结、硬化期。在潜伏期后由于渗透压的作用，水泥颗粒表面的膜层破裂，水泥继续水化，放热速率又开始增大，6h 内可增至最大值，然后又缓慢下降。在此阶段，水化产物不断增加并填充水泥颗粒之间的空间，随着接触点的增多，形成了由分子力结合的凝聚结构，使水泥浆体逐渐失去塑性，这一过程称为水泥的凝结。此阶段结束约有 15% 的水泥水化。

在凝结期后，放热速率缓慢下降，至水泥水化 24h 后，放热速率已降到一个很低值，约 4.0J/g·h 以下，此时，水泥水化仍在继续进行，水化铁铝酸钙形成；由于石膏的耗尽，高硫型水化硫铝酸钙转变为低硫型水化硫铝酸钙，水化硅酸钙凝胶形成纤维状。在这一过程中，水化产物越来越多，它们更进一步地填充孔隙且彼此间的结合亦更加紧密，使得水泥浆体产生强度，这一过程称为水泥的硬化。硬化期是一个相当长的时间过程，在适当的养护条件下，水泥硬化可以持续很长时间，几个月、几年、甚至几十年后强度还会继续增长。

水泥石强度发展的一般规律是：3~7 天内强度增长最快，28 天内强度增长较快，超过 28 天后强度将继续发展但增长较慢。

需要注意的是：水泥凝结硬化过程的各个阶段不是彼此截然分开，而是交错进行的。

（三）水泥石的结构

在常温下硬化的水泥石，通常是由水化产物、未水化的水泥颗粒内核、孔隙等组成的多相（固、液、气）的多孔体系。

在水泥石中，水化硅酸钙凝胶对水泥石的强度及其他主要性质起支配作用。水泥石具有强度的实质，包括范德华键、氢键、原子价键等的作用力以及凝胶体的巨大内表面积的表面效应所产生的粘结力。

（四）影响硅酸盐水泥凝结硬化的主要因素

从硅酸盐水泥熟料的单矿物水化及凝结硬化特性不难看出，熟料的矿物组成直接影响着水泥水化与凝结硬化，除此以外，水泥的凝结硬化还与下列因素有关：

1. 水泥细度。水泥颗粒越细，与水起反应的表面积越大，水化作用的发展就越迅速而充分，使凝结硬化的速度加快，早期强度大。但颗粒过细的水泥硬化时产生的收缩亦越大，而且磨制水泥能耗多成本高，一般认为，水泥颗粒小于 $40\mu m$ 才具有较高的活性，大于 $100\mu m$ 活性就很小了。

2. 石膏掺量。石膏的掺入可延缓水泥的凝结硬化速率，有试验表明，当水泥中石膏掺入量（以 $SO_3\%$ 计）小于 1.3% 时，并不能阻止水泥快凝，但在掺量（以 $SO_3\%$ 计）大于 2.5% 以后，水泥凝结时间的增长很少。

3. 水泥浆的水灰比。拌合水泥浆时，水与水泥的质量比称为水灰比（W/C）。为使水泥浆体具有一定塑性和流动性，所以加入的水量通常要大大超过水泥充分水化时所需的水量，多余的水在硬化的水泥石内形成毛细孔隙，W/C 越大，形成凝胶结构时间越长，凝结时间越长，同时，硬化水泥石的毛细孔隙率越大，水泥石的强度随其增加而呈直线下降。

4. 温度与湿度。温度升高，水泥的水化反应加速，从而使其凝结硬化速率加快，早期强度提高，但对后期强度反而可能有所下降；相反，在较低温度下，水泥的凝结硬化速度慢，早期强度低，但因生成的水化产物较致密而可以获得较高的最终强度；负温下水结成冰时，水泥的水化将停止。

水是水泥水化硬化的必要条件，在干燥环境中，水分蒸发快，易使水泥浆失水而使水化不能正常进行，影响水泥石强度的正常增长，因此用水泥拌制的砂浆和混凝土，在浇筑后应注意保水养护。

5. 养护龄期。水泥的水化硬化是一个较长时期不断进行的过程，随着时间的增加，水泥的水化程度提高，凝胶体不断增多，毛细孔减少，水泥石强度不断增加。

二、硅酸盐水泥的技术性质

根据国家标准《通用硅酸盐水泥》GB 175—2007，对硅酸盐水泥的主要技术性质有下列规定：

（一）细度

细度是指水泥颗粒的粗细程度，水泥细度通常采用筛析法或比表面积法测定。国家标准规定，硅酸盐水泥的比表面积不小于 $300 m^2/kg$。水泥细度是鉴定水泥品质的选择性指标，但水泥的粗细将会影响其水化速度与早期强度，过细的水泥将对混凝土的性能产生不良影响。

（二）凝结时间

凝结时间是指水泥从加水开始，到水泥浆失去塑性所需的时间。凝结时间分初凝时间和终凝时间，初凝时间是指从水泥加水到水泥浆开始失去塑性的时间，终凝时间是指从水泥加水到水泥浆完全失去塑性的时间。国家标准规定，硅酸盐水泥的初凝时间不得早于 45min，终凝时间不得迟于 390min。

水泥凝结时间的测定，是以标准稠度的水泥净浆，在规定温度和湿度条件下，用凝结时间测定仪测定。所谓标准稠度用水量是指水泥净浆达到规定稠度时所需的拌合用水量，以占水泥重量的百分率表示，硅酸盐水泥的标准稠度用水量，一般为 24%～30%。

水泥的凝结时间对水泥混凝土和砂浆的施工有重要的意义。初凝时间不宜过短，以便施工时有足够的时间来完成混凝土和砂浆拌合物的运输、浇捣或砌筑等操作；终凝时间不宜过长，是为了使混凝土和砂浆在浇捣或砌筑完毕后能尽快凝结硬化，以利于下一道工序的及早进行。

（三）安定性

安定性是指水泥浆体硬化后体积变化的均匀性。若水泥硬化后体积变化不稳定、不均匀，即所谓的安定性不良，会导致混凝土产生膨胀破坏，造成严重的工程质量事故。因此，国家标准规定：水泥安定性不合格应作废品处理，不得用于任何工程中。

在水泥中，由于熟料煅烧不完全而存在游离 CaO 与 MgO（f-CaO、f-MgO），由于是高温生成，因此水化活性小，在水泥硬化后水化，产生体积膨胀；生产水泥时加入过多的石膏，在水泥硬化后还会继续与固态的水化铝酸钙反应生成水化硫铝酸钙，产生体积膨胀。这三种物质造成的膨胀均会导致水泥安定性不良，即使得硬化水泥石产生弯曲、裂缝甚至粉碎性破坏。沸煮能加速 f-CaO 的水化，国家标准规定通用水泥用沸煮法检验安定性；f-MgO 的水化比 f-CaO 更缓慢，沸煮法已不能检验，国家标准规定通用水泥 MgO 含量不得超过 5%，若水泥经压蒸法检验合格，则 MgO 含量可放宽到 6%；由石膏造成的安定性不良，需经长期浸在常温水中才能发现，不便于检验，所以国家标准规定硅酸盐水泥中的 SO_3 含量不得超过 3.5%。

（四）强度

水泥的强度是评定其质量的重要指标，也是划分水泥强度等级的依据。水泥的强度包括抗压强度与抗折强度，必须同时满足标准要求，缺一不可，见表 3-4。

硅酸盐水泥各强度等级、各龄期的强度值（GB 175—2007）　　表 3-4

强度等级	抗压强度（MPa）		抗折强度（MPa）	
	3d	28d	3d	28d
42.5	≥17.0	≥42.5	3.5	≥6.5
42.5R	≥22.0		4.0	
52.5	≥23.0	≥52.5	4.0	≥7.0
52.5R	≥27.0		5.0	
62.5	≥28.0	≥62.5	5.0	≥8.0
62.5R	≥32.0		5.5	

（五）碱含量

水泥中的碱含量是按 $Na_2O + 0.658K_2O$ 计算的重量百分率来表示。水泥中的碱会和集料中的活性物质如活性 SiO_2 反应，生成膨胀性的碱硅酸盐凝胶，导致混凝土开裂破坏。这种反应和水泥的碱含量、集料的活性物质含量及混凝土的使用环境有关。为防止碱集料反应，即使在使用相同活性集料的情况下，不同的混凝土配合比、使用环境对水泥的碱含量要求也不一样，因此，标准中将碱含量定为任选要求，当用户要求提供低碱水泥时，水泥中的碱含量应不大于 0.60% 或由供需双方协商确定。

（六）水化热

水泥在凝结硬化过程中因水化反应所放出的热量，称为水泥的水化热，通常以 kJ/kg 表示。大部分水化热是伴随着强度的增长在水化初期放出的。水泥的水化热大小和释放速率主要与水泥熟料的矿物组成、混合材料的品种与数量、水泥的细度及养护条件等有关，另外，加入外加剂可改变水泥的释热速率。大型基础、水坝、桥墩、厚大构件等大体积混凝土构筑物，由于水化热聚集在内部不易散发，内部温升可达 $50\sim60\text{℃}$ 甚至更高，内外温差产生的应力和温降收缩产生的应力常使混凝土产生裂缝，因此，大体积混凝土工程不宜采用水化热较大、放热较快的水泥，如硅酸盐水泥，因为它含熟料最多。但国家标准未就该项指标作具体的规定。

三、水泥石的腐蚀与防止

硅酸盐水泥硬化后，在通常使用条件下具有优良的耐久性。但在某些侵蚀性液体或气体等介质的作用下，水泥石结构会逐渐遭到破坏，这种现象称为水泥石的腐蚀。

（一）水泥石的几种主要侵蚀类型

导致水泥石腐蚀的因素很多，作用过程亦甚为复杂，本书仅介绍几种典型介质对水泥石的侵蚀作用。

1. 软水侵蚀（溶出性侵蚀）。不含或仅含少量重碳酸盐（含 HCO_3^- 的盐）的水称为软水，如雨水、蒸馏水、冷凝水及部分江水、湖水等。当水泥石长期与软水相接触时，水化产物将按其稳定存在所必需的平衡氢氧化钙（钙离子）浓度的大小，依次逐渐溶解或分解，从而造成水泥石的破坏，这就是溶出性侵蚀。

在各种水化产物中，$Ca(OH)_2$ 的溶解度最大（25℃约 CaO1.3g/L），因此首先溶出，这样不仅增加了水泥石的孔隙率，使水更容易渗入，而且由于 $Ca(OH)_2$ 浓度降低，还会使水化产物依次发生分解，如高碱性的水化硅酸钙、水化铝酸钙等分解成为低碱性的水化产物，并最终变成硅酸凝胶、氢氧化铝等无胶凝能力的物质。在静水及无压力水的情况下，由于周围的软水易为溶出的氢氧化钙所饱和，使溶出作用停止，所以对水泥石的影响不大；但在流水及压力水的作用下，水化产物的溶出将会不断地进行下去，水泥石结构的破坏将由表及里地不断进行下去。当水泥石与环境中的硬水接触时，水泥石中的氢氧化钙与重碳酸盐发生反应：

$$Ca(OH)_2 + Ca(HCO_3)_2 \longrightarrow CaCO_3 + 2H_2O$$

生成的几乎不溶于水的碳酸钙积聚在水泥石的孔隙内，形成致密的保护层，可阻止外界水的继续侵入，从而可阻止水化产物的溶出。

2. 盐类侵蚀。在水中通常溶有大量的盐类，某些溶解于水中的盐类会与水泥石相互作用产生置换反应，生成一些易溶或无胶结能力或产生膨胀的物质，从而使水泥石结构破坏。最常见的盐类侵蚀是硫酸盐侵蚀与镁盐侵蚀。

硫酸盐侵蚀是由于水中溶有一些易溶的硫酸盐，它们与水泥石中的氢氧化钙反应生成硫酸钙，硫酸钙再与水泥石中的固态水化铝酸钙反应生成钙矾石，体积急剧膨胀（约 1.5 倍），使水泥石结构破坏，其反应式是：

$$3CaO \cdot Al_2O_3 \cdot 6H_2O + 3(CaSO_4 \cdot 2H_2O) + 20H_2O \longrightarrow 3CaO \cdot Al_2O_3 \cdot 3CaSO_4 \cdot 32H_2O$$

钙矾石呈针状晶体，常称其为"水泥杆菌"。若硫酸钙浓度过高，则直接在孔隙中生成二水石膏结晶，产生体积膨胀而导致水泥石结构破坏。

镁盐侵蚀主要是氯化镁和硫酸镁与水泥石中的氢氧化钙起复分解反应，生成无胶结能力的氢氧化镁及易溶于水的氯化镁或生成石膏导致水泥石结构破坏，其反应式为：

$$MgCl_2 + Ca(OH)_2 \longrightarrow Mg(OH)_2 + CaCl_2$$
$$MgSO_4 + Ca(OH)_2 + 2H_2O \longrightarrow CaSO_4 \cdot 2H_2O + Mg(OH)_2$$

可见，硫酸镁对水泥石起镁盐与硫酸盐双重侵蚀作用。

在海水、湖水、盐沼水、地下水、某些工业污水及流经高炉矿渣或煤渣的水中常含钾、钠、铵等硫酸盐；在海水及地下水中常含有大量的镁盐，主要是硫酸镁和氯化镁。

3. 酸类侵蚀。

(1) 碳酸侵蚀：在某些工业污水和地下水中常溶解有较多的二氧化碳，这种水分对水泥石的侵蚀作用称为碳酸侵蚀。首先，水泥石中的 $Ca(OH)_2$ 与溶有 CO_2 的水反应，生成不溶于水的碳酸钙；接着碳酸钙又再与碳酸水反应生成易于水的碳酸氢钙。反应式为：

$$Ca(OH)_2 + CO_2 + H_2O \longrightarrow CaCO_3 + 2H_2O$$
$$CaCO_3 + CO_2 + H_2O \longrightarrow Ca(HCO_3)_2$$

当水中含有较多的碳酸，上述反应向右进行，从而导致水泥石中的 $Ca(OH)_2$ 不断地转变为易溶的 $Ca(HCO_3)_2$ 而流失，进一步导致其他水化产物的分解，使水泥石结构遭到破坏。

(2) 一般酸侵蚀：水泥的水化产物呈碱性，因此酸类对水泥石一般都会有不同程度的侵蚀作用，其中侵蚀作用最强的是无机酸中的盐酸、氢氟酸、硝酸、硫酸及有机酸中的醋酸、蚁酸和乳酸等，它们与水泥石中的 $Ca(OH)_2$ 反应后的生成物，或者易溶于水，或者体积膨胀，都对水泥石结构产生破坏作用。例如盐酸和硫酸分别与水泥石中的 $Ca(OH)_2$ 作用：

$$2HCl + Ca(OH)_2 \longrightarrow CaCl_2 + H_2O$$
$$H_2SO_4 + Ca(OH)_2 \longrightarrow CaSO_4 + 2H_2O$$

反应生成的氯化钙易溶于水，生成的石膏继而又产生硫酸盐侵蚀作用。

4. 强碱侵蚀。水泥石本身具有相当高的碱度，因此弱碱溶液一般不会侵蚀水泥石，但是，当铝酸盐含量较高的水泥石遇到强碱（如氢氧化钠）作用后出会被腐蚀破坏。氢氧化钠与水泥熟料中未水化的铝酸三钙作用，生成易溶的铝酸钠：

$$3CaO \cdot Al_2O_3 + 6Na(OH) =\!=\!= 3Na_2O \cdot Al_2O_3 + 3Ca(OH)_2$$

当水泥石被氢氧化钠浸润后又在空气中干燥，与空气中的二氧化碳作用生成碳酸钠，它在水泥石毛细孔中结晶沉积，会使水泥石胀裂。

除了上述 4 种典型的侵蚀类型外，糖、氨、盐、动物脂肪、纯酒精、含环浣酸的石油产品等对水泥石也有一定的侵蚀作用。

在实际工程中，水泥石的腐蚀常常是几种侵蚀介质同时存在、共同作用所产生的；但干的固体化合物不会对水泥石产生侵蚀，侵蚀性介质必须呈溶液状且浓度大于某一临界值。

水泥的耐蚀性可用耐蚀系数定量表示。耐蚀系数是以同一龄期下，水泥试体在侵蚀性溶液中养护的强度与在淡水中养护的强度之比，比值越大，耐蚀性越好。

(二) 水泥石腐蚀的防止

从以上对侵蚀作用的分析可以看出，水泥石被腐蚀的基本内因为：一是水泥石中存在有易被腐蚀的组分，如 $Ca(OH)_2$ 与水化铝酸钙；二是水泥石本身不致密，有很多毛细孔通道，侵蚀性介质易于进入其内部。因此，针对具体情况可采取下列措施防止水泥石的腐蚀。

1. 根据侵蚀介质的类型，合理选用水泥品种。如采用水化产物中 $Ca(OH)_2$ 含量较少的水泥，可提高对多种侵蚀作用的抵抗能力；采用铝酸三钙含量低于 5% 的水泥，可有效抵抗硫酸盐的侵蚀；掺入活性混合材料，可提高硅酸盐水泥抵抗多种介质的侵蚀作用。

2. 提高水泥石的密实度。水泥石（或混凝土）的孔隙率越小，抗渗能力越强，侵蚀介质也越难进入，侵蚀作用越轻。在实际工程中，可采用多种措施提高混凝土与砂浆的密实度。

3. 设置隔离层或保护层。当侵蚀作用较强或上述措施不能满足要求时，可在水泥制品（混凝土、砂浆等）表面设置耐腐蚀性高且不透水的隔离层或保护层。

四、硅酸盐水泥的特性与应用

1. 凝结硬化快，早期强度与后期强度均高。这是因为硅酸盐水泥中硅酸盐水泥熟料多，即水泥中 C_3S 多。因此适用于现浇混凝土工程、预制混凝土工程、冬期施工混凝土工程、预应力混凝土工程、高强混凝土工程等。

2. 抗冻性好。硅酸盐水泥石具有较高的密实度，且具有对抗冻性有利的孔隙特征，因此抗冻性好，适用于严寒地区遭受反复冻融循环的混凝土工程。

3. 水化热高。硅酸盐水泥中 C_3S 和 C_3A 含量高，因此水化放热速度快、放热量大，所以适用于冬期施工，不适用于大体积混凝土工程。

4. 耐腐蚀性差。硅酸盐水泥石中的 $Ca(OH)_2$ 与水化铝酸钙较多，所以耐腐蚀性差，因此不适用于受流动软水和压力水作用的工程，也不宜用于受海水及其他侵蚀性介质作用的工程。

5. 耐热性差。水泥石中的水化产物在 250~300℃ 时会产生脱水，强度开始降低，当温度 700~1000℃ 时，水化产物分解，水泥石的结构几乎完全破坏，所以硅酸盐水泥不适用于耐热、高温要求的混凝土工程。但当温度为 100~250℃ 时，由于额外的水化作用及脱水后凝胶与部分 $Ca(OH)_2$ 的结晶对水泥石的密实作用，水泥石的强度并不降低。

6. 抗碳化性好。水泥石中 $Ca(OH)_2$ 与空气中 CO_2 的作用称为碳化。硅酸盐水泥水化后，水泥石中含有较多的 $Ca(OH)_2$，因此抗碳化性好。

7. 干缩小。硅酸盐水泥硬化时干燥收缩小，不易产生干缩裂纹，故适用于干燥环境。

五、普通硅酸盐水泥

按国家标准《通用硅酸盐水泥》GB175—2007 规定：普通硅酸盐水泥由硅酸盐水泥熟料、再加入大于 5% 且不大于 20% 的活性混合材料及适量石膏组成，简称普通水泥，代号 P·O。活性混合材料的最大掺量不得超过 20%，其中允许用不超过水泥质量 5% 的窑灰或不超过水泥质量 8% 的非活性混合材料来代替。

由组成可知，普通硅酸盐水泥与硅酸盐水泥的差别仅在于其中含有少量混合材料，而绝大部分仍是硅酸盐水泥熟料，故其特性与硅酸盐水泥基本相同；但由于掺入少量混合材料，因此与同强度等级硅酸盐水泥相比，普通硅酸盐水泥早期硬化速度稍慢、3 天强度稍低、抗冻性稍差、水化热稍小、耐蚀性稍好，如表 3-5 所示。

普通硅酸盐水泥各强度等级、各龄期强度值（GB 175—2007） 表 3-5

强度等级	抗压强度（MPa）		抗折强度（MPa）	
	3d	28d	3d	28d
42.5	≥17.0	≥42.5	≥3.5	≥6.5
42.5R	≥22.0		≥4.0	
52.5	≥23.0	≥52.5	≥4.0	≥7.0
52.5R	≥27.0		≥5.0	

普通硅酸盐水泥的终凝时间不得大于 600min，其余技术性质要求同硅酸盐水泥。

第三节　掺大量混合材料的硅酸盐水泥

一、混合材料

磨制水泥时掺入的人工或天然矿物材料称为混合材料。混合材料按其性能可分为活性混合材料和非活性混合材料两大类。

（一）活性混合材料

常温下能与石灰、石膏或硅酸盐水泥一起，加水拌合后能发生水化反应，生成水硬性的水化产物的混合材料称为活性混合材料。常用的活性混合材料有粒化高炉矿渣、火山灰质混合材料、硅粉及粉煤灰。

1. 粒化高炉矿渣。粒化高炉矿渣是将炼铁高炉中的熔融炉渣经急速冷却后形成的质地疏松的颗粒材料。由于采用水淬方法进行急冷，故又称水淬高炉矿渣。急冷的目的在于阻止其中的矿物成分结晶，使其在常温下成为不稳定的玻璃体（一般占 80% 以上），从而具有较高的化学能即具有较高的潜在活性。

粒化高炉矿渣中的活性成分主要是活性 Al_2O_3 和活性 SiO_2，矿渣的活性用质量系数 K 评定，按国家标准《用于水泥中的粒化高炉矿渣》GB/T 203—2008，K 是指矿渣的化学成分中 CaO、MgO、Al_2O_3 的质量分数之和与 SiO_2、MnO、TiO_2 的质量分数之和的比值。它反映了矿渣中活性组分与低活性和非活性组分之间的比例，K 值越大，则矿渣的活性越高。水泥用粒化高炉矿渣的质量系数不得小于 1.2。

2. 火山灰质混合材料。火山灰质混合材料是指具有火山灰性的天然或人工的矿物材料。其品种很多，天然的有：火山灰、凝灰岩、浮石、浮石岩、沸石、硅藻土等；人工的有：烧页岩、烧黏土、煤渣、煤矸石、硅灰等。火山灰质混合材料的活性成分也是活性 Al_2O_3 和活性 SiO_2。

3. 硅粉。硅粉是硅铁合金生产过程排出的烟气，遇冷凝聚所形成的微细球形玻璃质粉末。硅粉颗粒的粒径约 $0.1\mu m$，比表面积在 $20000m^2/kg$ 以上，SiO_2 含量大于 90%。由于硅粉具有很细的颗粒组成和很大的比表面积，因此其水化活性很大。当用于水泥和混凝土时，能加速水泥的水化硬化过程，改善硬化水泥浆体的微观结构，可明显提高混凝土的强度和耐久性。

4. 粉煤灰。粉煤灰是从燃煤发电厂的烟道气体中收集的粉末，又称飞灰。它以 Al_2O_3、SiO_2 为主要成分，含有少量CaO，具有火山灰性，其活性主要取决于玻璃体的含量以及无

定形 Al_2O_3 和 SiO_2 含量，同时颗粒形状及大小对其活性也有较大的影响，细小球形玻璃体含量越高，粉煤灰的活性越高。

国家标准《用于水泥和混凝土中的粉煤灰》GB 1596—2017 规定，粉煤灰的活性用强度活性指数（粉煤灰取代 30％水泥的试验胶砂与无粉煤灰的对比胶砂 28d 抗压强度之比）来评定，用于水泥中的粉煤灰要求活性指数不小于 70％。

（二）非活性混合材料

凡常温下与石灰、石膏或硅酸盐水泥一起，加水拌合后不能发生水化反应或反应甚微，不能生成水硬性产物的混合材料称为非活性混合材料，常用的非活性混合材料主要有石灰石、石英砂及慢冷矿渣等。

二、活性混合材料的水化

磨细的活性混合材料与水调和后，本身不会硬化或硬化极其缓慢；但在饱和 $Ca(OH)_2$ 溶液中，常温下就会发生显著的水化反应：

$$x Ca(OH)_2 + 活性 SiO_2 + n_1 H_2O \longrightarrow x CaO \cdot SiO_2 \cdot (n_1 + x) H_2O$$
$$水化硅酸钙$$

$$y Ca(OH)_2 + 活性 Al_2O_3 + n_2 H_2O \longrightarrow y CaO \cdot Al_2O_3 \cdot (n_2 + y) H_2O$$
$$水化铝酸钙$$

生成的水化硅酸钙和水化铝酸钙是具有水硬性的产物，与硅酸盐水泥中的水化产物相同。当有石膏存在时，水化铝酸钙还可以和石膏进一步反应生成水化硫铝酸钙。由此可见，是氢氧化钙和石膏激发了混合材料的活性，故称它们为活性混合材料的激发剂；氢氧化钙称为碱性激发剂，石膏称为硫酸盐激发剂。

掺活性混合材料的硅酸盐水泥与水拌合后，首先是水泥熟料水化，之后是水泥熟料的水化产物——$Ca(OH)_2$ 与活性混合材料中的活性 SiO_2 和活性 Al_2O_3 发生水化反应（亦称二次反应）生成水化产物，由此过程可知，掺活性混合材料的硅酸盐系水泥的水化速度较慢，故早期强度较低，而由于水泥中熟料含量相对减少，故水化热较低。

三、混合材料在水泥生产中的作用

活性混合材料掺入水泥中的主要作用是：改善水泥的某些性能、调节水泥强度、降低水化热、降低生产成本、增加水泥产量、扩大水泥品种。

非活性混合材料掺入水泥中的主要作用是：调节水泥强度、降低水化热、降低生产成本、增加水泥产量。

四、矿渣硅酸盐水泥、火山灰质硅酸盐水泥、粉煤灰硅酸盐水泥、复合硅酸盐水泥

（一）组成与技术要求

按国家标准 GB175—2007 规定：由硅酸盐水泥熟料，再加入质量分数大于 20％的单个或两个及以上不同品种的混合材料及适量石膏，组成上述四个品种的硅酸盐水泥。

其终凝时间不大于 600min，细度为 80μm 方孔筛筛余小于等于 10％或 45μm 方孔筛筛余小于等于 30％，水泥中氧化镁含量小于等于 6.0％（矿渣硅酸盐水泥中矿渣质量分数大于 50％时，不作此项限定），矿渣硅酸盐水泥中的三氧化硫含量小于等于 4.0％，其余技术性质指标同硅酸盐水泥。四种水泥的强度指标见表3-6，其中复合硅酸盐水泥32.5级已取消。

矿渣硅酸盐水泥、火山灰质硅酸盐水泥、粉煤灰硅酸盐水泥、复合硅酸盐水泥
各强度等级、各龄期强度值（GB 175—2007）　　表 3-6

强度等级	抗压强度（MPa）		抗折强度（MPa）	
	3d	28d	3d	28d
32.5	≥10.0	≥32.5	≥2.5	≥5.5
32.5R	≥15.0		≥3.5	
42.5	≥15.0	≥42.5	≥3.5	≥6.5
42.5R	≥19.0		≥4.0	
52.5	≥21.0	≥52.5	≥4.0	≥7.0
52.5R	≥23.0		≥4.5	

（二）特性与应用

从这四种水泥的组成可以看出，它们的区别仅在于掺加的活性混合材料的不同，而由于四种活性混合材料的化学组成和化学活性基本相同，其水泥的水化产物及凝结硬化速度相近，因此这四种水泥的大多数性质和应用相同或相近，即这四种水泥在许多情况下可替代使用。同时，又由于这四种活性混合材料的物理性质和表面特征及水化活性等有些差异，使得这四种水泥分别具有某些特性。总之，这四种水泥与硅酸盐水泥或普通硅酸盐水泥相比，具有以下特点：

1. 四种水泥的共性。

（1）早期强度低、后期强度发展高。其原因是这四种水泥的熟料含量少且二次水化反应（即活性混合材料的水化）慢，故早期（3d、7d）强度低。后期由于二次水化反应的不断进行和水泥熟料的不断水化，水化产物不断增多，强度可赶上或超过同强度等级的硅酸盐水泥或普通硅酸盐水泥（见图 3-3）。活性混合材料的掺量越多，早期强度越低，但后期强度增长越多。

这四种水泥不适合用于早期强度要求高的混凝土工程，如冬期施工现浇工程等。

（2）对温度敏感，适合高温养护。这四种水泥在低温下水化明显减慢，强度较低。采用高温养护可大大加速活性混合材料的水化，并可加速熟料的水化，故可大大提高早期强度，且不影响常温下后期强度的发展（见图 3-3）。

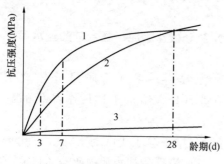

图 3-3　强度发展规律
1—硅酸盐水泥；2—掺混合材硅酸盐水泥；
3—混合材料

（3）耐腐蚀性好。这四种水泥的熟料数量相对较少，水化硬化后水泥石中的氢氧化钙和水化铝酸钙的数量少，且活性混合材料的二次水化反应使水泥石中氢氧化钙的数量进一步降低，因此耐腐蚀性好，适合用于有硫酸盐、镁盐、软水等侵蚀作用的环境，如水工、海港、码头等混凝土工程。但当侵蚀介质的浓度较高或耐腐蚀性要求高时，仍不宜使用。

（4）水化热小。四种水泥中的熟料含量少，因而水化放热量少，尤其是早期放热速度慢，放热量少，适合用于大体积混凝土工程。

（5）抗冻性较差。矿渣和粉煤灰易泌水形成连通孔隙，火山灰一般需水量较大，会增加内部的孔隙含量，故这四种水泥的抗冻性均较差。

（6）抗碳化性较差。由于这四种水泥在水化硬化后，水泥石中的氢氧化钙的数量少，故抵抗碳化的能力差。因而不适合用于二氧化碳浓度含量高的工业厂房，如铸造、翻砂车间等。

2. 四种水泥的特性。

（1）矿渣硅酸盐水泥。由于粒化高炉矿渣玻璃体对水的吸附能力差，即对水分的保持能力差（保水性差），与水拌合时易产生泌水造成较多的连通孔隙，因此，矿渣硅酸盐水泥的抗渗性差，且干缩较大。矿渣本身耐热性好，且矿渣硅酸盐水泥水化后氢氧化钙的含量少，故矿渣硅酸盐水泥的耐热性较好。

矿渣硅酸盐水泥适合用于有耐热要求的混凝土工程，不适合用于有抗渗要求的混凝土工程。

（2）火山灰质硅酸盐水泥。火山灰质混合材料内部含有大量的微细孔隙，故火山灰质硅酸盐水泥的保水性高；火山灰质硅酸盐水泥水化后形成较多的水化硅酸钙凝胶，使水泥石结构致密，因而其抗渗性较好；火山灰质硅酸盐水泥的干缩大，水泥石易产生微细裂纹，且空气中的二氧化碳能使水化硅酸钙凝胶分解成为碳酸钙和氧化硅的混合物，使水泥石的表面产生起粉现象。火山灰质硅酸盐水泥的耐磨性也较差。

火山灰质硅酸盐水泥适合用于有抗渗性要求的混凝土工程，不宜用于干燥环境中的地上混凝土工程，也不宜用于有耐磨性要求的混凝土工程。

（3）粉煤灰硅酸盐水泥。粉煤灰是表面致密的球形颗粒，其吸附水的能力较差，即保水性差、泌水性大，其在施工阶段易使制品表面因大量泌水产生收缩裂纹（又称失水裂纹），因而粉煤灰硅酸盐水泥抗渗性差；粉煤灰硅酸盐水泥的干缩较小，这是因为粉煤灰的比表面积小，拌合需水量小的缘故。粉煤灰硅酸盐水泥的耐磨性也较差。

粉煤灰硅酸盐水泥适合用于承载较晚的混凝土工程，不宜用于有抗渗性要求的混凝土工程，且不宜用于干燥环境中的混凝土及有耐磨性要求的混凝土工程。

（4）复合硅酸盐水泥。由于掺入了两种或两种以上规定的混合材料，其效果不只是各类混合材料的简单混合，而是互相取长补短，产生单一混合材料不能起到的优良效果，因此，复合水泥的性能介于普通硅酸盐水泥和以上三种混合材料硅酸盐水泥之间。

根据以上两节的阐述，在此将上述各种通用硅酸盐水泥的性质及在工程中如何选用进行适当归纳，见表 3-7 和表 3-8 所示。

通用硅酸盐水泥的性质 表 3-7

项 目	硅酸盐水泥	普通硅酸盐水泥	矿渣硅酸盐水泥	火山灰质硅酸盐水泥	粉煤灰硅酸盐水泥	复合硅酸盐水泥
性质	1. 早期、后期强度高 2. 耐腐蚀性差 3. 水化热大 4. 抗碳化性好 5. 抗冻性好 6. 耐磨性好 7. 耐热性差	1. 早期强度稍低，后期强度高 2. 耐腐蚀性稍好 3. 水化热较好 4. 抗碳化性好 5. 抗冻性好 6. 耐磨性较好 7. 耐热性稍好 8. 抗渗性好	早期强度低，后期强度高；1. 对温度敏感，适合高温养护；2. 耐腐蚀性好；3. 水化热小；4. 抗冻性较差；5. 抗碳化性较差 1. 泌水性大、抗渗性差 2. 耐热性较好 3. 干缩较大	1. 保水性好、抗渗性好 2. 干缩大 3. 耐磨性差	1. 泌水性大（快）易产生失水裂纹、抗渗性差 2. 干缩小、抗裂性好 3. 耐磨性差	早期强度较高 干缩较大

		混凝土工程特点及所处环境条件	优先选用	可以选用	不宜选用
普通混凝土	1	在一般气候环境中的混凝土	普通水泥	矿渣水泥、火山灰水泥粉煤灰水泥、复合水泥	
	2	在干燥环境中的混凝土	普通水泥	矿渣水泥	火山灰水泥、粉煤灰水泥
	3	在高湿度环境中或长期处于水中的混凝土	矿渣水泥、火山灰水泥粉煤灰水泥、复合水泥	普通水泥	
	4	厚大体积的混凝土	矿渣水泥、火山灰水泥粉煤灰水泥、复合水泥	普通水泥	硅酸盐水泥
有特殊要求的混凝	1	要求快硬、高强（＞C40）的混凝土	硅酸盐水泥	普通水泥	矿渣水泥、火山灰水泥、粉煤灰水泥、复合水泥
	2	严寒地区的露天混凝土、寒冷地区处于水位升降范围内的混凝土	普通水泥	矿渣水泥（强度等级≥42.5）	火山灰水泥、粉煤灰水泥
	3	严寒地区处于水位升降范围内的混凝土	普通水泥（强度等级≥42.5）		火山灰水泥、矿渣水泥、粉煤灰水泥、复合水泥
	4	有抗渗要求的混凝土	普通水泥火山灰水泥		矿渣水泥、粉煤灰水泥
	5	有耐磨性要求的混凝土	硅酸盐水泥普通水泥	矿渣水泥（强度等级≥42.5）	火山灰水泥、粉煤灰水泥
	6	受侵蚀性介质作用的混凝土	矿渣水泥、火山灰水泥、粉煤灰水泥、复合水泥		硅酸盐水泥、普通水泥

第四节 其他品种水泥

一、道路硅酸盐水泥

随着我国高等级道路的发展，水泥混凝土路面已成为主要路面类型之一。对专供公路、城市、道路和机场道面用的道路水泥，我国已制定了国家标准。

（一）定义

以适当成分的生料烧至部分熔融，所得以硅酸钙为主要成分和较多量的铁铝酸钙的硅酸盐熟料称为道路硅酸盐水泥熟料。由道路硅酸盐水泥熟料、0～10％活性混合材料和适量石膏磨细制成的水硬性胶凝材料，称为道路硅酸盐水泥（简称道路水泥）。

（二）技术要求

国家标准《道路硅酸盐水泥》GB/T 13693—2017 规定的技术要求如下：

1. 化学组成。在道路水泥或熟料中含有下列有害成分必须加以限制：

（1）氧化镁含量。水泥中氧化镁含量不得超过 5.0%。

（2）三氧化硫含量。水泥中三氧化硫不得超过 3.5%。

（3）烧失量。水泥中烧失量不得大于 3.0%。

（4）游离氧化钙含量。熟料中游离氧化钙含量，旋窑生产者不得大于 1.0%；立窑生产者不得大于 1.8%。

（5）碱含量。由供需双方商定，若使用活性骨料，用户要求提供低碱水泥时，水泥中碱含量应不超过 0.60%。碱含量应按 $w(Na_2O) + 0.658w(K_2O)$ 计算值表示。

2. 矿物组成。

（1）铝酸三钙含量。熟料中铝酸三钙含量应不超过 5.0%；

（2）铁铝酸四钙含量。熟料中铁铝酸四钙含量应不低于 15.0%。

当 $w(Al_2O_3)/w(Fe_2O_3) \geqslant 0.64$ 时，铝酸三钙（C_3A）和铁铝酸四钙（C_4AF）含量按下式求得：

$$w(3CaO \cdot Al_2O_3) = 2.65(w(Al_2O_3) - 0.64w(Fe_2O_3)) \tag{3-1}$$

$$w(4CaO \cdot Al_2O_3 \cdot Fe_2O_3) = 3.04w(Fe_2O_3) \tag{3-2}$$

式中　$w(3CaO \cdot Al_2O_3)$——硅酸盐水泥熟料中 C_3A 的含量，单位为质量分数（%）；

$w(4CaO \cdot Al_2O_3 \cdot Fe_2O_3)$——硅酸盐水泥熟料中 C_4AF 的含量，单位为质量分数（%）；

$w(Al_2O_3)$——硅酸盐水泥熟料中三氧化二铝的含量，单位为质量分数（%）；

$w(Fe_2O_3)$——硅酸盐水泥熟料中三氧化二铁的含量，单位为质量分数（%）。

3. 物理力学性质。

（1）比表面积。比表面积为 300~450m²/kg。

（2）凝结时间。初凝不小于 90min，终凝不大于 720min。

（3）安定性。用雷氏夹检验合格。

（4）干缩性。28d 干缩率应不大于 0.10%。

（5）耐磨性。28d 磨耗量应不大于 3.00kg/m²。

（6）强度。道路水泥按规定龄期的抗压和抗折强度划分，各龄期的抗压和抗折强度应不低于表 3-9 所规定数值。

道路水泥的强度等级、各龄期强度值(GB/T 13693—2017)　　　　表 3-9

强度等级	抗压强度（MPa）		抗折强度（MPa）	
	3d	28d	3d	28d
7.5	≥21.0	≥42.5	≥4.0	≥7.5
8.5	≥26.0	≥52.5	≥5.0	≥8.5

（三）特性与应用

道路水泥是一种强度高、特别是抗折强度高、耐磨性好、干缩性小、抗冲击性好、抗冻性和抗硫酸性比较好的专用水泥。它适用于道路路面、机场跑道道面、城市广场等工程。由于道路水泥具有干缩性小、耐磨、抗冲击等特性，可减少水泥混凝土路面的裂缝和磨耗等病害，减少维修、延长路面使用年限。

二、快硬硅酸盐水泥

凡以硅酸盐水泥熟料和适量石膏磨细制成的，以 3d 抗压强度表示标号的水硬性胶凝材料称为快硬硅酸盐水泥（简称快硬水泥）。

快硬水泥的制造方法与硅酸盐水泥基本相同，只是适当增加了熟料中硬化快的矿物，通常硅酸三钙含量为 $50\%\sim60\%$，铝酸三钙含量为 $8\%\sim14\%$，两者总量为 $60\%\sim65\%$，同时为加快硬化，适当增加了石膏的掺量（可达 8%）和提高水泥的细度。快硬水泥的技术性质应满足国家标准《快硬硅酸盐水泥》GB 199—1990 的规定，细度为 0.08mm 方孔筛筛余不大于 10%；初凝不得早于 45min，终凝不得迟于 10h；安定性（沸煮法）合格，水泥中 SO_3 含量不得超过 4.0%；快硬水泥各标号、各龄期强度均不得低于表 3-10 的数值。

快硬硅酸盐水泥各标号、各龄期强度值（GB 199—1990） 表 3-10

标　号	抗压强度（MPa）			抗折强度（MPa）		
	1d	3d	28d	1d	3d	28d
325	15.0	32.5	52.5	3.5	5.0	7.2
375	17.0	37.5	57.5	4.0	6.0	7.6
425	19.0	42.5	62.5	4.5	6.4	8.0

三、白色硅酸盐水泥

凡以适当成分的生料烧至部分溶融，所得以硅酸钙为主要成分、氧化铁含量很少的白色硅酸盐水泥熟料，加入适量石膏，磨细制成的水硬性胶凝材料，称为白色硅酸盐水泥（简称白水泥）。

白水泥的性能与硅酸盐水泥基本相同，所不同的是严格控制水泥原料的铁含量，并严防在生产过程中混入铁质。白水泥中的 Fe_2O_3 含量一般小于 0.5%，并尽可能除掉其他着色氧化物（MnO、TiO_2 等）。

白水泥的技术性质应满足国家标准《白色硅酸盐水泥》GB/T 2015—2017 的规定，细度为 $40\mu m$ 方孔筛筛余不超过 30%；初凝应不早于 45min，终凝应不迟于 600min；安定性（沸煮法）合格；水泥中 SO_3 含量应不超过 3.5%。白水泥强度等级按规定的抗压和抗折强度来划分，各强度等级的各龄期强度应不低于表 3-11 所规定的数值。白水泥水泥白度值应不低于 87，见表 3-12。

白色硅酸盐水泥的强度等级、各龄期强度值（GB/T 2015—2017） 表 3-11

强度等级	抗压强度（MPa）		抗折强度（MPa）	
	3d	28d	3d	28d
32.5	12.0	32.5	3.0	6.0
42.5	17.0	42.5	3.5	6.5
52.5	22.0	52.5	4.0	7.0

白色硅酸盐水泥白度等级（GB/T 2051—2017）　　　　　　　　　表 3-12

等　级	特级	一级	二级	三级
白度（%）	86	84	80	75

四、铝酸盐水泥

凡以铝酸钙为主的铝酸盐水泥熟料，磨细制成的水硬性胶凝材料，称为铝酸盐水泥，代号 CA。

（一）铝酸盐水泥的组成、水化与硬化

铝酸盐水泥的主要化学成分是：CaO、Al_2O_3、SiO_2，生产原料是铝矾土和石灰石。

铝酸盐水泥的主要矿物成分是铝酸一钙（$CaO \cdot Al_2O_3$ 简写式 CA）和二铝酸一钙（$CaO \cdot 2Al_2O_3$ 简写式 CA_2），此外还有少量的其他铝酸盐和硅酸二钙。

铝酸一钙是铝酸盐水泥的最主要矿物，具有很高的活性，其特点是凝结正常、硬化迅速，是铝酸盐水泥强度的主要来源。

二铝酸一钙的凝结硬化慢，早期强度低，但后期强度较高。含量过多将影响水泥的快硬性能。

铝酸盐水泥的水化产物与温度密切相关，主要是十水铝酸一钙（$CaO \cdot Al_2O_3 \cdot 10H_2O$ 简写式 CAH_{10}）、八水铝酸二钙（$2CaO \cdot Al_2O_3 \cdot 8H_2O$，简写式 C_2AH_8）和铝胶（$Al_2O_3 \cdot 3H_2O$）。

CAH_{10} 和 C_2AH_8 为片状或针状的晶体，它们互相交错搭接，形成坚固的结晶连生体骨架，同时生成的铝胶填充于晶体骨架的空隙中，形成致密的水泥石结构，因此强度较高。水化 5～7 天后，水化物的数量很少增长，故铝酸盐水泥的早期强度增长很快，后期强度增加很小。

特别需要指出的是，CAH_{10} 和 C_2AH_8 都是不稳定的，会逐步转化为 C_3AH_6，温度升高转化加快，晶体转变的结果，使水泥石内析出了游离水，增大了孔隙率；同时也由于 C_3AH_6 本身强度较低，且相互搭接较差，所以水泥石的强度明显下降，后期强度可能比最高强度降低达 40% 以上。

（二）铝酸盐水泥的技术性质 1

国家标准《铝酸盐水泥》GB 201—2015 规定的技术要求如下：

1. 化学成分：各类型水泥的化学成分要求见表 3-13。

各类型水泥化学成分（%）　　　　　　　　　表 3-13

水泥类型	Al_2O_3	SiO_2	Fe_2O_3	$R_2O(Na_2O+0.658K_2O)$	S[①]（全硫）	Cl[①]
CA-50	≥50，<60	≤9.0	≤3.0	≤0.50	≤0.2	
CA-60	≥60，<68	≤5.0	≤2.0			≤0.06
CA-70	≥68，<77	≤1.0	≤0.7	≤0.40	≤0.1	
CA-80	≥77	≤0.5	≤0.5			

注：当用户需要时，生产厂应提供结果和测定方法。

2. 细度：比表面积不小于 $300m^2/kg$ 或 $45\mu m$ 筛余不大于 20%，有争议时以比表面积为准。

3. 凝结时间：CA-50、CA-70、CA-80 的初凝不得早于 30min，终凝不得迟于 6h，CA-60-Ⅰ 的初凝不得早于 30min，终凝不得迟于 6h，CA-60-Ⅱ 的初凝不得早于 60min，终凝不得迟于 18h。

4. 强度：各类型水泥各龄期强度值不得低于表 3-14 数值。

各类型水泥各龄期强度值（GB 201—2015）　　　　表 3-14

水泥类型		抗压强度（MPa）				抗折强度（MPa）			
		6h	1d	3d	28d	6h	1d	3d	28d
CA-50	CA-50-Ⅰ	20①	40	50	—	3.0①	5.5	6.5	—
	CA-50-Ⅱ		50	60			6.5	7.5	
	CA-50-Ⅲ		60	70			7.5	8.5	
	CA-50-Ⅳ		70	80			8.5	9.5	
CA-60	CA-60-Ⅰ	—	65	45	85	—	7.0	10.0	10.0
	CA-60-Ⅱ		20				2.5	5.0	
CA-70		—	30	40			5.0	6.0	
CA-80		—	25	30			4.0	5.0	
①		②当用户需要时，生产厂应提供结果							

（三）铝酸盐水泥的特性与应用

与硅酸盐水泥相比，铝酸盐水泥具有以下特性及相应的应用：

1. 快硬早强。1d 强度高，适用于紧急抢修工程。

2. 水化热大。放热量主要集中在早期，1d 内即可放出水化总热量的 $70\%\sim80\%$，因此，不宜用于大体积混凝土工程，但适用于寒冷地区冬期施工的混凝土工程。

3. 抗硫酸盐侵蚀性好。是因为铝酸盐水泥在水化后几乎不含有 $Ca(OH)_2$，且结构致密，适用于抗硫酸盐及海水侵蚀的工程。

4. 耐热性好。是因为不存在水化产物 $Ca(OH)_2$ 在较低温度下的分解，且在高温时水化产物之间发生固相反应，生成新的化合物。因此，铝酸盐水泥可作为耐热砂浆或耐热混凝土的胶结材料，能耐 $1300\sim1400℃$ 高温。

5. 长期强度要降低。一般降低 $40\%\sim50\%$，因此不宜用于长期承载结构，且不宜用于高温环境中的工程。

五、快硬硫铝酸盐水泥

以适当成分的生料，经煅烧所得以无水硫铝酸钙和硅酸二钙为主要矿物成分的熟料，加入适量的石膏和 $0\sim10\%$ 的石灰石，磨细制成的早期强度高的水硬性胶凝材料，称为快硬硫铝酸盐水泥，代号 R·SAC。

生产快硬硫铝酸盐水泥的主要原料是矾土、石灰石和石膏。熟料的化学成分和矿物组成见表 3-15。

快硬硫铝酸盐的主要水化产物是：高硫型水化硫铝酸钙（AF_t）低硫型水化硫铝酸钙（AF_m）铝胶和水化硅酸盐，由于 $C_4A_3\bar{S}$、C_2S 和 $CaSO_4\cdot2H_2O$ 在水化反应时互相促进，因此水泥的反应非常迅速，早期强度非常高。

化学成分	含量（%）	矿物组成	含量（%）
CaO	40～44	$C_4A_3\bar{S}$	36～44
Al_2O_3	18～22	C_2S	23～34
SiO_2	8～12	C_2F	10～17
Fe_2O_3	6～10	$CaSO_4$	12～17
SO_3	12～16		

（一）快硬硫铝酸盐水泥的技术性质

标准《快硬硫铝酸盐水泥、快硬铁铝酸盐水泥》JC 933—2003 规定的技术要求是：

1. 比表面积：比表面积应小于 $350m^2/kg$；

2. 凝结时间：初凝不早于 25min，终凝不迟于 180min；

3. 强度：以 3d 抗压强度分为 42.5、52.5、62.5、72.5 四个等级，各强度等级水泥的各龄期强度应不低于表 3-16 数值。

快硬硫铝酸盐水泥各标号、各龄期强度值（JC 933—2003）　表 3-16

强度等级	抗压强度（MPa）			抗折强度（MPa）		
	1d	3d	28d	1d	3d	28d
42.5	33.0	42.5	45.0	6.0	6.5	7.0
52.5	42.0	52.5	55.0	6.5	7.0	7.5
62.5	50.	62.5	65.0	7.0	7.5	8.0
72.5	56.0	72.5	75.0	7.5	8.0	8.5

（二）快硬硫铝酸盐水泥的特性与应用

1. 凝结快、早期强度很高。1 天的强度可达 34.5～59.0MPa，因此特别适用抢修或紧急工程。

2. 水化放热快。但放热总量不大，因此适用于冬期施工，但不适用于大体积混凝土工程。

3. 硬化时体积微膨胀。因为水泥水化生成较多钙矾石，因此适用于有抗渗、抗裂要求的混凝土工程。

4. 耐蚀性好。因为水泥石中没有 $Ca(OH)_2$ 与水化铝酸钙，适用于有耐蚀性要求的混凝土工程。

5. 耐热性差。因为水化产物 AF_t 和 AF_m 中含有大量结晶水，遇热分解释放大量的水使水泥石强度下降，因此不适用于有耐热要求的混凝土工程。

习题与复习思考题

1. 硅酸盐水泥熟料的主要矿物组成是什么？它们单独与水作用时的特性如何？

2. 硅酸盐水泥的主要水化产物是什么？硬化水泥石的结构怎样？

3. 制造通用硅酸盐水泥时为什么必须掺入适量的石膏？石膏掺得太少或过多时，将产生什么情况？

4. 何谓水泥的凝结时间？国家标准为什么要规定水泥的凝结时间？

5. 硅酸盐水泥产生体积安定性不良的原因是什么？为什么？如何检验水泥的安定性？

6. 硅酸盐水泥强度发展的规律怎样？影响其凝结硬化的主要因素有哪些？怎样影响？

7. 现有甲、乙两厂生产的硅酸盐水泥熟料，其矿物组成如下表所示，试估计和比较这两厂生产的硅酸盐水泥的强度增长速度和水化热等性质上有何差异？为什么？

生产厂	熟料矿物组成（%）			
	C_3S	C_2S	C_3A	C_4AF
甲厂	52	21	10	17
乙厂	45	30	7	18

8. 为什么生产硅酸盐水泥时掺适量石膏对水泥石不起破坏作用，而硬化水泥石在有硫酸盐的环境介质中生成石膏时就有破坏作用？

9. 硅酸盐水泥腐蚀的类型有哪些？腐蚀后水泥石破坏的形式有哪几种？

10. 何谓活性混合材料和非活性混合材料？它们加入硅酸盐水泥中各起什么作用？硅酸盐水泥常掺入哪几种活性混合材料？

11. 活性混合材料产生水硬性的条件是什么？

12. 某工地材料仓库存有白色胶凝材料 3 桶，原分别标明为磨细生石灰、建筑石膏和白水泥，后因保管不善，标签脱落，问可用什么简易方法来加以辨认？

13. 测得硅酸盐水泥标准试件的抗折和抗压破坏荷载如下，试评定其强度等级。

抗折破坏荷载（kN）		抗压破坏荷载（kN）	
3d	28d	3d	28d
1.79	2.90	42.1	84.8
		41.0	85.2
1.81	2.83	41.2	83.6
		40.3	83.9
1.92	3.52	43.5	87.1
		44.8	87.5

14. 在下列混凝土工程中，试分别选用合适的水泥品种，并说明选用的理由。

（1）早期强度要求高、抗冻性好的混凝土；

（2）抗软水和硫酸盐腐蚀较强、耐热的混凝土；

（3）抗淡水侵蚀强、抗渗性高的混凝土；

（4）抗硫酸盐腐蚀较高、干缩小、抗裂性较好的混凝土；

（5）夏季现浇混凝土；

（6）紧急军事工程；

（7）大体积混凝土；

（8）水中、地下的建筑物；

（9）在我国北方，冬期施工混凝土；

（10）位于海水下的建筑物；

（11）填塞建筑物接缝的混凝土。

15. 铝酸盐水泥的特性如何？在使用中应注意哪些问题？

16. 快硬硫铝酸盐水泥有何特性？

第四章 混 凝 土

第一节 概 述

混凝土是指用胶凝材料将粗细骨料胶结成整体的复合固体材料的总称。种类很多，其中以水泥为胶凝材料的普通混凝土是建设工程中最大宗的建筑材料，也是最重要的建筑材料之一。

一、混凝土的分类

（一）按表观密度分类

1. 重混凝土。表观密度大于 2600kg/m³ 的混凝土，常由重晶石和铁矿石作为粗细骨料配制而成。

2. 普通混凝土。表观密度为 1950～2500kg/m³ 的水泥混凝土，主要以砂、石子、水泥掺合料和外加剂配制而成，是土木工程中最常用的混凝土品种。

3. 轻混凝土。表观密度小于 1950kg/m³ 的混凝土，包括轻骨料混凝土、多孔混凝土和大孔混凝土等。

（二）按胶凝材料的品种分类

通常根据主要胶凝材料的品种，并以其名称命名，如水泥混凝土、石膏混凝土、水玻璃混凝土、硅酸盐混凝土、沥青混凝土、聚合物混凝土等。有时也以加入的特种改性材料命名，如水泥混凝土中掺入钢纤维时，称为钢纤维混凝土；水泥混凝土中掺大量粉煤灰时则称为粉煤灰混凝土等。

（三）按使用功能和特性分类

按使用部位、功能和特性通常可分为：结构混凝土、道路混凝土、水工混凝土、耐热混凝土、耐酸混凝土、防辐射混凝土、补偿收缩混凝土、防水混凝土、泵送混凝土、自密实混凝土、纤维混凝土、聚合物混凝土、高强混凝土、高性能混凝土等。

二、普通混凝土

普通混凝土是指以水泥为主要胶凝材料，掺入适量粉煤灰、矿粉等掺合料和外加剂，砂子和石子为骨料，经加水搅拌、浇筑成型、凝结固化成具有一定强度的"人工石材"，即水泥混凝土，是目前工程上最大量使用的混凝土品种。"混凝土"一词可简作"砼"。

（一）普通混凝土的主要优点

1. 原材料来源丰富。混凝土中 70% 以上是砂石料，属地方性材料，可就地取材，避免远距离运输，因而价格低廉。

2. 施工方便。混凝土拌合物具有良好的流动性和可塑性，可根据工程需要浇筑成各种形状尺寸的构件及构筑物。既可现场浇筑成型，也可预制。

3. 性能可根据需要设计调整。通过调整各组成材料的品种和比例，特别是掺入不同外加剂和掺合料，可获得不同施工和易性、强度、耐久性或具有特殊性能的混凝土，满足不同工程需求。

4. 抗压强度高。混凝土的抗压强度一般在 7.5～60MPa 之间。当掺入高效减水剂和掺合料时，可达 100MPa 以上。且与钢筋具有良好的匹配性，浇筑成钢筋混凝土后，可以有效地改善抗拉强度低的缺陷，使混凝土能够应用于各种结构部位。

5. 耐久性好。原材料选择正确、配比合理、施工养护良好的混凝土具有优异的抗渗性、抗冻性和耐腐蚀性能，且对钢筋有保护作用，可保持混凝土结构长期使用性能稳定。

（二）普通混凝土存在的主要缺点

1. 自重大。1m³ 混凝土重约 2400kg，故结构物自重及自重引起的荷载较大，相应的地基处理费用也会增加。

2. 抗拉强度低，抗裂性差。混凝土的抗拉强度一般只有抗压强度的 1/20～1/10，易开裂。

3. 收缩变形大。水泥水化凝结硬化引起的自收缩和干燥收缩达 500×10^{-6} m/m 以上，易产生混凝土收缩裂缝。

（三）普通混凝土的基本要求

1. 满足便于搅拌、运输和浇捣，获得均匀密实混凝土的施工和易性。

2. 满足设计要求的强度等级。

3. 满足工程所处环境条件所必需的耐久性。

4. 满足上述三项要求的前提下，最大限度地降低胶凝材料用量，降低成本，实现经济合理性。

为了同时满足上述四项基本要求，就必须研究原材料性能；研究影响混凝土和易性、强度、耐久性、变形性能的主要因素；研究配合比设计原理、混凝土质量波动规律以及相关的检验评定标准等。这也是本章的重点和紧紧围绕的中心。

第二节 普通混凝土的组成材料

混凝土的性能，很大程度上取决于组成材料的性能，必须根据工程性质、设计要求和施工现场条件合理选择原材料的品种、质量和用量。要做到合理选择原材料，则首先必须了解组成材料的性质、作用原理和质量要求。

一、胶凝材料

（一）水泥

1. 水泥品种选择

水泥品种选择主要根据工程结构特点、工程所处环境及施工条件等确定。详见第三章水泥。

2. 水泥强度等级选择

水泥强度等级的选择原则为：混凝土设计强度等级越高，则水泥强度等级也宜越高；设计强度等级低，则水泥强度等级也相应低。例如：C40 以下混凝土，一般选用强度等级42.5 级水泥；C45～C60 混凝土一般选用 52.5 级水泥，在采用高效减水剂等条件下也可选用 42.5 级水泥；大于 C60 的高强混凝土，一般宜选用 52.5 级水泥或更高强度等级的水泥；对于 C15 以下的混凝土，则宜选择强度等级为 32.5 级的水泥，并外掺粉煤灰等掺合料。目标是保证混凝土中有足够的水泥，既不过多，也不过少。因为水泥用量过多，一方面成本增加。另一方面，混凝土收缩增大，对耐久性不利。水泥用量过少，混凝土的黏聚性变差，不易获得均匀密实的混凝土，严重影响混凝土的耐久性。当然，强度等级选择时，应充分考虑与掺合料复合使用的实际效果。

（二）矿物掺合料

混凝土矿物掺合料（也称为矿物外加剂）是指以氧化硅、氧化铝和其他有效矿物为主要成分，在混凝土中可以代替部分水泥、改善混凝土综合性能，且掺量一般不小于 5% 的具有火山灰活性的粉体材料。在混凝土中的作用机理除了微粉的填充效应、形态效应外，主要是活性 SiO_2 和 Al_2O_3 与 $Ca(OH)_2$ 作用生成 CSH 凝胶和水化铝酸钙（C_4AH_{13}、C_3AH_6）水化硫铝酸钙（$C_3A\overline{S}H_8$）。常用品种有粉煤灰、磨细水淬矿渣微粉（简称矿粉）、硅灰、磨细沸石粉、偏高岭土、硅藻土、烧页岩、沸腾炉渣、钢渣粉和钢铁渣粉等。随着混凝土技术的进步，矿物掺合料的内容也在不断拓展，如磨细石灰石粉、磨细石英砂粉、硅灰石粉等非活性矿物掺合料在混凝土中也得广泛应用。特别是近年来研制和应用的复合矿合料，可以说是混凝土技术进步的一个标志，比单一品种更有利于改善混凝土综合性能。

矿物掺合料的主要功能有：

1. 改善混凝土的和易性

大部分矿物掺合料具有比水泥更细的颗粒，能填充水泥颗粒间的孔隙，比表面积大，吸附能力强，因而能有效改善混凝土的黏聚性和保水性。其中矿粉、磨细生石灰石粉和石英砂粉等在掺量适当时，还能提高混凝土的流动性。粉煤灰中由于含有部分玻璃微珠，细度和掺量适当时也能提高混凝土的流动性。部分矿物掺合料能有效降低混凝土的黏性和内聚力，从而改善混凝土的可泵性、振捣密实性及抹平性能。

2. 降低混凝土水化温升

粉煤灰和非超细磨的矿粉等能降低混凝土的水化温升，推迟温峰出现时间。对大体积混凝土的温度裂缝控制十分有利。

3. 提高早期强度或增进后期强度

部分矿物掺合料，如硅灰和偏高岭土等能有效提高混凝土早期强度。经超细磨的矿粉也能提高混凝土的早期强度。粉煤灰等早期强度可能略有下降，而后期强度增进速度快。

4. 提高混凝土的耐久性

大部分矿物掺合料均能有效改善和提高混凝土的耐久性，如硅灰、矿粉、偏高岭土、沸石粉等均能有效提高混凝土的抗氯离子渗透性、抗硫酸盐腐蚀性和抗碱骨料反应性，同时也能提高抗渗性。

但矿物掺合料的掺入，由于二次水化反应消耗了大量的氢氧化钙，往往会降低混凝土的碱度，若不能有效提高混凝土的密实性，则抗中性化能力会下降，从而降低对钢筋的保护作用，有的还会增大混凝土的收缩和脆性，降低混凝土的抗裂性。因此，各类掺合料在普通钢筋混凝土，特别是预应力钢筋混凝土中掺量均有相应的限制。

常用矿物掺合料有：

1. 硅灰

硅灰（silica fume）是生产硅铁时产生的烟灰，是高强混凝土配制中应用最早、技术最成熟、应用较多的一种掺合料。硅灰中活性 SiO_2 含量达 90％以上，比表面积达 15000m^2/kg 以上，火山灰活性高，且能填充水泥的空隙，从而提高混凝土密实度、强度和耐久性。但硅灰会增大混凝土收缩、降低混凝土抗裂性、减小混凝土流动性、加速混凝土坍落度损失等。因此硅灰的适宜掺量为水泥用量的 5％～10％。

2. 矿粉

粒化高炉矿渣粉（blast furnace slag powder）也称为磨细矿渣粉（pulverized slag），简称矿粉，是指从炼铁高炉中排出，以硅酸盐和铝硅酸盐为主要成分的熔融物，经淬冷成粒后，通过干燥、粉磨达到规定细度并符合规定活性指数的粉体材料。通常将矿渣磨细到比表面积 350m^2/kg 以上，从而具有优异的早期强度。掺量一般控制在 20％～50％之间。矿粉的细度越大，其活性越高，增强作用越显著，但粉磨成本也大大增加。

矿粉的质量指标除了与细度紧密相关外，主要取决于各氧化物之间的比例关系。通常用矿渣中碱性氧化物与酸性氧化物的比值 M，将矿渣分为碱性矿渣（$M>1$）、中性矿渣（$M=1$）和酸性矿渣（$M<1$）。M 的计算式如下：

$$M = \frac{CaO + MgO + Al_2O_3}{SiO_2} \tag{4-1}$$

碱性矿渣的胶凝性优于酸性矿渣，因此，M 值越大，反映矿渣的活性越好。

3. 粉煤灰

粉煤灰（fly ash）是煤粉炉燃烧煤粉时从烟道气体中收集到的细颗粒粉末。粉煤灰按煤种和氧化钙含量分为 F 类和 C 类。F 类粉煤灰由无烟煤或烟煤燃烧收集的粉煤灰，也称为低钙灰。C 类粉煤灰氧化钙含量一般大于 10％，由褐煤或次烟煤燃烧收集的粉煤灰，也称为高钙灰。

粉煤灰在混凝土中的主要功能是利用其火山灰活性、玻璃微珠改善和易性、微细粉末的微集料效应。通常根据细度、烧失量和需水量比划分为三级。Ⅰ级灰的品质较高，需水量比小于 95％，具有一定减水作用，强度活性也较高，可用于普通钢筋混凝土，高强混凝土和后张法预应力混凝土。Ⅱ级灰一般不具有减水作用，主要用于普通钢筋混凝土。Ⅲ级灰品质较低，也较粗，活性较差，一般只能用于素混凝土和砂浆，若经专门试验验证后也可以用于钢筋混凝土。高钙粉煤灰通常含游离氧化钙，含量不得大于 2.5％，且体积安定性检验必须合格方能使用。

4. 沸石粉

沸石粉（zeolite powder）以天然斜发沸石岩或丝光沸石岩为原料，经粉磨至规定细度的粉体材料。天然沸石含大量活性 SiO_2 和微孔，磨细后作为掺合料具有微集料和火山灰活性功能。当比表面积大于 500m^2/kg 时，能有效改善混凝土黏聚性和保水性，并具有一定的内养护作用，从而提高混凝土后期强度和耐久性，掺量一般为 5％～15％。

5. 偏高岭土

偏高岭土（metakaolin）是由高岭土（$Al_2O_3 \cdot 2SiO_2 \cdot 2H_2O$）在 700～800℃条件下脱水制得的白色粉末，平均粒径 1～2μm，SiO_2 和 Al_2O_3 含量 90％以上，特别是 Al_2O_3 含量较高。由于其极高的火山灰活性，故有超级火山灰（Super-Pozzolan）之称。

研究结果表明，掺入偏高岭土能显著提高混凝土的早期强度和长期抗压强度、抗弯强度及劈裂抗拉强度。由于高活性偏高岭土对钾、钠和氯离子的强吸附作用和对水化产物的改善作用，能有效抑制混凝土的碱—骨料反应和提高抗硫酸盐腐蚀能力。J. Bai 的研究结果表明，随着偏高岭土掺量的提高，混凝土的坍落度将有所下降，因此需要适当增加用水量或高效减水剂的用量。A. Dubey 的研究结果表明，混凝土中掺入高活性偏高岭土能有效改善混凝土的冲击韧性和耐久性。

6. 复合矿物掺合料

复合矿物掺合料指采用两种或两种以上的矿物掺合料，单独粉磨至规定的细度后再按一定的比例复合而成的粉体材料；或指两种及两种以上的矿物原料按一定的比例混合后，必要时可掺入适量石膏和助磨剂，再粉磨到规定细度的粉体材料。每一种矿物掺合料除了各自的优点外，均有不足之处。如粉煤灰和沸石粉的早期强度较低、硅灰增大收缩等。因此，采用两种或两种以上矿物掺合料复合，达到优势互补，以进一步提高综合性能，已成为目前的重点研究和发展方向。

矿物掺合料在混凝土中的掺量应根据品种和混凝土水胶比通过试验确定。水胶比较小时，掺量可适当增大。采用硅酸盐水泥或普通硅酸盐水泥时，钢筋混凝土中的最大掺量宜符合表 4-1 的规定；预应力混凝土中的最大掺量宜符合表 4-2 的规定。对基础大体积混凝土，粉煤灰、矿粉和复合掺合料的最大掺量可增加 5%。采用掺量大于 30% 的 C 类粉煤灰的混凝土应以实际使用的水泥和粉煤灰掺量进行安定性检验。

钢筋混凝土中矿物掺合料最大掺量　　　　　　　　　　　　　表 4-1

矿物掺合料种类	水胶比	最大掺量（%）	
		采用硅酸盐水泥时	采用普通硅酸盐水泥时
粉煤灰	≤0.40	45	35
	>0.40	40	30
粒化高炉矿渣粉	≤0.40	65	55
	>0.40	55	45
钢渣粉	—	30	20
磷渣粉	—	30	20
硅灰	—	10	10
复合掺合料	≤0.40	65	55
	>0.40	55	45

注：1. 采用其他通用硅酸盐水泥时，宜将水泥混合材掺量 20% 以上的混合材掺量计入矿物掺合料；

2. 复合掺合料各组分的掺量不宜超过单掺时的最大掺量；

3. 在混合使用两种或两种以上矿物掺合料时，矿物掺合料总掺量应符合表中复合掺合料的规定。

预应力混凝土中矿物掺合料最大掺量　　　　　　　　　　　　表 4-2

矿物掺合料种类	水胶比	最大掺量（%）	
		采用硅酸盐水泥时	采用普通硅酸盐水泥时
粉煤灰	≤0.40	35	30
	>0.40	25	20
粒化高炉矿渣粉	≤0.40	55	45
	>0.40	45	35

矿物掺合料种类	水胶比	最大掺量（%）	
		采用硅酸盐水泥时	采用普通硅酸盐水泥时
钢渣粉	—	20	10
磷渣粉	—	20	10
硅灰	—	10	10
复合掺合料	≤0.40	55	45
	>0.40	45	35

注：1. 采用其他通用硅酸盐水泥时，宜将水泥混合材掺量 20％以上的混合材量计入矿物掺合料；

2. 复合掺合料各组分的掺量不宜超过单掺时的最大掺量；

3. 在混合使用两种或两种以上矿物掺合料时，矿物掺合料总掺量应符合表中复合掺合料的规定。

二、细骨料

公称粒径在 0.15～5.0mm 之间的骨料称为细骨料，亦即砂。常用的细骨料有河砂、海砂、山砂和机制砂（也称为人工砂、加工砂）等。根据质量指标分为Ⅰ类、Ⅱ类和Ⅲ类。Ⅰ类用于强度等级大于 C60 的混凝土；Ⅱ类用于 C30～C60 的混凝土；Ⅲ类用于小于 C30 的混凝土。

海砂可用于配制素混凝土，但不能直接用于配制钢筋混凝土，主要是氯离子含量高，容易导致钢筋锈蚀，如要使用，必须经过淡水冲洗，使有害成分含量减少到规定以下。山砂可以用于一般工程混凝土结构，当用于重要结构物时，必须通过坚固性试验和碱活性试验。机制砂是指将卵石或岩石用机械破碎的方法，通过冲洗、过筛制成。也可以是在加工碎卵石或碎石时，将小于 10mm 的部分经再加工而成。

细骨料的主要质量指标有：

1. 有害杂质含量。细骨料中的有害杂质主要包括两方面：① 黏土和云母。它们粘附于砂表面或夹杂其中，严重降低粘结强度，从而降低混凝土的强度、抗渗性和抗冻性，增大混凝土的收缩。② 有机质、硫化物及硫酸盐。它们影响水泥水化或腐蚀水泥石，从而影响混凝土的性能。因此对有害杂质含量必须加以限制。《建设用砂》GB/T 14684—2011 对有害物质含量的限值见表 4-3。《普通混凝土用砂、石质量及检验方法标准》JGJ 52—2006 中对有害杂质含量也作了相应规定。

砂中有害物质含量限值　　　　　　　　　表 4-3

项　目		Ⅰ类	Ⅱ类	Ⅲ类
云母含量（按质量计,%）	≤	1.0	2.0	2.0
硫化物及硫酸盐含量（按 SO₃质量计,%）	≤	0.5	0.5	0.5
有机物含量（用比色法试验）		合格	合格	合格
轻物质（按质量计,%）	≤	1.0	1.0	1.0
氯化物含量（以氯离子质量计,%）	≤	0.01	0.02	0.06
含泥量（按质量计,%）	≤	1.0	3.0	5.0
泥块含量（按质重量计,%）	≤	0	1.0	2.0
贝壳（按质量计,%）	≤	3.0	5.0	8.0

此外，由于氯离子对钢筋有严重的腐蚀作用，当采用海砂配制钢筋混凝土时，经淡水冲洗后海砂中氯离子含量要求小于 0.06%（以干砂重计）；对预应力混凝土不宜采用海砂，若必须使用海砂时，需经淡水冲洗至氯离子含量小于 0.02%。用海砂配制素混凝土，氯离子含量不受限制。

2. 颗粒形状及表面特征。河砂和海砂经水流冲刷，颗粒多为近似球状，且表面少棱角、较光滑，配制的混凝土流动性往往比山砂或机制砂好，但与水泥的粘结性能相对较差；山砂和机制砂表面较粗糙，多棱角，故混凝土拌合物流动性相对较差，但与水泥的粘结性能较好。水胶比相同时，山砂或机制砂配制的混凝土强度略高；而流动性相同时，因山砂和机制砂用水量较大，故混凝土强度相近。

3. 坚固性。天然砂是由岩石经自然风化作用而成，机制砂也会含大量风化岩体，在冻融或干湿循环作用下有可能继续风化，因此对某些重要工程或特殊环境下工作的混凝土用砂，如严寒地区室外工程，并处于湿潮或干湿交替状态下的混凝土，有腐蚀介质存在或处于水位升降区的混凝土等等，应做坚固性检验。坚固性根据 GB/T 14684 规定，天然砂采用硫酸钠溶液浸泡→烘干→浸泡循环试验法检验。测定 5 个循环后的质量损失率。指标应符合表 4-4 的要求。机制砂采用压碎指标法进行试验，压碎指标应小于表 4-5 的要求。

天然砂的坚固性指标　　　　　　　　表 4-4

项　　目		Ⅰ类	Ⅱ类	Ⅲ类
循环后质量损失（%）	<	8	8	10

人工砂的压碎指标　　　　　　　　表 4-5

项　　目		Ⅰ类	Ⅱ类	Ⅲ类
单级最大压碎指标（%）	<	20	25	30

4. 粗细程度与颗粒级配。砂的粗细程度是指不同粒径的砂粒混合体平均粒径大小。通常用细度模数（M_x）表示，其值并不等于平均粒径，但能较准确反映砂的粗细程度。细度模数 M_x 越大，表示砂越粗，单位质量总表面积（或比表面积）越小；M_x 越小，则砂比表面积越大。

砂的颗粒级配是指不同粒径的砂粒搭配比例。良好的级配指粗颗粒的空隙恰好由中颗粒填充，中颗粒的空隙恰好由细颗粒填充，如此逐级填充（如图 4-1 所示）使砂形成最紧密的堆积状态，空隙率达到最小值，堆积密度达最大值。这样可达到节约水泥，提高混凝土综合性能的目标。

 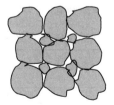 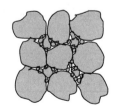

图 4-1　砂颗粒级配示意图

（1）细度模数和颗粒级配的测定。砂的粗细程度和颗粒级配用筛分析方法测定，用细度模数表示粗细，用级配区表示砂的级配。筛分析是用一套孔径为 4.75、2.36、1.18、

0.600、0.300、0.150mm 的方孔筛，将 500g 干砂由粗到细依次过筛，称量各筛上的筛余量 m_i（g），计算各筛上的分计筛余率 a_i（%），再计算累计筛余率 A_i（%）。a_i 和 A_i 的计算关系见表 4-6。

累计筛余与分计筛余计算关系　　　　　　表 4-6

筛孔尺寸（mm）	筛余量（g）	分计筛余（%）	累计筛余（%）
4.75	m_1	$a_1 = m_1/m$	$A_1 = a_1$
2.36	m_2	$a_2 = m_2/m$	$A_2 = A_1 + a_2$
1.18	m_3	$a_3 = m_3/m$	$A_3 = A_2 + a_3$
0.600	m_4	$a_4 = m_4/m$	$A_4 = A_3 + a_4$
0.300	m_5	$a_5 = m_5/m$	$A_5 = A_4 + a_5$
0.150	m_6	$a_6 = m_6/m$	$A_6 = A_5 + a_6$
底　盘	$m_底$		$m = m_1 + m_2 + m_3 + m_4 + m_5 + m_6 + m_底$

细度模数根据下式计算（精确至 0.01）：

$$M_x = \frac{(A_2 + A_3 + A_4 + A_5 + A_6) - 5A_1}{100 - A_1} \qquad (4\text{-}2)$$

根据细度模数 M_x 大小将砂按下列分类：

$M_x > 3.7$ 特粗砂；$M_x = 3.1 \sim 3.7$ 粗砂；$M_x = 3.0 \sim 2.3$ 中砂；

$M_x = 2.2 \sim 1.6$ 细砂；$M_x = 1.5 \sim 0.7$ 特细砂。

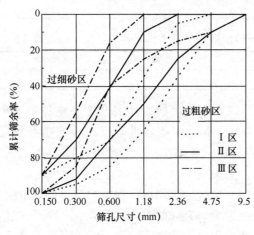

图 4-2　砂级配曲线图

砂的颗粒级配根据 0.600mm 筛孔对应的累计筛余百分率 A_4，分成 I 区、II 区和 III 区三个级配区，见表 4-7。级配良好的粗砂应落在 I 区；级配良好的中砂应落在 II 区；细砂则在 III 区。实际使用的砂颗粒级配可能不完全符合要求，除了 4.75mm 和 0.600mm 对应的累计筛余率外，其余各档允许有 5% 的超界，当某一筛档累计筛余率超界 5% 以上时，说明砂级配很差。

以累计筛余百分率为纵坐标，筛孔尺寸为横坐标，根据表 4-7 的级区可绘制 I、II、III 级配区的筛分曲线，如图 4-2 所示。

在筛分曲线上可以直观地分析砂的颗粒级配优劣。

砂的颗粒级配区范围　　　　　　表 4-7

筛孔尺寸（mm）	累计筛余（%）		
	I 区	II 区	III 区
9.50	0	0	0
4.75	10～0	10～0	10～0
2.36	35～5	25～0	15～0
1.18	65～35	50～10	25～0
0.600	85～71	70～41	40～16
0.300	95～80	92～70	85～55
0.150	100～90	100～90	100～90

【例 4-1】某工程用砂，经烘干、称量、筛分析，测得筛余量列于表 4-8。试评定该砂的粗细程度（M_x）和级配情况。

筛分析试验结果   表 4-8

筛孔尺寸（mm）	4.75	2.36	1.18	0.600	0.300	0.150	底 盘	合 计
筛余量（g）	28.5	57.6	73.1	156.6	118.5	55.5	9.7	499.5

【解】① 分计筛余率和累计筛余率计算结果列于表 4-9。

分计筛余和累计筛余计算结果   表 4-9

分计筛余率 （%）	a_1	a_2	a_3	a_4	a_5	a_6
	5.71	11.53	14.63	31.35	23.72	11.11
累计筛余率 （%）	A_1	A_2	A_3	A_4	A_5	A_6
	5.71	17.24	31.87	63.22	86.94	98.05

② 计算细度模数：

$$M_x = \frac{(A_2 + A_3 + A_4 + A_5 + A_6) - 5A_1}{100 - A_1}$$

$$= \frac{(17.24 + 31.87 + 63.22 + 86.94 + 98.05) - 5 \times 5.71}{100 - 5.71} = 2.85$$

③ 确定级配区、绘制级配曲线：该砂样在 0.600mm 筛上的累计筛余率 $A_4 = 63.22$ 落在 Ⅱ 级区，其他各筛上的累计筛余率也均落在 Ⅱ 级区规定的范围内，因此可以判定该砂为 Ⅱ 级区砂。级配曲线图见 4-3。

④ 结果评定：该砂的细度模数 $M_x = 2.85$，属中砂；Ⅱ 级区砂，级配良好。可用于配制混凝土。

（2）砂的掺配使用。

配制普通混凝土的砂宜为中砂（$M_x = 2.3 \sim 3.0$），Ⅱ 级区。但实际工程中往往出现砂偏细或偏粗的情况。通常有两种处理方法：

① 当只有一种砂源时，对偏细砂适当减少砂用量，即降低砂率；对偏粗砂则适当增加砂用量，即增加砂率。

② 当粗砂和细砂可同时提供时，宜将细砂和粗砂按一定比例掺配使用，这样既可调整 M_x，也可改善砂的级配，有利于节约水泥，提高混凝土性能。掺配比例可根据砂资源状况，粗细砂各自的细度模数及级配情况，通过试验和计算确定。

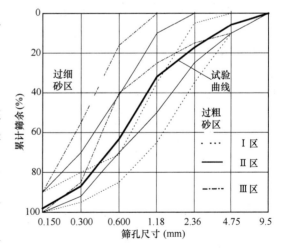

图 4-3　级配曲线

5. 砂的含水状态。砂的含水状态有如下 4 种，如图 4-4 所示。

① 绝干状态：砂粒内外不含任何水，通常在 105 ± 5℃ 条件下烘干而得。

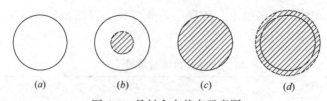

图 4-4　骨料含水状态示意图

(a) 绝干状态；(b) 气干状态；(c) 饱和面干状态；(d) 湿润状态

② 气干状态：砂粒表面干燥，内部孔隙中部分含水。指室内或室外（天晴）大气平衡的含水状态，其含水量的大小与空气相对湿度和温度密切相关。

③ 饱和面干状态：砂粒表面干燥，内部孔隙全部吸水饱和。水利工程上通常采用饱和面干状态计量砂用量。

④ 湿润状态：砂粒内部吸水饱和，表面还含有部分表面水。施工现场，特别是雨后常出现此种状况，搅拌混凝土中计量砂用量时，要扣除砂中的含水量；同样，计量水用量时，要扣除砂中带入的水量。

三、粗骨料

公称粒径大于 5mm 的骨料为粗骨料。混凝土工程中常用的有碎石和卵石两大类。碎石为岩石（有时采用大块卵石，称为碎卵石）经破碎、筛分而得；卵石多为自然形成的河卵石经筛分而得。根据卵石和碎石的技术要求分为Ⅰ类、Ⅱ类和Ⅲ类。Ⅰ类用于强度等级大于 C60 的混凝土；Ⅱ类用于 C30～C60 的混凝土；Ⅲ类用于小于 C30 的混凝土。

粗骨料的主要技术指标有：

1. 有害杂质含量。与细骨料中的有害杂质一样，主要有黏土、硫化物及硫酸盐、有机物等。根据《建设用卵石、碎石》GB/T 14685—2011，其含量应符合表 4-10 的要求。

碎石或卵石的技术要求　　　　　　　　　　　　　　　表 4-10

项　　目		指　　标		
		Ⅰ类	Ⅱ类	Ⅲ类
含泥量（按质量计，%）	≤	0.5	1.0	1.5
泥块含量（按质量重量计，%）	≤	0	0.2	0.5
硫化物及硫酸盐含量（按 SO_3 质量计，%）	≤	0.5	1.0	1.0
有机物含量		合格	合格	合格
针片状颗粒（按质量计，%）	≤	5	10	15
坚固性质量损失（%）	≤	5	8	12
碎石压碎指标（%）	≤	10	20	30
卵石压碎指标（%）	≤	12	14	16
空隙率（%）	≤	43	45	47
吸水率（%）	≤	1.0	2.0	2.0

2. 颗粒形态及表面特征。粗骨料的颗粒形状以近立方体或近球状体为最佳，但在岩石破碎加工过程中往往产生一定量的针、片状，使骨料的空隙率增大，并降低混凝土的强度，特别是抗折强度。针状是指长度大于该颗粒所属粒级平均粒径的 2.4 倍的颗粒；片状是指厚度小于平均粒径 0.4 倍的颗粒。各类别粗骨料针片状含量要符合表 4-10 的要求。

粗骨料的表面特征指表面粗糙程度。碎石表面比卵石粗糙，且多棱角，因此，拌制的混凝土拌合物流动性较差，但与水泥粘结强度较高，配合比相同时，混凝土强度相对较高。卵石表面较光滑，少棱角，因此拌合物的流动性较好，但粘结性能较差，强度相对较低。但若保持流动性相同，由于卵石可比碎石少用适量水，因此卵石混凝土强度并不一定低。

3. 粗骨料最大粒径。混凝土所用粗骨料的公称粒级上限称为最大粒径。骨料粒径越大，其表面积越小，通常空隙率也相应减小，因此所需的浆体或砂浆数量也可相应减少，有利于节约水泥、降低成本，并改善混凝土性能。所以在条件许可的情况下，应尽量选择较大粒径的骨料。但在实际工程上，骨料最大粒径受到多种条件的限制：① 最大粒径不得大于构件最小截面尺寸的 1/4，同时不得大于钢筋净距的 3/4。② 对于混凝土实心板，最大粒径不宜超过板厚的 1/3，且不得大于 40mm。③ 对于泵送混凝土，当泵送高度在 50m 以下时，最大粒径与输送管内径之比，碎石不宜大于 1:3.0，卵石不宜大于 1:2.5；泵送高度为 50~100m 时，碎石不宜大于 1:4.0，卵石不宜大于 1:3.0；泵送高度大于 100m 时，碎石不宜大于 1:5.0，卵石不宜大于 1:4.0。④ 对大体积混凝土（如混凝土坝或围堤）或疏筋混凝土，往往受到搅拌设备和运输、成型设备条件的限制。有时为了节省水泥，降低收缩，可在大体积混凝土中抛入大块石，常称作抛石混凝土。

4. 粗骨料的颗粒级配。石子的粒级分为连续粒级和单粒级两种。连续粒级指 5mm 以上至最大粒径 D_{max}，各粒级均占一定比例，且在一定范围内。单粒级指从 1/2 最大粒径开始至 D_{max}。单粒级主要用于配制具有要求级配的连续粒级，也可与连续粒级混合使用，以改善级配或配成较大密实度的连续粒级。单粒级一般不宜单独用来配制混凝土，如必须单独使用，则应作技术经济分析，并通过试验证明不发生离析或影响混凝土质量。

石子的级配与砂的级配一样，通过一套标准筛筛分试验，计算累计筛余率确定。根据 GB/T 14685—2011，碎石和卵石级配均应符合表 4-11 的要求。

碎石或卵石的颗粒级配范围 表 4-11

级配情况	公称粒级（mm）	累计筛余（%）											
		筛孔尺寸（方孔筛）（mm）											
		2.36	4.75	9.50	16.0	19.0	26.5	31.5	37.5	53.0	63.0	75.0	90
连续粒级	5~16	95~100	85~100	30~60	0~10	0							
	5~20	95~100	90~100	40~80	—	0~10	0						
	5~25	95~100	90~100	—	30~70	—	0~5	0					
	5~31.5	95~100	90~100	70~90	—	15~45	—	0~5	0				
	5~40	—	95~100	70~90	—	30~65	—	—	0~5	0			
单粒级	5~10	95~100	80~100	0~15	0								
	10~16		95~100	80~100	0~15								
	10~20		95~100	85~100	—	0~15	0						
	16~25			95~100	55~70	25~40	0~10						
	16~31.5		95~100	—	85~100			0~10	0				
	20~40			95~100		80~100			0~10	0			
	40~80			—		95~100			70~100		30~60	0~10	0

5. 粗骨料的强度。碎石和卵石的强度可用岩石的抗压强度或压碎值指标两种方法表示。

岩石的抗压强度采用 $\phi 50mm \times 50mm$ 的圆柱体或边长为 50mm 的立方体试样测定。一般要求其抗压强度大于配制混凝土强度的 1.5 倍，且不小于 45MPa（饱水）。

压碎值指标是将 9.5～19mm 的石子 m 克，装入专用试样筒中，施加 200kN 的荷载，卸载后用孔径 2.36mm 的筛子筛去被压碎的细粒，称量筛余，计作 m_1，则压碎值指标 Q（%）按下式计算：

$$Q = \frac{m - m_1}{m} \times 100 \qquad (4-3)$$

压碎值越小，表示石子强度越高，反之亦然。各类别骨料的压碎值指标应符合表4-10的要求。

6. 粗骨料的坚固性。粗骨料的坚固性指标与砂相似，各类别骨料的质量损失应符合表 4-10 的要求。

四、拌合用水

根据《混凝土用水标准》JGJ 63—2006 的规定，凡符合国家标准的生活饮用水，均可拌制各种混凝土。海水可拌制素混凝土，但不宜拌制有饰面要求的素混凝土，更不得拌制钢筋混凝土和预应力混凝土。

值得注意的是，在野外或山区施工采用天然水拌制混凝土时，均应对水的有机质、Cl^- 和 SO_4^{2-} 含量等进行检测，合格后方能使用。某些污染严重的河道、池塘或地下水，一般不得用于拌制混凝土。

五、混凝土外加剂

外加剂是指能有效改善混凝土某项或多项性能的一类材料。其掺量一般只占胶凝材料用量的 5% 以下，却能显著改善混凝土的和易性、强度、耐久性或调节凝结时间。外加剂的应用促进了混凝土技术的飞速进步，技术经济效益十分显著，使得高强高性能混凝土的生产和应用成为现实，并解决了许多工程技术难题。如远距离运输和高耸建筑物的泵送问题；紧急抢修工程的早强速凝问题；大体积混凝土工程的水化热问题；超长结构的收缩补偿问题；地下建筑物的防渗漏问题等等。目前，外加剂已成为混凝土最主要的组成材料之一。

（一）外加剂的功能和分类

根据主要功能分为：

1. 改善流变性能的外加剂，主要有减水剂、引气剂、泵送剂等。

2. 调节凝结硬化性能的外加剂，主要有缓凝剂、速凝剂、早强剂等。

3. 调节含气量的外加剂，主要有引气剂、加气剂、泡沫剂、消泡剂等。

4. 改善耐久性的外加剂，主要有引气剂、防水剂、阻锈剂等。

5. 提供特殊性能的外加剂，主要有防冻剂、膨胀剂、着色剂、引气剂和泵送剂等。

（二）建筑工程常用混凝土外加剂品种

1. 减水剂

减水剂是指在混凝土坍落度相同的条件下，能减少拌合用水量；或者在混凝土配合比不变的情况下，能增加混凝土流动性的外加剂。根据减水率大小或坍落度增加值分为普通减水剂和高效减水剂两大类。此外，尚有复合型减水剂，如引气减水剂，同时具有减水和引气作用；早强减水剂，同时具有减水和提高早期强度作用；缓凝减水剂，同时具有减水和延缓凝结时间的功能等等。

（1）减水剂的主要功能

①配合比不变时显著提高流动性。

②流动性和胶凝材料用量不变时，减少用水量，降低水胶比，提高强度。

③保持流动性和强度不变时，节约胶凝材料用量，降低成本。

④配置高强高性能混凝土。

⑤配制高可泵性或自密实混凝土。

（2）减水剂的作用机理

减水剂的主要作用机理包括分散作用和润滑作用两方面。减水剂实际上为一种表面活性剂，长分子链的一端易溶于水-亲水基，另一端难溶于水-憎水基，如图4-5所示。

① 分散作用：胶凝材料加水拌合后，由于颗粒间分子引力和表面张力的作用，浆体往往形成絮凝结构，使10％～30％的拌合水被包裹在胶凝材料颗粒之中，不能参与自由流动和润滑作用，从而影响混凝土拌合物的流动性（如图4-6a）。当加入减水剂后，由于减水剂分子能定向吸附于粉料颗粒表面，使粉料颗粒表面带有同一种电荷（通常为负电荷），形成静电排斥作用，促使水泥颗粒快速相互分散，絮凝结构破坏，释放出被包裹部分水，参与流动，从而有效地增加混凝土拌合物的流动性（如图4-6b）。

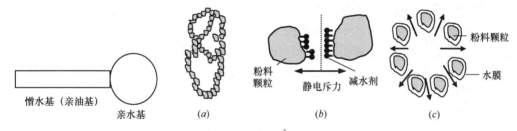

图4-5 表面活性剂（减水剂）　　图4-6　减水剂作用机理示意图
　　　　分子链示意图　　　　　　　（a）絮凝结构；（b）静电斥力；（c）水膜润滑

②润滑作用：减水剂中的亲水基极性很强，因此粉料颗粒表面的减水剂吸附膜能与水分子形成一层稳定的溶剂化水膜（如图4-6c），这层水膜具有很好的润滑作用，能有效降低粉料颗粒间的滑动阻力，从而使混凝土流动性进一步提高。

（3）常用减水剂品种

作为最早期使用的木质素系和糖蜜类减水剂，由于减水率低、综合性能差，已很少单独使用。目前工程上常用的品种有：

①萘磺酸盐系减水剂：萘磺酸盐系减水剂简称萘系减水剂，它是以工业萘或由煤焦油中分馏出含萘的同系物经分馏为原料，经磺化、缩合等一系列复杂的工艺而制成的棕黄色液体或粉末。其主要成分为β—萘磺酸盐甲醛缩合物。属非引气型高效减水剂，具有早强功能，对钢筋无锈蚀作用。但混凝土的坍落度损失较大，故实际生产的萘系减水剂，绝大多数为复合型，通常与缓凝剂或引气剂复合。适宜掺量为0.5％～1.2％，减水率可达15％～30％。主要适用于配制高强、早强、流态和蒸养混凝土制品和工程，也可用于一般

工程，是目前工程上使用量最大的外加剂品种之一。

②树脂系减水剂：树脂系减水剂为磺化三聚氰胺甲醛树脂减水剂，通常称为密胺树脂系减水剂。主要以三聚氰胺、甲醛和亚硫酸钠为原料，经磺化、缩聚等工艺生产而成的棕色液体。属非引气型早强高效减水剂，适宜掺量0.5％～2.0％，减水率可达20％以上，1d强度提高一倍以上，7d强度可达基准28d强度，长期强度也能提高，且可显著提高混凝土的抗渗、抗冻性和弹性模量。但掺树脂系减水剂的混凝土黏性较大，可泵性较差，且坍落度经时损失也较大。目前主要用于配制高强、早强、流态、蒸汽养护和铝酸盐水泥耐火混凝土等。

③聚羧酸系高性能减水剂

聚羧酸系高性能减水剂是近年来发展最快的新一代减水剂，由含有羧基的不饱和单体与其他单体共聚而成。减水率可达25％以上，坍落度损失小，1d强度增加50％以上，收缩率比可小于100％，甲醛含量小于0.05％，氯离子含量小于0.6％。

掺聚羧酸系减水剂的混凝土具有相对较高的优质微气泡，特别适用于配制高强泵送混凝土、具有早强要求的混凝土和流态混凝土。聚羧酸系减水剂的价格相对较高，但掺量相对较低，对配制高强混凝土、高泵送混凝土具有较好的性价比，也可与其他减水剂复合使用。

④复合减水剂：单一减水剂往往很难满足不同工程性质和不同施工条件的要求，因此，减水剂研究和生产中往往复合各种其他组分，形成早强减水剂、缓凝减水剂、引气减水剂、缓凝引气减水剂等。随着工程建设和混凝土技术进步的需要，各种新型多功能复合减水剂正在不断研制生产中，如2～3h内无坍落度损失的保塑高效减水剂等，这一类外加剂主要有：聚羧酸盐与改性木质素的复合物、带磺酸端基的聚羧酸多元聚合物、芳香族氨基磺酸系高分子化合物、改性羟基衍生物与烷基芳香磺酸盐的复合物、萘磺酸甲醛缩合物与木钙等的复合物、三聚氰胺甲醛缩合物与木钙等的复合物等。

此外，脂肪族系和胺基磺酸盐系高效减水剂在工程上，特别是预制构件厂也广泛应用。其他减水剂新品种还有以甲基萘为原料的聚次甲基甲基萘磺酸钠减水剂；以古马隆为原料的氧茚树脂磺酸钠减水剂；丙烯酸酯或醋酸乙烯的接枝共聚物系高效减水剂；聚羧酸醚系与交联聚合物的复合物系高效减水剂；顺丁烯二酸衍生共聚物系高效减水剂等。

2. 早强剂

早强剂是指能加速混凝土早期强度发展的外加剂。主要作用机理是加速水泥水化速度，加速水化产物的早期结晶和沉淀。主要功能是缩短混凝土施工养护期，加快施工进度，提高模板周转率。适用于有早强要求的混凝土工程及低温、负温施工、预制构件等。早强剂的主要品种有氯化钙、硫酸钠和有机胺三大类，但更多使用的是它们的复合早强剂。

常用的氯化钙早强剂能使混凝土3d强度提高50％～100％，但后期强度不一定提高，甚至可能低于基准混凝土。且由于Cl^-对钢筋有腐蚀作用，故钢筋混凝土中掺量应严格控制在1％以内，并与阻锈剂亚硝酸钠等复合使用。且不得在下列工程中使用：

① 环境相对湿度大于8％、水位升降区、露天结构或经常受水淋的结构。

② 镀锌钢材或铝铁相接触部位及有外露钢筋埋件而无防护措施的结构。

③ 含有酸碱或硫酸盐侵蚀介质中使用的结构。

④ 环境温度高于 60℃ 的结构。

⑤ 使用冷拉钢筋或冷拔低碳钢丝的结构。

⑥ 给水排水构筑物、薄壁构件、中级和重级吊车、屋架、落锤或锻锤基础。

⑦ 预应力混凝土结构。

⑧ 含有活性骨料的混凝土结构。

⑨ 电力设施系统混凝土结构。

常用的硫酸钠早强剂，早强效果不及 $CaCl_2$。对矿渣水泥混凝土早强效果较显著，但后期强度略有下降。硫酸钠早强剂在预应力混凝土结构中的掺量不得大于 1%；潮湿环境中的钢筋混凝土结构中掺量不得大于 1.5%。此外，不得用于下列工程：

① 与镀锌钢材或铝铁相接触部位的结构及外露钢筋预埋件而无防护措施的结构。

② 使用直流电源的工厂及电气化运输设施的钢筋混凝土结构。

③ 含有活性骨料的混凝土结构。

有机胺类早强剂主要有三乙醇胺、三异醇胺等。最常用的三乙醇胺为无色或淡黄色油状液体，呈碱性，易溶于水。三乙醇胺的掺量极微，一般为胶凝材料用量的 0.02% ～ 0.05%，虽然早强效果不及 $CaCl_2$，但后期强度不下降并略有提高，且对混凝土耐久性无不利影响。但掺量不宜超过 0.1%，否则可能导致混凝土后期强度下降。

复合早强剂。为了克服单一早强剂存在的各种不足，发挥各自特点，通常将三乙醇胺、硫酸钠、氯化钙、氯化钠、石膏及其他外加剂复配组成复合早强剂，有时可产生超叠加功能。

3. 引气剂

引气剂是指混凝土在搅拌过程中能引入大量均匀、稳定且封闭的微小气泡的外加剂。气泡直径一般为 0.02～1.0mm，绝大部分小于 0.2mm。常用引气剂有松香树脂、脂肪醇磺酸盐、烷基和烷基芳烃磺酸类、皂苷类以及蛋白质盐、石油磺盐酸等等。掺量一般为 0.005% ～ 0.01%。严防超量掺用，否则将严重降低混凝土强度。当采用高频振捣时，引气剂掺量可适当提高。

引气剂的主要功能有：

(1) 改善混凝土拌合物的和易性。在拌合物中，相互封闭的微小气泡能起到滚珠作用，减小骨料间的摩阻力，从而提高混凝土的流动性。若保持流动性不变，则可减少用水量，一般每增加 1% 的含气量可减少用水量 6% ～ 10%。由于大量微细气泡能吸附一层稳定的水膜，从而减弱了混凝土的泌水性，故能改善混凝土的保水性和黏聚性。

(2) 提高混凝土耐久性。由于大量的微细气泡堵塞和隔断了混凝土中的毛细孔通道，同时由于泌水少，泌水造成的孔缝也减少。因而能大大提高混凝土的抗渗性能。提高抗腐蚀性能和抗风化性能。另一方面，由于连通毛细孔减少，吸水率相应减小，且能缓冲水结冰时引起的内部水压力，从而使抗冻性大大提高。

(3) 引气剂的应用和注意事项。引气剂主要应用于具有较高抗渗和抗冻要求的混凝土工程或贫混凝土，提高混凝土耐久性，也可用来改善泵送性。工程上常与减水剂复合使用，或采用复合引气减水剂。

由于引气剂导致混凝土含气量提高，混凝土有效受力面积减小，故混凝土强度将下降，一般每增加 1% 含气量，抗压强度下降 5% 左右，抗折强度下降 2% ～ 3%。故引气剂的掺量必须通过含气量试验严格加以控制，普通混凝土中含气量的限值可按表 4-12 控制。

混凝土含气量限值　　　　　　　　　表 4-12

粗骨料最大粒径（mm）	10	15	20	25	40
含气量（%）≤	7.0	6.0	5.5	5.0	4.5

4. 缓凝剂

缓凝剂是指能延长混凝土的初凝和终凝时间的外加剂。最常用的缓凝剂为木钙和糖蜜。糖蜜的缓凝效果优于木钙，一般能缓凝 3h 以上。为了满足特殊工程超长缓凝的要求，如地铁连续墙、超长和超大混凝土结构、大型水利工程等，缓凝时间有时要求 24h 以上，目前常用葡萄酸钠、羟基羧酸及其盐类等。

缓凝剂的主要功能有：

（1）降低大体积混凝土的水化热和推迟温峰出现时间，有利于减小混凝土温差引起的温度应力。

（2）便于夏季施工和连续浇捣的混凝土，防止出现混凝土施工缝。

（3）便于泵送施工、滑模施工和远距离运输。

（4）通常具有减水作用，故亦能提高混凝土后期强度或增加流动性或节约胶凝材料用量。

5. 速凝剂

速凝剂是指能使混凝土迅速硬化的外加剂。一般初凝时间小于 5min，终凝时间小于 10 min，1h 内即产生强度，3d 强度可达基准混凝土 3 倍以上，但后期强度一般低于基准混凝土。

速凝剂主要用于喷射混凝土和紧急抢修工程、军事工程、防洪堵水工程等，如矿井、隧道、引水涵洞、地下工程岩壁衬砌、边坡和基坑支护等。

6. 防冻剂

防冻剂指能使混凝土中水的冰点下降，保证混凝土在负温下凝结硬化并产生足够强度的外加剂。绝大部分防冻剂由防冻组分、早强组分、减水组分或引气剂复合而成，主要适用于冬期负温条件下的施工。值得说明的一点是，防冻组分本身并不能提高硬化混凝土抗冻性。常用防冻剂种类有氯盐类防冻剂、氯盐类阻锈防冻剂、氯盐类防冻剂、无氯低碱/无碱类防冻剂等。

7. 膨胀剂

膨胀剂是指混凝土凝结硬化过程中生成膨胀性产物或气体，使混凝土产生一定体积膨胀的外加剂。掺入膨胀剂的目的是补偿混凝土自收缩、干缩和温度变形，防止混凝土开裂，并提高混凝土的密实性和防水性能。常用膨胀剂品种有硫铝酸钙、氧化钙、氧化镁、铁屑膨胀剂和复合膨胀剂等。也有采用加气类膨胀剂，如铝粉膨胀剂。

目前建筑工程中膨胀剂主要应用于地下室底板和侧墙混凝土、钢管混凝土、超长结构混凝土、有抗渗要求的混凝土等。使用得当可以有效降低混凝土开裂风险。但应严格控制掺量，若掺量过低则膨胀率小，起不到补偿收缩效果；掺量过高则可能导致超量膨胀，引起混凝土结构破坏。掺膨胀剂混凝土应特别加强湿养护，尤其是早期湿养护，以保证充分发挥膨胀剂的补偿收缩作用，连续湿养护时间一般要求 14d 以上。如果不能保证充分潮湿养护，有可能产生比不掺膨胀剂更大的收缩，导致混凝土开裂。

8. 絮凝剂

絮凝剂主要用以提高混凝土的黏聚性和保水性，使混凝土即使受到水的冲刷，水泥和集料也不离析分散。因此，这种混凝土又称为抗冲刷混凝土或水下不分散混凝土，适用于水下施工。常用的品种有：

（1）纤维素系：主要是非离子型水溶性纤维素醚，如亲水性强的羟基纤维素（HEC）、羟乙基甲基纤维素（HEMC）和羟丙基甲基纤维素（PHMC）等。它们的黏度随分子量及取代基团的不同而不同。

（2）丙烯基系：以聚丙烯酰胺为主要成分。絮凝剂常与其他外加剂复合使用，如与减水剂、引气剂、调凝剂等复合。

9. 减缩剂

日本日产水泥公司和 Sanyo 化学工业公司于 1982 年首先研制成混凝土减缩剂（shrinkages reducing agent）。随后美国在 1985 年获得混凝土减缩剂的专利，在实际应用中取得了极其良好的技术效果。特别是对减小混凝土的自收缩具有很强的针对性。多年来，为了降低减缩剂的成本和改善混凝土的综合性能，对减缩剂的组成及复配技术开展了大量研究。

减缩剂的主要作用机理是降低混凝土孔隙水的表面张力，从而减小毛细孔失水时产生的收缩应力。另一方面，减缩剂增强了水分子在凝胶体中的吸附作用，进一步减小混凝土的最终收缩值。根据毛细管理论，毛细孔失水时引起的收缩应力可由下式表示：

$$\Delta P = \frac{2\sigma\cos\theta}{r} \tag{4-4}$$

式中　ΔP——毛细孔水凹液面产生的收缩应力（Pa）；

　　　σ——水的表面张力（N/m）；

　　　θ——水凹液面与毛细孔壁的接触角；

　　　r——毛细孔半径（m）。

据此，在一定的毛细孔半径时，水的表面张力下降，将直接降低由毛细孔失水时产生的收缩应力。另一方面，由水和减缩剂组成的溶液黏度增加，使得接触角 θ 增大，即 $\cos\theta$ 减小，从而进一步降低混凝土的收缩应力。

由减缩剂的作用机理可知，在原材料和配合比一定时，减缩率是一个相对稳定值，施工养护和环境条件对混凝土的减缩率影响较小。亦即当养护条件差或空气相对湿度小、风速大，混凝土的收缩增大时，由于减缩率基本一定，故其降低收缩的绝对值也增加。

此外，减缩剂几乎没有水泥适应性问题，与水泥的矿物组成和掺合料等几乎无关，且与其他混凝土外加剂有良好的相容性。随着我国经济基础的加强，特别是混凝土工程裂缝控制的迫切需要，以及减缩剂研究技术和产品性能的进一步提高，减缩剂这一新材料将得到越来越广泛的应用。

10. 养护剂

养护剂又称混凝土养生液，涂敷于新浇筑的混凝土表面，形成一层致密的薄膜，使混凝土表面与空气隔绝，防止水分蒸发，最大限度地减少失水，保证混凝土充分水化和防止早期收缩开裂的外加剂。按主要成膜物质分为三大类：

（1）无机物类：主要成分为水玻璃及硅溶胶。此类养护剂涂敷于混凝土表面，能与水泥的水化产物氢氧化钙反应生成致密的硅酸钙，堵塞混凝土表面水分的蒸发孔道而达到减少失水和加强养护的作用。

（2）有机物类：主要有乳化石蜡类和氯乙烯—偏氯乙烯共聚乳液类等。此类养护剂涂敷于混凝土表面，基本上不与混凝土组分发生反应，而是在混凝土表面形成连续的不透水薄膜，起到保水和养护的作用。

（3）有机、无机复合类：主要由有机高分子材料（如氯乙烯—偏氯乙烯共聚乳液、乙烯—醋酸乙烯共聚乳液、聚醋酸乙烯乳液、聚乙烯醇树脂等）与无机材料（如水玻璃、硅溶胶等）及其他表面活性剂复合而成。

11. 阻锈剂

阻锈剂是指能抑制或减轻混凝土中钢筋或其他金属预埋件锈蚀的外加剂。钢筋或金属预埋件的锈蚀与其表面形成的保护膜有关。混凝土碱度高，埋入的金属表面能形成钝化膜，有效地抑制钢筋锈蚀。若混凝土中存在氯化物，将破坏钝化膜，加速钢筋锈蚀。加入适宜的阻锈剂可以有效地减缓钝化膜破坏，防止或减缓锈蚀。常用的种类有：以亚硝酸盐、铬酸盐、苯甲酸盐为主要成分的阳离子型阻锈剂，作用机理是具有接受电子的能力，能抑制阳极反应；以碳酸钠和氢氧化钠等碱性物质为主要成分的离子型阻锈剂，作用机理是阴离子为强的质子受体，通过提高溶液 pH 值，降低 Fe 离子的溶解度而减缓阳极反应或在阴极区形成难溶性被覆膜而抑制反应；另外还有硫代羟基苯胺复合型阻锈剂，作用机理是分子结构中具有两个或更多的定位基团，既可作为电子授体，又可作为电子受体，兼具以上两种阻锈剂的性质，能够同时影响阴阳极反应。因此，它不仅能抑制氯化物侵蚀，而且能抑制金属表面上微电池反应引起的锈蚀。

第三节　普通混凝土的技术性质

一、新拌混凝土的性能

（一）混凝土的和易性

1. 和易性的概念。

新拌混凝土的和易性，也称工作性，是指拌合物易于搅拌、运输、浇捣成型，并获得质量均匀密实混凝土的综合性能。通常用流动性、黏聚性和保水性三项指标表示。流动性是指拌合物在自重或外力作用下产生流动的难易程度；黏聚性是指拌合物各组成材料之间不产生分层离析现象；保水性是指拌合物不产生严重的泌水现象。

通常情况下，混凝土拌合物的流动性越大，则保水性和黏聚性越差，反之亦然。和易性良好的混凝土是指既具有满足施工要求的流动性，又具有良好的黏聚性和保水性。因此，不能简单地将流动性大的混凝土称之为和易性好，或者流动性减小说成和易性变差。良好的和易性既是施工的要求也是获得质量均匀密实混凝土的基本保证。

2. 和易性的测试和评定。

混凝土拌合物和易性是一项极其复杂的综合性能，到目前为止全世界尚无能够全面反映混凝土和易性的测定方法，通常通过测定流动性，再辅以其他直观观察或经验综合评定混凝土和易性。流动性的测定方法有坍落度法、维勃稠度法、探针法、斜槽法、流出时间法和凯利球法等十多种。对普通混凝土而言，最常用的是坍落度法和维勃稠度法再辅以黏聚性和保水性观察。对自密实混凝土或有超高泵送性能要求的混凝土，通常采用坍落扩展度、T_{50}扩展时间来评价填充性和可泵性；有时还采用 J 环扩展度评价间隙通过性、筛析法或跳桌法评价抗离析性；保水性可采用常压泌水率或压力泌水率评价。

（1）坍落度法：将搅拌好的混凝土分三层装入坍落度筒中（见图 4-7a），每层插捣 25次，抹平后垂直提起坍落度筒，混凝土则在自重作用下坍落，以坍落高度（单位 mm）代表混凝土的流动性。坍落度越大，则流动性越好。

黏聚性通过观察坍落度测试后混凝土所保持的形状，或侧面用捣棒敲击后的形状判定，如图 4-7 所示。当坍落度筒一提起即出现图中（c）或（d）形状，表示黏聚性不良；敲击后出现（b）状，则黏聚性良好；敲击后出现（c）状，则黏聚性欠佳；敲击后出现（d）状，则黏聚性不良。

保水性是以水或稀浆从底部析出的量大小评定（见图 4-7b）。析出量大，保水性差，严重时粗骨料表面稀浆流失而裸露。析出量小则保水性好。

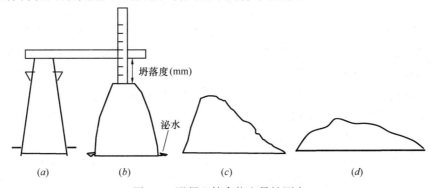

图 4-7　混凝土拌合物和易性测定
（a）坍落度筒；（b）坍落度测试；（c）黏聚性欠佳；（d）黏聚性不良

根据坍落度值大小将混凝土分为四类：

① 大流动性混凝土：坍落度≥160mm；

②流动性混凝土：坍落度 100～150mm；

③塑性混凝土：坍落度 10～90mm；

④干硬性混凝土：坍落度＜10mm

坍落度法测定混凝土和易性的适用条件为：

a. 粗骨料最大粒径≤40mm；

b. 坍落度≥10mm。

对大流动性混凝土，特别是坍落度大于 200 mm 时，用单一的坍落度值往往并不足以区别不同的流动特性，所以通常辅以坍落扩展度表征。坍落扩展度是指坍落度试验时，混凝土流动扩展后的平均直径，用"mm"表示。

（2）维勃稠度法：对坍落度小于 10mm 的干硬性混凝土，坍落度值已不能准确反映其流动性大小。如当两种混凝土坍落度均为零时，在振捣器作用下的流动性可能完全不同。故一般采用维勃稠度法测定。坍落度法的测试原理是混凝土在自重作用下坍落，而维勃稠度法则是在坍落度筒提起后，施加一个振动外力，测试混凝土在外力作用下完全填满面板所需时间（单位：s）代表混凝土流动性。时间越短，流动性越好；时间越长，流动性越差。如图 4-8 所示。

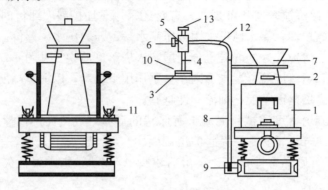

图 4-8　维勃稠度试验仪
1—容器；2—坍落度筒；3—圆盘；4—滑棒；5—套筒；6、13—螺栓；7—漏斗；8—支柱；
9—定位螺栓；10—荷重；11—元宝螺栓；12—旋转架

（3）坍落度的选择原则：实际施工时采用的坍落度大小根据下列条件选择：

① 构件截面尺寸大小：截面尺寸大，易于振捣成型，坍落度适当选小些，反之亦然。

② 钢筋疏密：钢筋较密，则坍落度选大些。反之亦然。

③ 捣实方式：人工捣实，则坍落度选大些。机械振捣则选小些。

④ 运输距离：从搅拌机出口至浇捣现场运输距离较远时，应考虑途中坍落度损失，坍落度宜适当选大些，特别是商品混凝土。

⑤ 气候条件：气温高、空气相对湿度小时，因水泥水化速度加快及水分挥发加速，坍落度损失大，坍落度宜选大些，反之亦然。当采用非泵送施工时坍落度可按表 4-13 选用。

混凝土浇筑时的坍落度（mm）　　　　　　　　　　　　　　　　　　　表 4-13

构件种类	坍落度
基础或地面等的垫层、无配筋的大体积结构（挡土墙、基础等）或配筋稀疏的结构	10～30
板、梁和大型及中型截面的柱子等	30～50
配筋密列的结构（薄壁、斗仓、筒仓、细柱等）	50～70
配筋特密的结构	70～90

3. 影响和易性的主要因素。

（1）单位用水量

单位用水量是混凝土流动性的决定因素。用水量增大，流动性随之增大。但用水量大带来的不利影响是保水性和黏聚性变差，易产生泌水分层离析，从而影响混凝土的匀质性、强度和耐久性。大量的实验研究证明在原材料品质一定的条件下，单位用水量一旦选定，胶凝材料用量增减 50～100kg/m³，流动性基本保持不变，这一规律称为固定用水量定则。这一定则对普通混凝土的配合比设计带来极大便利，即可通过固定用水量保证混凝土坍落度的同时，调整胶凝材料用量，即调整水胶比，来满足强度和耐久性要求。在进行混凝土配合比设计时，单位用水量可根据施工要求的坍落度和粗骨料的种类、规格，根据

《普通混凝土配合比设计规程》JGJ 55 按表 4-14 选用，再通过试配调整，最终确定单位用水量。

混凝土单位用水量选用表 表 4-14

项 目	指 标	卵石最大粒径（mm）				碎石最大粒径（mm）			
		10.0	20.0	31.5	40.0	16.0	20.0	31.5	40.0
坍落度 （mm）	10～30	190	170	160	150	200	185	175	165
	35～50	200	180	170	160	210	195	185	175
	55～70	210	190	180	170	220	205	195	185
	75～90	215	195	185	175	230	215	205	195
维勃稠度 （s）	16～20	175	160	—	145	180	170	—	155
	11～15	180	165	—	150	185	175	—	160
	5～10	185	170	—	155	190	180	—	165

注：1. 本表用水量系采用中砂时的平均取值，如采用细砂，每立方米混凝土用水量可增加 5～10kg，采用粗砂时则可减少 5～10kg；

2. 掺用外加剂或掺合料时，可相应增减用水量。

（2）浆骨比

浆骨比指胶凝材料与水组成的浆体体积与砂石骨料体积之比值。在混凝土凝结硬化之前，浆体主要赋予流动性和黏聚性；在混凝土凝结硬化以后，主要赋予粘结强度。在水胶比一定的前提下，浆骨比越大，即浆体体积越大，混凝土流动性越大。通过调整浆骨比大小，既可以满足流动性要求，又能保证良好的黏聚性和保水性。浆骨比不宜太大，否则易产生流浆现象，使黏聚性下降。浆骨比也不宜太小，否则因骨料间缺少粘结体，拌合物易发生崩塌现象，且不易振捣均匀密实。因此，合理的浆骨比是混凝土拌合物和易性的良好保证。

（3）水胶比

水胶比即水用量与胶凝材料之质量比。在胶凝材料用量和骨料用量不变的情况下，水胶比增大，相当于单位用水量增大，浆体变稀，拌合物流动性也随之增大，反之亦然。用水量增大带来的负面影响是严重降低混凝土的保水性，增大泌水，同时使黏聚性也下降。但水胶比也不宜太小，否则因流动性过低影响混凝土振捣密实，易产生麻面和空洞。合理的水胶比是混凝土拌合物流动性、保水性和黏聚性的良好保证。

（4）砂率

砂率是指砂子占砂石总用量的百分率，表达式为：

$$S_P = \frac{S}{S+G} \times 100\% \tag{4-5}$$

式中　S_p——砂率；

　　　S——砂子用量（kg）；

　　　G——石子用量（kg）。

砂率对和易性的影响非常显著。

① 对流动性的影响。在胶凝材料用量和水胶比一定的条件下，由于砂子与浆体组成的砂浆在粗骨料间起到润滑和辊珠作用，可以减小粗骨料间的摩擦阻力，所以在一定范围

内，随砂率增大，混凝土流动性增大。另一方面，由于砂子的比表面积比粗骨料大，随着砂率增加，粗细骨料的总表积增大，在浆体用量一定的条件下，骨料表面包裹的浆体量减薄，润滑作用下降，使混凝土流动性降低。所以砂率超过一定范围，流动性随砂率增加而下降，见图4-9（a）。

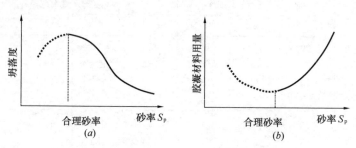

图4-9 砂率与混凝土流动性和胶凝材料用量的关系
（a）砂率与坍落度的关系；（b）砂率与胶凝材料用量的关系

② 对黏聚性和保水性的影响。砂率减小，混凝土的黏聚性和保水性均下降，易产生泌水、离析和流浆现象。砂率增大，黏聚性和保水性增加。但砂率过大，当浆体不足以包裹骨料表面时，则黏聚性反而下降。

③ 合理砂率的确定。合理砂率是指砂子填满石子空隙并有一定的富余量，能在石子间形成一定厚度的砂浆层，以减少粗骨料间的摩擦阻力，使混凝土流动性达最大值。或者在保持流动性不变的情况下，使浆体用量达最小值，如图4-9（b）。

合理砂率的确定可根据上述两原则通过试验确定。在大型混凝土工程中经常采用。对普通混凝土工程可根据经验或根据 JGJ 55 参照表4-15 选用。

混凝土砂率选用表 表 4-15

水胶比 (W/B)	卵石最大粒径（mm）			碎石最大粒径（mm）		
	10.0	20.0	40.0	16.0	20.0	40.0
0.40	26~32	25~31	24~30	30~35	29~34	27~32
0.50	30~35	29~34	28~33	33~38	32~37	30~35
0.60	33~38	32~37	31~36	36~41	35~40	33~38
0.70	36~41	35~40	34~39	39~44	38~43	36~41

注：1. 表中数值系中砂的选用砂率。对细砂或粗砂，可相应地减少或增大砂率；

2. 本砂率适用于坍落度为 10~60mm 的混凝土，坍落度如大于 60mm 或小于 10mm 时，应相应增大或减小砂率；每增大 20mm，砂率增大 1% 的幅度予以调整；

3. 只用一个单粒级粗骨料配制混凝土时，砂率值应适当增大；

4. 掺有各种外加剂或掺合料时，其合理砂率值应经试验或参照其他有关规定选用；

5. 对薄壁构件砂率取偏大值；

6. 采用机制砂配置混凝土时，砂率可适当增大。

（5）水泥品种及细度

水泥品种不同时，达到相同流动性的需水量往往不同，从而影响混凝土流动性。另一方面，不同水泥品种对水的吸附作用往往不等，从而影响混凝土的保水性和黏聚性。如火山灰水泥、矿渣水泥配制的混凝土流动性比普通水泥小。在流动性相同的情况下，矿渣水泥的保水性能较差，黏聚性也较差。同品种水泥越细，流动性越差，但黏聚性和保水性越好。

（6）掺合料品种和掺量

掺合料品种对流动性的影响非常显著。如Ⅰ级粉煤灰可增大流动性，并使保水性得以改善，Ⅱ级粉煤灰则有可能降低流动性；硅灰则严重降低混凝土流动性，但黏聚性和保水性得以改善；超细磨的矿粉通常也降低流动性，但当较粗时则对流动性影响较小；偏高岭土、沸石粉通常也降低流动性，而对黏聚性和保水性有改善作用。其影响程度随掺量增加而增大。

（7）骨料的品种和粗细程度

卵石表面光滑，碎石粗糙且多棱角，因此卵石配制的混凝土流动性较好，但黏聚性和保水性则相对较差。河砂与山砂、机制砂的差异与上述相似。对级配符合要求的砂石料来说，粗骨料粒径越大，砂子的细度模数越大，则流动性越大，但黏聚性和保水性有所下降，特别是砂的粗细，在砂率不变的情况下，影响更加显著。

（8）骨料的含水状态

粗细骨料的吸水率虽然总体均较小，但由于在混凝土中的总量大，一般在 $1800kg/m^3$ 左右，即使是 0.5% 的吸水率，也达 $9kg/m^3$，将严重降低混凝土的流动性。虽然吸水有一个时间过程，但将影响到混凝土的坍落度损失。因此，当采用干砂配制混凝土时，须考虑吸水率对混凝土流动性和坍落度损失的影响。当采用湿砂配制混凝土时，在扣除砂的含水量时，也应考虑到这一因素。特别是采用吸水率大、吸水速度快的砂石料时更应引起重视。合理的方式是根据饱和面干状态的砂石质量作为设计和计量的依据。

（9）外加剂

改善混凝土和易性的外加剂主要有减水剂和引气剂。它们能使混凝土在不增加用水量的条件下增加流动性，并具有良好的黏聚性和保水性。

（10）时间、气候条件

随着胶凝材料水化和水分蒸发，混凝土的流动性将随着时间的延长而下降。气温高、湿度小、风速大将加速流动性的损失。

4. 混凝土和易性的调整和改善措施

（1）当混凝土流动性小于设计要求时，为了保证混凝土的强度和耐久性，不能单独加水，必须保持水胶比不变，增加胶凝材料用量。但胶凝材料用量增加，混凝土成本提高，收缩和水化热增大，且可能导致黏聚性和保水性下降。

（2）当坍落度大于设计要求时，可在保持砂率不变的前提下，增加砂石用量。实际上相当于减少浆体体积。

（3）改善骨料级配，既可增加混凝土流动性，也能改善黏聚性和保水性。但骨料占混凝土用量的 75% 左右，实际操作难度往往较大。

（4）掺减水剂或引气剂，是改善混凝土和易性的最有效措施。

（5）尽可能选用最优砂率。当黏聚性不足时可适当增大砂率。

（二）混凝土的凝结时间

混凝土的凝结时间与水泥的凝结时间有相似之处，但由于骨料的掺入，水胶比的不同及外加剂的应用，又存在一定的差异。水胶比增大，凝结时间延长；早强剂、速凝剂使凝结时间缩短；缓凝剂则使凝结时间大大延长。

混凝土的凝结时间分初凝和终凝。初凝指混凝土加水至失去塑性所经历的时间，亦即表示施工操作的时间极限；终凝指混凝土加水至产生强度所经历的时间。初凝时间希望适当长，以便于施工操作；终凝与初凝的时间差则越短越好。

混凝土凝结时间的测定通常采用贯入阻力法。影响混凝土实际凝结时间的因素主要有水胶比、水泥品种、水泥细度、外加剂、掺合料和气候条件等。

二、硬化混凝土的性能

(一)混凝土的强度

强度是硬化混凝土最重要的性质，混凝土的其他性能与强度均有密切关系，混凝土的强度也是配合比设计、施工控制和质量检验评定的主要技术指标。混凝土的强度主要有抗压强度、抗折强度、抗拉强度和抗剪强度等。其中抗压强度值最大，也是最主要的强度指标。

1. 混凝土的立方体抗压强度和强度等级。根据我国《普通混凝土力学性能试验方法标准》GB/T 50081 规定，立方体试件的标准尺寸为 150mm×150mm×150mm；标准养护条件为温度 20±2℃，相对湿度 95％以上；标准龄期为 28d。在上述条件下测得的抗压强度值称为混凝土立方体抗压强度，以 f_{cu} 表示。其测试和计算方法详见试验部分。

根据《混凝土结构设计规范》GB 50010—2010，混凝土的强度等级应按立方体抗压强度标准值确定，混凝土立方体抗压强度标准值系指标准方法制作养护的边长为 150mm 的立方体试件，在 28d 龄期用标准方法测得的具有 95％保证率的抗压强度。钢筋混凝土结构用混凝土分为 C15、C20、C25、C30、C35、C40、C45、C50、C55、C60、C65、C70、C75、C80 共 14 个等级。根据《混凝土质量控制标准》GB 50164—2011 的规定，普通混凝土划分为 C10、C15、C20、C25、C30、C35、C40、C45、C50、C55、C60 、C65、C70、C75、C80、C85、C90、C95、C100 共 19 个强度等级。如 C30 表示立方体抗压强度标准值为 30MPa，亦即混凝土立方体抗压强度大于等于 30MPa 的概率要求 95％以上。

混凝土强度等级的划分主要是为了方便设计、施工验收等。强度等级的选择主要根据建筑物的重要性、结构部位和荷载情况确定。一般可按下列原则初步选择：

(1) 普通建筑物的垫层、基础、地坪及受力不大的结构或非永久性建筑选用 C10～C20。

(2) 普通建筑物的梁、板、柱、楼梯、屋架等钢筋混凝土结构选用 C25～C30。

(3) 高层建筑、大跨度结构、预应力混凝土及特种结构宜选用 C30 以上混凝土。

2. 轴心抗压强度。轴心抗压强度也称为棱柱体抗压强度。由于实际结构物（如梁、柱）多为棱柱体构件，因此采用棱柱体试件强度更有实际意义。它是采用 150mm×150mm×（300～450）mm 的棱柱体试件，经标准养护到 28d 测试而得。同一材料的轴心抗压强度 f_{cp} 小于立方体强度 f_{cu}，其比值为 $f_{cp}=(0.7～0.8)f_{cu}$。这是因为抗压强度试验时，试件在上下两块钢压板的摩擦力约束下，侧向变形受到限制，即"环箍效应"，其影响高度大约为试件边长的 0.866 倍，如图 4-10 所示。因此立方体试件整体受到环箍效应的限

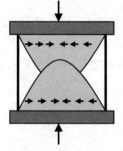

图 4-10　钢压板对试件的约束作用

制，测得的强度相对较高。而棱柱体试件的中间区域未受到"环箍效应"的影响，属纯压区，测得的强度相对较低。当钢压板与试件之间涂上润滑剂后，摩擦阻力减小，环箍效应减弱，立方体抗压强度与棱柱体抗压强度趋于相等。

3. 抗拉强度。混凝土的抗拉强度很小，只有抗压强度的 $1/20 \sim 1/10$，混凝土强度等级越高，其比值越小。为此，在钢筋混凝土结构设计中，一般不考虑承受拉力，而是通过配置钢筋，由钢筋来承担结构的拉力。但抗拉强度对混凝土的抗裂性具有重要作用，它是结构设计中裂缝宽度和裂缝间距计算控制的主要指标，也是抵抗由于收缩和温度变形等而导致开裂的主要指标。

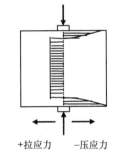

用轴向拉伸试验测定混凝土的抗拉强度，由于荷载不易对准轴线而产生偏拉，且夹具处由于应力集中常发生局部破坏，因此试验测试非常困难，测试值的准确度也较低，故国内外普遍采用劈裂法间接测定混凝土的抗拉强度，即劈裂抗拉强度。

+拉应力　−压应力

图 4-11　劈裂抗拉试验装置示意图

劈拉试验的标准试件尺寸为边长 150mm 的立方体，在上下两相对面的中心线上施加均布线荷载，使试件内竖向平面上产生均布拉应力，如图 4-11 所示。

此拉应力可通过弹性理论计算得出，计算式如下：

$$f_{st} = \frac{2P}{\pi A} = 0.637 \frac{P}{A} \qquad (4\text{-}6)$$

式中　f_{st}——混凝土劈裂抗拉强度（MPa）；

　　　　P——破坏荷载（N）；

　　　　A——试件劈裂面面积（mm^2）。

劈拉法不但大大简化了试验过程，而且能较准确地反应混凝土的抗拉强度。试验研究表明，轴拉强度低于劈拉强度，两者的比值为 $0.8 \sim 0.9$。在无试验资料时，劈拉强度也可通过立方体抗压强度由下式估算：

$$f_{st} = 0.35 f_{cu}^{3/4} \qquad (4\text{-}7)$$

4. 影响混凝土强度的主要因素。影响混凝土强度的因素很多，从内因来说主要有胶凝材料强度、水胶比和骨料质量；从外因来说，则主要有施工条件、养护温度、湿度、龄期、试验条件和外加剂等。分析影响混凝土强度各因素的目的，在于可根据工程实际情况，采取相应技术措施，提高和保证混凝土的强度。

（1）胶凝材料强度和水胶比：混凝土的强度主要来自胶凝材料强度以及与骨料之间的粘结力。胶凝材料强度越高，则自身强度及与骨料的粘结强度就越高，混凝土强度也越高，试验证明，混凝土与胶凝材料强度成正比关系。

另一方面，水泥完全水化的理论需水量约为水泥重的 23%，作为胶凝材料完全水化的需水量可能更小，但实际拌制混凝土时，为获得良好的和易性，水胶比往往大于此值，多余水分蒸发后，在混凝土内部留下孔隙，且水胶比越大，留下的孔隙越大，使有效承压面积减少，混凝土强度也就越小。此外，多余水分在混凝土内的迁移上升过程中遇到粗骨料时，由于受到粗骨料的阻碍，水分往往在其底部积聚，形成水泡，极大地削弱砂浆与骨料的粘结强度，使混凝土强度下降。因此，在胶凝材料强度和其他条件相同的情况下，水胶比越小，混凝土强度越高，水胶比越大，混凝土强度越低。但水胶比太小，混凝土过于干稠，不能保证振捣均匀密实，反而使得强度降低。试验证明，在相同的情况下，混凝土的强度（f_{cu}）与水胶比呈有规律的曲线关系，而与胶水比则呈线性关系。如图 4-12 所示，通过大量试验资料的数理统计分析，建立了混凝土强度经验公式（又称鲍罗米公式）：

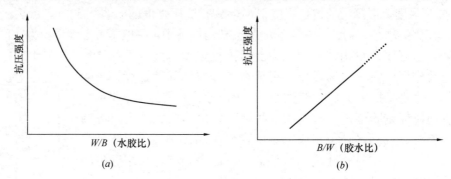

图 4-12 混凝土强度与水胶比及胶水比的关系
（a）强度与水胶比的关系；（b）强度与胶水比的关系

$$f_{cu} = \alpha_a f_b \left(\frac{B}{W} - \alpha_b \right) \tag{4-8}$$

式中 f_{cu}——混凝土的立方体抗压强度（MPa）；

$\dfrac{B}{W}$——混凝土的胶水比；即 $1 m^3$ 混凝土中胶凝材料与水用量之比，其倒数即是水胶比；

f_b——胶凝材料 28d 胶砂抗压强度（MPa）；

α_a、α_b——与骨料种类有关的经验系数。

胶凝材料的胶砂强度根据国家标准《水泥胶砂强度检验方法（ISO 法）》GB/T 17671 测定。当胶凝材料 28d 胶砂强度无实测值时，可按下式计算：

$$f_b = \gamma_f \gamma_s \cdot f_{ce} \tag{4-9}$$

式中 γ_f、γ_s——粉煤灰和粒化高炉矿渣粉的影响系数，可按表 4-16 选用。

f_{ce}——水泥 28d 胶砂抗压强度（MPa）。

粉煤灰和粒化高炉矿渣粉的影响系数   表 4-16

掺量（%）	粉煤灰影响系数 γ_f	粒化高炉矿渣粉影响系数 γ_s
0	1.00	1.00
10	0.85～0.95	1.00
20	0.75～0.85	0.95～1.00
30	0.65～0.75	0.90～1.00
40	0.55～0.65	0.80～0.90
50	—	0.70～0.85

注：1. 采用Ⅰ级、Ⅱ级粉煤灰宜取上限值；

2. 采用 S75 级粒化高炉矿渣粉宜取下限值，采用 S95 级宜取上限值，采用 S105 级可取上限值加 0.05；

3. 当超出表中的掺量时，影响系数应经试验确定。

当水泥 28d 胶砂抗压强度无实测值时，可按下式计算：

$$f_{ce} = \gamma_c \cdot f_{ce,g} \qquad (4\text{-}10)$$

式中　γ_c——水泥强度等级富余系数，可按实际统计资料确定，当无实际统计资料时，可按表 4-17 取用。如水泥已存放一定时间，则取 1.0；如存放时间超过 3 个月，或水泥已有结块现象，γ_c 可能小于 1.0，必须通过试验实测。

　　$f_{ce,g}$——水泥强度等级值，如 42.5 级，$f_{ce,g}$ 取 42.5MPa。

水泥强度等级值的富余系数　　　　　　　表 4-17

水泥强度等级	32.5	42.5	52.5
富余系数	1.12	1.16	1.10

经验系数 α_a、α_b 可通过试验或本地区经验确定。根据所用骨料品种，《普通混凝土配合比设计规程》JGJ 55—2011 提供的参数为：

碎石：$\alpha_a = 0.53$，$\alpha_b = 0.20$

卵石：$\alpha_a = 0.49$，$\alpha_b = 0.13$

混凝土强度经验公式为配合比设计和质量控制带来极大便利。例如，当选定水泥强度等级（或胶凝材料强度）、水胶比和骨料种类时，可以推算混凝土 28d 强度值。又例如，根据设计要求的混凝土强度值，在原材料选定后，可以估算应采用的水胶比值。

【例 4-2】已知某混凝土用胶凝材料强度为 41.6MPa，水胶比 0.50，碎石。试估算该混凝土 28d 强度值。

【解】因为：$W/B = 0.50$，所以 $B/W = 1/0.5 = 2$

碎石：$\alpha_a = 0.53$，$\alpha_b = 0.20$

代入混凝土强度公式有：

$$f_{cu} = 0.53 \times 41.6(2 - 0.20) = 39.7\text{MPa}$$

答：估计该混凝土 28d 强度值为 39.7MPa。

【例 4-3】已知某工程用混凝土采用强度等级为 42.5 的普通水泥（强度富余系数 γ_c 为 1.15，），卵石，要求配制强度为 46.8MPa 的混凝土。估算应采用的水胶比。

【解】$f_{ce} = \gamma_c \cdot f_{ce,g} = 1.15 \times 42.5 = 48.9\text{MPa}$

卵石：$\alpha_a = 0.49$，$\alpha_b = 0.13$

代入混凝土强度公式有：

$$46.8 = 0.49 \times 48.9 \times (B/W - 0.13)$$

解得：$B/W = 2.08$，　　所以：$W/B = 0.48$

答：配制该混凝土应采用的水胶比为 0.48。

（2）骨料的品质：骨料中的有害物质含量高，则混凝土强度低，骨料自身强度不足，也可能降低混凝土强度，在配制高强混凝土时影响尤为突出。

骨料的颗粒形状和表面粗糙度对强度影响较为显著，如碎石表面较粗糙，多棱角，与砂浆的机械啮合力（即粘结强度）提高，混凝土强度较高。相反，卵石表面光洁，强度也较低，这一点在混凝土强度公式中的骨料系数已有所反映。砂的作用效果与粗骨料类似。

当粗骨料中针片状含量较高时，将降低混凝土强度，对抗折强度的影响更显著。所以在骨料选择时要尽量选用接近球状体的颗粒。

（3）施工条件：施工条件主要指搅拌和振捣成型。一般来说机械搅拌比人工搅拌均匀，因此强度也相对较高（如图 4-13 所示）；搅拌时间越长，混凝土强度越高，如图 4-14 所示。但考虑到能耗、施工进度等，一般控制在 2～3min 之间；投料方式对强度也有一定影响，如先投入粗骨料、胶凝材料和适量水搅拌一定时间，再加入砂和其余水，能比一次全部投料搅拌提高强度 10％左右。

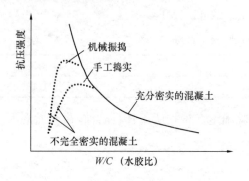

图 4-13　机械振动和手工捣实对混凝土强度的影响　　图 4-14　搅拌时间对混凝土强度的影响

一般情况下，采用机械振捣比人工振捣均匀密实，强度也略高。而且机械振捣允许采用更小的水胶比，获得更高的强度。此外，高频振捣，多频振捣和二次振捣工艺等，均有利于提高强度。

（4）养护条件：混凝土浇筑成型后的养护温度、湿度是决定强度发展的主要外部因素。

养护环境温度高，水泥水化速度加快，混凝土强度发展也快，早期强度高；反之亦然。但是，针对不加掺合料的水泥混凝土，当养护温度超过 40℃以上时，虽然能提高早期强度，但 28d 以后的强度通常比 20℃标准养护的低；若掺入一定量的粉煤灰和矿粉时，提高养护温度对后期强度总体也是的有益的。当温度在冰点以下，不但水泥水化停止，而且有可能因冰冻导致混凝土结构疏松，严重强度降低，尤其是早龄期混凝土应特别加强防冻措施。

湿度通常指的是空气相对湿度。相对湿度低，空气干燥，混凝土中的水分蒸发加快，严重时导致混凝土缺水而停止水化，强度发展受阻。另一方面，混凝土在强度较低时失水过快，极易引起干缩开裂，影响耐久性。因此，应特别加强早期的浇水养护，确保内部有足够的水分使胶凝材料充分水化。通常应在混凝土浇筑完毕后 12h 内即应开始对混凝土加以覆盖或浇水养护。对硅酸盐水泥、普通水泥和矿渣水泥配制的混凝土浇水养护时间不得少于 7d；对掺有缓凝剂、膨胀剂、大量掺合料或有防水抗渗要求的混凝土浇水养护时间不得少于 14d。

（5）龄期：龄期是指混凝土在正常养护下所经历的时间。随养护龄期增长，胶凝材料水化程度提高，凝胶体增多，自由水和孔隙率减少，密实度提高，混凝土强度也随之提高。最初的 7d 内强度增长较快，而后增幅减少，28d 以后，强度增长更趋缓慢，但如果养护条件得当，则在几年、甚至数十年内仍将有所增长。

普通硅酸盐水泥配制的混凝土，在标准养护下，混凝土强度的发展大致与龄期（d）的对数成正比关系，因此可根据某一龄期的强度推定另一龄期的强度。特别是以早期强度推算 28d 龄期强度。如下式：

$$f_{cu,28} = \frac{\lg 28}{\lg n} \cdot f_{cu,n} \qquad (4\text{-}11)$$

式中，$f_{cu,28}$、$f_{cu,n}$ 分别为 28d 和第 n 天时的混凝土抗压强度。n 必须≥3。当采用早强型普通硅酸盐水泥时，由 3～7d 强度推算 28d 强度会偏大；同样，对掺入矿物掺合料的混凝土，推算强度可能会偏低。

工程实际温度、龄期对混凝土强度的影响规律如图 4-15 所示，可作为不同龄期强度估算的参考。

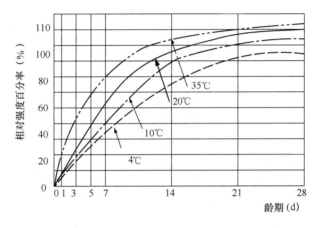

图 4-15　温度、龄期对混凝土强度的影响曲线

（6）外加剂：在混凝土中掺入减水剂，可在保证相同流动性前提下，减少用水量，降低水胶比，从而提高混凝土的强度。掺入早强剂，则可有效提高混凝土早期强度，但对 28d 强度不一定有利，后期强度还有可能下降。

（7）试验条件对测试结果的影响：试验条件是指试件的尺寸、形状、表面状态和加载速度等。

① 试件尺寸：大量的试验研究证明，试件的尺寸越小，测得的强度相对越高，这是由于大试件内部产生孔隙、裂缝或局部缺陷的概率增大，使强度降低。因此，当采用非标准尺寸试件时，要乘以尺寸换算系数。根据 JGJ 55 规定，边长 100mm 立方体试件换算成 150mm 立方体标准试件时，应乘以系数 0.95；边长 200mm 立方体试件的尺寸换算系数为 1.05。

② 试件形状：主要指棱柱体和立方体试件之间的强度差异。由于"环箍效应"的影响，棱柱体强度较低，这在前面已有分析。

③ 表面状态：表面平整，则受力均匀，测试所得强度较高，而表面粗糙或凹凸不平，则受力不均匀，强度偏低。若试件表面涂润滑剂及其他油脂物质时，"环箍效应"减弱，强度偏低。

④含水状态：混凝土含水率较高时，由于软化作用，强度较低；而混凝土干燥时，则强度较高，且混凝土强度等级越低，差异越大。

⑤加载速度：根据混凝土受压破坏理论，混凝土破坏是在变形达到极限值时发生的。当加载速度较快时，材料变形的增长落后于荷载的增加速度，故破坏时的强度值偏高；相

反，当加载速度很慢，混凝土将产生徐变，使强度偏低。

5. 提高混凝土强度的措施。根据上述影响混凝土强度的因素分析，提高混凝土强度可从以下几方面采取措施：

(1) 采用高强度等级水泥。

(2) 尽可能降低水胶比，或采用干硬性混凝土。

(3) 采用优质砂石骨料，选择合理砂率。

(4) 采用机械搅拌和机械振捣，确保搅拌均匀性和振捣密实性，加强施工管理。

(5) 改善养护条件，保证一定的温度和湿度条件，必要时可采用湿热处理，提高早期强度。特别对掺混合材料的混凝土或用粉煤灰水泥、矿渣水泥、火山灰水泥配制的混凝土，湿热处理的增强效果更加显著，不仅能提高早期强度，后期强度也能提高。

(6) 掺入减水剂或早强剂，提高混凝土的强度或早期强度。

(7) 掺硅灰或超细矿渣粉也是提高混凝土强度的有效措施。

(二) 混凝土的变形性能

混凝土在凝结硬化过程和凝结硬化以后，均会产生一定量的体积变形。主要包括化学收缩、干湿变形、自收缩、温度变形及荷载作用下的变形。

1. 化学收缩

由于水泥和部分胶凝材料水化产物的体积小于反应前水泥、胶凝材料和水化结合水的总体积，从而使混凝土出现体积收缩。这种由水泥和胶凝材料水化和凝结硬化而产生的自身体积减缩，称为化学收缩。其收缩值随混凝土龄期的增加而增大，大致与时间的对数成正比，亦即早期收缩大，后期收缩小。收缩量与水泥及胶凝材料用量和水泥及胶凝材料品种有关。水泥及胶凝材料用量越大，化学收缩值越大。这一点在富浆混凝土和高强混凝土中尤应引起重视。化学收缩是不可逆变形。

2. 干缩湿胀

因混凝土内部水分向外部迁移蒸发引起的体积变形，称为干燥收缩。混凝土吸湿或吸水引起的膨胀，称为湿胀。在混凝土凝结硬化初期，如空气过于干燥或风速大、蒸发快，可导致混凝土塑性收缩裂缝。在混凝土凝结硬化以后，当收缩值过大，收缩应力超过混凝土极限抗拉强度时，可导致混凝土干缩裂缝。因此，混凝土的干燥收缩在实际工程中必须十分重视。

3. 自收缩

混凝土的自收缩问题早在 20 世纪 40 年代就由 Davis 提出，由于自收缩在普通混凝土中占总收缩的比例较小，一般不到 10%，因此在过去的 70 多年中几乎被忽略不计。但随着低水胶比高强高性能混凝土的应用，混凝土的自收缩问题重新得以关注。自收缩和干缩产生机理在实质上可以认为是一致的，常温条件下主要由毛细孔失水，形成水凹液面而产生收缩应力。所不同的只是自收缩是因水泥水化导致混凝土内部缺水，外部水分未能及时补充而产生，这在低水胶比高强高性能混凝土中极其普遍。研究结果表明，当混凝土的水胶比低于 0.3 时，自收缩率高达 $200 \times 10^{-6} \sim 400 \times 10^{-6}$。此外，胶凝材料的用量增加和硅灰、磨细矿粉的使用都将增加混凝土的自收缩值。

4. 早期收缩

根据我国《普通混凝土长期性能和耐久性能试验方法标准》GBJ 50082—2009，通常所说的混凝土干燥收缩，是将混凝土成型后用塑料膜覆盖养护 24h 脱模，再在水中养护 48h，取出后表面擦干测试基准长度，放入温度为 20±2℃、相对湿度为（60±5）％的恒温恒湿条件下测试不同龄期的收缩值，即混凝土加水搅拌成型后 3d 作为起测点，并不反映前 3d 的收缩。早期收缩则是指从混凝土加水搅拌成型后至 3d 内的收缩。对于传统的普通混凝土，由于水胶比大，早期混凝土内部水分相对充足，再加上适时的养护，3d 内的收缩相对较小，即使不加养护，一般也只有 $50×10^{-6}$ m/m 左右，对混凝土裂缝的影响较小，所以常常被忽略。但对现代普通混凝土，特别是减水剂的掺入，水泥越来越细，早期强度提高，混凝土强度等级不断提高，水胶比越来越小，以及泵送施工要求的砂率增大等，如果早期养护不能有效保障，则混凝土初凝以后的早期收缩可高达 $500×10^{-6}$ m/m 以上，足以导致混凝土早期收缩开裂，必须引起高度重视。

影响混凝土收缩值的因素主要有：

（1）胶凝材料用量：砂石骨料的收缩值很小，故混凝土的收缩主要来自浆体的收缩，浆体的收缩值超过 $2000×10^{-6}$ m/m。在水胶比一定时，胶凝材料用量越大，混凝土收缩值也越大。故在高强混凝土配制时，尤其要控制胶凝材料用量。相反，若骨料含量越高，胶凝材料用量越少，则混凝土收缩越小。对普通混凝土而言，相应的收缩比约为混凝土：砂浆：水泥浆＝1：2：4。混凝土的极限收缩值为 $500～900×10^{-6}$ m/m。

（2）水胶比：对普通混凝土来说，在胶凝材料用量一定时，水胶比越大，意味着多余水分越多，蒸发收缩值也越大。因此要严格控制水胶比，尽量降低水胶比。但值得关注的是，大量的研究结果表明，当掺入减水剂以后，混凝土的收缩值随水胶比减小而增大，其作用机理还有待进一步研究。

（3）胶凝材料品种和强度：一般情况下，矿渣水泥比普通水泥收缩大，故对干燥环境施工和使用的混凝土结构，要尽量避免使用矿渣水泥。高强度水泥比低强度水泥收缩大。硅灰等掺合料会增大混凝土的收缩。在良好养护条件下，矿粉与粉煤灰能减少混凝土的收缩。

（4）环境条件：气温越高、环境湿度越小或风速越大，混凝土的干燥速度越快，在混凝土凝结硬化初期特别容易引起干缩开裂，故必须加强早期保湿养护。空气相对湿度越低，最终的极限收缩也越大。

干燥混凝土吸湿或吸水后，其干缩变形可得到部分恢复，这种变形称为混凝土的湿胀。对于已干燥的混凝土，即使长期泡在水中，仍有部分干缩变形不能完全恢复，残余收缩为总收缩的 30％～50％。这是因为干燥过程中混凝土的结构和强度均发生了变化。但若混凝土一直在水中硬化时，体积不变，甚至略有膨胀，这是由于凝胶体吸水产生的溶胀作用，与化学收缩并不矛盾。

5. 温度变形

混凝土的温度膨胀系数为 $(8～12)×10^{-6}$ m/(m·℃)。即温度每升高或降低 1℃，长 1m 的混凝土将产生 0.01mm 左右的膨胀或收缩变形。混凝土的温度变形对大体积混凝土、超长结构混凝土及大面积混凝土工程等极为不利，极易产生温度裂缝。如纵长 100m 的混凝土，温度降低 30℃（夏冬季温差），则将产生 30mm 的收缩，在完全约束条件下，混凝土内部将产生 7.5MPa 左右拉应力，足以导致混凝土开裂。故纵长结构或大面积混凝土均要设置伸缩缝、配制温度钢筋或掺入膨胀剂等技术措施，防止混凝土开裂。

6. 荷载作用下的变形

(1) 短期荷载作用下的变形：混凝土在外力作下的变形包括弹性变形和塑性变形两部分。塑性变形主要由水化凝胶体的塑性流动和各组成间的滑移产生，所以混凝土是一种弹塑性材料，在短期荷载作用下，其应力—应变关系为一条曲线，如图 4-16 所示。

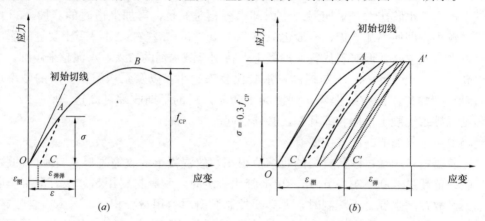

图 4-16　混凝土在荷载作用下的应力—应变关系

(a) 混凝土在压应力作用下的应力—应变关系；(b) 混凝土在低应力重复荷载下的应力—应变关系

(2) 混凝土的静力弹性模量：弹性模量为应力与应变之比值。对纯弹性材料来说，弹性模量是一个定值，而对混凝土这一弹塑性材料来说，不同应力水平的应力与应变之比值为变量。应力水平越高，塑性变形比重越大，故测得的比值越小。因此，我国《普通混凝土力学性能试验方法标准》GB/T 50081 规定，混凝土的弹性模量是以棱柱体（150mm×150mm×300mm）试件抗压强度的 1/3 作为控制值，在此应力水平下重复加荷—卸荷至少 2 次以上，以基本消除塑性变形后测得的应力—应变之比值，是一个条件弹性模量，在数值上近似等于初始切线的斜率。表达式为：

$$E_S = \frac{\sigma}{\varepsilon} \tag{4-12}$$

式中　E_S——混凝土静力抗压弹性模量（MPa）；

　　　σ——混凝土的应力取 1/3 棱柱体轴心抗压强度（MPa）；

　　　ε——混凝土应力为 σ 时的弹性应变（m/m，无量纲）。

影响弹性模量的因素主要有：① 混凝土强度越高，弹性模量越大。C10～C60 混凝土的弹性模量为 $(1.75\sim3.60)\times10^4$ MPa。② 骨料含量越高，骨料自身的弹性模量越大，则混凝土弹性模量越大。③ 混凝土水胶比越小，越密实，弹性模量越大。④ 混凝土养护龄期越长，弹性模量也越大。⑤ 早期养护温度较低时，弹性模量较大，亦即蒸汽养护混凝土的弹性模量较小。⑥ 掺入引气剂将使混凝土弹性模量下降。

(3) 长期荷载作用下的变形——徐变：混凝土在一定的应力水平（如极限强度的50%～70%）下，保持荷载不变，随着时间的延续而增加的变形称为徐变。徐变产生的原因主要是凝胶体的黏性流动和滑移。加荷早期的徐变增加较快，后期减缓，如图 4-17 所示。混凝土在卸荷后，一部分变形瞬间恢复，这一变形小于最初加荷时产生的弹塑性变形。在卸荷后一定时间内，变形还会缓慢恢复一部分，称为徐变恢复。最后残留部分的变形称为残余变形。

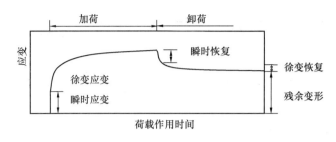

图 4-17　混凝土的应变与荷载作用时间的关系

混凝土的徐变一般可达 $300 \times 10^{-6} \sim 1500 \times 10^{-6}$ m/m。

混凝土的徐变在不同结构物中有不同的作用。对普通钢筋混凝土构件，能消除混凝土内部温度应力和收缩应力，减弱混凝土的开裂现象。对预应力混凝土结构，混凝土的徐变使预应力损失大大增加，这是极其不利的。因此预应力结构一般要求较高的混凝土强度等级以减小徐变及预应力损失。

影响混凝土徐变变形的因素主要有：①胶凝材料用量越大（水胶比一定时），徐变越大。② W/B 越小，徐变越小。③ 龄期长、结构致密、强度高，则徐变小。④ 骨料用量多，弹性模量高，级配好，最大粒径大，则徐变小。⑤ 应力水平越高，徐变越大。此外还与试验时的应力种类、试件尺寸、温度等有关。

（三）混凝土的耐久性

混凝土的耐久性是指在外部和内部不利因素的长期作用下，保持其原有设计性能和使用功能的性质，是混凝土结构经久耐用的重要指标。外部因素指的是酸、碱、盐的腐蚀作用，冰冻破坏作用，水压渗透作用，碳化作用，干湿循环引起的风化作用，荷载应力作用和振动冲击作用等。内部因素主要指的是碱骨料反应和自身体积变化。通常根据不同结构部位和使用环境，用混凝土的抗渗性、抗氯离子渗透性、抗冻性、抗碳化性能、抗腐蚀性能和碱骨料反应综合评价混凝土的耐久性。

《混凝土结构设计规范》GB 50010—2010 对混凝土结构耐久性作了明确界定，共分为五大环境类别，见表 4-18。其中一类、二类和三类环境中，设计使用年限为 50 年的结构混凝土应符合表 4-19 的规定。《混凝土结构耐久性设计规范》GB 50476—2008 有更加详细的规定。

混凝土结构的环境类别　　　　　　　　　　　　　　　　表 4-18

环境类别		条　　　件
一		室内干燥环境； 无侵蚀性静水浸没环境
二	a	室内潮湿环境；非严寒和非寒冷地区的露天环境、与无侵蚀性的水或土壤直接接触的环境；严寒和寒冷地区的冰冻线以下与无侵蚀性的水或土壤直接接触的环境
	b	干湿交替环境；水位频繁变动环境；严寒和寒冷地区的露天环境；严寒和寒冷地区的冰冻线以上与无侵蚀性的水或土壤直接接触的环境
三	a	严寒和寒冷地区冬季水位变动的环境；受除冰盐影响环境；海风环境
	b	盐渍土环境；受出冰盐作用环境；海岸环境
四		海水环境
五		受人为或自然的侵蚀性物质影响的环境

环境类别		最大水胶比	最低强度等级	最大氯离子含量（%）	最大碱含量（kg/m³）
一		0.60	C20	0.30	不限制
二	a	0.55	C25	0.20	3.0
	b	0.50（0.55）	C30（C25）	0.15	
三	a	0.45（0.50）	C35（C30）	0.15	
	b	0.40	C40	0.10	

注：1. 氯离子含量系指其占胶凝材料总量的百分率；

　　2. 预应力构件混凝土中的最大氯离子含量为 0.06%，最小胶凝材料用量为 300 kg/m³；最低混凝土强度等级应按表中规定提高两个等级；

　　3. 素混凝土构件的水胶比及最低强度等级的要求可适当放松；

　　4. 处于寒冷和严寒地区二 b、三 a 类环境中的混凝土应使用引气剂，并可采用括号中的有关参数；

　　5. 当有可靠工程经验时，对处于二类环境中的最低混凝土强度等级可降低一个等级；

　　6. 当使用非碱活性骨料时，对混凝土中的碱含量可不作限制。

此外，对一类环境中，设计使用年限为 100 年的结构混凝土，应符合下列规定：钢筋混凝土结构的最低混凝土强度等级为 C30；预应力结构为 C40；最大氯离子含量为 0.05%；宜使用非碱活性骨料，当使用碱活性骨料时，最大碱含量为 3.0 kg/m³；保护层厚度相应增加 40%；使用过程中应定期维护。

对二类和三类环境中设计使用年限为 100 年的混凝土结构，应采取专门有效措施。

三类环境中的结构构件，其受力钢筋宜采用阻锈剂、环氧树脂涂层钢筋或其他具有耐腐蚀性能的钢筋、采取阴极保护措施或采用可更换的构件措施等。

四类和五类环境中的混凝土结构，其耐久性应经专门设计，并应符合有关标准的规定。

1. 混凝土的抗渗性

混凝土的抗渗性是指抵抗压力液体（水、油、溶液等）和气体渗透作用的能力。抗渗性是决定混凝土耐久性最主要的技术指标。因为抗渗性好，即密实性高，外界腐蚀介质不易侵入内部，从而抗腐蚀性能相应提高。同样，水不易进入混凝土内部，冰冻破坏作用和风化作用减小。因此混凝土的抗渗性可以认为是混凝土耐久性指标的综合体现。对一般混凝土结构，特别是地下建筑、水池、水塔、水管、水坝、排污管渠、油罐以及港工、海工混凝土结构，更应保证混凝土具有足够的抗渗性能。

混凝土的抗渗性能用抗渗等级表示。抗渗等级是根据《普通混凝土长期性能和耐久性能试验方法标准》GBJ 50082—2009 的规定，通过试验确定。根据《混凝土质量控制标准》GB 50164—2011 的规定，混凝土抗渗性能分为 P4、P6、P8、P10 和 P12 共 5 个等级，分别表示混凝土能抵抗 0.4、0.6、0.8、1.0 和 1.2MPa 的水压力而不渗漏。

影响混凝土抗渗性的主要因素有：

（1）水胶比和胶凝材料用量：水胶比和胶凝材料用量是影响混凝土抗渗透性能的最主要指标。水胶比越大，多余水分蒸发后留下的毛细孔道就多，亦即孔隙率大，又多为连通孔隙，故混凝土抗渗性能越差。特别是当水胶比大于 0.6 时，抗渗性能急剧下降。因此，为了保证混凝土的耐久性，对水胶比必须加以限制。如某些工程从强度计算出发可以选用较大水胶比，但为了保证耐久性又必须选用较小水胶比，此时只能提高强度、服从耐久性要求。为保证混凝土耐久性，胶凝材料用量的多少，在某种程度上可用水胶比表示。因为混凝土达到一定流动性的用水量基本一定，胶凝材料用量少，亦即水胶比大。我国《普通混凝土配合比设计规程》JGJ 55—2011 对混凝土工程最大水胶比和最小胶凝材料用量的限制条件见表 4-20。

混凝土的最大水胶比和最小胶凝材料用量　　　　　　　　表 4-20

环境类别		最大水胶比	最小胶凝材料用量		
			素混凝土	钢筋混凝土	预应力混凝土
一		0.60	250	280	300
二	a	0.55	280	300	300
	b	0.50 (0.55)	320		
三	a	0.45 (0.50)	330		
	b	0.40			

注：1. 当用活性掺合料取代部分水泥时，表中的最大水胶比及最小胶凝材料用量即为替代前的水胶比和胶凝材料用量；

2. 配制 C15 级及其以下等级的混凝土时，可不受本表的限制。

（2）骨料含泥量和级配。骨料含泥量高，则总表面积增大，混凝土达到同样流动性所需用水量增加，毛细孔道增多；另一方面，含泥量大的骨料界面粘结强度低，也将降低抗渗性能。若骨料级配差，则骨料空隙率大，填满空隙所需水泥浆增大，同样导致毛细孔增加，影响抗渗性能。如浆体不能完全填满骨料空隙，则抗渗性能更差。

（3）施工质量和养护条件。搅拌均匀、振捣密实是抗渗性能的重要保证。适当的养护温度和浇水养护是保证抗渗性能的基本措施。如果振捣不密实留下蜂窝、空洞，抗渗性就严重下降，如果温度过低产生冻害或温度过高产生温度裂缝，抗渗性能严重降低。如果浇水养护不足，混凝土产生干缩裂缝，也严重降低抗渗性能。因此，要保证混凝土良好的抗渗性能，施工养护是一个极其重要的环节。

此外，胶凝材料品种、拌合物的保水性和黏聚性等，对抗渗性能也有显著影响。

提高混凝土抗渗性的措施，除了对上述相关因素加以严格控制和合理选择外，还可通过掺入引气剂或引气减水剂提高抗渗性。其主要作用机理是引入微细闭气孔、阻断连通毛细孔道，同时降低用水量或水胶比。对长期处于潮湿或水位变动的严寒和寒冷环境混凝土的含气量应分别不小于 4.5%（$D_{max} = 40mm$）、5.0%（$D_{max} = 25mm$）、5.5%（$D_{max} = 20mm$）。若是盐冻环境，含气量则应分别再提高 0.5%，但也不宜超过 7.0%。

2. 混凝土的抗冻性

混凝土的抗冻性是指混凝土在吸水饱和状态下，能经受多次冻融循环而不破坏，同时也不严重降低强度的性能。

混凝土冻融破坏的机理，主要是内部毛细孔中的水结冰时产生 9% 左右的体积膨胀，在混凝土内部产生膨胀应力，当这种膨胀应力超过混凝土局部的抗拉强度时，就可能产生微细裂缝，在反复冻融作用下，混凝土内部的微细裂缝逐渐增多和扩大，最终导致混凝土强度下降，或混凝土表面（特别是棱角处）产生酥松剥落，直至完全破坏。

混凝土抗冻性以抗冻等级表示。抗冻等级的测定根据 GBJ 50082—2009 的规定进行。将吸水饱和的混凝土试件在−15℃条件下冰冻 4h，再在 20℃水中融化 4h 作为一个循环，以抗压强度下降不超过 25%，重量损失不超过 5%时，混凝土所能承受的最大冻融循环次数来表示。根据《混凝土质量控制标准》GB 50164—2011 的规定，混凝土的抗冻等级分为 D50、D100、D150、D200 和大于 D200 共 5 个等级，其中的数字表示混凝土能经受的最大冻融循环次数。如 D200，即表示该混凝土能承受 200 次冻融循环，且强度损失小于 25%，重量损失小于 5%。

影响混凝土抗冻性的主要因素有：① 水胶比或孔隙率。水胶比大，则孔隙率大，导致吸水率增大，冰冻破坏严重，抗冻性差。② 孔隙特征。连通毛细孔易吸水饱和，冻害严重。若为封闭孔，则不易吸水，冻害就小。故加入引气剂能提高抗冻性。若为粗大孔洞，则混凝土一离开水面水就流失，冻害就小。故无砂大孔混凝土的抗冻性较好。③ 吸水饱和程度。若混凝土的孔隙非完全吸水饱和，冰冻过程产生的压力促使水分向孔隙处迁移，从而降低冰冻膨胀应力，对混凝土破坏作用就小。④ 混凝土的自身强度。在相同的冰冻破坏应力作用下，混凝土强度越高，冻害程度也就越低。此外还与降温速度和冰冻温度有关。

从上述分析可知，要提高混凝土抗冻性，关键是提高混凝土的密实性，即降低水胶比；加强施工养护，提高混凝土的强度和密实性，同时也可掺入引气剂等改善孔结构。

3. 混凝土的抗碳化性能

（1）混凝土碳化机理。混凝土碳化是指空气中的 CO_2 与水反应生成弱碳酸，再与水化产物 $Ca(OH)_2$ 发生化学反应，生成 $CaCO_3$ 和水的过程。反应式如下：

$$Ca(OH)_2 + (CO_2 + H_2O) = CaCO_3 + 2H_2O$$

碳化使混凝土的碱度下降，故也称混凝土中性化。酸雨及酸性环境也会导致混凝土的中性化。碳化过程是由表及里逐步向混凝土内部发展，碳化深度大致与碳化时间的平方根成正比，可用下式表示：

$$L = K\sqrt{t} \tag{4-13}$$

式中　L——碳化深度（mm）；

　　　t——碳化时间（d）；

　　　K——碳化速度系数。

碳化速度系数与混凝土的原材料、孔隙率和孔隙构造和外部 CO_2 浓度、温度、湿度等条件有关。在外部条件（CO_2 浓度、温度、湿度）一定的情况下，它反映混凝土的抗碳化能力强弱。K 值越大，混凝土碳化速度越快，抗碳化能力越差。

（2）影响混凝土碳化速度的主要因素。① 混凝土的水胶比：主要影响混凝土孔隙率和密实度。是影响混凝土碳化速度的最主要因素。② 胶凝材料品种和用量：普通水泥水化产物中 $Ca(OH)_2$ 含量高，碳化同样深度所消耗的 CO_2 量要求多，相当于碳化速度减慢。而矿渣水泥、火山灰水泥、粉煤灰水泥、复合水泥以及高掺量混合材配制的混凝土，$Ca(OH)_2$ 含量低，故碳化速度相对较快。胶凝材料用量大，碳化速度慢。③ 施工养护：搅拌均匀、振捣成型密实、养护良好的混凝土碳化速度较慢。蒸汽养护的混凝土碳化速度相对较快。④ 环境条件：空气中 CO_2 的浓度大，碳化速度加快。当空气相对湿度为 50%

～75％时，碳化速度最快。当相对湿度小于20％时，由于缺少水环境，碳化终止；当相对湿度达100％或水中混凝土，由于CO_2不易进入混凝土孔隙内，碳化也将停止。

（3）提高混凝土抗碳化性能的措施。根据碳化作用机理及影响因素，提高抗碳化性能的关键是提高混凝土的密实性，降低孔隙率，阻止CO_2向混凝土内部渗透。绝对密实的混凝土碳化作用也就自然停止。因此提高混凝土抗碳化性能的主要措施为：尽可能降低混凝土的水胶比，提高密实度；加强施工养护，保证混凝土均匀密实和胶凝材料充分水化；根据环境条件合理选择胶凝材料品种；用减水剂、引气剂等外加剂降低水胶比或引入封密气孔改善孔结构；必要时还可以采用表面涂刷石灰水或封闭措施等加以保护。

（4）碳化对混凝土性能的影响。碳化作用对混凝土的负面影响主要有两方面，一是碳化产生收缩，导致混凝土表面产生拉应力，从而降低混凝土的抗拉强度和抗折强度，严重时直接导致混凝土开裂，进一步使得CO_2和其他腐蚀介质更易进入混凝土内部，加速碳化作用，降低耐久性。二是碳化作用使混凝土的碱度降低，失去强碱环境对钢筋的保护作用，导致钢筋锈蚀膨胀，严重时，使混凝土保护层沿钢筋纵向开裂，直至剥落，进一步加速碳化和腐蚀，严重影响钢筋混凝土结构的力学性能和耐久性能。

虽然碳化作用生成的$CaCO_3$能填充混凝土中的孔隙，使密实度提高，同时碳化作用释放出的水分有利于促进未水化颗粒的进一步水化，能适当提高混凝土的抗压强度，但对混凝土结构而言，碳化作用所造成的危害远远大于抗压强度的提高。

4. 混凝土的碱—骨料反应

碱—骨料反应是指混凝土中由胶凝材料、外加剂及水带入的碱（K_2O 和 Na_2O），与骨料中的活性 SiO_2 发生化学反应，在骨料表面形成碱—硅酸凝胶，吸水后将产生 3 倍以上的体积膨胀，从而导致混凝土膨胀开裂而破坏。碱骨料反应引起的破坏，一般要经过若干年后才会发现，一旦发生则很难修复，因此，骨料中含有活性 SiO_2 且在潮湿环境或水中使用的混凝土工程，必须严格限制混凝土中的碱含量。大型水工结构、桥梁结构、高等级公路、机场跑道一般均要求对骨料进行碱活性试验或对混凝土中的碱含量加以限制。

5. 提高混凝土耐久性的措施

不同混凝土工程因所处环境和使用条件不同，对耐久性的要求也有所不同，但就影响耐久性的因素来说，良好的密实度是关键，因此提高耐久性的措施可以从以下几方面进行：

（1）控制混凝土最大水胶比和最小胶凝材料用量。

（2）合理选择胶凝材料品种。

（3）选用良好的骨料和级配。

（4）加强施工质量控制，确保振捣密实和良好的养护。

（5）采用适宜的外加剂。

（6）掺入粉煤灰、矿粉、硅灰或沸石粉等活性混合材料。

第四节　混凝土的质量管理

一、混凝土质量波动的原因

在混凝土生产和施工过程中，原材料、配合比、施工养护、试验条件、气候因素的变化，均可能造成混凝土质量的波动，影响到混凝土的和易性、强度及耐久性。由于强度是混凝土的主要技术指标，其他性能可从强度得到间接反映，故以强度为例分析质量波动的主要因素。

（一）原材料的质量波动

原材料的质量波动主要有：砂细度模数和级配的波动；粗骨料最大粒径、级配和超逊径含量的波动；骨料含泥量的波动；骨料含水量的波动；水泥质量的波动（不同批或不同厂家的实际强度可能不同）；外加剂质量的波动（如液体材料的含固量、减水剂的减水率等）；掺合料质量的波动等。所有这些质量波动，均将严重影响混凝土的强度。在生产混凝土时，必须对原材料的质量加以严格控制，及时检测并加以调整，尽可能减少原材料质量波动对混凝土质量的影响。

（二）生产和运输过程引起的混凝土质量波动

原材料计量误差导致的配合比变化；搅拌时间长短；计量时未根据砂石含水量变动及时调整配合比；运输过程环境温度的变化；运输时间过长引起的分层、离析等。

（三）施工养护引起的混凝土质量波动

混凝土的质量波动与施工养护有着十分紧密的关系。主要有振捣时间过长或不足；浇水养护时间，或者未能根据气温和湿度变化及时调整保温保湿措施等。

（四）试验条件变化引起的混凝土质量波动

试验条件的变化主要指取样代表性，成型质量（特别是不同人员操作时），试件的养护条件变化，试验机自身误差以及试验人员操作的熟练程度等。

二、混凝土质量（强度）波动的规律

在正常的原材料供应和生产、施工条件下，混凝土的强度有时偏高，有时偏低，但总是在配制强度的附近波动，质量控制越严，生产、施工管理水平越高，则波动的幅度越小；反之，则波动的幅度越大。通过大量的数理统计分析和工程实践证明，混凝土的强度波动符合正态分布规律，正态分布曲线见图4-18。

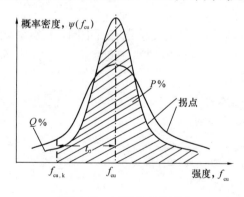

图4-18　正态分布曲线

正态分布的特点：

1. 曲线形态呈钟形，在对称轴的两侧曲线上各有一个拐点。拐点至对称轴的距离等于1个标准差σ。

2. 曲线以平均强度为对称轴两边对称。即小于平均强度和大于平均强度出现的概率相等。平均强度值附近的概率（峰值）最高。离对称轴越远，出现的概率越小。

3. 曲线与横坐标之间围成的面积为总概率，即100%。

4. 曲线越窄、越高，相应的标准差值（拐点离对称距离）也越小，表明强度越集中于平均强度附近，混凝土匀质性好，质量波动小，生产和施工管理水平高。若曲线宽且矮，相应的标准差越大，说明强度离散大、匀质性差、生产和施工管理水平差。因此从概率分布曲线可以比较直观地分析混凝土质量波动的情况。

三、混凝土强度的匀质性评定

混凝土强度的匀质性，通常采用数理统计方法加以评定，主要评定参数有：

（一）强度平均值 $f_{cu,m}$

混凝土强度平均值按下式计算：

$$f_{cu,m} = \frac{1}{N}(f_{cu,1} + f_{cu,2} + \cdots f_{cu,N}) = \frac{1}{N}\sum_{i=1}^{N} f_{cu,i} \qquad (4\text{-}14)$$

式中　N——该批混凝土试件立方体抗压强度的总组数；

　　　$f_{cu,i}$——第 i 组试件的强度值。

理论上，平均强度 $f_{cu,m}$ 与该批混凝土的配制强度相等，它只反映该批混凝土强度的总平均值，并不反映混凝土强度的波动情况。例如平均强度 20MPa，可以由 15MPa、20MPa、25MPa 求得，也可以由 18MPa、20MPa、22MPa 求得，虽然平均值相等，但显然后者的匀质性优于前者。

（二）标准差 σ

混凝土强度标准差按下式计算：

$$\sigma = \sqrt{\frac{\sum_{i=1}^{N}(f_{cu,i} - f_{cu,m})^2}{N-1}} \qquad (4\text{-}15)$$

对平均强度相同的混凝土而言，标准差 σ 能确切反映混凝土质量的均匀性，但当平均强度不等时，并不确切。例如平均强度分别为 25MPa 和 50MPa 的混凝土，当 σ 均等于 5MPa 时，对前者来说波动已很大，而对后者来说波动并不算大。因此，对不同强度的混凝土单用标准差值尚难以评判其匀质性，宜采用变异系数加以评定。

（三）变异系数 C_v

变异系数 C_v 根据下式计算：

$$C_v = \frac{\sigma}{f_{cu,m}} \qquad (4\text{-}16)$$

变异系数亦即为标准差 σ 与平均强度 $f_{cu,m}$ 的比值，实际上反映相对于平均强度而言的变异程度。其值越小，说明混凝土质量越均匀，波动越小。如上例中，前者的 $C_v = 5/25 = 0.20$；后者的 $C_v = 5/50 = 0.10$。显而易见，后者质量均匀性好，生产和施工管理水平高。根据《混凝土强度检验评定标准》GB/T 50107—2010 中规定，混凝土的生产质量水平，可根据不同强度等级，在统计同期内混凝土强度的标准差和试件强度不低于设计等级的百分率来评定。并将混凝土生产单位质量管理水平划分为"优良"、"一般"及"差"三个等级，见表 4-21。

混凝土生产质量水平　　　　　　　　　　　　　　　　　　　　　　表 4-21

生产质量水平		优良		一般		差	
评定指标	强度等级生产单位	<C20	≥C20	<C20	≥C20	<C20	≥C20
混凝土强度标准差 σ（MPa）	预拌混凝土和预制混凝土构件厂	≤3.0	≤3.5	≤4.0	≤5.0	>4.0	>5.0
	集中搅拌混凝土的施工现场	≤3.5	≤4.0	≤4.5	≤5.5	>4.5	>5.5
强度等于或高于要求强度等级的百分率 P（%）	预拌混凝土厂和预制构件厂及集中搅拌的施工现场	≥95		>85		≤85	

（四）强度保证率（$P\%$）

根据数理统计的概念，强度保证率指混凝土强度总体中大于设计强度等级的概率。当样本足够大时，其数值与混凝土强度大于设计等级的组数占总组数的百分率相近。可根据正态分布的概率函数计算求得：

$$P = \frac{1}{\sqrt{2\pi}} \int_{-t}^{\infty} e^{-\frac{t^2}{2}} \mathrm{d}t \qquad (4\text{-}17)$$

式中　P——强度保证率；

　　　t——概率度，或称为保证率系数，根据下式计算：

$$t = \frac{|f_{\mathrm{cu,k}} - f_{\mathrm{cu,m}}|}{\sigma} = \frac{|f_{\mathrm{cu,k}} - f_{\mathrm{cu,m}}|}{C_{\mathrm{v}} \cdot f_{\mathrm{cu,m}}} \qquad (4\text{-}18)$$

　　　$f_{\mathrm{cu,k}}$——混凝土设计强度等级。

根据 t 值，可计算强度保证率 P。由于计算比较复杂，一般可根据表 4-22 直接查取 P 值。

不同 t 值的强度保证率 P 值　　　　　　　　　　　　　表 4-22

t	0.00	0.50	0.80	0.84	1.00	1.04	1.20	1.28	1.40	1.50	1.60
P（%）	50.0	69.2	78.8	80.0	84.1	85.1	88.5	90.0	91.9	93.5	94.5
t	1.645	1.70	1.75	1.81	1.88	1.96	2.00	2.05	2.33	2.50	3.00
P（%）	95.0	95.5	96.0	96.5	97.0	97.5	97.7	98.0	99.0	99.4	99.87

（五）混凝土的配制强度

从上述分析可知，如果混凝土的平均强度与设计强度等级相等，强度保证率系数 $t=0$，此时保证率为 50%，亦即只有 50% 的混凝土强度大于等于设计强度等级，工程质量难以保证。因此，必须适当提高混凝土的配制强度，以提高保证率。这里指的配制强度理论上等于混凝土的平均强度。根据我国 JGJ 55—2011 的规定，混凝土强度保证率必须达到 95% 以上，此时对应的保证率系数 $t=1.645$，当混凝土的设计强度等级小于 C60 时，配制强度按下式计算：

$$f_{\mathrm{cu,h}} = f_{\mathrm{cu,m}} = f_{\mathrm{cu,k}} + 1.645\sigma \qquad (4\text{-}19)$$

式中　$f_{\mathrm{cu,h}}$——混凝土的配制强度（MPa）；

　　　σ——混凝土强度标准差（MPa）。

当混凝土强度等级不小于 C60 时，配制强度按下式计算：

$$f_{\mathrm{cu,h}} = f_{\mathrm{cu,m}} = 1.15 f_{\mathrm{cu,k}} \qquad (4\text{-}20)$$

混凝土强度标准差的确定可根据近 1～3 个月的同一品种、同一强度等级混凝土的强度资料，按下式计算：

$$\sigma = \sqrt{\frac{\sum_{i=1}^{n} f_{\mathrm{cu},i}^2 - n f_{\mathrm{cu,m}}^2}{n-1}} \qquad (4\text{-}21)$$

对于强度等级不大于 C30 的混凝土，当混凝土强度标准差计算值不小于 3.0MPa 时，按上式计算结果取值；当计算值小于 3.0MPa 时，取 3.0MPa。对于强度等级大于 C30 且小于 C60 的混凝土，当混凝土强度标准差计算值不小于 4.0MPa 时，按上式计算结果取值；当计算值小于 4.0MPa 时，取 4.0MPa。

当无统计资料和经验时，可参考表 4-23 取值。

标准差的取值表 表 4-23

混凝土设计强度等级 $f_{cu,k}$	<C20	C25～C45	C50～C55
σ（MPa）	4.0	5.0	6.0

第五节　普通混凝土的配合比设计

一、混凝土配合比设计基本要求

混凝土配合比是指 $1m^3$ 混凝土中各组成材料的用量，或各组成材料之重量比。配合比设计的目的是为满足以下四项基本要求：

（1）满足施工要求的和易性。

（2）满足设计的强度等级，并具有 95％ 的保证率。

（3）满足工程所处环境对混凝土的耐久性要求。

（4）经济合理，最大限度节约胶凝材料用量，降低混凝土成本。

二、混凝土配合比设计中的三个基本参数

为了达到混凝土配合设计的四项基本要求，关键是要控制好水胶比（W/B）、单位用量（W_0）和砂率（S_p）三个基本参数。这三个基本参数的确定原则如下：

1. 水胶比

水胶比根据设计要求的混凝土强度和耐久性确定。确定原则为：在满足混凝土设计强度和耐久性的基础上，选用较大水胶比，以节约胶凝材料，降低混凝土成本。

2. 单位用水量

单位用水量主要根据坍落度要求和粗骨料品种、最大粒径确定。确定原则为：在满足施工和易性的基础上，尽量选用较小的单位用水量，以节约胶凝材料。因为当 W/B 一定时，用水量越大，所需胶凝材料用量也越大。

3. 砂率

合理砂率的确定原则为：砂子的用量填满石子的空隙略有富余。砂率对混凝土和易性、强度和耐久性影响很大，也直接影响胶凝材料用量，故应尽可能选用最优砂率，并根据砂子细度模数、坍落度要求等加以调整，有条件时宜通过试验确定。

三、混凝土配合比设计方法和原理

混凝土配合比设计的基本方法有两种：一是体积法（又称绝对体积法）；二是重量法（又称假定表观密度法），基本原理如下。

1. 体积法基本原理

体积法的基本原理为混凝土的总体积等于砂子、石子、水、水泥、矿物掺合料体积及混凝土中所含的少量空气体积之总和。若以 V_h、V_c、V_f、V_w、V_s、V_g、V_k 分别表示混凝土、水泥、矿物掺合料、水、砂、石子、空气的体积，则有：

$$V_h = V_w + V_c + V_f + V_S + V_g + V_k \tag{4-22}$$

若以 C_0、F_0、W_0、S_0、G_0 分别表示 $1m^3$ 混凝土中水泥、矿物掺合料、水、砂、石子

的用量（kg），以 ρ_w、ρ_c、ρ_f、ρ_s、ρ_g 分别表示水、水泥、矿物掺合料的密度和砂、石子的表观密度（kg/m³），0.01α 表示混凝土中空气体积，则上式可改为：

$$\frac{C_0}{\rho_c}+\frac{F_0}{\rho_f}+\frac{W_0}{\rho_w}+\frac{S_0}{\rho_s}+\frac{G_0}{\rho_g}+0.01\alpha=1 \tag{4-23}$$

式中　α——混凝土含气量百分率（%），在不使用引气型外加剂时，可取 $\alpha=1$。

2. 重量法基本原理

重量法基本原理为混凝土的总重量等于各组成材料重量之和。当混凝土所用原材料和三项基本参数确定后，混凝土的表观密度（即 1m³混凝土的重量）接近某一定值。若预先能假定出混凝土表观密度，则有：

$$C_0+F_0+W_0+S_0+G_0=\rho_{oh} \tag{4-24}$$

式中　ρ_{oh}——1m³混凝土的重量（kg），即混凝土的表观密度，可根据原材料、和易性、强度等级等信息在 2350～2450kg/m³ 之间选用。

混凝土配合比设计中砂、石料用量指的是干燥状态下的重量。水工、港工、交通系统常采用饱和面干状态下的重量。

四、混凝土配合比设计步骤

混凝土配合比设计步骤为：首先根据原始技术资料计算"初步计算配合比"；然后经试配调整获得满足和易性要求的"基准配合比"；再经强度和耐久性检验定出满足设计要求、施工要求和经济合理的"试验室配合比"；最后根据施工现场砂、石料的含水率换算成"施工配合比"。

（一）初步计算配合比计算步骤

1. 计算混凝土配制强度（$f_{cu,h}$）

$$f_{cu,h}=f_{cu,m}=f_{cu,k}+1.645\sigma \tag{4-25}$$

2. 根据配制强度和耐久性要求计算水胶比（W/B）

（1）根据强度要求计算水胶比。

由式：$f_{cu,h}=\alpha_a f_b\left(\dfrac{B}{W}-\alpha_b\right)$

则有：$\dfrac{W}{B}=\dfrac{\alpha_A f_b}{f_{cu,h}+\alpha_a\alpha_b f_b}$

（2）根据耐久性要求查表 4-20，得最大水胶比限值。

（3）比较强度要求水胶比和耐久性要求水胶比，取两者中的最小值。

3. 确定用水量

根据施工要求的坍落度和骨料品种、粒径，由表 4-14 选取每立方米混凝土的用水量（W_0）。掺外加剂时，对流动性或大流动性混凝土的用水量可按下式计算：

$$W_0=W_0'(1-\beta) \tag{4-26}$$

式中　W_0——计算配合比每立方米混凝土的用水量（kg/m³）；

　　　W_0'——未掺外加剂时推定的满足实际坍落度要求的每立方米混凝土用水量（kg/m³），根据表 4-14 中 90mm 坍落度的用水量为基础，按每增大 20mm 坍落度相应增加 5kg/m³用水量来计算，当坍落度增大到 180mm 以上时，随坍落度相应增加的用水量可减少；例如：碎石，最大粒径 31.5mm，坍落度

90mm 时的用水量为 205kg/m³，当设计要求坍落度 180mm 时，坍落度增加值为 90mm，则用水量增加值约为 22.5kg/m³，因此 W'_0 等于 227.5kg/m³；

β——外加剂的减水率（%），应经试验确定。

每立方米混凝土中外加剂用量 A_0 按下式计算：

$$A_0 = B_0 \beta_a \tag{4-27}$$

式中 A_0——计算配合比每立方米混凝土中外加剂用量（kg/m³）；

B_0——计算配合比每立方米混凝土中胶凝材料用量（kg/m³）；

β_a——外加剂掺量（%），应经试验确定。

4. 计算每立方米混凝土的胶凝材料用量（B_0）

（1）计算胶凝材料用量：$B_0 = W_0 \div \dfrac{W}{B}$

（2）查表 4-20，复核是否满足耐久性要求的最小胶凝材料用量，取两者中的较大值。

（3）每立方米混凝土的矿物掺合料用量应按下式计算：

$$F_0 = B_0 \beta_f \tag{4-28}$$

式中 F_0——计算配合比每立方米混凝土中矿物掺合料用量（kg/m³）；

β_f——矿物掺合料掺量（%）。

（4）水泥用量 C_0 即为胶凝材料用量减去矿物掺合料用量。

5. 确定合理砂率（S_p）

（1）可根据骨料品种、粒径及 W/B 查表 4-15 选取。实际选用时可采用内插法，并根据附加说明进行修正。

（2）在有条件时，可通过试验确定合理砂率。

6. 计算砂、石用量（S_0、G_0），并确定初步计算配合比

（1）重量法：

$$\begin{cases} C_0 + F_0 + W_0 + S_0 + G_0 = \rho_{0h} \\ S_p = \dfrac{S_0}{S_0 + G_0} \end{cases} \tag{4-29}$$

（2）体积法：

$$\begin{cases} \dfrac{C_0}{\rho_c} + \dfrac{F_0}{\rho_f} + \dfrac{W_0}{\rho_w} + \dfrac{S_0}{\rho_s} + \dfrac{G_0}{\rho_g} + 0.01\alpha = 1 \\ S_p = \dfrac{S_0}{S_0 + G_0} \end{cases} \tag{4-30}$$

（3）配合比的表达方式：

① 根据上述方法求得的 C_0、F_0、W_0、S_0、G_0、A_0，直接以每立方米混凝土材料的用量（kg）表示。

② 根据各材料用量间的比例关系表示：$C_0 : F_0 : S_0 : G_0 = C_0/B_0 : F_0/B_0 : S_0/B_0 : G_0/B_0$，再加上 W/B、β_a。

（二）基准配合比和试验室配合比的确定

初步计算配合比是根据经验公式和经验图表估算而得，因此不一定符合实际情况，必经通过试拌验证。当不符合设计要求时，需通过调整使和易性满足施工要求，使 W/B 满

足强度和耐久性要求。

1. 和易性调整——确定基准配合比。根据初步计算配合比配成混凝土拌合物，先测定混凝土坍落度，同时观察黏聚性和保水性。如不符合要求，按下列原则进行调整：

（1）当坍落度小于设计要求时，可在保持水胶比不变的情况下，增加用水量和相应的胶凝材料用量（浆体）。

（2）当坍落度大于设计要求时，可在保持砂率不变的情况下，增加砂、石用量（相当于减少浆体用量）。

（3）当黏聚性和保水性不良时（通常是砂率不足），可适当增加砂用量，即增大砂率。

（4）当拌合物显得砂浆量过多时，可单独加入适量石子，即降低砂率。

在混凝土和易性满足要求后，测定拌合物的实际表观密度（ρ_h），并按下式计算每 $1m^3$ 混凝土的各材料用量——即基准配合比：

令：
$$A = C_拌 + F_拌 + W_拌 + S_拌 + G_拌$$

则有：
$$
\begin{cases}
C_j = \dfrac{B_拌}{A} \times \rho_h \\[2mm]
F_j = \dfrac{F_拌}{A} \times \rho_h \\[2mm]
W_j = \dfrac{W_拌}{A} \times \rho_h \\[2mm]
S_j = \dfrac{S_拌}{A} \times \rho_h \\[2mm]
G_j = \dfrac{G_拌}{A} \times \rho_h
\end{cases}
\tag{4-31}
$$

式中　　　　　　　　A——试拌调整后，各材料的实际总用量（kg）；

ρ_h——混凝土的实测表观密度（kg/m³）；

$C_拌$、$F_拌$、$W_拌$、$S_拌$、$G_拌$——试拌调整后，胶凝材料、水、砂子、石子实际拌合用量（kg）；

C_j、F_j、W_j、S_j、G_j——基准配合比中 $1m^3$ 混凝土的各材料用量（kg）。

如果初步计算配合比和易性完全满足要求而无需调整，也必须测定实际混凝土拌合物的表观密度，并利用上式计算 C_j、F_j、W_j、S_j、G_j。否则将出现"负方"或"超方"现象。亦即初步计算 $1m^3$ 混凝土，在实际拌制时，少于或多于 $1m^3$。当混凝土表观密度实测值与计算值之差的绝对值不超过计算值的 2％时，则初步计算配合比即为基准配合比，无需调整。

2. 强度和耐久性复核——确定试验室配合比。根据和易性满足要求的基准配合比和水胶比，配制一组混凝土试件；并保持用水量不变，水胶比分别增加和减少 0.05 再配制二组混凝土试件，用水量应与基准配合比相同，砂率可分别增加和减少 1％。制作混凝土强度试件时，应同时检验混凝土拌合物的流动性、黏聚性、保水性和表观密度，并以此结果代表相应配合比的混凝土拌合物的性能。

三组试件经标准养护 28d，测定抗压强度，以三组试件的强度和相应胶水比作图，确定与配制强度相对应的胶水比，并重新计算胶凝材料和砂石用量。当对混凝土的抗渗、抗冻等耐久性指标有要求时，则制作相应试件进行检验。强度和耐久性均合格的水胶比对应的配合比，称为混凝土试验室配合比。计作 C、F、W、S、G。

（三）施工配合比

试验室配合比是以干燥（或饱和面干）材料为基准计算而得，但现场施工所用的砂、石料常含有一定水分，因此，在现场配料前，必须先测定砂石料的实际含水率，在用水量中将砂石带入的水扣除，并相应增加砂石料的称量值。设砂的含水率为 $a\%$；石子的含水率为 $b\%$，则施工配合比按下列各式计算：

$$\begin{cases} 水 \quad 泥：C' = C；\\ 掺合料：F' = F\\ 砂 \quad 子：S' = S(1 + a\%)\\ 石 \quad 子：G' = G(1 + b\%)\\ 水 \quad ：W' = W - S \cdot a\% - G \cdot b\% \end{cases} \tag{4-32}$$

【例 4-4】某框架结构钢筋混凝土柱，混凝土设计强度等级为 C35，机械搅拌，机械振捣成型，混凝土坍落度要求为 55～70mm，并根据施工单位的管理水平和历史统计资料，混凝土强度标准差 σ 取 4.0MPa。所用原材料如下：

水泥：普通硅酸盐水泥 42.5 级，密度 $\rho_c = 3.1$，水泥强度富余系数 $K_c = 1.10$；

砂：河砂 $M_x = 2.4$，Ⅱ级配区，$\rho_s = 2.65\text{g/cm}^3$；

石子：碎石，$D_{max} = 31.5\text{mm}$，连续级配，级配良好，$\rho_g = 2.70\text{g/cm}^3$；

水：自来水。

求：混凝土初步计算配合比。

【解】1. 确定混凝土配制强度（$f_{cu,h}$）

$f_{cu,h} = f_{cu,k} + 1.645\sigma = 35 + 1.645 \times 4.0 = 41.58\text{MPa}$

2. 确定水胶比（W/B）

（1）根据强度要求计算水胶比（W/B）：

$$\frac{W}{B} = \frac{\alpha_a f_{ce}}{f_{cu,h} + \alpha_a \alpha_b f_{ce}} = \frac{0.53 \times 42.5 \times 1.10}{41.58 + 0.53 \times 0.20 \times 42.5 \times 1.10} = 0.53$$

（2）根据耐久性要求确定水胶比（W/B）：

由于框架结构混凝土柱处于干燥环境，对水胶比无限制，故取满足强度要求的水胶比即可。

3. 确定用水量（W_0）

查表 4-14 可知，坍落度 55～70mm 时，用水量 195kg。

4. 计算胶凝材料用量（B_0）

$$B_0 = W_0 \times \frac{B}{W} = 195 \times \frac{1}{0.53} = 368\text{kg}$$

根据表 4-20，满足耐久性对胶凝材料用量的最小要求。

5. 确定砂率（S_p）

参照表 4-15，通过插值（内插法）计算，取砂率 $S_p = 35\%$。

6. 计算砂、石用量（S_0、G_0）

采用体积法计算，因无引气剂，取 $a = 1$。

$$\begin{cases} \dfrac{368}{3100} + \dfrac{195}{1000} + \dfrac{S_0}{2650} + \dfrac{G_0}{2700} + 0.01 \times 1 = 1 \\ \dfrac{S_0}{S_0 + G_0} = 35\% \end{cases}$$

解上述联立方程得：$S_0 = 635\mathrm{g}$；$G_0 = 1179\mathrm{g}$。

因此，该混凝土初步计算配合为：$B_0 = 368\mathrm{kg}$，$W_0 = 195\mathrm{kg}$，$S_0 = 635\mathrm{kg}$，$G_0 = 1179\mathrm{kg}$。或者：$B : S : G = 1 : 1.73 : 3.20$，$W/B = 0.53$。

【例 4-5】 承上题，根据初步计算配合比，称取 12L 各材料用量进行混凝土和易性试拌调整。测得混凝土坍落度 $T = 20\mathrm{mm}$，小于设计要求，增加 5% 的水泥和水，重新搅拌测得坍落度为 65mm，且黏聚性和保水性均满足设计要求，并测得混凝土表观密度 $\rho_h = 2390\mathrm{kg/m^3}$，求基准配合比。又经混凝土强度试验，恰好满足设计要求，已知现场施工所用砂含水率 4.5%，石子含水率 1.0%，求施工配合比。

【解】 1. 基准配合比：

（1）根据初步计算配合比计算 12L 各材料用量为：

$C = 4.416\mathrm{kg}$，$W = 2.340\mathrm{kg}$，$S = 7.62\mathrm{kg}$，$G = 14.15\mathrm{kg}$

（2）增加 5% 的水泥和水用量为：

$$\Delta C = 0.221\mathrm{kg}, \quad \Delta W = 0.117\mathrm{kg}$$

（3）各材料总用量为：

$$A = (4.416 + 0.221) + (2.340 + 0.117) + 7.62 + 14.15 = 28.86\mathrm{kg}$$

（4）根据式（4-33）计算得基准配合比为：$C_j = 384$，$W_j = 203$，$S_i = 631$，$G_j = 1172$。

2. 施工配合比：

根据题意，试验室配合比等于基准配合比，则施工配合比为：

$$C = C_j = 384\mathrm{kg}$$
$$S = 631 \times (1 + 4.5\%) = 659\mathrm{kg}$$
$$G = 1172 \times (1 + 1\%) = 1184\mathrm{kg}$$
$$W = 203 - 631 \times 4.5\% - 1179 \times 1\% = 163\mathrm{kg}$$

【例 4-6】 某上部结构钢筋混凝土框架柱，混凝土设计强度等级为 C40，机械搅拌，泵送施工，机械振捣成型，混凝土坍落度要求为 180mm，根据生产单位的管理水平和历史统计资料，混凝土强度标准差 σ 取 4.0MPa。所用原材料如下：

水泥：普通硅酸盐水泥 42.5 级，密度 $\rho_c = 3.10$，水泥强度富余系数 $\gamma_c = 1.12$；

粉煤灰：Ⅱ级，密度 $\rho_f = 2.20$；掺量 20%；

砂：河砂 $M_x = 2.4$，Ⅱ级配区，$\rho_s = 2.65\mathrm{g/cm^3}$；

减水剂：非引气型减水剂，掺量 $\beta_a = 1.8\%$，混凝土减水率 18%；

石子：碎石，$D_{max} = 31.5\mathrm{mm}$，连续级配，级配良好，$\rho_g = 2.70\mathrm{g/cm^3}$；

水：自来水。

求：混凝土初步计算配合比。

【解】

1. 确定混凝土配制强度（$f_{cu,h}$）

$$f_{cu,h} = f_{cu,k} + 1.645\sigma = 40 + 1.645 \times 4.0 = 46.6\mathrm{MPa}$$

2. 确定水胶比（W/B）

（1）根据强度要求计算水胶比（W/B）

胶凝材料强度：$f_b = \gamma_f \cdot f_{ce} = 0.85 \times 42.5 \times 1.12 = 40.5\text{MPa}$

水胶比：$\dfrac{W}{B} = \dfrac{\alpha_a f_b}{f_{cu,h} + \alpha_a \alpha_b f_b} = \dfrac{0.53 \times 40.5}{46.6 + 0.53 \times 0.20 \times 40.5} = 0.42$

（2）根据耐久性要求确定水胶比（W/B）

由于上部结构混凝土框架柱处于干燥环境，对水胶比无限制，故取满足强度要求的水胶比。

3. 确定用水量（W_0）

根据表 4-14，碎石，最大粒径 31.5mm，坍落度 90mm 时的用水量为 205kg/m³，设计要求坍落度 180mm，坍落度增加值为 90mm，则用水量增加值约为 22.5kg/m³，因此未掺外加剂时推定的满足实际坍落度要求的每立方米混凝土用水量 W'_0 等于 227.5kg/m³。则有：

$$W_0 = W'_0 (1-\beta) = 227.5 (1-18\%) = 186.6\text{kg}$$

4. 计算胶凝材料用量（B_0）

$$B_0 = W_0 \times \frac{B}{W} = 186.6 \times \frac{1}{0.42} = 444\text{kg}$$

根据表 4-20，满足耐久性对胶凝材料用量的最小要求。

计算粉煤灰用量：$F_0 = B_0 \beta_f = 444 \times 20\% = 89\text{kg}$

计算水泥用量：$C_0 = B_0 - F_0 = 444 - 89 = 355\text{kg}$

5. 确定砂率（S_p）

参照表 4-15，根据水胶比 0.42，碎石，$D_{max} = 31.5\text{mm}$，通过内插法得砂率 30.6%，这一砂率适用于坍落度 10～60mm 的混凝土，取近中值 30mm，由于本工程要求坍落度 180mm，增加值为 150mm，根据表中注 2，坍落度每增加 20mm，砂率增加 1%，即增加 7.5%，因此，砂率为 38.1%，取整数确定为 38%。

6. 计算砂、石用量（S_0、G_0）

采用体积法计算，因无引气剂，取 $a = 1$。

$$\begin{cases} \dfrac{355}{3100} + \dfrac{89}{2200} + \dfrac{186.6}{1000} + \dfrac{S_0}{2650} + \dfrac{G_0}{2700} + 0.01 \times 1 = 1 \\[2mm] \dfrac{S_0}{S_0 + G_0} = 38\% \end{cases}$$

解上述联立方程得：$S_0 = 660\ \text{kg}$；$G_0 = 1078\text{kg}$。

7. 计算减水剂用量

$$A_0 = B_0 \beta_a = 444 \times 1.8\% = 7.99\text{kg}$$

因此，该混凝土初步计算配合为：$C_0 = 355\text{kg}$，$F_0 = 89\text{kg}$，$W_0 = 186.6\text{kg}$，$S_0 = 660\text{kg}$，$G_0 = 1078\text{kg}$，$A_0 = 7.99\text{kg}$。

关于混凝土配合比设计，上述初步计算配合比的计算过程中，无论是强度计算式、用水量和砂率选用，都是据于统计学意义上的"经验"，由于实际所采用的混凝土原材料差异性非常大，因此必需后续的试配调整。相对而言只是一种简单，而严谨性略显不足的设计方法。因此，近年来国内外学者进行了多方面的研究和发展，提出了"全计算法"、"计算机人工智能辅助法"等多种以期提高设计正确性的方法。

第六节 高性能混凝土

《高性能混凝土评价标准》JGJ/T 385—2015 对高性能混凝土 (high performance concrete) 的定义是：以建设工程设计、施工和使用对混凝土性能特定要求为总体目标，选用优质常规原材料，合理掺加外加剂和矿物掺合料，采用较低水胶比并优化配合比，通过预拌和绿色生产方式以及严格的施工措施，制成具有优异的拌合物性能、力学性能、耐久性能和长期性能的混凝土。

获得高性能混凝土的最主要效途径为掺入高性能混凝土外加剂和矿物掺合料，并同时采用适当的水泥和骨料。对于具有特殊要求的混凝土，还可掺用纤维材料提高抗拉、抗弯性能和冲击韧性；也可掺用聚合物等提高密实度和耐磨性。常用的外加剂有高性能减水剂、高性能引气剂、防水剂和其他特种外加剂。常用的矿物掺料有Ⅰ级粉煤灰或超细磨粉煤灰、磨细矿粉、沸石粉、偏高岭土、硅灰等，有时也可掺适量超细磨石灰石粉或石英粉。常用的纤维材料有钢纤维、聚酯纤维和玻璃纤维等。

根据结构所处的环境条件，高性能混凝土应满足下列一种或几种技术要求：

(1) 水胶比不大于 0.38；

(2) 56d 龄期的 6h 总导电量小于 1000C；

(3) 300 次冻融循环后相对动弹性模量大于 80%；

(4) 胶凝材料抗硫酸盐腐蚀试验的试件 15 周膨胀率小于 0.4%，混凝土最大水胶比不大于 0.45；

(5) 混凝土中可溶性碱总含量小于 3.0kg/m³。

一、高性能混凝土的原材料

(一) 水泥

水泥的品种通常选用硅酸盐水泥和普通水泥，也可采用矿渣水泥等。强度等级选择一般为：C50～C80 混凝土宜用强度等级 42.5；C80 以上选用更高强度的水泥。1m³ 混凝土中的水泥用量要控制在 500kg 以内，且尽可能降低水泥用量。水泥和矿物掺合料的总量不应大于 600kg/m³。

(二) 骨料

高性能混凝土采用的细骨料应选择质地坚硬、级配良好的中、粗河砂或人工砂。其性能指标应符合《普通混凝土用砂质量标准及检验方法》JGJ 52 的规定。配制 C60 以上强度等级高性能混凝土的粗骨料，应选用级配良好的碎石或碎卵石。岩石的抗压强度与混凝土的抗压强度之比不宜低于 1.5，或其压碎值宜小于 10%，粗骨料的最大粒径不宜大于25mm。宜采用 15～25mm，5～15mm 两级粗骨料配合。粗骨料中针片状颗粒含量应小于10%，且不得混入风化颗粒。有抗冻要求的高性能混凝土用骨料的品质指标要求见表4-24。

混凝土结构所处环境	细骨料		粗骨料	
	吸水率（%）≤	坚固性质量损失（%）≤	吸水率（%）≤	坚固性质量损失（%）≤
微冻地区	3.5	10	3.0	12
寒冷地区	3.0		2.0	
严寒地区				

在一般情况下，不宜采用碱活性骨料。当骨料中含有潜在的碱活性成分时，必须按规定检验骨料的碱活性，并采取预防危害的措施。

（三）矿物掺合料

矿物掺合料宜采用硅灰、粉煤灰、磨细矿渣粉、天然沸石粉、偏高岭土及复合掺合料等。所选用的矿物掺合料必须对混凝土和钢材无害。性能指标应满足相关标准的要求，《高强高性能混凝土用矿物外加剂》GB/T 18736—2017 技术性能见表 4-25。

高强高性能混凝土用矿物外加剂的技术要求　　　　　表 4-25

试 验 项 目			指标						
			磨细矿渣			磨细粉煤灰		磨细天然沸石		硅灰
			I	II	III	I	II	I	II	
化学性能	MgO（%）	≤	14			1		—		—
	SO₃（%）	≤	4			3		—		—
	烧失量（%）	≤	3			5	8	—		6
	Cl（%）	≤	0.02			0.02		0.02		0.02
	SiO₂（%）	≥	—			—		—		85
	吸铵值（mmol/100g）	≥	—			—		130	100	—
物理性能	比表面积（m²/kg）	≥	750	550	350	600	400	700	500	15000
	含水率（%）	≤	1.0			1.0		—		3
胶砂性能	需水量比（%）	≤	100			95	105	110	115	125
	活性指数 3d（%）	≥	85	70	55	—	—	—	—	—
	活性指数 7d（%）	≥	100	85	75	80	75	—	—	—
	活性指数 28d（%）	≥	115	105	100	90	85	90	85	85

高性能混凝土中矿物掺合料的用量应有所控制，一般情况下，硅灰不大于 10%；粉煤灰不大于 30%；磨细矿渣粉不大于 40%；天然沸石粉不大于 10%；偏高岭土粉不大于 15%；复合掺合料不大于 40%。当粉煤灰超量取代水泥时，超量值不宜大于 25%。

（四）化学外加剂

高效减水剂是高性能混凝土最常用的外加剂品种，减水率一般要求大于 20%，以最大限度降低水胶比，提高密实性。为改善混凝土的施工和易性及提供其他特殊性能，也可同时掺入引气剂、缓凝剂、防水剂、膨胀剂、防冻剂等。掺量可根据不同品种和要求根据需要选用。

二、高性能混凝土的配合比设计

高性能混凝土的配合比设计应根据混凝土结构工程的要求，确保其施工要求的工作性，以及结构混凝土的强度和耐久性。耐久性设计应针对混凝土结构所处外部环境中劣化因素的作用，使结构在设计使用年限内不超过容许劣化状态。

1. 高性能混凝土的配制强度与普通混凝土配合比设计相同。当混凝土强度标准差无统计数据时，对预拌混凝土可取 4.5MPa。

2. 高性能混凝土的单方用水量不宜大于 175kg/m³；胶凝材料总量宜采用 450～600kg/m³，其中矿物掺合料用量不宜大于胶凝材料总量的 40%；宜采用较低的水胶比；砂率宜采用 37%～44%；高效减水剂掺量应根据坍落度要求确定。

3 抗碳化耐久性设计时的水胶比可按下式确定：

$$\frac{W}{B} \leqslant \frac{5.38c}{a \times \sqrt{t}} + 38.3 \tag{4-33}$$

式中　W/B——水胶比；

　　　　c——钢筋的混凝土保护层厚度（cm）；

　　　　a——碳化区分系数，室外取 1.0，室内取 1.7；

　　　　t——设计使用年限（年）。

4. 抗冻害耐久性设计可根据外部劣化因素的强弱，按表 4-26 控制水胶比最大值。

不同冻害地区或盐冻地区混凝土水胶比最大值　　表 4-26

外部劣化因素	水胶比最大限值
微冻地区	0.50
寒冷地区	0.45
严寒地区	0.40

5. 高性能混凝土的抗冻性（冻融循环次数）采用《普通混凝土长期性能和耐久性能试验方法》GB/T 50082 规定的快冻法测定时，根据混凝土的冻融循环次数按下式确定混凝土的抗冻耐久性指数，并符合表 4-27 的要求：

$$K_{\mathrm{m}} = \frac{PN}{300} \tag{4-34}$$

式中　K_{m}——混凝土的抗冻耐久性指数；

　　　　N——混凝土试件冻融试验进行至相对弹性模量等于 60% 时的冻融循环次数；

　　　　P——参数，取 0.6。

高性能混凝土的抗冻耐久性指数要求　　表 4-27

混凝土结构所处环境条件	冻融循环次数	抗冻耐久性指数 K_{m}
微冻区	所要求的冻融循环次数	＜0.60
寒冷地区	≥300	0.60～0.79
严寒地区	≥300	≥0.8

受海水作用的海港工程混凝土的抗冻性测定时，应以工程所在地的海水代替普通水制作混凝土试件。当无海水时，可用 3.5% 的氯化钠溶液代替海水，进行快冻法测定，并符合表 4-27 的要求。受除冰盐冻融作用的高速公路和钢筋混凝土桥梁混凝土，抗冻性应通过专门的试验确定。当抗冻性混凝土水胶比大于 0.30 时，宜掺入引气剂，含气量应达到 4%～5% 的要求。

6. 抗盐害耐久性设计

对海岸盐害地区，可根据盐害外部劣化因素分为：准盐害环境地区（离海岸 250～1000m）；一般盐害环境地区（离海岸 50～250m）；重盐害环境地区（离海岸 50m 以内）。盐湖周边 250m 以内范围也属重盐害环境地区。通常要求高性能混凝土中氯离子含量小于胶凝材料用量的 0.06%，高性能混凝土的表面裂缝宽度应有所控制，一般应控制在保护层厚度的 1/30。根据 56d 天龄期混凝土 6h 导电量大小，对混凝土抗氯离子渗透性分为四类，见表 4-28。

根据混凝土导电量试验结果对混凝土的分类　　　　　　　　表 4-28

6h 导电量（C）	氯离子渗透性	可采用的典型混凝土种类
2000～4000	中	中等水胶比（0.40～0.60）普通混凝土
1000～2000	低	低水胶比（<0.40）普通混凝土
500～1000	非常低	低水胶比（<0.38）含矿物微细粉混凝土
<500	可忽略不计	低水胶比（<0.30）含矿物微细粉混凝土

抗盐害混凝土的水胶比应按结构所处环境条件，根据表 4-29 控制最大水胶比。

盐害环境中混凝土水胶比最大值　　　　　　　　表 4-29

混凝土结构所处环境	水胶比最大值
准盐害环境地区	0.50
一般盐害环境地区	0.45
重盐害环境地区	0.40

此外，当有抗硫酸盐腐蚀或抑制碱—骨料反应要求时，均应有效控制水泥中的矿物组成含量，选择合适的矿物掺合料品种，控制混凝土中的总碱含量和水胶比等技术措施，并通过专门的试验确定合理的配合比。

三、高性能混凝土养护

严格的施工养护，是获得混凝土高性能的必要措施，特别是底板、楼面板等大面积混凝土浇筑后，应立即用塑料薄膜严密覆盖。二次振捣和压抹表面时，可卷起覆盖物操作，然后及时覆盖，混凝土终凝后可用水养护。采用水养护时，水的温度应与混凝土的温度相适应，避免因温差过大导致混凝土开裂。保湿养护期不应少于 14d。当高性能混凝土中胶凝材料用量较大时，应采取覆盖保温养护措施。保温养护期间应控制混凝土内部温度不超过 75℃；应采取措施确保混凝土内外温差不超过 25℃。主要措施有降低入模温度控制混凝土结构内部最高温度；通过保湿蓄热养护控制结构内外温差；控制混凝土表面温度因环境影响（如暴晒、气温骤降等）而发生剧烈变化。

高性能混凝土作为我国推广应用的新技术产品之一，是建设工程发展的必然趋势。随着国民经济的发展，高性能混凝土在建筑、道路、桥梁、港口、海洋、大跨度及预应力结构、高耸建筑物等工程中的应用将越来越广泛，C50～C80 的高性能混凝土将普遍得到使用，C80 以上的混凝土也将在一定范围内得到应用。

第七节 轻 混 凝 土

轻混凝土是指表观密度小于 1950kg/m³ 的混凝土。可分为轻集料混凝土、多孔混凝土和无砂大孔混凝土三类。轻混凝土的主要特点为：

1. 表观密度小。轻混凝土与普通混凝土相比，其表观密度一般可减小 1/4~3/4，使上部结构的自重明显减轻，从而显著地减少地基处理费用，并且可减小柱子的截面尺寸。又由于构件自重产生的恒载减小，因此可减少梁板的钢筋用量。此外，还可降低材料运输费用，加快施工进度。

2. 保温性能良好。材料的表观密度是决定其导热系数的最主要因素，因此轻混凝土通常具有良好的保温性能，降低建筑物使用能耗。

3. 耐火性能良好。轻混凝土具有保温性能好、热膨胀系数小等特点，遇火强度损失小，故特别适用于耐火等级要求高的高层建筑和工业建筑。

4. 力学性能良好。轻混凝土的弹性模量较小、受力变形较大，抗裂性较好，能有效吸收地震能量，提高建筑物的抗震能力，故适用于有抗震要求的建筑。

5. 易于加工。轻混凝土易于打入钉子和进行锯切加工。这对于施工中固定门窗框、安装管道和电线等带来很大方便。

轻混凝土目前在主体结构的中应用尚不多，主要原因是单位价格较高。但是，随着技术进步，建筑功能要求的提升，通过建筑物综合经济分析，则可收到显著的技术和经济效益，尤其是考虑建筑物使用阶段的节能效益，其技术经济效益更佳。

一、轻骨料混凝土

用轻粗骨料、轻细骨料（或普通砂）和水泥等胶凝材料配制而成的混凝土，其干表观密度不大于 1950kg/m³，称为轻骨料混凝土，主要用于梁板柱等结构工程。当粗细骨料均为轻骨料时，称为全轻混凝土；当细骨料为普通砂时，称砂轻混凝土。轻骨料混凝土的导热系数小，在 0.55W/(m·K) 左右，约为普通水泥混凝土 [1.60W/(m·K)] 的三分之一，因此可有效改善梁板柱和剪力墙的热工性能。

（一）轻骨料的种类及技术性质

1. 轻骨料的种类。凡是骨料粒径为 5mm 以上，堆积密度小于 1100kg/m³ 的轻质骨料，称为轻粗骨料。粒径小于 5mm，堆积密度小于 1200kg/m³ 的轻质骨料，称为轻细骨料。

轻骨料按来源不同分为三类：①天然轻骨料（如浮石、火山渣及轻砂等）；②工业废料轻骨料（如粉煤灰陶粒、膨胀矿渣、自燃煤矸石、污泥陶粒等）；③人造轻骨料（如膨胀珍珠岩、页岩陶粒、黏土陶粒等）。

2. 轻骨料的技术性质。轻骨料的技术性质主要有堆积密度、强度、颗粒级配和吸水率等，此外，还有耐久性、体积安定性、有害成分含量等。

（1）堆积密度：轻骨料的表现密度直接影响所配制的轻骨料混凝土的表观密度和性能，轻粗骨料按堆积密度划分为 10 个等级：200、300、400、500、600、700、800、900、1000、1100kg/m³。轻砂的堆积密度为 410~1200kg/m³。

（2）强度：轻粗骨料的强度，通常采用"筒压法"测定其筒压强度。筒压强度是间接反映轻骨料颗粒强度的一项指标，对相同品种的轻骨料，筒压强度与堆积密度常呈线性关系。但筒压强度不能反映轻骨料在混凝土中的真实强度，因此，技术规程中还规定采用强度来评定轻粗骨料的强度。"筒压法"和强度测试方法可参考相关规范。

（3）吸水率：轻骨料的吸水率一般都比普通砂石料大，因此将显著影响混凝土拌合物的和易性、水胶比和强度的发展。在设计轻骨料混凝土配合比时，必须根据轻骨料的一小时吸水率计算附加用水量。国家标准中关于轻骨料一小时吸水率的规定是：轻砂和天然轻粗骨料吸水率不作规定，其他轻粗骨料的吸水率应符合《轻集料及其试验方法第1部分：轻集料》GB/T 17431.1—2010 的规定。

（4）最大粒径与颗粒级配：保温及结构保温轻骨料混凝土用的轻骨料，其最大粒径不宜大于 40mm。结构轻骨料混凝土的轻骨料不宜大于 20mm。

对轻粗骨料的级配要求，其自然级配的空隙率不应大于 50%。轻砂的细度模数不宜大于 4.0；大于 5mm 的筛余量不宜大于 10%。

（二）轻骨料混凝土的强度等级

轻骨料混凝土按干表观密度一般为 600～1900kg/m³，共分为 14 个等级。强度等级按立方体抗压强度标准值分为 LC5.0、LC7.5、LC10、LC15、LC20、LC25、LC30、LC35、LC40、LC45、LC50、LC55、LC60 等 13 个等级。

按用途不同，轻骨料混凝土分为三类，其相应的强度等级和表观密度要求见表 4-30。

轻骨料混凝土按用途分类 表 4-30

类别名称	混凝土强度等级的合理范围	混凝土表观密度等级的合理范围	用途
保温轻骨料混凝土	CL5.0	≤800	主要用于保温的围护结构或热工构筑物
结构保温轻骨料混凝土	CL5.0、CL7.5、CL10、CL15	800～1400	主要用于既承重又保温的围护结构
结构轻骨料混凝土	CL15、CL20、CL25、CL30、CL35、CL40、CL45、CL50、CL55、CL60	1400～1900	主要用于承重构件或构筑物

轻骨料混凝土由于其轻骨料具有颗粒表观密度小、总表面积大、易于吸水等特点，所以其拌合物适用的流动范围比较窄，过大的流动性会导致黏聚性下降，使轻骨料上浮、离析；过小的流动性则会使捣实困难。流动性的大小主要取决于用水量，由于轻骨料吸水率大，因而其用水量的概念与普通混凝土有所区别。加入拌合物中的水量称为总用水量，可分为两部分，一部分被骨料吸收，其数量相当于 1h 的吸水量，这部分水称为附加用水量，其余部分称为净用水量，使拌合物获得要求的流动性和保证水泥水化的进行。净用水量可根据混凝土的用途及要求的流动性来选择。另外，轻骨料混凝土的和易性也受砂率的影响，尤其是采用轻细骨料时，拌合物和易性随着砂率的提高而有所改善。轻骨料混凝土的砂率一般比普通混凝土的砂率略大。

对于轻骨料混凝土，由于轻骨料自身强度较低，因此其强度的决定因素除了水泥强度与水胶比（水胶比考虑净用水量）外，还取决于轻骨料的强度。与普通混凝土相比，采用轻骨料会导致混凝土强度下降，并且骨料用量越多，强度降低越大，其表观密度也越小。

轻骨料混凝土的另一特点是，由于受到轻骨料自身强度的限制，因此，每一品种轻骨料只能配制一定强度的混凝土，如要配制高于此强度的混凝土，即使降低水胶比，也不可能使混凝土强度有明显提高，或提高幅度很小。

轻骨料混凝土荷载作用下的变形比普通混凝土大，弹性模量较小，为同级别普通混凝土的 50%～70%，制成的构件受力后挠度较大是其缺点。但因极限应变大，有利于改善构筑物的抗震性能或抵抗动荷载能力。轻骨料混凝土的收缩和徐变比普通混凝土相应地大20%～50%和30%～60%，热膨胀系数则比普通混凝土低 20%左右。

（三）轻骨料混凝土的制作与使用特点

1. 轻骨料本身吸水率较天然砂、石为大，若不进行预湿，则拌合物在运输或浇筑过程中的坍落度损失较大，在设计混凝土配合比时须考虑轻骨料附加水量。

2. 拌合物中粗骨料容易上浮，也不易搅拌均匀，应选用强制式搅拌机作较长时间的搅拌。轻骨料混凝土成型时振捣时间不宜过长，以免造成分层，最好采用加压振捣。

3. 轻骨料吸水能力较强，要加强浇水养护，防止早期干缩开裂。

4. 轻骨料预吸收的水分，有利于后期的内养护作用，可有效降低后期干燥收缩。

（四）轻骨料混凝土配合比设计要点

轻骨料混凝土配合比设计的基本要求与普通混凝土相同，但应满足对混凝土表观密度的要求。

轻骨料混凝土配合比设计方法与普通混凝土基本相似，分为绝对体积法和松散体积法。砂轻混凝土宜采用绝对体积法，即按每立方米混凝土的绝对体积为各组成材料的绝对体积之和进行计算。松散体积法宜用于全轻混凝土，即以给定每立方米混凝土的粗细骨料松散总体积为基础进行计算，然后按设计要求的混凝土表观密度为依据进行校核，最后通过试拌调整得出（详见《轻骨料混凝土技术规程》JGJ 51—2002）。

轻骨料混凝土与普通混凝土配合比设计中的不同之处主要有两点，一是用水量为净用水量与附加用水量两者之和；二是砂率为砂的体积占砂石总体积之比值。

二、泡沫混凝土

泡沫混凝土是多孔混凝土的一种，一般无粗、细骨料，内部充满大量细小封闭的孔，孔隙率高达 60%以上。近年来，也有用压缩空气经过充气介质弥散成大量微气泡，均匀地分散在料浆中而形成多孔结构，这种多孔混凝土称为充气混凝土。

多孔混凝土质轻，其表观密度不超过 1000kg/m³，通常在 300～800kg/m³ 之间；保温性能优良，导热系数随其表观度降低而减小，一般为 0.09～0.20W/(m·K)；其制品的可加工性好，可锯、可刨、可钉、可钻，并可用胶粘剂粘结。

泡沫混凝土是将由水泥等拌制的料浆与由泡沫剂搅拌形成的泡沫混合搅拌，再经浇筑、养护硬化而成的多孔混凝土。当制品生产中采用蒸汽养护或蒸压养护时，不仅可缩短养护时间，且能提高强度，还能掺用粉煤灰、煤渣或矿渣，以节省水泥，甚至可以全部利用工业废渣代替水泥。如以粉煤灰、石灰、石膏等为胶凝材料，再经蒸压养护，制成蒸压泡沫混凝土。

泡沫混凝土也可在现场直接浇筑，用作屋面或墙体保温层。

三、大孔混凝土

大孔混凝土指无细骨料的混凝土，按其粗骨料的种类，可分为普通无砂大孔混凝土和轻骨料大孔混凝土两类。普通大孔混凝土是用碎石、卵石、重矿渣等配制而成。轻骨料大孔混凝土则是用陶粒、浮石、碎砖、煤渣等配制而成。有时为了提高大孔混凝土的强度，也可掺入少量细骨料，这种混凝土称为少砂混凝土。

普通大孔混凝土的表观密度在 1500～1900kg/m³ 之间，抗压强度为 3.5～10MPa。轻骨料大孔混凝土的表现密度在 500～1500kg/m³ 之间，抗压强度为 1.5～7.5MPa。

大孔混凝土的导热系数小，保温性能好，收缩一般较普通混凝土小 30%～50%，抗冻性优良。

大孔混凝土宜采用单一粒级的粗骨料，如粒径为 10～20mm 或 10～30mm。不允许采用小于 5mm 和大于 40mm 的骨料。水泥宜采用等级为 32.5 或 42.5 的水泥。水胶比（对轻骨料大孔混凝土为净用水量的水胶比）可在 0.30～0.40 之间取用，应以水泥浆能均匀包裹在骨料表面不流淌为准。

大孔混凝土适用于制作墙体小型空心砌块、砖和各种板材，也可用于现浇墙体。普通大孔混凝土还可制成滤水管、滤水板等，广泛用于市政工程。

透水混凝土也可以作为大孔混凝土之一，强度可达 30MPa，主要应用于海绵城市建设。

第八节　特种混凝土

一、抗渗混凝土

抗渗混凝土系指抗渗等级不低于 P6 级的混凝土。即它能抵抗 0.6MPa 静水压力作用而不发生透水现象。为了提高混凝土的抗渗性，通常采用合理选择原材料、提高混凝土的密实度以及改善混凝土内部孔隙结构等方法来实现。目前，常用的防水混凝土配制方法有以下几种。

（一）富浆法

这种方法是依靠采用较小的水胶比，较高的胶凝材料用量和砂率，提高浆体的质量和数量，使混凝土更密实。

防水混凝土所用原材料应符合下列要求：

（1）水泥强度等级一般选用 42.5 级及以上，品种应按设计要求选用，当有抗冻要求时，应优先选用硅酸盐水泥；

（2）粗骨料的最大粒径不宜大于 40mm，通常控制在 20mm，含泥量不得大于 1%，泥块含量不得超过 0.5%；

（3）细骨料的含泥量不得大于 3%，泥块含量不得大于 1%；

（4）外加剂宜采用防水剂、膨胀剂、引气剂或减水剂。

防水混凝土配合比计算应遵守以下几项规定：

（1）每立方米混凝土中的胶凝材料用量不宜少于 320kg；

（2）砂率宜为 35%～40%；灰砂比宜为 1：2～2.5；

（3）防水混凝土的最大水胶比应符合表 4-31 规定。

防水混凝土的最大水胶比限值　　　　　　　　　　　　　　　表 4-31

抗渗等级	P6	P8～P12	P12 以上
C20～C30	0.60	0.55	0.50
C30 以上	0.55	0.50	0.45

（二）骨料级配法

骨料级配法是通过改善骨料级配，使骨料本身达到最密实堆积状态。为了降低空隙率，还应加入占骨料量 5%～8% 的粒径小于 0.16mm 的细粉料。同时严格控制水胶比、用水量及拌合物的和易性，使混凝土结构致密，提高抗渗性。

（三）外加剂法

这种方法与前面两种方法比，施工简单，造价低廉，质量可靠，被广泛采用。它是在混凝土中掺适当品种的外加剂，改善混凝土内孔结构，隔断或堵塞混凝土中各种孔隙、裂缝、渗水通道等，达到改善混凝土抗渗的目的。常采用引气剂（如松香热聚物）、密实剂（如采用 $FeCl_3$ 防水剂）、高效减水剂（降低水胶比）、膨胀剂（防止混凝土收缩开裂）等。

（四）采用特种水泥

采用无收缩不透水水泥、膨胀水泥等来拌制混凝土，能够改善混凝土内的孔结构，有效提高混凝土的致密度和抗渗能力。

二、耐热混凝土

耐热混凝土是指能长期在高温（200～900℃）作用下保持所要求的物理和力学性能的一种特种混凝土。

普通混凝土不耐高温，故不能在高温环境中使用。其不耐高温的原因是：水化产物中的氢氧化钙及石灰岩质的粗骨料在高温下均要产生分解，石英砂在高温下要发生晶型转变而体积膨胀，加之固化浆体与骨料的热膨胀系数不同。所有这些，均将导致普通混凝土在高温下产生裂缝，强度严重下降，甚至破坏。

耐热混凝土是由合适的胶凝材料、耐热粗、细骨料及水，按一定比例配制而成。根据所用胶凝材料不同，通常可分为以下几种：

（一）矿渣水泥耐热混凝土

矿渣水泥耐热混凝土是以矿渣水泥为主要胶结材料，安山岩、玄武岩、重矿渣、黏土碎砖等为耐热粗、细骨料，并以烧黏土、砖粉等作磨细掺合料，再加入适量的水配制而成。耐热磨细掺合料中的二氧化硅和三氧化铝在高温下均能与氧化钙作用，生成稳定的无水硅酸盐和铝酸盐，能提高混凝土的耐热性。矿渣水泥配制的耐热混凝土其极限使用温度为 900℃。

（二）铝酸盐水泥耐热混凝土

铝酸盐水泥耐热混凝土是采用高铝水泥或硫铝酸盐水泥、耐热粗细骨料、高耐火度磨细掺合料及水配制而成。这类混凝土在 300～400℃ 下其强度会发生急剧降低，但残留强度能保持不变。到 1100℃ 时，其结构水全部脱出而烧结成陶瓷材料，则强度重新提高。常用粗、细骨料有碎镁砖、烧结镁砖、矾土、镁铁矿和烧黏土等。铝酸盐水泥耐热混凝土的极限使用温度为 1300℃。

（三）水玻璃耐热混凝土

水玻璃耐热混凝土是以水玻璃作胶结材料，掺入氟硅酸钠作促硬剂，耐热粗、细骨料可采用碎铁矿、镁砖、铬镁砖、滑石、焦宝石等。磨细掺合料为烧黏土、镁砂粉、滑石粉等。水玻璃耐热混凝土的极限使用温度为 1200℃。施工时严禁加水；养护时也必须干燥，严禁浇水养护。

（四）磷酸盐耐热混凝土

磷酸盐耐热混凝土是由磷酸铝和高铝质耐火材料或锆英石等制备的粗、细骨料及磨细掺合料配制而成，目前更多的是直接采用工业磷酸配制耐热混凝土。这种混凝土具有高温韧性强、耐磨性好、耐火度高的特点，其极限使用温度为 $1500\sim1700℃$。磷酸盐耐热混凝土的硬化需在 $150℃$ 以上烘干，总干燥时间不少于 24h，硬化过程中不允许浇水。

耐热混凝土多用于高炉基础、焦炉基础，热工设备基础及围护结构、护衬、烟囱等。

三、耐酸混凝土

能抵抗多种酸及大部分腐蚀性气体侵蚀作用的混凝土称为耐酸混凝土。

（一）水玻璃耐酸混凝土

水玻璃耐酸混凝土由水玻璃作胶结料，氟硅酸钠作促硬剂，与耐酸粉料及耐酸粗、细骨料按一定比例配制而成。耐酸粉料由辉绿岩、耐酸陶瓷碎料、石英质材料磨细而成。耐酸粗、细骨料常用石英岩、辉绿岩、安山岩、玄武岩、铸石等。水玻璃耐酸混凝土的配合比一般为水玻璃：耐酸粉料：耐酸细骨料：耐酸粗骨料＝ $0.6\sim0.7：1：1：1.5\sim2.0$。水玻璃耐酸混凝土养护温度不低于 $10℃$，养护时间不少于 6d。

水玻璃耐酸混凝土能抵抗除氢氟酸以外的各种酸类的侵蚀，特别是对硫酸、硝酸有良好的抗腐性，且具有较高的强度，其 3d 强度约为 11MPa，28d 强度可达 15MPa。多用于化工车间的地坪、酸洗槽、贮酸池等。

（二）硫黄耐酸混凝土

它是以硫黄为胶凝材料，聚硫橡胶为增韧剂，掺入耐酸粉料和细骨料，经加热（ $160\sim170℃$ ）熬制成硫黄砂浆，灌入耐酸粗骨料中冷却后即为硫黄耐酸混凝土。其抗压强度可达 40MPa 以上，常用于地面、设备基础、贮酸池槽等。

四、聚合物混凝土

聚合物混凝土是由有机聚合物、无机胶凝材料和骨料结合而成的新型混凝土，常用的有以下两类。

（一）聚合物浸渍混凝土（PIC）

将已硬化的混凝土干燥后浸入有机单体中，用加热或辐射等方法使混凝土孔隙内的单体聚合，使混凝土与聚合物形成整体，称为聚合物浸渍混凝土。

由于聚合物填充了混凝土内部的孔隙和微裂缝，从而增加了混凝土的密实度，提高了浆体与骨料之间的粘结强度，减少了应力集中，因此具有高强、耐蚀、抗冲击等优良的物理力学性能。与基材（混凝土）相比，抗压强度可提高 $2\sim4$ 倍，一般可达 150MPa。

浸渍所用的单体有：甲基丙烯酸甲酯（MMA）、苯乙烯（S）、丙烯腈（AN）、聚酯—苯乙烯等。对于完全浸渍的混凝土应选用黏度尽可能低的单体，如 MMA、S 等，对于局部浸渍的混凝土，可选用黏度较大的单体如聚酯—苯乙烯等。

聚合物浸渍混凝土适用于要求高强度、高耐久性的特殊构件，特别适用于输送液体的有筋管道、无筋管道和坑道。

（二）聚合物水泥混凝土（PCC）

聚合物水泥混凝土是用聚合物乳液拌合水泥，并掺入砂或其他骨料而制成。生产工艺与普通混凝土相似，便于现场施工。

聚合物可用天然聚合物（如天然橡胶）和各种合成聚合物（如聚醋酸乙烯、苯乙烯、聚氯乙烯等）。矿物胶凝材料可用普通水泥和高铝水泥。

通常认为，在混凝土凝结硬化过程中，聚合物与水泥之间没有发生化学作用，只是水泥水化吸收乳液中水分，使乳液脱水而逐渐凝固，水泥水化产物与聚合物互相包裹填充形成致密的结构，从而改善了混凝土的物理力学性能，表现为粘结性能好，耐久性和耐磨性高，抗折强度明显提高，但不及聚合物浸渍混凝土显著，而抗压强度有可能下降。

聚合物水泥混凝土多用于无缝地面，也常用于混凝土路面和机场跑道面层和构筑物的防水层。

五、纤维混凝土

纤维混凝土是以混凝土为基体，外掺各种纤维材料而成。掺入纤维的目的是提高混凝土的抗拉、抗弯、冲击韧性。

常用的纤维材料有钢纤维、玻璃纤维、石棉纤维、碳纤维和合成纤维等。所用的纤维必须具有耐碱、耐海水、耐气候变化的特性。国内外研究和应用钢纤维较多，因为钢纤维对抑制混凝土裂缝的形成，提高混凝土抗拉和抗弯、增加韧性效果最佳，但成本较高，因此，近年来合成纤维的应用技术研究较多，有可能成为纤维混凝土主要品种之一。

在纤维混凝土中，纤维的含量，纤维的几何形状以及纤维的分布情况，对其性质有重要影响。以钢纤维为例：为了便于搅拌，一般控制钢纤维的长径比为 $60\sim100$，掺量为 $0.5\%\sim1.3\%$（体积比），尽可能选用直径细、截面形状非圆形的钢纤维。钢纤维混凝土一般可提高抗拉强度 2 倍左右，抗冲击强度提高 5 倍以上。

纤维混凝土目前主要用于复杂应力结构构件、对抗冲击性要求高的工程，如飞机跑道、高速公路、桥面面层、管道、高层建筑结构转换层的梁柱节点等。随着纤维混凝土技术的提高，各类纤维性能的改善，成本的降低，在建筑工程中的应用将会越来越广泛。

六、防辐射混凝土

能遮蔽 X、γ 射线等对人体有危害辐射的混凝土，称为防辐射混凝土。通常采用水泥、水及重骨料配制而成，其表观密度一般在 3000kg/m^3 以上。混凝土越重，其防护 X、γ 射线的性能越好，且防护结构的厚度可减小。但对中子流的防护，除需要重混凝土外，还需要含有足够多的最轻元素——氢。

配制防辐射混凝土时，宜采用胶结力强、水化结合水量高的水泥，如硅酸盐水泥，最好使用硅酸锶等重水泥。采用高铝水泥施工时需采取冷却措施。常用重骨料主要有重晶石（$BaSO_4$）、褐铁矿（$2Fe_2O_3 \cdot 3H_2O$）、磁铁矿（Fe_3O_4）、赤铁矿（Fe_2O_3）等。另外，掺入硼和硼化物及锂盐等，也能有效改善混凝土的防护性能。

防辐射混凝土主要用于原子能工业以及应用放射性同位素的装置中，如反应堆、加速器、放射化学装置、海关、医院等的防护结构。

七、彩色混凝土

彩色混凝土，也称为面层着色混凝土。通常采用彩色水泥或白水泥加颜料按一定比例配制成彩色饰面料，先铺于模底，厚度不小于 10mm，再在其上浇筑普通混凝土，这称为反打一步成型，也可冲压成型。除此之外，还可采取在新浇混凝土表面上干撒着色硬化剂显色，或者采用化学着色剂渗入已硬化混凝土的毛细孔中，生成难溶且抗磨的有色沉淀物显示色彩。

彩色混凝土目前多用于制作路面砖，有人行道砖和车行道砖两类，按其形状又分为普通型砖和异型砖两种。路面砖也有本色砖。普型铺地砖有方形、六角形等多种，它们的表面可做成各种图案花纹，异型路面砖铺设后，砖与砖之间相互产生连锁作用，故又称连锁砖。连锁砖的排列方式有多种，不同排列则形成不同图案的路面。采用彩色路面砖铺路面，可形成多彩美丽的图案和永久性的交通管理标志，具有美化城市的作用。

八、碾压式水泥混凝土

碾压式水泥混凝土是以较低的水泥用量和很小的水胶比配制而成的超干硬性混凝土，经机械振动碾压密实而成，通常简称为碾压混凝土。这种混凝土主要用来铺筑路面和坝体，具有强度高、密实度大、耐久性好和成本低等优点。

（一）原材料和配合比

碾压混凝土的原材料与普通混凝土基本相同。为节约水泥、改善和易性和提高耐久性，通常掺大量的粉煤灰。当用于路面工程时，粗集料最大粒径应不大于 20mm，基层则可放大到 30～40mm。为了改善集料级配，通常掺入一定量的石屑，且砂率比普通混凝土要大。

碾压混凝土的配合比设计主要通过击实试验，以最大表观密度或强度为技术指标，来选择合理的集料级配、砂率、胶凝材料用量和最佳含水量（其物理意义与普通混凝土的水胶比相似），采用体积法计算砂石用量，并通过试拌调整和强度验证，最终确定配合比。并以最佳含水率和最大表观密度值作为施工控制和质量验收的主要技术依据。

（二）主要技术性能和经济效益

1. 主要技术性能。

（1）强度高：碾压混凝土由于采用很小的水胶比（一般为 0.3 左右），集料又采用连续密级配，并经过振动式或轮胎式压路机的碾压，混凝土具有密实度高和表观密度大的优点，胶结料能最大限度地发挥作用，因而混凝土具有较高的强度，特别是早期强度更高。如水泥用量为 200kg/m³ 的碾压混凝土抗压强度可达 30MPa 以上，抗折强度大于 5MPa。

（2）收缩小：碾压混凝土由于采用密实级配，胶结料用量低，水胶比小，因此混凝土凝结硬化时的化学收缩小，多余水分挥发引起的干缩也小，从而混凝土的总收缩大大下降，一般只有同等级普通混凝土的 1/3～1/2。

（3）耐久性好：由于碾压混凝土的密实结构，孔隙率小，因此，混凝土的抗渗性、耐磨性、抗冻性和抗腐蚀性等耐久性指标大大提高。

2. 经济效益。

（1）节约水泥：等强度条件下，碾压混凝土可比普通混凝土节约水泥用量 30% 以上。

（2）工效高、加快施工进度：碾压混凝土应用于路面工程可比普通混凝土提高工效 2 倍左右。又由于早期强度高，可缩短养护期、加快施工进度、提早开放交通。

（3）降低施工和维护费用：当碾压混凝土应用于大体积混凝土工程时，由于水化热小，可以大大简化降温措施，节约降温费用。对混凝土路面工程，其养护费用远低于沥青混凝土路面，而且使用年限较长。

九、超高性能混凝土

超高性能混凝土，简称 UHPC（Ultra-High Performance Concrete），也称作活性粉末混凝土（RPC，Reactive Powder Concrete），是过去 30 年中最具创新性的水泥基工程材料之一，自 20 世纪 90 年代以来成为国际研发热点，发达国家已在建筑、桥梁、隧道、铁路、核反应堆等领域应用；90 年代末，我国相继开展 UHPC 研究，其制备技术和基本性能研究持续加速并取得明显成效，并在一些实际工程中应用，如大跨径人行天桥、公路铁路桥梁、薄壁筒仓、核废料罐、钢索锚固加强板、ATM 机保护壳等。可以预期，今后的应用还会越来越多。

超高性能主要体现在超高的力学性能和超高的耐久性。抗压强度可达 180MPa，抗弯强度可达 35 MPa，冲击韧性约为普通混凝土的 250 倍；超高抗渗性，其透气性和透水性几乎为零，氯离子渗透系数也极小；超高抗冻性，因吸水率极低，几乎没有冰冻破坏作用。实现超高性能的主要技术途径是采用最大堆积密度理论。水胶比一般控制在 0.17 左右。常用的原材料有水泥、硅灰、石英砂、纤维和外加剂等。

十、自密实混凝土

自密实混凝土是指具有高流动性、均匀性和稳定性，浇筑时无需外力振捣，能够在自重作用下流动并充满模板空间的混凝土。适用于现场浇筑和生产预制构件，尤其适用于浇筑量大、浇捣困难的结构以及对施工进度、噪声有特殊要求的工程。

配置自密实混凝土宜采用硅酸盐水泥或普通硅酸盐水泥，并掺入适量粉煤灰、粒化高炉矿渣粉、硅灰等矿物掺合料，以改善和易性。粗骨料宜采用连续级配或 2 个及以上单粒径级配搭配使用，最大公称粒径不宜大于 20mm；对于结构紧密的竖向构件、复杂形状的结构以及有特殊要求的工程，粗骨料的最大公称粒径不宜大于 16mm。也可采用轻粗骨料，宜采用最大粒径小于 16mm 的连续级配，密度等级要求大于 700。细骨料宜采用级配 Ⅱ 区的中砂。

自密实混凝土拌合物除应满足普通混凝土拌合物对凝结时间、黏聚性和保水性的要求外，还应满足自密实性能的要求，见表 4-32。

自密实混凝土拌合物的自密实性能及要求　　　　　　　　　表 4-32

自密实性能	性能指标	性能等级	技术要求
填充性	坍落扩展度（mm）	SF1	550～655
		SF2	660～755
		SF3	760～850
	扩展时间 T500（s）	VS1	≥2
		VS2	<2
间隙通过性	坍落扩展度与 J 环扩展度差值（mm）	PA1	25<PA1≤50
		PA2	0≤PA2≤25
抗离析性	离析率（%）	SR1	≤20
		SR2	≤15
	粗骨料振动离析率（%）	fm	≤10

注：当抗离析性试验结果有争议时，以离析率筛析法试验结果为准。

不同性能等级自密实混凝土的应用范围应按表 4-33 确定。

不同性能等级自密实混凝土的应用范围 表 4-33

自密实性能	性能等级	应用范围	重要性
填充性	SF1	1. 从顶部浇筑的无配筋或配筋较少的混凝土结构物; 2. 泵送浇筑施工的工程; 3. 截面较小,无需水平长距离流动的竖向结构	控制指标
	SF2	适用一般的普通钢筋混凝土结构	
	SF3	适用于结构紧密的竖向构件、形状复杂的结构等(粗骨料最大工程粒径宜小于 16mm)	
	VS1	适用于一般的普通钢筋混凝土结构	
	VS2	适用于配筋较多的结构或有较高混凝土外观性能要求的结构,应严格控制	
间隙通过性	PA1	适用于钢筋净距 80～100mm	可选指标
	PA2	适用于钢筋净距 60～80mm	
抗离析性	SR1	适用于流动距离小于 5m、钢筋净距大于 80mm 的薄板结构和竖向结构	可选指标
	SR2	适用于流动距离超过 5m、钢筋净距大于 80mm 的竖向构件,也适用于流动距离小于 5m,钢筋净距小于 80mm 的竖向结构,当流动距离超过 5m,SR 值宜小于 10%	

注:1. 钢筋净距小于 60mm 时宜进行浇筑模型试验;对于钢筋净距大于 80mm 的薄板结构或钢筋净距大于 100mm 的其他结构可不作间隙通过性指标要求;
   2. 高填充性(坍落扩展度指标为 SF2 或 SF3)的自密实混凝土,应有抗离析性要求。

自密实混凝土的配合比设计应根据工程结构形式、施工工艺以及环境因素进行,宜采用绝对体积法。并应在综合考虑混凝土自密实性能、强度、耐久性以及其他性能要求的基础上,计算初始配合比,经试验室试配、调整得出满足自密实性能要求的基础配合比,经强度、耐久性复核得到设计配合比。自密实混凝土的水胶比宜小于 0.45,胶凝材料用量宜控制在 $400～550kg/m^3$。骨料的体积可按表 4-34 选用。

每立方米混凝土中粗骨料的体积 表 4-34

填充性指标	SF1	SF2	SF3
每立方米混凝土中粗骨料的体积(m^3)	0.32～0.35	0.30～0.33	0.28～0.30

习题与复习思考题

1. 混凝土矿物掺合料的常用品种和主要功能是什么?从技术经济及工程特点考虑,针对大体积混凝土、高强度混凝土、普通现浇混凝土、混凝土预制构件和泵送施工混凝土,选择合适的矿物掺合料品种,并简要说明理由。

2. 砂颗粒级配、细度模数的概念及测试方法有哪些?

3. 石子最大粒径、针片状、压碎指标的概念及测试方法有哪些?

4. 粗骨料最大粒径的限制条件有哪些?

5. 减水剂的作用机理和功能有哪些？

6. 混凝土外加剂的常用品种有哪些？使用效果和应注意的事项有哪些？

7. 从技术经济及工程特点考虑，针对大体积混凝土、高强度混凝土、普通现浇混凝土、混凝土预制构件、喷射混凝土和泵送施工混凝土工程，选择合适的外加剂品种，并简要说明理由。

8. 混凝土拌合物和易性的概念、测试方法、主要影响因素、调整方法及改善措施有哪些？

9. 混凝土立方体抗压强度、立方体抗压强度标准值、棱柱体抗压强度、抗拉强度和劈裂抗拉强度的概念及相互关系是什么？

10. 影响混凝土强度的主要因素及提高强度的主要措施有哪些？

11. 在什么条件下能使混凝土的配制强度与其所用胶凝材料的强度相等？

12. 混凝土的变形主要有哪些？影响混凝土干缩值大小的主要因素有哪些？

13. 温度变形对混凝土结构的危害怎样？

14. 混凝土在短期荷载及长期荷载作用下的变形特点有哪些？

15. 混凝土耐久性的主要内涵有哪些？主要影响因素及提高耐久性的措施有哪些？

16. 混凝土的合理砂率及确定的原则和方法是什么？

17. 混凝土质量（强度）波动的主要原因有哪些？具有怎样的规律性？

18. 简述配合比设计的原则、目标和基本方法。

19. 甲、乙两种砂，取样筛分结果如下：

筛孔尺寸（mm）		4.75	2.36	1.18	0.600	0.300	0.150	<0.150
筛余量	甲 砂	0	0	30	80	140	210	40
（g）	乙 砂	30	170	120	90	50	30	10

(1) 分别计算细度模数并评定其级配。

(2) 欲将甲、乙两种砂混合配制出细度模数为 2.7 的砂，问两种砂的比例应各占多少？混合砂的级配如何？

20. 某道路工程用石子进行压碎值指标测定，称取 13.2～16mm 的试样 3000g，压碎试验后采用 2.36mm 的筛子过筛，称得筛上石子重 2815g。求该石子的压碎值指标。

21. 钢筋混凝土梁的截面最小尺寸为 320mm，配置钢筋的直径为 20mm，钢筋中心距离为 80mm，问可选用最大粒径为多少的石子？

22. 某工程用碎石和普通水泥 42.5 级配制 C40 混凝土，水泥强度富余系数 1.10，混凝土强度标准差 4.0MPa。求水胶比。若改用普通水泥 52.5 级，水泥强度富余系数同样为 1.10，水胶比为多少？

23. 三家预拌混凝土企业生产的混凝土，实际平均强度均为 28.0MPa，设计要求的强度等级均为 C25，三家企业的强度变异系数 C_v 值分别为 0.102、0.155 和 0.200。问三家企业生产的混凝土强度保证率（P）分别是多少？并比较三家企业的质量控制水平。

24. 某工程设计要求的混凝土强度等级为 C30，要求强度保证率 $P=95\%$。试求：

(1) 当混凝土强度标准差 $\sigma=5.5$MPa 时，混凝土的配制强度应为多少？

(2) 若提高生产管理水平，σ 降到 3.0MPa 时，混凝土的配制强度为多少？

(3) 若采用普通硅酸盐水泥 42.5 级和碎石配制混凝土，用水量为 185kg/m³，水泥富余系数 1.10。问 σ 从 5.5MPa 降到 3.0MPa，每立方米混凝土可节约多少水泥？

25. 某工程在一个施工期内浇筑的某部位混凝土，各班测得的混凝土 28d 的抗压强度值（MPa）如下：

32.6；33.6；40.0；43.0；33.2；33.2；32.8；37.2；31.2；36.0；34.0；30.8；32.4；31.2；34.4；34.4；33.2；34.4；32.0；36.20；31.8；39.0；29.9；31.0；39.4；31.2；34.4；36.8；34.2；29.0；30.6；31.8；38.6；36.8；38.6；38.8；37.8；36.8；39.2；35.6；38.0。（试件尺寸：150mm×

150mm×150mm)

该部位混凝土设计强度等级为 C30，试计算该批混凝土的平均强度 $f_{cu,m}$、标准差 σ、变异系数 C_v 及强度保证率 P。

26. 已知混凝土的水胶比为 0.60，每立方米混凝土拌合用水量为 180kg，采用砂率 33%，水泥的密度 $\rho_c=3.10\text{g/cm}^3$，砂子和石子的表观密度分别为 $\rho_s=2.62\text{g/cm}^3$ 及 $\rho_g=2.70\text{g/cm}^3$。试用体积法求 1m³ 混凝土中各材料的用量。

27. 某实验室试拌混凝土，经调整后各材料用量为：普通水泥 4.5kg，水 2.7kg，砂 9.9kg，碎石 18.9g，又测得拌合物表观密度为 2.38kg/L，试求：

(1) 每 1m³ 混凝土的各材料用量；

(2) 当施工现场砂子含水率为 3.5%，石子含水率为 1% 时，求施工配合比；

(3) 如果把实验室配合比直接用于现场施工，则现场混凝土的实际配合比将如何变化？对混凝土强度将产生多大影响？

28. 某混凝土预制构件厂，生产预应力钢筋混凝土大梁，需用设计强度为 C50 的混凝土，拟用原材料为：

水泥：普通硅酸盐水泥 42.5 级，水泥强度富余系数为 1.10，$\rho_c=3.15\text{g/cm}^3$；

中砂：$\rho_s=2.66\text{g/cm}^3$，级配合格；

碎石：$\rho_g=2.70\text{g/cm}^3$，级配合格，$D_{max}=20\text{mm}$。

已知单位用水量 $W=170\text{kg}$，标准差 $\sigma=4\text{MPa}$。试用体积法计算混凝土配合比。

29. 用普通硅酸盐水泥 42.5 级，配制 C20 碎石混凝土，水泥强度富余系数为 1.10，耐久性要求混凝土的最大水胶比为 0.60，问混凝土强度富余多少？若要使混凝土强度不产生富余，可采取什么方法？

30. 某框架结构钢筋混凝土，混凝土设计强度等级为 C40，机械搅拌，泵送施工，机械振捣成型，混凝土坍落度要求为 200mm，根据施工单位的管理水平和历史统计资料，混凝土强度标准差 σ 取 5.0MPa。所用原材料如下：

水泥：普通硅酸盐水泥 42.5 级，密度 $\rho_c=3.10$，水泥强度富余系数 $K_c=1.16$；

粉煤灰：Ⅱ级，密度 $\rho_f=2.20$；掺量 15%；

矿粉：S95 级，密度 $\rho_{sg}=2.95$；掺量 10%；

砂：河砂 $M_x=2.4$，Ⅱ级配区，$\rho_s=2.65\text{g/cm}^3$；

减水剂：非引气型减水剂，掺量 $\beta_a=1.8\%$，混凝土减水率 18%；

石子：碎石，$D_{max}=31.5\text{mm}$，连续级配，级配良好，$\rho_g=2.70\text{g/cm}^3$；

水：自来水。

求：混凝土初步计算配合比。

第五章　砂　浆

砂浆是由胶凝材料、细集料以及填料、纤维、添加剂等材料与水按一定比例配合，经搅拌并硬化而成。从某种意义上可以说砂浆是无粗集料的混凝土。

按所用胶凝材料，砂浆可分为水泥砂浆、水泥石灰混合砂浆、石灰砂浆、水玻璃耐酸砂浆和聚合物砂浆。按照生产方式可分为预拌砂浆、现场搅拌砂浆。按功能和用途可分为砌筑砂浆、抹面砂浆、装饰砂浆、防水砂浆、保温砂浆、耐酸砂浆、耐热砂浆、防腐砂浆、抗裂砂浆和修补砂浆等。

建设工程中，砂浆主要用于砌体的砌筑、墙地面找平、防水抹面、粘贴墙地砖、装饰面层、勾缝、修补和作为墙地面的保温层等，随着砂浆日益多功能化，在保温隔热、吸声、防辐射、耐酸、耐腐蚀等更多领域得到应用。

第一节　砂浆的组成材料

一、胶凝材料

常用的砂浆胶凝材料有水泥、石灰和聚合物等。胶凝材料的品种根据砂浆的使用环境和用途选择。

（一）水泥

通用水泥均可以用来配制砂浆，也可采用砌筑水泥。水泥品种的选择与混凝土相同。由于砂浆强度相对于混凝土较低，因此通常选用强度等级为 32.5 级的水泥，以保证砂浆的和易性。混合砂浆和聚合物砂浆采用的水泥强度等级也不宜大于 42.5 级。当必须采用高强度等级的水泥时，可掺入适量掺合料，以调节强度与砂浆的和易性。

《砌筑水泥》GB/T 3183—2017 是在硅酸盐水泥熟料中掺入大量的炉渣、灰渣等混合材经磨细后制得的和易性较好的水硬性胶凝材料，代号 M。主要用于配制砂浆。砌筑水泥中的熟料含量一般为 15%～25%，强度较低，见表 5-1。细度为 0.080mm 方孔筛筛余不得超过 10%。初凝不得早于 60min，终凝不得迟于 12h。

砌筑水泥各强度等级、各龄期强度值　　　　　　　　　表 5-1

水泥等级	抗压强度（MPa）		抗折强度（MPa）	
	7d	28d	7d	28d
12.5	7.0	12.5	1.5	3.0
22.5	10.0	22.5	2.0	4.0

（二）石灰

为了改善砂浆的和易性和节约水泥，通常在砂浆中掺入适量的石灰。过去使用较多的为石灰膏，目前使用较多的为消石灰粉和磨细生石灰粉。当采用生石灰熟化成石灰膏时，应用孔径不大于 3mm×3mm 的网过滤，熟化和陈伏时间不得少于 7d。磨细生石灰粉的熟化时间不得少于 2d。沉淀池中储存的石灰膏，应采取防止干燥、冻结和污染的措施。严禁使用脱水硬化的石灰膏。

石灰在水泥砂浆中用作保水增稠材料，具有保水性好的优点，可有效避免砌体如砖的高吸水性而导致的砂浆起壳脱落现象，因此广泛用作配制砌筑砂浆与抹面砂浆，是一种传统的建筑材料。但由于石灰耐水性差，加之质量不稳定，导致所配置的砂浆强度低、黏结性差，影响砌体工程质量，而且由于石灰粉掺加时粉尘大，施工现场劳动条件差，环境污染也十分严重，所以目前的使用已受到限制。

（三）水玻璃

化学工业和冶金工业常采用水玻璃作为胶凝材料配制水玻璃耐酸砂浆和水玻璃耐热砂浆。水玻璃的性能要求见第二章无机气硬性胶凝材料。

二、细集料

配制砂浆的细集料最常用的是天然砂、机制砂，也可以采用膨胀珍珠岩和膨胀蛭石颗粒。砂应符合混凝土用砂的技术性质要求。由于砂浆层较薄，砂的最大粒径应有所限制，理论上不应超过砂浆层厚度的 1/5～1/4。例如砖砌体用砂浆宜选用中砂，最大粒径不宜大于 2.5mm；石砌体用砂浆宜选用粗砂，砂的最大粒径不宜大于 5.0mm；薄层抹面及勾缝的砂浆宜采用含泥量低的细砂，其最大粒径不宜大于 1.2mm。由于砂中的含泥量对砂浆强度，特别是对干缩性能影响较大，因此，配制砌筑砂浆的砂含泥量不应超过 5%。具体砂的性能要求见第四章混凝土。

珍珠岩是一种火山玻璃质岩，显微镜下观察其基质部分有明显的圆弧裂开，构成珍珠结构并具波纹构造、珍珠和油脂光泽。在快速加热条件下，它可膨胀成一种低重度、多孔状材料，称膨胀珍珠岩。由于其容量小、导热率低、耐火和隔声性能好，且无毒、价格低等特点，故可用作保温砂浆的集料。但由于大多数膨胀珍珠岩含硅量高（通常超过70%），多孔具有吸附性，对隔热保温极为不利，特别是在潮湿的地方，膨胀珍珠岩制品容易吸水致使其导热率急剧增大，高温时水分又易蒸发，带走大量的热，从而失去保温隔热性能。所以采用膨胀珍珠岩配制保温砂浆时应注意防水。

蛭石是由黑云母、金云母、绿泥石等矿物风化或热液蚀变而来，工业上常使用的是由蛭石和黑云母、金云母形成的层间矿物。将蛭石去除杂质后，破碎、过筛、干燥处理后进行焙烧膨化，可得膨胀蛭石。膨胀蛭石也是保温砂浆常用的集料。

三、添加剂和纤维

为改善新拌及硬化后砂浆的各种性能或赋予砂浆某些特殊性能，常在砂浆中掺入适量添加剂和纤维。

（一）纤维

砂浆中掺适量纤维，可以提高砂浆的抗裂性能，包括抵抗早期塑性收缩裂缝和后期干燥收缩裂缝。常用纤维材料有耐碱玻璃纤维、岩棉纤维、钢纤维、碳纤维和聚丙烯等各种化学纤维，其中聚丙烯纤维是目前最常用的纤维品种，其在每立方米砂浆中的掺量一般为 1.0～1.5kg。聚丙烯纤维直径一般为 20～80μm，密度为 0.91g/cm^3，抗拉强度为 260～414MPa，弹性模量 0.15～0.8GPa，极限延伸率为 15%～160%，不溶于水，与大部分酸、碱和有机溶剂接触不发生作用，具有良好的耐久性。

（二）保水增稠剂

用于干粉砂浆的保水剂和增稠剂有纤维素醚和淀粉醚。纤维素醚主要采用天然纤维通过碱溶、接枝反应（醚化）、水洗、干燥、研磨等工序加工而成。纤维素醚可以分为离子型和非离子性。离子型主要有羧甲基纤维素盐，非离子型主要有甲基纤维素、甲基羟乙基（丙基）纤维素、羟乙基纤维素等。常用的纤维素醚有羟乙基甲基纤维素醚（MHEC）和羟丙基甲基纤维素醚（MHPC）。

纤维素醚的添加量很低，但能显著改善新拌砂浆的性能，是影响砂浆施工性能的一种主要添加剂。纤维素醚为流变改性剂，用来调节新拌砂浆的流变性能，主要有以下功能：

（1）增加新拌砂浆的稠度，防止离析并获得均匀一致的可素体。

（2）具有一定引气作用，还可以稳定砂浆中引入的均匀细小气泡。

（3）作为保水剂，有助于保持薄层砂浆中的水分（自由水），从而在砂浆施工后使水泥可以有更多的时间水化。

淀粉醚不仅可以显著增加砂浆的稠度，而且可以降低新拌砂浆的垂流程度，砂浆需水量和屈服值也略有增加，可以作为砂浆的抗流挂剂。

（三）可再分散乳胶粉

可再分散乳胶粉是高分子聚合物乳液经喷雾干燥以及后续处理而成的粉状热塑性树脂，可以增加砂浆的内聚力、黏聚力和柔韧性。可再分散乳胶粉的生产工艺流程示意图见图 5-1。

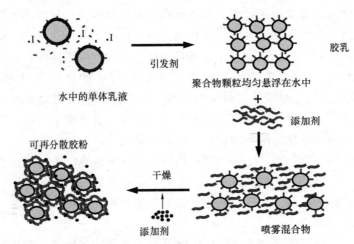

图 5-1　可再分散乳胶粉的生产工艺流程示意图

可再分散乳胶粉的成分包括以下五种：

（1）聚合物树脂。位于胶粉颗粒的核心部分也是可再分散乳胶粉发挥作用的主要成分。例如，聚醋酸乙烯酯/乙烯树脂。

（2）内添加剂。起到改性树脂的作用。例如，增塑剂可降低树脂成膜温度，但并非每一种乳胶粉都有添加剂成分。

（3）保护胶体。是乳胶粉颗粒表面上包裹的一层亲水性的材料，绝大多数可再分散乳胶粉的保护胶体为聚乙烯醇。

（4）外添加剂。是为进一步扩展乳胶粉的性能而另外添加的材料，如高效塑化剂等，也不是每一种可再分散乳胶都含有这种添加剂。

（5）抗结块剂。为细矿物填料，主要用于防止乳胶粉在储运过程中结块以及便于胶粉流动（如从纸袋或槽车中倾倒出来）。

可再分散乳胶粉加入到水中后，在亲水性的保护胶体以及机械剪切力的作用下，乳胶粉颗粒可快速分散到水中，使可再分散乳胶粉成膜。随着聚合物薄膜的最终形成，在固化的砂浆中形成了由无机与有机胶凝材料构成的体系，即水硬性材料构成的脆硬性骨架，以及可再分散乳胶粉在间隙和固体表面成膜构成的柔性网络。可再分散乳胶粉在水中的再分散过程见图 5-2，其和水泥砂浆共同形成的复合结构的电子显微图像见图 5-3。

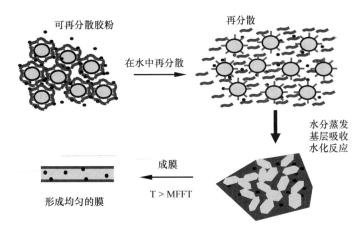

图 5-2　可再分散乳胶粉在水中的再分散过程

掺入可再分散乳胶粉后，可提高砂浆含气量，从而对新拌砂浆起到润滑的作用，而且分散时对水的亲和也增加了浆体的黏稠度，提高了施工砂浆的内聚力，所以可以改善新拌砂浆和易性。另外，由于乳胶粉形成的薄膜的拉伸强度通常高于水泥砂浆一个数量级以上，所以砂浆的抗拉强度得到增强；也由于聚合物具有较好的柔性，砂浆的变形能力和抗裂性均得以提高。

（四）微沫剂

20 世纪 70 年代开始在水泥砂浆中掺入松香皂等引气剂来代替部分或全部石灰，掺入微沫剂能改善砂浆的和易性，即在水泥砂浆中掺入松香皂等引气剂来代替部分或全部石灰。微沫剂实际上为引气剂的一种，在砂浆搅拌过程可形成大量微小、封闭和稳定的气泡，一方面能增加浆体体积，改善和易性，使得用水量相应减少，而且搅拌后产生的适量微气泡使拌合物骨料颗粒间的接触点大大减少，降低了颗粒间的摩擦力，砂浆内聚性好，便于施工。另一方面，微小的封闭气泡可以改善砂浆的抗渗性能，特别是提高砂浆的保温性能。但微沫剂掺加量过多将明显降低砂浆的强度和黏结性。

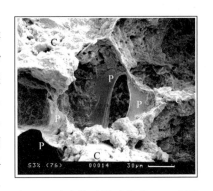

图 5-3　聚合物改性砂浆的 SEM 图像

（五）憎水剂

憎水剂可以防止水分进入砂浆，同时还可以保持砂浆处于开放状态从而允许水蒸气的扩散。主要有脂肪酸金属盐、硅烷和特殊的憎水性可再分散聚合物粉末等三个系列。

（六）消泡剂

消泡剂的功能与引气剂相反。引气剂定向吸附于气—液表面稳定的单分子膜包裹空气从而形成微小气泡。消泡剂在溶液中比稳泡剂更容易被吸附，当其进入液膜后，可以使已吸附于气—液表面的引气剂分子基团脱附，因而使之不易形成稳定的膜，降低液体的黏度，使液膜失去弹性，加速液体渗出，最终使液膜变薄破裂，从而可以减少砂浆中的气泡尤其是大气泡的含量。

消泡剂作用机理分为破泡作用和抑泡作用。破泡作用：破坏泡沫稳定存在的条件，使稳定存在的气泡变为不稳定的气泡并使之进一步变大、析出，并使已经形成的气泡破灭。抑泡作用：不仅能使已生成的气泡破灭，而且能较长时间抑制气泡形成。

消泡剂也是一类表面活性剂，常用作消泡剂的有磷酸酯类（磷酸三丁酯）、有机硅化合物、聚醚、高碳醇（二异丁基甲醇）、异丙醇、脂肪酸及其脂、二硬脂酸酰乙二胺等。

（七）其他外加剂

另外砂浆中还有许多其他的外加剂，如提高流动性的减水剂、调节凝结时间的缓凝剂和速凝剂、提高砂浆早期强度的早强剂等，这些外加剂的内容参见第四章混凝土部分。

四、填料

为改善砂浆的和易性、节约胶凝材料用量、降低砂浆成本，同时改善砂浆性能，在配制砂浆时可掺入粉煤灰、矿渣微粉、硅灰、炉灰、黏土膏、电石渣、碳酸钙粉、膨润土和凹凸棒土等作为填料。粉煤灰、矿渣微粉、硅灰以及沸石粉具有一定的火山灰活性，参见第四章混凝土。电石渣的主要组成为 $Ca(OH)_2$，可以替代部分或全部石灰。

（一）碳酸钙粉

碳酸钙粉来自于石灰岩矿石。根据碳酸钙生产方法的不同，可以将碳酸钙分为轻质碳酸钙、重质碳酸钙和活性碳酸钙。

重质碳酸钙简称重钙，是用机械方式直接粉碎天然的大理石、方解石、石灰石、白垩、贝壳等而制得。

轻质碳酸钙又称为沉淀碳酸钙，简称轻钙，是将石灰石等原料煅烧生成石灰和二氧化碳，再加水消化石灰生成石灰乳，然后再通入二氧化碳碳化石灰乳生成碳酸钙沉淀，最后经脱水、干燥和粉碎而制得。或者先用碳酸钠和氯化钙进行反应生成碳酸钙沉淀，然后经脱水、干燥和粉碎而制得。由于轻质碳酸钙的沉降体积（2.4～2.8ml/g）比重质碳酸钙的沉降体积（1.1～1.4ml/g）大，所以称之为轻质碳酸钙。

活性碳酸钙又称改性碳酸钙、表面处理碳酸钙、胶质碳酸钙，简称活钙，是用表面改性剂对轻质碳酸钙或重质碳酸钙进行表面改性而制得的。由于经表面改性剂改性后的碳酸钙一般都具有补强作用，即所谓的"活性"，所以习惯上把改性碳酸钙都称为活性碳酸钙。

（二）膨润土

膨润土内含有蒙脱土，是以蒙脱土石为主要成分的层状硅酸盐。

膨润土具有很强的吸湿性，能吸附相当于自身体积 8～20 倍的水而膨胀至 30 倍；在水介质中能分散成胶体悬浮液，并具有一定的黏滞性、触变性和润滑性，它和泥砂等的掺合物具有可塑性和黏结性，有较强的阳离子交换能力和吸附能力。

膨润土为溶胀材料，其溶胀过程将吸收大量的水，使砂浆中的自由水减少，导致砂浆流动性降低，流动性损失加快；膨润土为类似蒙脱石的硅酸盐，主要具有柱状结构，因而其水解后，在砂浆中可形成卡屋结构，增大砂浆的稳定性，同时其特有的滑动效果，在一定程度上提高砂浆滑动性能，增大可泵性。

（三）凹凸棒土

凹凸棒土是指以凹凸棒石为主要组成部分的一种黏土矿，凹凸棒石是一种层链状结构的含水富镁铝硅酸黏土矿物。

由于凹凸棒土具有特殊的物理化学性质，在石油，化工，造纸。医药，农业等方面都得到广泛的应用。在建筑领域中，除了作为涂料填充剂，矿棉胶粘剂和防渗材料外，凹凸棒土其他的应用还在开发。改性凹凸棒土用作砂浆保水增稠外加剂的应用研究正在得到人们的广泛重视。

五、水

拌制砂浆用水与混凝土拌合用水的要求相同，均需满足《混凝土拌合用水标准》JGJ 63—2006 的规定。

第二节　砂浆的主要技术性质

建筑砂浆的主要技术性质包括新拌砂浆的和易性、密度、凝结时间，以及硬化砂浆的强度、黏结性、收缩和抗渗性等。

一、新拌砂浆的技术性质

新拌砂浆的技术性质主要指和易性、密度、凝结时间、含气量等，其中和易性包括流动性和保水性两项指标。

1. 流动性（稠度）

流动性指砂浆在自重或外力作用下产生流动的难易程度。砂浆流动性实质上反映了砂浆的稠度。流动性的大小用砂浆稠度测定仪测定，以圆锥体沉入砂浆中深度表示，单位为"mm"，称为稠度。影响砂浆流动性的主要因素有：

（1）胶凝材料及掺合料的品种和用量（常用灰砂比表示）；

（2）砂的粗细程度，形状及级配；

（3）用水量；

（4）外加剂品种与掺量；

（5）搅拌时间及环境条件等。

砂浆流动性的选择与基底材料种类、施工条件以及天气情况等有关。对于多孔吸水性砌体材料（如烧结普通砖、加气混凝土砌块等）和干热天气，稠度一般选 70～90mm；对于密实不吸水砌体材料和湿冷天气，稠度一般选 30～50mm。

2. 保水性

保水性指新拌砂浆保持水分，各组成材料不产生离析的性能。如果砂浆保水性不良，运输、存放和施工过程容易产生泌水、分层、离析或水分被基面过快吸收，导致施工困难，并影响胶凝材料的正常水化硬化，降低砂浆强度以及与基层的黏结强度。影响保水性的主要因素有胶凝材料的用量和品种，石灰膏、纤维素醚、黏土膏、微沫剂等能有效改善砂浆的保水性。

砂浆的保水性不宜过高。如保水性过高，一方面导致挂灰困难，影响砌筑和粉刷施工，另一方面由于内部水分无法在塑性阶段挥发或被基层吸收，使砂浆强度下降，并增大砂浆的干燥收缩。

建筑砂浆的保水性可用分层度表示。分层度的测定是先测定砂浆稠度，再将砂浆装入分层度筒内，静置 30min 后，去掉上部三分之二的砂浆，取剩余部分砂浆经拌合 2min 后再测稠度，两次测得的稠度差值即为砂浆的分层度（以"mm"计）。

对于保水性能特别优良的砂浆，采用分层度已很难精确反映砂浆的保水性能，也可采用规范《建筑砂浆基本性能试验方法标准》JGJ/T 70—2009 中建筑砂浆的保水性试验指标来表示，其试验过程为，在砂浆装入密封好的试模后盖上棉纱和滤纸，然后用 2kg 的重物压 2min，测试被滤纸吸走的水分，以重物压前后砂浆含水量的比值表示预拌砂浆的保水性能。

砌筑砂浆拌合物的体积密度宜符合表 5-2 的规定。控制砂浆拌合物的体积密度值，目的在于控制砌筑砂浆中轻物质的加入和含气量的增加。

砌筑砂浆拌合物的保水率、表观密度和砂浆的材料用量　　表 5-2

砂浆种类	保水率（%）	表观密度（kg/m³）	材料用量（kg/m³）
水泥砂浆	≥80	≥1900	≥200
水泥混合砂浆	≥84	≥1800	≥350
预拌砂浆	≥88	≥1800	≥200

注：1. 水泥砂浆中的材料用量是指水泥用量；
　　2. 水泥混合砂浆中的材料用量是指水泥和石灰膏、电石膏的材料总量；
　　3. 预拌砂浆中的材料用量是指胶凝材料用量，包括水泥和替代水泥的粉煤灰等活性矿物掺合料。

3. 凝结时间

砂浆的凝结时间是指在规定条件下，自加水拌合起，直至砂浆凝结时间测定仪的贯入阻力为 0.5MPa 时所需的时间。在 20℃±2℃ 的试验条件下，将制备好的砂浆（砂浆稠度为 100±10mm）装入砂浆容器中，抹平，从成型后 2h 开始测定砂浆的贯入阻力（贯入试针压入砂浆内部 25mm 时所受的阻力），直到贯入阻力达到 0.7MPa 时为止。根据记录时间和相应的贯入阻力值绘图，从而得到砂浆的凝结时间。砂浆的凝结时间决定着砂浆拌合物允许运输及停放的时间以及工程施工的速度。对于水泥砂浆，一般不宜超过 8h；对于混合砂浆，不宜超过 10h。影响砂浆凝结时间的因素主要有胶凝材料的种类及用量、用水量和气候条件等，必要时可加入调凝剂进行调节。

4. 新拌砂浆的其他性能

新拌砂浆的密度是砂浆拌合物捣实后的单位体积质量，以人工或机械捣实的砂浆拌合物质量除以砂浆密度测定仪的容积来表示。新拌砂浆拌合物的凝结时间采用贯入阻力法测定，以贯入阻力值达到 0.5MPa 时所需的时间来表示。新拌砂浆的含气量反映新拌砂浆内部所含气体的多少，可采用仪器法或容重法测定，具体测定过程可参考规范《建筑砂浆基本性能试验方法标准》JGJ/T 70—2009 进行。

二、硬化后砂浆的主要技术性质

1. 立方体抗压强度和强度等级

砂浆抗压强度以 70.7mm×70.7mm×70.7mm 的带底试模所成型的立方体试件强度表示，3 个为一组。砂浆抗压强度试件成型后在室温为 20±5℃的环境下静置 24±2h 且气温较低时不能超过两昼夜，然后拆模放入温度为 20±2℃、相对湿度为 90%以上的标准养护室中养护至规定龄期进行测试。根据《砌筑砂浆配合比设计规程》JGJ 98—2010 的规定，水泥砂浆及预拌砌筑砂浆的强度等级分为 M5、M7.5、M10、M15、M20、M25、M30；水泥混合砂浆等级可分为 M5、M7.5、M10、M15。对不吸水基层材料，砂浆强度主要取决于水泥强度和水灰比。对吸水性基层材料，砂浆强度主要取决于水泥强度和水泥用量，而与水灰比无关。

2. 拉伸黏结强度

砂浆与基材之间的黏结强度直接影响到砌体的抗裂性、整体性、砌体强度、抗震性以及粉刷层的抗剥落性能。一般来说，砂浆抗压强度越高，黏结强度也越高。当然，基层材料的吸水性能、表面状态、清洁程度、湿润状况以及施工养护等都影响到黏结强度。砂浆中掺入聚合物可有效提高砂浆的黏结强度。

砂浆拉伸黏结强度的试验方法参见规范《建筑砂浆基本性能试验方法标准》JGJ/T 70—2009 和《预拌砂浆》GB/T 25181—2010。拉伸黏结强度试验装置示意图见图5-4。具体试验过程如下所述，先按照水泥：砂：水=1：3：0.5 的质量比例成型养护好基底水泥砂浆试件，然后制备砂浆料浆，其中干混砂浆料浆、湿拌砂浆料浆和现拌砂浆料浆的干物料总量不少于 10kg，并在成型框中按规定工艺成型检验砂浆，每组至少制备 10 个试件，养护 13d 后用环氧树脂黏结上夹具，继续养护 1d 后测试拉伸黏结强度。

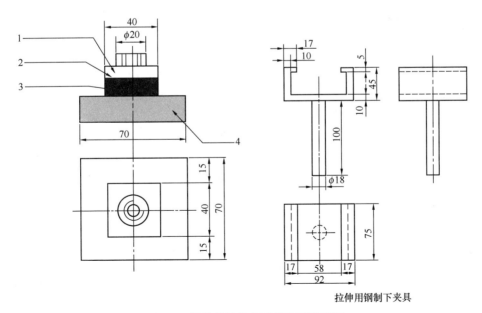

图 5-4 拉伸黏结强度试验装置示意图

1—拉伸用钢制上夹具；2—胶粘剂；3—检验砂浆；4—水泥砂浆块

3. 导热系数

导热系数的测试方法有防护热箱法、热流计法、热线法等。导热系数的计算参见第一章。

第三节　砌筑砂浆的配合比设计

目前常用的砌筑砂浆有水泥砂浆和水泥混合砂浆两大类。根据《砌筑砂浆配合比设计规程》JGJ 98—2010 的规定，水泥砂浆配合比可根据表 5-3 选用，并通过试配确定。

水泥砂浆各材料用量（kg/m³）　表 5-3

强度等级	水泥	砂	用水量
M5	200～230		
M7.5	230～260		
M10	260～290		
M15	290～330	砂的堆积密度	270～330
M20	340～400		
M25	360～410		
M30	430～480		

注：1. M15 及 M15 以下强度等级水泥砂浆，水泥强度等级为 32.5 级；M15 以上强度等级水泥砂浆，水泥强度等级为 42.5 级；

2. 当采用细砂或粗砂时，用水量分别取上限或下限；

3. 稠度小于 70mm 时，用水量可小于下限；

4. 施工现场气候炎热或干燥时，可酌量增加用水量；

5. 试配强度应按照式（5-1）进行计算。

水泥混合砂浆配合比设计步骤如下：

一、确定试配强度

砂浆的试配强度可按下式确定：

$$f_{m,0} = k f_2 \tag{5-1}$$

式中　$f_{m,0}$——砂浆的试配强度（MPa），精确至 0.1MPa；

　　　f_2——砂浆抗压强度平均值（MPa），精确至 0.1MPa；

　　　k——系数，按表 5-4 取值。

砂浆强度标准差 σ 及 k 值　表 5-4

强度等级 施工水平	强度标准差 σ（MPa）							k
	M5	M7.5	M10	M15	M20	M25	M30	
优良	1.00	1.15	2.00	3.00	4.00	5.00	6.00	1.15
一般	1.25	1.88	2.50	3.75	5.00	6.25	7.50	1.20
较差	1.50	2.25	3.00	4.50	6.00	7.50	9.00	1.25

砂浆强度标准差的确定应符合下列规定。

当有统计资料时，砂浆强度标准差应按式（5-2）计算：

$$\sigma = \sqrt{\frac{\sum_{i=1}^{n} f_{m,i}^2 - N\mu_{fm}^2}{n-1}}$$ (5-2)

式中　　$f_{m,i}$——统计周期内同一品种砂浆第 i 组试件的强度（MPa）；

　　　　μ_{fm}——统计周期内同一品种砂浆 N 组试件强度的平均值（MPa）；

　　　　n——统计周期内同一品种砂浆试件的组数，$n \geqslant 25$。

当不具有近期统计资料时，砂浆现场强度标准差 σ 可按表 5-4 取用。

二、计算水泥用量

每立方米砂浆中的水泥用量，应按下式计算：

$$Q_c = \frac{1000(f_{m,0} - \beta)}{\alpha \cdot f_{ce}}$$ (5-3)

式中　　Q_c——每立方米砂浆中的水泥用量（kg），应精确至 1kg；

　　　　$f_{m,0}$——砂浆的试配强度，精确至 0.1MPa；

　　　　f_{ce}——水泥的实测强度，精确至 0.1MPa；

　　　　α、β——砂浆的特征系数，其中 $\alpha = 3.03$，$\beta = -15.09$。

注：各地区也可用本地区试验资料确定的 α、β 值，统计用的试验组数不得少于 30 组。

在无法取得水泥的实测强度 f_{ce} 时，可按下式计算：

$$f_{ce} = r_c \cdot f_{ce,k}$$ (5-4)

式中　　$f_{ce,k}$——水泥强度等级对应的强度值（MPa）；

　　　　r_c——水泥强度等级值的富余系数，该值应按实际统计资料确定，无统计资料时取 $r_c = 1.0$。

三、水泥混合砂浆的掺合料用量

水泥混合砂浆的掺合料应按下式计算：

$$Q_D = Q_A - Q_C$$ (5-5)

式中　　Q_D——每立方米砂浆中掺合料用量（kg），精确至 1kg；石灰膏、黏土膏使用时的稠度为 120 ± 5mm；

　　　　Q_C——每立方米砂浆中水泥用量（kg），精确至 1kg；

　　　　Q_A——每立方米砂浆中水泥和掺合料的总量（kg），精确至 1kg；可为 350kg。

四、确定砂子用量

每立方米砂浆中砂子用量 Q_s（kg/m³），应按干燥状态（含水率小于 0.5%）的堆积密度作为计算值。

五、用水量

每立方米砂浆中用水量 Q_w（kg/m³），可根据砂浆稠度要求选用 240～310kg，并通过试验确定。

注：（1）混合砂浆的用水量，不包括石灰膏中的水；

　　（2）当采用细砂或粗砂时，用水量分别取上限或下限；

　　（3）稠度小于 70mm 时，用水量可小于下限；

　　（4）施工现场气候炎热或干燥时，可酌量增加用水量。

第四节 预 拌 砂 浆

一、预拌砂浆的种类

预拌砂浆可分为干混砂浆和湿拌砂浆。

(一) 干混砂浆

干混砂浆曾称为干粉料、干混料或干粉砂浆。它是由胶凝材料、细骨料、外加剂、聚合物干粉、掺合料等固体材料组成，经工厂准确配料和均匀混合而制成的砂浆半成品，不含拌合水。拌合水是使用前在施工现场搅拌时加入。

干混砂浆按用途分为干混砂浆和特种干混砂浆。

普通干混砂浆按用途分为干混砌筑砂浆、干混抹灰砂浆、干混地面砂浆干混普通防水砂浆，并采用表5-5的符号。

普通干混砂浆符号 表 5-5

品种	干混砌筑砂浆	干混抹灰砂浆	干混地面砂浆	干混普通防水砂浆
符号	DM	DP	DS	DW

按强度等级和抗渗等级的分类应符合表5-6的规定。

普通干混砂浆分类 表 5-6

项目	干混砌筑砂浆		干混抹灰砂浆		干混地面砂浆	干混普通防水砂浆
	普通砌筑砂浆	薄层砌筑砂浆	普通抹灰砂浆	薄层抹灰砂浆		
强度等级	M5、M7.5、M10、M15、M20、M25、M30	M5、M10	M5、M10、M15、M20	M5、M10	M15、M20、M25	M10、M15、M20
抗渗等级	—	—	—	—	—	P6、P8、P10

特种干混砂浆按干混瓷砖黏结砂浆、干混耐磨地坪砂浆、干混界面处理砂浆、干混特种防水砂浆、干混自流平砂浆、干混灌浆砂浆、干混外保温抹面砂浆、干混聚苯颗粒保温砂浆和干混无机集料保温砂浆，采用表5-7的符号。

特种干混砂浆符号 表 5-7

品种	干混瓷砖黏结砂浆	干混耐磨地坪砂浆	干混界面处理砂浆	干混特种防水砂浆	干混自流平砂浆
符号	DTA	DFH	DIT	DWS	DSL
品种	干混灌浆砂浆	干混外保温黏结砂浆	干混外保温抹面砂浆	干混聚苯颗粒保温砂浆	干混无机集料保温砂浆
符号	DRG	DEA	DBI	DPG	DTI

干混砂浆为采用新技术与新材料以及保证工程质量创造了有利条件，而且有利于文明

施工和环境保护。随着研究开发和推广应用的深入，干混砂浆在品质、效率、经济和环保等方面的优越性正被逐步认识。

（二）湿拌砂浆

湿拌砂浆与干混砂浆有相似之处，原材料基本相同，所不同的主要是水是在工厂直接加入的，类似于预拌混凝土。但预拌混凝土到施工现场后的浇筑速度较快，对坍落度和初凝时间的控制主要是考虑运输和浇筑时间。而预拌砂浆到施工现场后用于砌筑或粉刷（地坪除外），施工时间要长得多，因此对流动度损失和初凝时间的控制要求更高。

按用途分为湿拌砌筑砂浆、湿拌抹灰砂浆、湿拌地面砂浆和湿拌防水砂浆，并采用表5-8的符号。

湿拌砂浆符号 表5-8

品种	湿拌砌筑砂浆	湿拌抹灰砂浆	湿拌地面砂浆	湿拌普通防水砂浆
符号	WM	WP	WS	WW

按强度等级和抗渗等级的分类应符合表5-9的规定。

湿拌砂浆分类 表5-9

项目	湿拌砌筑砂浆	湿拌抹灰砂浆	湿拌地面砂浆	湿拌普通防水砂浆
强度等级	M5、M7.5、M10、M15、M20、M25、M30	M5、M7.5、M10、M15、M20	M15、M20、M25	M10、M15、M20
稠度（mm）	50、70、90	70、90、110	50	50、70、90
凝结时间	8、12、24	8、12、24	4、8	8、12、24
抗渗等级	—	—	—	P6、P8、P10

二、预拌砂浆的技术要求

为适应建筑市场的需要，我国住房城乡建设部颁布了《预拌砂浆》GB/T 25181—2010行业标准，该行业标准规定了干混砂浆和湿拌砂浆的强度等级及性能指标，分别见表5-10和表5-11所示。

普通干混砂浆性能指标 表5-10

项目	干混砌筑砂浆		干混抹灰砂浆		干混地面砂浆	干混普通防水砂浆
	普通砌筑砂浆	薄层砌筑砂浆[a]	普通抹灰砂浆	薄层抹灰砂浆[a]		
保水率（%）	≥88	≥99	≥88	≥99	≥88	≥88
凝结时间（h）	3~9	—	3~9	—	3~9	3~9
2h稠度损失率（%）	≤30	—	≤30	—	≤30	≤30
14d拉伸黏结强度（MPa）	—	—	M5：≥0.15 >M5：≥0.20	≥0.30	—	≥0.20
28d收缩率（%）	—	—	≤0.20	≤0.20	—	≤0.15

项目		干混砌筑砂浆		干混抹灰砂浆		干混地面砂浆	干混普通防水砂浆
		普通砌筑砂浆	薄层砌筑砂浆[a]	普通抹灰砂浆	薄层抹灰砂浆[a]		
抗冻性[b]	强度损失率（%）	≤25					
	质量损失率（%）	≤5					

注：[a] 干混薄层砌筑砂浆宜用于灰缝厚度不大于5mm的砌筑；干混薄层抹灰砂浆宜用于砂浆厚度不大于5mm的抹灰。

[b] 有抗冻性要求时，应进行抗冻性试验。

湿拌砂浆性能指标　　　　　　　　　　表5-11

项目		湿拌砌筑砂浆	湿拌抹灰砂浆	湿拌地面砂浆	湿拌防水砂浆
保水率（%）		≥88	≥88	≥88	≥88
14d 拉伸黏结强度（MPa）		—	M5：≥0.15 ＞M5：≥0.20	—	≥0.20
28d 收缩率（%）		—	≤0.20	—	≤0.15
抗冻性[a]	强度损失率（%）	≤25			
	质量损失率（%）	≤5			

注：[a] 有抗冻性要求时，应进行抗冻性试验。

三、预拌砂浆的配合比设计

（一）配合比设计步骤

预拌砂浆的配合比设计步骤如下：

1. 计算砂浆试配强度 $f_{m,0}$

按式（5-1）计算 $f_{m,0}$。

2. 选取用水量 Q_w

根据砂浆设计稠度以及水泥、粉煤灰、外加剂和砂的品质，按表5-12选取 Q_w。

预拌砂浆用水量选用表　　　　　　　　　　表5-12

砂浆种类	用水量（kg/m³）
砌筑	260～320
抹灰	270～320
地面	250～300

3. 选取保水增稠功能外加剂用量 Q_{cf}

保水增稠功能外加剂可选用各类砂浆稠化粉、纤维素醚、可再分散乳胶粉等材料，稠

化粉的用量宜为 $30\sim70\mathrm{kg/m^3}$（若采用保水增稠剂，用量为胶凝材料的 $1\%\sim2\%$）。水泥用量少时，砂浆稠化粉用量取上限；水泥用量多时，砂浆稠化粉取下限。

4. 取粉煤灰掺量 β_f

粉煤灰掺量以粉煤灰占水泥和粉煤灰总量的百分数表示，其值不应大于 50%。

5. 计算水泥用量 Q_c 和粉煤灰用量 Q_f

由

$$f_{m,0} = Af_c \frac{Q_c + KQ_f}{Q_w} + B \tag{5-6}$$

$$\beta_f = \frac{Q_f}{Q_c + Q_f} \tag{5-7}$$

解得

$$Q_f = \frac{Q_w(f_{m,0} - B)}{Af_c\left(\dfrac{1}{\beta_f} - 1 + K\right)} \tag{5-8}$$

$$Q_c = \left(\frac{1}{\beta_f} - 1\right)Q_f \tag{5-9}$$

式中　　β_f——粉煤灰掺量（%）；

　　$f_{m,0}$——砂浆配置强度（MPa）；

　　f_c——水泥实测 28d 抗压强度（MPa）；

　　Q_w——用水量（$\mathrm{kg/m^3}$）；

　　Q_f——粉煤灰用量（$\mathrm{kg/m^3}$）；

K、A、B——回归系数，$K=0.516$，$A=0.487$，$B=-5.19$。

外墙抹灰砂浆水泥用量不宜少于 $250\mathrm{kg/m^3}$，地面面层砂浆水泥用量不宜少于 $300\mathrm{kg/m^3}$。

6. 计算砂用量 Q_s

由

$$\frac{Q_s}{\rho_c} + \frac{Q_f}{\rho_f} + \frac{Q_{cf}}{\rho_{cf}} + \frac{Q_s}{\rho_s} + \frac{Q_a}{\rho_a} + \frac{Q_w}{\rho_w} + 0.01 = 1 \tag{5-10}$$

得

$$Q_s = \rho_s\left(1 - \frac{Q_c}{\rho_c} - \frac{Q_f}{\rho_f} - \frac{Q_{cf}}{\rho_{cf}} - \frac{Q_a}{\rho_a} - \frac{Q_w}{\rho_w} - 0.01\right) \tag{5-11}$$

式中　　　　ρ——材料的密度（$\mathrm{kg/m^3}$）；

　　　　Q——材料的用量（$\mathrm{kg/m^3}$）；

c、f、cf、s、a、w——分别指水泥、粉煤灰、稠化粉、砂、外加剂和水；

　　　0.01——不用引气剂时，砂浆的含气量（$\mathrm{m^3}$）。

7. 校核砂灰体积比

按下式计算灰砂体积比：

灰砂体积比=（水泥＋粉煤灰＋稠化粉）体积：砂体积 　　　(5-12)

如果计算得到的灰砂体积比不符合表 5-13 中的范围，应对配合比作适当的调整。

灰砂体积比		表 5-13
砂浆种类	(水泥＋粉煤灰＋稠化粉)体积：砂绝对体积	
砌筑砂浆	(1∶3.5)~(1∶4.5)	
抹灰砂浆	(1∶2.5)~(1∶4.0)	
地面砂浆	(1∶2.2)~(1∶3.0)	

8. 缓凝功能外加剂掺量

凝结时间应根据施工组织来确定。缓凝剂掺量根据其产品说明和砂浆凝结时间要求经试配确定。

（二）配合比的试配与校核

1. 和易性校核

采用工程中实际使用的材料，按计算配合比试拌砂浆，测定拌合物的稠度和分层度，当不能满足要求时，应调整材料用量，直到符合要求。调整拌合物性能后得到的配合比称为基准配合比。

2. 凝结时间校核

试配时至少应采用三个不用的配合比，其中一个为基准配合比，另外两个配合比的水泥用量或水泥与粉煤灰的总量按基准配合比分别增减 10%。在保证稠度，分层度合格的条件下，适当调整其用量以及掺合料、保水增稠材料和缓凝剂的用量。

按上述三个配合比配置砂浆，测定凝结时间；并制作立方体试件，养护至 28d 后测定其抗压强度，选取凝结时间和抗压强度符合要求且水泥用量最低的配合比作为砂浆的配合比。

（三）配合比设计实例

【例】 工程需要 DP15 预拌抹灰砂浆，稠度要求为 90mm，凝结时间要求为 24h。原材料主要参数：32.5 级普通硅酸盐水泥，实测强度为 36.5MPa，密度为 3100kg/m³；中砂，表观密度为 2650kg/m³；Ⅱ级低钙干排粉煤灰，密度为 2100kg/m³；砂浆稠化粉，密度为 2300kg/m³；某预拌砂浆专用液体缓凝功能外加剂，密度为 1100kg/m³。施工水平一般。

【解】

（1）计算砂浆试配强度

查表 5-4 得 k 为 1.2，则试配强度为：

$$f_{m,0} = 1.2 f_2 = 1.2 \times 15.0 = 18.0 MPa$$

（2）选取用水量

按表 5-12，初步取 $Q_w = 300kg/m^3$；该值还需通过试拌，按砂浆稠度要求进行调整。

（3）选取粉煤灰掺量

取 $\beta_f = 30\%$。

（4）计算粉煤灰用量

$$Q_f = \frac{Q_w(f_{m,0} - B)}{A f_c \left(\frac{1}{\beta_f} - 1 + K\right)} = \frac{300 \times (18.0 + 5.19)}{0.487 \times 36.5 \times (0.3^{-1} - 1 + 0.516)} = 137kg/m^3$$

（5）计算水泥用量

$$Q_c = \left(\frac{1}{\beta_f} - 1\right)Q_f = (0.3^{-1} - 1) \times 137 = 320\text{kg/m}^3$$

（6）选取砂浆稠化粉用量

根据水泥用量，取 $Q_{cf} = 50\text{kg/m}^3$。

（7）计算缓凝功能外加剂用量

根据砂浆的凝结时间要求为 24h 和其产品说明，取缓凝功能外加剂掺量为粉煤灰总质量的 1.3%，则缓凝剂的用量为：

$$Q_a = \beta_a(Q_c + Q_f + Q_{cf}) = 1.3\% \times (320 + 137 + 50) = 6.59\text{kg/m}^3$$

（8）计算砂用量

$$Q_s = \rho_s \left(1 - \frac{Q_c}{\rho_c} - \frac{Q_f}{\rho_f} - \frac{Q_{cf}}{\rho_{cf}} - \frac{Q_a}{\rho_a} - \frac{Q_w}{\rho_w} - 0.01\right)$$

$$= 2650 \times \left(1 - \frac{320}{3100} - \frac{137}{2100} - \frac{50}{2300} - \frac{6.59}{1100} - \frac{300}{1000} - 0.01\right)$$

$$= 1309\text{kg/m}^3$$

（9）校核灰砂比

灰砂比＝（水泥＋粉煤灰＋稠化粉）体积∶砂体积

＝（320/3100＋137/2100＋50/2300）∶（1309/2650）

＝1∶2.6

该灰砂比在表 5-13 的范围内。

（10）砂浆中各组成材料的用量

（11）水泥用量 $Q_c = 320\text{kg/m}^3$

粉煤灰用量 $Q_f = 137\text{kg/m}^3$

稠化粉用量 $Q_{cf} = 50\text{kg/m}^3$

缓凝剂用量 $Q_a = 6.59\text{kg/m}^3$

砂用量 $Q_s = 1309\text{kg/m}^3$

用水量 $Q_w = 300\text{kg/m}^3$

（12）砂浆中各组成材料的比例

水泥∶粉煤灰∶稠化粉∶缓凝剂∶砂∶水＝1∶0.43∶0.16∶0.02∶4.1∶0.94

第五节 其 他 砂 浆

一、普通抹面砂浆

凡涂抹在基底材料的表面，兼有保护基层和增加美观作用的砂浆，可统称为抹面砂浆。根据抹面砂浆功能不同，一般可将抹面砂浆分为普通抹面砂浆、防水砂浆、装饰砂浆和特种砂浆（如绝热、吸声、耐酸、防射线砂浆）等。抹面砂浆一般不承受荷载，与基层要有足够的黏结强度，面层要求平整、光洁、细致、美观。为了防止砂浆层的收缩开裂，可加入纤维材料、聚合物或掺合料。抹面砂浆的主要技术指标是和易性以及黏结强度。

常用的普通抹面砂浆有水泥砂浆、石灰砂浆、水泥石灰混合砂浆、麻刀石灰砂浆（简称麻刀灰）、纸筋石灰砂浆（简称纸筋灰）以及通过掺入各种微沫剂配制的水泥砂浆或混合砂浆等。

水泥砂浆主要用于潮湿或强度要求较高的部位；混合砂浆多用于室内抹灰或要求不高的外墙；石灰砂浆、麻刀灰、纸筋灰多用于室内抹灰。

二、装饰砂浆

装饰砂浆是指涂抹在建筑物内外墙表面，具有美观装饰效果的抹面砂浆。装饰砂浆的底层和中层抹灰与普通抹面砂浆基本相同，但是其面层要选用具有一定颜色的胶凝材料和骨料或者经各种加工处理，使得建筑物表面呈现各种不同的色彩、线条和花纹等装饰效果。

装饰砂浆一般采用水泥胶结料，灰浆类饰面砂浆多采用白色水泥或彩色水泥。所用集料除普通天然砂外，石碴类饰面常使用石英砂、彩釉砂、着色砂、彩色石碴等。颜料应采用耐碱性和耐候性优良的矿物颜料。

常用的装饰砂浆饰面方式有灰浆类饰面和石碴类饰面两大类。灰浆类饰面主要通过水泥砂浆的着色或对水泥砂浆表面进行艺术加工，从而获得具有特殊色彩、线条、纹理等质感的饰面。其主要优点是材料来源广泛，施工操作简便，造价比较低廉，而且通过不同的工艺加工，可以创造不同的装饰效果。常用的灰浆类饰面有拉毛灰、甩毛灰、仿面砖、拉条、喷涂和弹涂等。

石碴类饰面采用天然大理石、花岗石以及其他天然或人工石材经破碎成 4～8mm 的石碴粒料，再用水泥（普通水泥、白水泥或彩色水泥）作胶结料，采用不同的加工方法除去表面水泥浆皮，使石碴呈现不同的外露形式以及水泥浆与石碴的色泽对比，构成不同的装饰效果。石碴类饰面比灰浆类饰面色泽较明亮，质感相对丰富，不易褪色，耐光性和耐污染性也较好。常用的石碴类饰面有：水刷石、干粘石、斩假石和水磨石等。

三、防水砂浆

防水砂浆的配制方法和防水混凝土类似，主要通过掺入少量能改善抗渗性的有机物或无机物类外加剂，从而达到防水的目的。主要有引气剂防水砂浆、减水剂防水砂浆、三乙醇胺防水砂浆和三氯化铁防水砂浆的应用技术。

1. 引气剂防水砂浆

引气剂防水砂浆是国内应用较普遍的一种外加剂防水砂浆，是由砂浆拌合物中掺入微量引气剂配制而成的。它具有良好的和易性、抗渗性、抗冻性和耐久性，且经济效益显著。最常使用的引气剂为松香酸钠引气剂。

2. 减水剂防水砂浆

通过掺入各种减水剂配制的防水砂浆，统称为减水剂防水砂浆。减水剂在防水砂浆中常用掺量，与配制减水剂砂浆相当。砂浆中掺入减水剂后，由于减水剂分子对水泥颗粒的吸附、分散、润滑和湿润作用，减少拌合用水量，从而提高新拌砂浆的保水性和抗离析性。保持相同的和易性情况下，掺加减水剂能减少砂浆拌合用水量，使得砂浆中超过水泥水化所需的水量减少，这部分自由水蒸发后留下的毛细孔体积就相应减小，提高了砂浆的密实性。

使用引气型减水剂，可以在砂浆中引入一定量独立，分散的小气泡，由于这种气泡的阻隔作用，改变了毛细管的数量和特征。

3. 三乙醇胺防水砂浆

三乙醇胺一般用作早强剂，亦可用来配制防水砂浆。用微量（占水泥质量的0.05%）三乙醇胺的防水砂浆称为三乙醇胺防水砂浆。

三乙醇胺防水砂浆不仅具有良好的抗渗性，而且具有早强和增强作用，适用于需要早强的防水工程在砂浆中掺入微量三乙醇胺能提高抗渗性的基本原理为：三乙醇胺能加速水泥的水化作用，促使水泥水化早期就生成较多的含水结晶产物，相应地减少了游离水，也就相应地减少了由于游离水蒸发而遗留下来的毛细孔，从而提高了砂浆的抗渗性。

4. 氯化铁防水砂浆

氯化铁防水砂浆是在砂浆拌合物中加入少量氯化铁防水剂配制成具有高抗渗性、高密实度的砂浆。

氯化铁防水剂的主要成分为氯化铁、氯化亚铁、硫酸铝等，它们能与水泥中C_3S、C_2S水化释放出的$Ca(OH)_2$发生反应，生成氢氧化铁、氢氧化亚铁和氢氧化铝等不溶于水的胶体，这些胶体可以填充砂浆内的空隙，堵塞毛细管渗水通道，增加砂浆的密实性。氯化铁与$Ca(OH)_2$作用生成氯化钙，不但能起填充作用，而且这种新生态的氯化钙能激化水泥熟料矿物，加速其水化速度，并与硅酸二钙、铝酸三钙和水反应生成氯硅酸钙和氯铝酸钙晶体，提高了砂浆的密实性，因而可提高抗渗性。

5. 膨胀防水砂浆

膨胀防水砂浆就是利用膨胀水泥或掺加膨胀剂配置的，在凝结硬化过程中产生一定的体积膨胀，补偿由于干燥失水和温度造成的收缩。

膨胀剂种类繁多，膨胀源各异，如AF_t、$Ca(OH)_2$、$Mg(OH)_2$、$Fe(OH)_3$等。由于膨胀源不用，在水化过程中发生的物理化学变化也不同，因此，补偿收缩的效果也不同。

四、保温和吸声砂浆

1. 膨胀聚苯颗粒保温砂浆

是以聚苯乙烯（EPS）颗粒作为主要轻骨料，水泥为胶结料，再配以合成纤维、高分子聚合物胶粘剂、辅助性骨料等配置的保温砂浆。目前广泛应用于各种外墙外保温或内保温体系，其导热率小，保温性能优良，同时因合成纤维和聚合物胶粘剂的有效应用，具有良好的抗裂、抗渗性，具有较好的性价比，是目前市场上主流产品之一。

2. 无机轻集料保温砂浆

采用水泥等胶凝材料和膨胀珍珠岩、膨胀蛭石、陶粒砂等无机轻质多孔骨料，按照一定比例配制的砂浆。其具有质量轻、保温隔热性能好〔导热系数一般为$0.07\sim0.10W/(m\cdot K)$〕等特点，主要用于屋面、墙体保温和热水、空调管道的保温层。

3. 相变保温砂浆

将经过处理的相变材料掺入抹面砂浆中即制成相变保温砂浆。相变材料可以用很小的体积贮存很多的热能而且在吸热的过程中保持温度基本不变。当环境升高到相变温度以上时，砂浆内的相变材料会由固相向液相转变，吸收热量；把多余的能量储存起来，使室温上升缓慢；当环境温度降低，降低到相变温度以下，砂浆内的相变材料会由液相向固相转变，释放出热量，保持室内温度适宜。因此可用作室内的冬季保温和夏季制冷材料，使室内保持良好的热舒适度，通过这种方法可以降低建筑能耗，从而实现建筑节能。变相砂浆的保温隔热原理是使墙体对温度产生热惰性，长时间维持在一定的温度范围，不因环境温度的改变而改变。相变保温砂浆由于其蓄热能力较高，制备工艺简单，越来越受到人们的关注。

4. 吸声砂浆

吸声砂浆与保温砂浆类似，也是采用水泥等胶凝材料和聚苯颗粒、膨胀珍珠岩、膨胀蛭石、陶粒砂等轻质骨料，按照一定比例配制的砂浆。由于其骨料内部孔隙率大，因此吸声性能十分优良。吸声砂浆还可以在砂浆中掺入锯末、玻璃纤维、矿物棉等材料拌制而成。主要用于室内吸声墙面和顶面。

五、其他特种砂浆

1. 自流平地坪砂浆

自流平地坪砂浆是在水泥基材料中加入聚合物及各种外加剂，完工后表面光滑平整，且具有高抗压强度。直流平地坪砂浆适合于仓库、停车场、工业厂房、学校、医院、展览厅等的施工，也可作为环氧地坪、聚氨酯地坪、PVC 薄地砖、饰面砖、木质砖、地毯等面材的高平整基层。

2. 耐酸砂浆

一般采用水玻璃作为胶凝材料，再配以耐酸骨料拌制而成，并掺入氟硅酸钠作为固化剂。耐酸砂浆主要作为衬砌材料、耐酸地面或内壁防护层等。

水玻璃类材料是由水玻璃（钠水玻璃或钾水玻璃）和硬化剂为主要材料组成的耐酸材料。水玻璃类材料是无机质的化学反应型胶凝材料。钠水玻璃与氟硅酸钠的反应产物是硅酸凝胶，因凝胶中不断脱水，缩合形成稳定的-Si-O-Si-结构。该结果对大多数无机酸是稳定的，因此水玻璃类材料具有优良的耐酸性、耐热性和较高的力学性能。除热磷酸、氢氟酸、高级脂肪酸外，水玻璃类材料对大多数无机酸、有机酸酸性气体均有优良的耐腐蚀稳定性，尤其是对强氧化性酸、高浓度硫酸、硝酸、铬酸有足够的耐蚀能力。

密实型水玻璃砂浆由于密实度高，不仅保留了水玻璃类材料原有的良好化学稳定性，而且可以抑制酸液的渗透能力，使得酸液的渗透深度一般只有 2～5mm，从而提高了其抵抗结晶盐破坏的能力。

3. 防辐射砂浆

防辐射砂浆不但要求密度大，含结合水多，而且要求砂浆的导热率高（使局部的温度升高最小），热膨胀系数低（使温度的应变最小）和低的干燥收缩（使湿差应变最小），还要求砂浆具有良好的均质性，不允许存在空洞、裂纹等缺陷。此外，砂浆还应具有一定的结构强度和耐火性。一般采用重水泥（钡水泥、锶水泥）或重质骨料（磺铁矿、重晶石、硼砂等）拌制而成，可防止各类辐射，主要用于射线防护工程。

4. 膨胀砂浆

在水泥砂浆中掺入膨胀剂或使用膨胀水泥可配制膨胀砂浆。膨胀砂浆的膨胀特性，可以补偿其硬化后的收缩，防止开裂。膨胀砂浆可在修补工程中及大板装配工程中填充缝隙，以达到密实无缝的目的。

5. 聚合物砂浆

聚合物砂浆复合材料包括聚合物浸渍砂浆（PIM）、聚合物改性砂浆（PCM 或称为聚合物水泥砂浆）和聚合物砂浆（PM）三大类。下面以聚合物改性砂浆为例作重点介绍。

聚合物改性砂浆是由水泥砂浆与聚合物乳胶复合而成。聚合物乳胶是聚合物砂浆的黏结材料，其用量为水泥用量的 10%～20%（以固含量计算）。常用的聚合物乳胶有丁苯乳胶、丙烯酸酯乳胶、氯丁乳胶和 EVA（醋酸乙烯-乙烯）乳液等。由于各种高分子聚合物有各自的特性，所以对水泥砂浆的改性效果也各不相同，丁苯乳胶价格较为便宜，因此应用最为广泛；丙烯酸酯乳胶主要用于需着色、耐紫外线的建筑部位；氯丁乳胶属于人工合成橡胶乳液，乳液在水泥水化产物的表面形成的膜，具有橡胶的特性，弹性好。使用这种乳胶配制而成的聚合物水泥砂浆的抗拉强度和抗折强度都有较大的提高。EVA 乳液具有表面张力较低，易于对物体表面进行浸润，故黏结性较好。这种乳液配制成的聚合物水泥砂浆能够与多种基体（普通混凝土、砂浆、瓷砖、砖、钢材和木材）较好地黏结。因此，应根据不同的使用要求，选用不同的聚合物乳胶进行水泥砂浆的改性。

聚合物水泥砂浆已经广泛应用于混凝土结构加固。选用聚合物改性砂浆作为混凝土结构的修补材料主要有以下理由：①聚合物水泥砂浆具有良好的黏结性和耐水性；②聚合物水泥砂浆不需要潮湿养护，尽管最初两天保持潮湿会更好；③聚合物水泥砂浆的收缩和普通混凝土相同或略低一些；④聚合物水泥砂浆的抗折强度、抗拉强度、耐磨性、抗冲击能力比普通混凝土高，而弹性模量更低；⑤聚合物水泥砂浆的抗冻融性能较好。

聚合物水泥砂浆在防腐领域的应用也很广。聚合物水泥砂浆比普通混凝土的抗渗性、耐介质性能好得多，能阻止介质渗入，从而提高砂浆结构的耐腐蚀性能。因此，在许多防腐蚀场合得到应用，主要有防腐蚀地面（如化工厂地面、化学试验室地面等）、钢筋混凝土结构的防腐涂层、温泉浴池和污水管等。

6. 水泥乳化沥青砂浆（CA 砂浆）

水泥乳化沥青砂浆是一种在高速铁路板式无砟轨道结构中用作弹性调整层的灌浆材料。图 5-5 为高速铁路板式无砟轨道结构示意图，其结构特点是在路基上铺设混凝土底座，底座上放置预制轨道板，其间预留 30～50mm 空隙，中间灌注水泥沥青砂浆（Cement Asphalt Mortar，简称 CA 砂浆），固化后形成兼具一定刚性和弹性的填充垫层，发挥支承预制轨道板，缓冲高速列车振动荷载，为轨道提供必要强度和弹性的重要作用。

CA 砂浆主要由水泥、乳化沥青、聚合物乳液、砂及各种外加剂混合而成。在此砂浆中主要存在水化硅酸钙凝胶和沥青凝胶的互混网络，沥青中酸性树脂又能与水化产物中的钙离子产生化学吸附，水泥提供强度，而沥青提供柔性。通常使用高早强水泥以获得较好的早期强度和对环境的适应性。一般采用强度等级 42.5R 的普通硅酸盐水泥或快硬硫铝酸盐水泥。

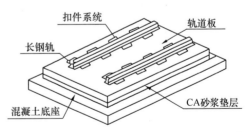

图 5-5 高速铁路板式无砟轨道结构图

目前国际上 CA 砂浆主要有高强型和低强型两大类。德国板式无砟轨道使用的 CA 砂浆具有相对较高的抗压强度和弹性模量，其 28d 抗压强度大于 15MPa，28d 弹性模量为 7～10GPa，是高强型 CA 砂浆；日本板式无砟轨道使用的 CA 砂浆具有相对较低的抗压强度和弹性模量，其 28d 抗压强度为 1.8～2.5MPa，28d 弹性模量为 200～600MPa，是低强型 CA 砂浆。尽管两类 CA 砂浆的强度和弹性模量相差较大，但由于其施工方法都是灌注施工，因此两类砂浆都要求具有良好的工作性能，即具有大流动性和良好的黏聚性（不离析、不泌水），属于自流平聚合物砂浆。

习题与复习思考题

1. 简述砂浆和易性的概念、指标和测试方法。

2. 对于吸水性不同的基层砌筑砂浆，其强度的影响因素有何不同？

3. 试分析影响砂浆黏结强度的主要因素。

4. 配制砂浆时，为什么除水泥外常常还要加入一定量的其他胶凝材料？

5. 某工程砌筑烧结多孔砖用水泥石灰混合砂浆，要求砂浆的强度等级为 M5。现场有强度等级为 32.5 和 42.5 级的矿渣硅酸盐水泥可供选用。已知所用水泥的堆积密度为 1100kg/m³；中砂的含水率为 0.3%、堆积密度为 1500kg/m³；石灰膏的表观密度为 1300kg/m³。试计算砂浆的体积配合比。

6. 推广应用预拌砂浆的主要技术经济意义有哪些？

7. 防水砂浆和保温砂浆的种类有哪些？

第六章 建 筑 钢 材

建筑钢材是指用于土木工程中的各种型钢、钢板、普通钢筋、预应力筋等。

建筑钢材是在严格的质量控制条件下生产的，与非金属材料相比，品质均匀致密、强度和硬度高、塑性和韧性好、经受冲击和振动荷载等优点；建筑钢材还具有优良的加工性能，可以锻压、焊接、铆接和切割，便于装配。

采用各种型钢和钢板制作的钢结构，具有强度高、自重轻等特点，适用于大跨度结构、多层及高层结构、受动力荷载结构和重型工业厂房结构等。

第一节 钢 的 分 类

钢的分类方法很多，通常有以下几种分类方法。

一、按冶炼时脱氧程度分类

1. 沸腾钢。炼钢时仅加入锰铁进行脱氧，脱氧不完全。钢液铸锭时，有大量的一氧化碳气体逸出，钢液呈沸腾状，故称为沸腾钢，代号为"F"。

沸腾钢组织不够致密，成分不太均匀，硫、磷等杂质偏析较严重，故质量较差。但是因其成本低、产量高，故被广泛用于一般工程。

2. 镇静钢。炼钢时采用锰铁、硅铁和铝锭等作为脱氧剂，脱氧完全。钢液铸锭时基本没有气体逸出，能平静地充满锭模并冷却，故称为镇静钢，代号为"Z"。

镇静钢虽然成本较高，但是其组织致密，成分均匀，含硫量较少，性能稳定，故质量好。适用于预应力混凝土结构等重要结构工程。

3. 半镇静钢。脱氧程度介于沸腾钢和镇静钢之间，故称为半镇静钢，代号为"b"。半镇静钢的质量介于沸腾钢和镇静钢之间。

4. 特殊镇静钢。比镇静钢脱氧程度更充分彻底，故称为特殊镇静钢，代号为"TZ"。特殊镇静钢的质量最好，适用于特别重要的结构工程。

与机械制造、国防工业及工具等用钢相比，建筑用钢材对其质量和性能要求相对较低，用量较大，所以，建筑钢材中多采用镇静钢或半镇静钢。

二、按化学成分分类

1. 碳素钢。碳素钢的化学成分主要是铁，其次是碳，故也称为碳钢或铁碳合金钢，其含碳量为 $0.02\% \sim 2.06\%$。碳素钢除了铁、碳外还含有极少量的硅、锰和微量的硫、磷等元素。碳素钢按含碳量又分为：

（1）低碳钢：含碳量小于 0.25%；

（2）中碳钢：含碳量为 $0.25\% \sim 0.60\%$；

（3）高碳钢：含碳量大于 0.6%。

低碳钢在土木工程中应用最广泛。

2. 合金钢。合金钢是在炼钢过程中，为了改善钢材的性能，特意加入某些合金元素而制得的一种钢。常用合金元素有：硅、锰、钛、钒、铌、铬等。合金钢按合金元素总含量又分为：

(1) 低合金钢：合金元素总含量小于 5%；

(2) 中合金钢：合金元素总含量为 5%～10%；

(3) 高合金钢：合金元素总含量大于 10%。

低合金钢是土木工程中常用的主要钢种。

三、按有害杂质含量分类

根据钢中有害杂质磷（P）和硫（S）的含量，钢材可分为以下四类：

1. 普通钢：磷含量不大于 0.045%，硫含量不大于 0.050%；

2. 优质钢：磷含量不大于 0.035%，硫含量不大于 0.035%；

3. 高级优质钢：磷含量不大于 0.025%，硫含量不大于 0.025%；

4. 特级优质钢：磷含量不大于 0.025%，硫含量不大于 0.015%。

四、按用途分类

1. 结构钢：主要用于建筑结构的钢，如钢结构用钢、混凝土结构用钢等。一般为低碳钢、中碳钢、低合金钢。

2. 工具钢：主要用于各种刀具、量具及模具的钢，一般为高碳钢。

3. 特殊钢：具有特殊的物理、化学及机械性能的钢，如不锈钢、耐热钢、耐酸钢、耐磨钢、磁性钢等，一般为合金钢。

4. 专用钢：具有专门用途的钢，如铁道用钢、压力容器用钢、船舶用钢、桥梁用钢、建筑装饰用钢等。

钢材产品一般分为型材、板材、线材和管材等。型材包括钢结构用的角钢、工字钢、槽钢、方钢、吊车轨、钢板桩等。板材包括用于建造房屋、桥梁及建筑机械的中、厚钢板，用于屋面、墙面、楼板的薄钢板。线材包括钢筋混凝土用钢筋和预应力混凝土用钢丝、钢绞线等。管材包括钢桁架和供水、供气（汽）的管线等。

第二节 钢材的技术性质

一、抗拉性能

抗拉性能是钢材最重要的技术性质。根据低碳钢受拉时的应力—应变曲线（如图 6-1），可以了解抗拉性能的下列特征指标。

1. 弹性阶段：OA 阶段，如卸去荷载，试件将恢复原来形状，表现为弹性变形，与 A 点相对应的应力为弹性极限，用 σ_p 表示。此阶段应力 σ 与应变 ε 成正比，其比值即为弹性模量，用 E 表示。弹性模量反映钢材抵抗变形的能力，它是计算结构变形的重要指标。土木工程中常用的低碳钢的弹性模量为 $2.0\times 10^5 \sim 2.1\times 10^5$ MPa，σ_p 为 $180\sim 200$MPa。

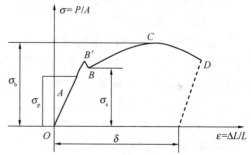

图 6-1 低碳钢受拉时应力—应变曲线

2. 屈服阶段：AB 阶段，当荷载增大，试件应力超过弹性极限时，外部荷载提供的能量消耗于调整金属内部晶格组织结构，荷载（应力）基本不变，而变形（应变）增加快，这种现象称为屈服，此时，开始产生塑性变形，应力与应变不再成比例。图中 B' 点所对应的应力为屈服上限，最低点 B 所对应的应力为屈服下限。屈服上限与试验过程中的许多因素有关。屈服下限比较稳定，容易测得，所以规范规定以屈服下限的应力值作为钢材的屈服强度，用 σ_s 表示。屈服强度是钢材开始丧失对变形的抵抗能力，并开始产生大量塑性变形时所对应的应力。

中碳钢和高碳钢等没有明显的屈服现象，这类钢材由于不能测定屈服点，故规范规定以产生 0.2% 残余变形时所对应的应力值作为名义屈服强度，用 $\sigma_{0.2}$ 表示。

屈服强度对钢材的应用意义重大。一方面，当钢材的实际应力超过屈服强度时，变形即迅速发展，将产生不可恢复的永久变形，尽管尚未破坏但是已不能满足使用要求；另一方面，当应力超过屈服强度时，因为变形不协调，受力较大部位的应力不再提高，而自动将荷载重新分配给某些应力较小的部位。因此，屈服强度是结构设计中确定钢材的容许应力及强度取值的主要依据。

3. 强化阶段：BC 阶段，当荷载超过屈服点时，由于试件（钢材）内部在高应力状态下金属晶格组织结构进行调整并发生了变化，其抵抗变形能力又重新提高，故称为强化阶段。对应于最高点 C 的应力称为强度极限或抗拉强度，用 σ_b 表示。抗拉强度是钢材所能承受的最大拉应力，即当拉应力达到强度极限时，钢材完全丧失了对变形的抵抗能力而破坏。

钢材的抗拉强度虽然不能直接作为计算依据，但是屈服强度与抗拉强度的比值，即"屈强比"（σ_s/σ_b）对工程应用有重大意义。屈强比越小，说明屈服强度与抗拉强度相差越大，钢材在应力超过屈服强度工作时的可靠性越大，即延缓结构破坏过程的潜力越大，因而结构的安全储备越大，结构越安全；屈强比过小，钢材强度的有效利用率过低，造成浪费。屈强比越大，则相反。工程中所用的钢材不仅应具有较高的屈服强度，还要具有一定的屈强比，满足工程结构的安全可靠性和经济合理性，即应具有较高的"性价比"。常用碳素钢的屈强比一般为 0.58～0.63，合金钢的屈强比一般为 0.65～0.75。

4. 颈缩阶段：CD 阶段，当应力达到最高点之后，试件薄弱处的横截面显著缩小，产生"颈缩现象"。由于试件断口区域局部横截面急剧缩小，此部位塑性变形迅速增加，荷载也随着下降，最后试件被拉断。

试件断后标距的残余伸长量与原始标距之比的百分率为断后伸长率，按式（6-1）计算：

$$\delta_n = \frac{L_1 - L_0}{L_0} \times 100\% \tag{6-1}$$

式中　δ_n——断后伸长率（%）；

　　　L_1——试件的断后标距（mm）；

　　　L_0——试件试验前的原始标距（mm）；

　　　n——长或短试件的标志，长标距试件 $n=10$，短标距试件 $n=5$（除非在相关产品标准中另有规定，对断后伸长率的测定，原始标距长度应为 5 倍的公称直径，即 $L_0 = 5d$）。

断后伸长率反映钢材拉伸断裂时所能承受的塑性变形能力，是衡量钢材塑性的重要技术指标。通常，钢材是在弹性范围内使用，但在应力集中区域，其应力可能超过屈服强度，此时局部产生一定的塑性变形，可使结构中的应力产生重分布，从而结构免遭破坏。

钢材拉伸时在试件标距范围内塑性变形分布是不均匀的，颈缩处塑性变形较大，故试件原始标距（L_0）与直径（d）之比越大，颈缩处的伸长值占总伸长值的比例越小，其断后伸长率也越小。通常钢材拉伸试件的原始标距取 $L_0 = 5d$ 或 $L_0 = 10d$，其断后伸长率分别用 δ_5 和 δ_{10} 表示。对于同一钢材，δ_5 大于 δ_{10}。

传统的断后伸长率只反映颈缩断口区域的残余变形，不能反映颈缩出现之前整体的平均变形，也不能反映弹性变形，这与钢材拉断时刻应变状态下的变形相差较大，而且，各类钢材的颈缩特征也有差异，再加上断口拼接误差，较难真实反映钢材的拉伸变形特性。为此，以钢材在最大力作用下原始标距的总延伸率，作为钢材的拉伸性能指标更为合理。

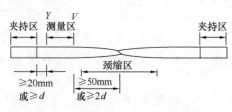

图 6-2 最大力总延伸率测试

最大力总延伸率测定：试验前在试件两个端部分别画出测量区 Y-V，测量区与夹具的距离应不小于 20mm 或钢筋公称直径 d（取二者之较大者），测定标记 Y 和 V 的距离 L_0（L_0 应为 100mm）。试件拉断后，在较长钢材段上选择标记 Y 和 V，标记 V 与断口的距离应不小于 50mm 或 $2d$（取二者之较大者），测定断裂后标记 Y 和 V 的距离 L（精确至 0.1mm），见图 6-2。

最大力总延伸率，可按公式（6-2）计算：

$$\delta_{gt} = \left(\frac{L - L_0}{L_0} + \frac{\sigma_b}{E} \right) \times 100\% \qquad (6\text{-}2)$$

式中　δ_{gt}——最大力总延伸率（%）；

L——断裂后标记 Y 和 V 的距离（mm）；

L_0——试验前同样标记间的距离（mm）；

σ_b——抗拉强度实测值（MPa）；

E——钢材的弹性模量，其值可取为 2.0×10^5 MPa。

钢材的塑性也可以用断面收缩率表示，即试件断裂后横截面积的最大缩减量与原始横截面积之比的百分率为断面收缩率，按式（6-3）计算：

$$\varphi = \frac{A_0 - A_1}{A_0} \times 100\% \qquad (6\text{-}3)$$

式中　φ——断面收缩率（%）；

A_0——试验前原始横截面积（mm²）；

A_1——断裂后最小横截面积（mm²）。

二、冷弯性能

冷弯性能是在常温条件下，钢材承受弯曲变形的能力，是反映钢材缺陷的一种重要工艺性能。

钢材的冷弯性能以弯曲试验时的弯曲角度和弯心直径作为指标来表示。

钢材弯曲试验时弯曲角度越大，弯心直径越小，则表示对冷弯性能的要求越高。试件弯曲处若无裂纹、起层及断裂等现象，则认为其冷弯性能合格。

钢材的冷弯性能与伸长率一样，也是反映钢材在静荷载作用下的塑性，而且冷弯是在更苛刻的条件下对钢材塑性的严格检验，它能反映钢材内部晶格组织是否均匀、是否存在内应力及夹杂物等缺陷。在工程中，弯曲试验还被用作严格检验钢材焊接质量的一种手段。

三、冲击韧性

冲击韧性反映钢材抵抗冲击荷载的能力。钢材的冲击韧性是以试件冲断时，单位面积上所吸收的能量来表示。冲击韧性按式（6-4）计算：

$$a_k = \frac{W}{A} \tag{6-4}$$

式中　　a_k——冲击韧性（J/cm²）；

　　　　W——试件冲断时所吸收的冲击能（J）；

　　　　A——试件槽口处最小横截面积（cm²）。

影响钢材冲击韧性的主要因素有：化学成分、冶炼质量、冷作硬化及时效、环境温度等。

钢材的冲击韧性随温度的降低而下降，其规律是：冲击韧性一开始随温度降低而缓慢下降，但是当温度降低至一定范围（狭窄的温度区间）时，钢材的冲击韧性骤然下降而呈脆性，即冷脆性，此时的温度称为脆性转变温度，见图6-3。脆性转变温度越低，表明钢材的低温冲击韧性越好。为此，在负温条件下使用的结构，设计时必须考虑钢材的冷脆性，应选用脆性转变温度低于最低使用温度的钢材，并满足规范规定的－20℃或－40℃条件下冲击韧性指标要求。

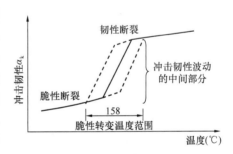

图 6-3　钢的脆性转变温度

四、硬度

硬度是指钢材抵抗硬物压入表面的能力。硬度值与钢材的力学性能之间有着一定的相关性。

根据我国现行标准，测定钢材硬度的方法有：布氏硬度法、洛氏硬度法和维氏硬度法三种。常用的硬度指标为布氏硬度和洛氏硬度。

1. 布氏硬度

布氏硬度试验是按规定选择一个直径为 D（mm）的淬硬钢球或硬质合金球，以一定荷载 P（N）将其压入试件表面，持续至规定时间后卸去荷载，测定试件表面上的压痕直

径 d（mm），根据计算或查表确定单位面积上所承受的平均应力值，其值作为硬度指标（无量纲），称为布氏硬度，代号为 HB。

布氏硬度法比较准确，但是压痕较大，不宜用于成品检验。

2. 洛氏硬度

洛氏硬度试验是将金刚石圆锥体或钢球等压头，按一定荷载压入试件表面，以压头压入试件的深度来表示硬度值（无量纲），称为洛氏硬度，代号为 HR。

洛氏硬度法的压痕小，所以常用于判断钢材的热处理效果。

第三节　钢材的化学成分对钢材性能的影响

钢材中化学成分除了主要的铁（Fe）以外，还含有少量的碳（C）、硅（Si）、锰（Mn）、磷（P）、硫（S）、氧（O）、氮（N）、钛（Ti）、钒（V）等元素，这些元素虽然含量少，但是对钢材性能有很大影响。

1. 碳。碳是决定钢材性能的最重要元素。碳对钢材性能的影响如图 6-4 所示。钢材中碳含量小于 0.8％时，随着碳含量的增加，钢材的强度和硬度提高、塑性和韧性降低；碳含量在 0.8％～1.0％时，随着碳含量的增加，钢材的强度和硬度提高、塑性降低，呈现脆性，碳含量在 1.0％左右时，钢材的强度可达到最高；碳含量大于 1.0％时，随着碳含量的增加，钢材的硬度提高、脆性增大、强度和塑性降低。碳含量大于 0.3％时，随着碳含量的增加，钢材的可焊性显著降低、焊接性能变差、冷脆性和时效敏感性增大、耐大气腐蚀性降低。

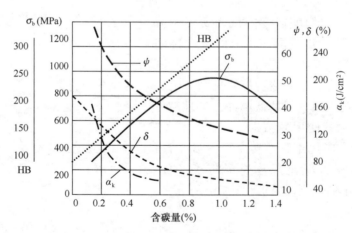

图 6-4　碳含量对碳素钢性能的影响

σ_b—抗拉强度；δ—伸长率；a_k—冲击韧性；ψ—断面收缩率；HB—硬度

一般土木工程中，常用的低碳钢的含碳量小于 0.25％；常用的低合金钢的含碳量小于 0.52％。

2. 硅。硅是作为脱氧剂而存在于钢中，是钢材中有益的主要合金元素。硅含量较低（小于 1.0％）时，随着硅含量的增加，钢材的强度、抗疲劳性、耐腐蚀性及抗氧化性等提高，而对塑性和韧性无明显影响，但是对钢材的可焊性和冷加工性能有所影响。通常，碳素钢的硅含量小于 0.3%，低合金钢的硅含量小于 1.8%。

3. 锰。锰是炼钢时用来脱氧去硫而存在于钢中，是钢材中有益的主要合金元素。锰具有很强的脱氧去硫能力，能消除或减轻氧、硫所引起的热脆性。随着锰含量的增加，显著改善钢材的热加工性能，钢材的强度、硬度及耐磨性等提高。锰含量小于 1.0% 时，对钢材的塑性和韧性无明显影响。一般低合金钢的锰含量为 1.0%～2.0%。

4. 磷。磷是钢材中很有害的元素。随着磷含量的增加，钢材的强度、屈强比、硬度、耐磨性和耐蚀性等提高，塑性、韧性、可焊性显著降低。特别是温度越低，对钢材的塑性和韧性的影响越大，增大钢材的冷脆性。故磷在低合金钢中可配合其他元素作为合金元素使用。通常，磷含量要小于 0.045%。

5. 硫。硫是钢材中很有害的元素。随着硫含量的增加，钢材的热脆性增大，可焊性、冲击韧性、耐疲劳性和抗腐蚀性等降低，各种机械性能降低。通常，硫含量要小于 0.045%。

6. 氧。氧是钢材中有害元素。随着氧含量的增加，钢材的强度有所降低，塑性特别是韧性显著降低，可焊性变差。氧的存在会造成钢材的热脆性。通常，氧含量要小于 0.03%。

7. 氮。氮对钢材性能的影响与碳、磷相似。随着氮含量的增加，钢材的强度提高，但是塑性特别是韧性显著降低，可焊性变差，冷脆性加剧。氮在铝、铌、钒等元素的配合下可以减少其不利影响，改善钢材性能，可作为低合金钢的合金元素使用。通常，氮含量要小于 0.008%。

8. 钛。钛是强脱氧剂。随着钛含量的增加，钢材的强度显著提高，韧性和可焊性有改善，但是塑性略有降低。钛是常用的微量合金元素。

9. 钒。钒是弱脱氧剂。钒加入钢中可减弱碳和氮的不利影响。随着钒含量的增加，钢材的强度有效地提高，但是焊接淬硬倾向有时会增加。钒是常用的微量合金元素。

第四节　钢材的冷加工、时效处理和焊接

一、钢材冷加工

将钢材在常温下进行冷拉、冷拔、冷轧、冷扭等，使之产生一定的塑性变形，强度和硬度明显提高，塑性和韧性有所降低，这个过程称为钢材的冷加工（或冷加工强化、冷作强化）。

土木工程中对大量使用的钢筋，往往同时进行冷加工和时效处理，常用的冷加工方法是冷拉和冷拔。

1. 冷拉。将热轧钢筋用拉伸设备在常温下拉长，使之产生一定的塑性变形称为冷拉。冷拉后的钢筋不仅屈服强度提高 20%～30%，同时还增加钢筋长度（4%～10%），因此冷拉也是节约钢材（一般 10%～20%）的一种措施。

钢材经冷拉后屈服阶段缩短，伸长率减小，材质变硬。

实际冷拉时，应通过试验确定冷拉控制参数。冷拉参数的控制，直接关系到冷拉效果和钢材质量。钢筋的冷拉可采用控制应力或控制冷拉率的方法。当采用控制应力方

法时，在控制应力下的最大冷拉率应满足规定要求，当最大冷拉率超过规定要求时，应进行力学性能检验。当采用控制冷拉率方法时，冷拉率必须由试验确定，测定冷拉率时钢筋的冷拉应力应满足规定要求。对不能分清炉罐号的热轧钢筋，不应采取控制冷拉率的方法。

2. 冷拔。将光圆钢筋通过硬质合金拔丝模孔强行拉拔。钢筋在冷拔过程中，不仅受拉，同时还受到挤压作用。经过一次或多次冷拔后，钢筋的屈服强度可提高 40%～60%，但是塑性明显降低，具有硬钢的特性。

二、钢材时效处理

将冷加工后的钢材，在常温下存放 15～20d，或加热至 100～200℃并保持 2h 左右，其屈服强度、抗拉强度及硬度进一步提高，这个过程称为时效处理。前者称为自然时效，后者称为人工时效。

强度较低的钢筋可采用自然时效，强度较高的钢筋则需要采用人工时效。

钢材经冷加工并时效处理后，其性能变化规律如图 6-5 所示。

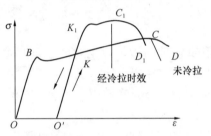

图 6-5　钢筋冷拉时效后应力—应变曲线的变化

图 6-5 中 OBCD 为未经冷拉和时效处理试件的应力—应变曲线。当试件冷拉至超过屈服强度的任意一个 K 点时卸荷载，此时由于试件已经产生一定的塑性变形，曲线沿 KO' 下降，KO' 大致与 BO 平行。如果立即重新拉伸，则新的屈服点将提高至 K 点，之后的应力—应变曲线将与原来曲线 KCD 相似。如果在 K 点卸荷载后不立即重新拉伸，而将试件进行自然时效或人工时效，然后再拉伸，则其屈服点又进一步提高至 K_1 点，继续拉伸时应力—应变曲线沿 $K_1 C_1 D_1$ 发展。这表明钢筋经冷拉并时效处理后，屈服强度得到进一步提高，抗拉强度亦有所提高，塑性和韧性则相应降低。

三、钢材焊接

钢材焊接是将被焊接钢材局部加热，接缝部分迅速熔融或半熔融，使其牢固连接起来。焊接是各种型钢、钢板、钢筋等钢材的主要连接方式。土木工程的钢结构中焊接结构要占 90%以上。在混凝土结构中，大量的钢筋接头、钢筋网片、钢筋骨架、预埋铁件及混凝土预制构件的安装等，都要采用焊接。

钢材的焊接性能是指在一定的焊接工艺条件下，在焊缝及其附近过热区（热影响区）不产生裂纹及硬脆倾向，焊接后钢材的力学性能，特别是强度不低于被焊钢材（母材）的强度。

（一）钢材焊接的主要方法

1. 电弧焊。以焊条作为一极，钢材为另一极，利用焊接电流流过所产生的电弧热进行焊接的一种熔焊方法。

2. 闪光对焊。将被焊钢材安放成对接形式，利用电阻热使对接点钢材熔化，产生强烈飞溅，形成闪光，迅速施加顶锻力完成的一种压焊方法。

3. 电渣压力焊。将被焊钢材安放成竖向对接形式，焊接电流流过对接端面间隙，在焊剂层下形成电弧过程和电渣过程，所产生的电弧热和电阻热熔化钢材，加压完成的一种压焊方法。

4. 埋弧压力焊。将被焊钢材安放成 T 形接头形式，焊接电流流过，在焊剂层下产生电弧形成熔池，加压完成的一种压焊方法。

5. 电阻点焊。将被焊钢材安放成交叉叠接形式，压紧于两电极之间，利用电阻热熔化钢材，加压形成焊点的一种压焊方法。

6. 气压焊。采用氧乙炔火焰或其他火焰将被焊钢材对接处加热，使其达到塑性状态（固态）或熔化状态（熔态）后，加压完成的一种压焊方法。

钢材焊接过程的特点是：在很短时间内达到很高温度（剧热）；钢材熔化的体积很小（局部）；钢材焊接处冷却速度快（剧冷）。因此，在焊接部位经常发生复杂的、不均匀的反应和变化，存在剧烈的膨胀和收缩，因而易产生内应力、组织的变化及变形。

经常发生的焊接缺陷有以下几种：

1. 焊缝金属的缺陷：裂纹（主要是热裂纹）、气孔、夹杂物（脱氧生成物和氮化物）。

2. 焊缝附近基体金属热影响区的缺陷：裂纹（冷裂纹）、晶粒粗大和析出物脆化（焊接过程中形成的碳化物或氮化物，在缺陷处析出，使晶格畸变加剧所引起的脆化）。

焊接件在使用过程中的主要性能是强度、塑性、韧性和耐疲劳性，而对焊接件性能影响最大的是焊接缺陷。

（二）影响钢材焊接质量的主要因素

1. 钢材的可焊性。可焊性良好的钢材，焊接质量容易保证。碳含量小于 0.25％的碳素钢具有良好的可焊性。加入合金元素（如硅、锰、钒、钛等），将增大焊接处的硬脆性，降低可焊性，特别是硫能使焊接处产生热裂纹及硬脆性。

2. 焊接工艺。钢材的焊接使局部金属在很短时间内达到高温熔融，焊接后又急速冷却，这必将伴随急剧地膨胀、收缩、内应力及组织变化，从而引起钢材性能的改变。所以，必须正确掌握焊接方法，选择适宜的焊接工艺及控制参数。

3. 焊条、焊剂等焊接材料。根据不同材质的被焊钢材，选用符合质量要求并适宜的焊条、焊剂。但是，焊条的强度必须大于被焊钢材的强度。

钢材焊接后必须取样进行焊接件的力学性能检验，一般包括拉伸试验和弯曲试验，要求焊接处不能断裂。

第五节　钢材的技术标准与选用

建筑钢材可分为混凝土结构用钢和钢结构用钢两大类。

一、主要钢种

（一）碳素结构钢

1. 碳素结构钢的牌号及其表示方法。

根据国家标准《碳素结构钢》GB/T 700—2006 规定，碳素结构钢牌号分为 Q195、Q215、Q235 和 Q275。

碳素结构钢的牌号由屈服强度的字母 Q、屈服强度数值、质量等级符号（A、B、C、D)、脱氧方法符号（F、Z、TZ）等 4 个部分按顺序构成。镇静钢（Z）和特殊镇静钢（TZ）在钢的牌号中可以省略。按硫、磷杂质含量由多到少，质量等级分为 A、B、C、D。如 Q235-A · F，表示此碳素结构钢是屈服强度为 235MPa 的 A 级沸腾钢；Q235-C，表示此碳素结构钢是屈服强度为 235MPa 的 C 级镇静钢。

　　2. 碳素结构钢的技术要求。

　　根据国家标准《碳素结构钢》GB/T 700—2006，碳素结构钢的技术要求如下：

　　(1) 化学成分：各牌号碳素结构钢的化学成分应符合表 6-1 的规定。

碳素结构钢的化学成分　　　　　　　　　　　　　　表 6-1

牌号	统一数字代号[a]	质量等级	厚度（或直径，mm）	化学成分（质量分数，%），不大于					脱氧方法
				C	Mn	Si	S	P	
Q195	U11952	—	—	0.12	0.50	0.30	0.040	0.035	F、Z
Q215	U12152	A	—	0.15	1.20	0.35	0.050	0.045	F、Z
	U12155	B					0.045		
Q235	U12352	A		0.22	1.40	0.35	0.050	0.045	F、Z
	U12355	B		0.20[b]			0.045		
	U12358	C		0.17			0.040	0.040	Z
	U12359	D					0.035	0.035	TZ
Q275	U12752	A	—	0.24	1.50	0.35	0.050	0.045	F、Z
	U12755	B	≤40	0.21			0.045		Z
			＞40	0.22					
	U12758	C	—	0.20			0.040	0.040	
	U12759	D					0.035	0.035	TZ

　　注：1. 表中为镇静钢（Z）、特殊镇静钢（TZ）牌号的统一数字代号，沸腾钢牌号的统一数字代号如下：

　　　　　Q195F——U11950；

　　　　　Q215AF——U12150，Q215BF——U12153；

　　　　　Q235AF——U12350，Q235BF——U12353；

　　　　　Q275AF——U12750；

　　　　2. 经需方同意，Q235B 的碳含量可不大于 0.22%。

　　(2) 力学性能：

　　碳素结构钢的力学性能应符合表 6-2 的规定；弯曲性能应符合表 6-3 的规定。

碳素结构钢的力学性能

表 6-2

牌号	质量等级	拉伸试验								断后伸长率δ(%)，不小于					冲击试验	
		屈服强度ᵃσS (MPa)，不小于						抗拉强度ᵇ σb (MPa)		钢材厚度（或直径，mm）					温度 (℃)	冲击功（V形）(纵向，J) 不小于
		厚度（或直径，mm）								≤40	40~60	60~100	100~150	150~200		
		≤16	16~40	40~60	60~100	100~150	150~200									
Q195	—	195	185	—	—	—	—	315~430		33	—	—	—	—	—	—
Q215	A	215	205	195	185	175	165	335~450		31	30	29	27	26	—	—
	B														+20	27
Q235	A	235	225	215	215	195	185	370~500		26	25	24	22	21	—	—
	B														+20	27ᶜ
	C														0	
	D														-20	
Q275	A	275	265	255	245	225	215	410~540		22	21	20	18	17	—	—
	B														+20	27
	C														0	
	D														-20	

注：1. Q195 的屈服强度值仅供参考，不作交货条件；
2. 厚度大于 100mm 的钢材，抗拉强度下限允许降低 20MPa，宽带钢（包括剪切钢板）抗拉强度上限不作交货条件；
3. 厚度小于 25mm 的 Q235B 级钢材，如供方能保证冲击吸收功合格，经需方同意，可不做检验。

牌　号	试样方向	弯曲试验（$B=2a^a$，$180°$）	
		钢材厚度（或直径，mm）[b]	
		≤ 60	$60\sim100$
		弯心直径 d	
Q195	纵	0	—
	横	$0.5a$	
Q215	纵	$0.5a$	$1.5a$
	横	a	$2a$
Q235	纵	a	$2a$
	横	$1.5a$	$2.5a$
Q275	纵	$1.5a$	$2.5a$
	横	$2a$	$3a$

注：1. B 为试样宽度，a 为试样厚度（或直径）；

　　2. 钢材厚度（或直径）大于 100mm 时，弯曲试验由双方协商确定。

从表 6-1～表 6-3 可以看出，碳素结构钢随着牌号的增大，其碳含量和锰含量增加，强度和硬度提高，而塑性和韧性降低，弯曲性能逐渐变差。

3. 碳素结构钢的应用。

碳素结构钢通常用于焊接、铆接、栓接工程结构用热轧钢板、钢带、型钢和钢棒。选用碳素结构钢，应综合考虑结构的工作环境条件、承受荷载类型（动荷载或静荷载等）、承受荷载方式（直接或间接等）、连接方式（焊接或非焊接等）等。碳素结构钢由于其综合性能较好，且成本较低，目前在土木工程中应用广泛。应用最广泛的碳素结构钢是 Q235，由于其具有较高的强度，良好的塑性、韧性及可焊性，综合性能好，故较好地满足一般钢结构和钢筋混凝土结构的用钢要求。用 Q235 大量轧制各种型钢、钢板及钢筋。其中 Q235-A，一般仅适用于承受静荷载作用的结构；Q235-C 和 Q235-D，可用于重要的焊接结构。

Q195 和 Q215，强度低，塑性和韧性较好，具有良好的可焊性，易于冷加工，常用作钢钉、铆钉、螺栓及钢丝等，也可用作轧材用料。Q215 经冷加工后可代替 Q235 使用。

Q275 强度较高，但是塑性、韧性和可焊性较差，不易焊接和冷加工，可用于轧制钢筋、制作螺栓配件等，但是更多用于机械零件和工具等。

（二）优质碳素结构钢

1. 分类与代号

（1）钢棒按使用加工方法分为下列两类：

1）压力加工用钢 UP：

① 热压力加工用钢　UHP；

② 顶锻用钢　　　　UF；

③ 冷拔坯料用钢　　UCD。

2）切削加工用钢　　UC。

（2）钢棒按表面种类分为下列五类：

1）压力加工表面 SPP；

2）酸洗　　　　SA；

3）喷丸（砂）　SS；

4）剥皮　　　　SF；

5）磨光　　　　SP。

2. 技术要求

（1）牌号、统一数字代号及化学成分

根据国家标准《优质碳素结构钢》GB/T 699—2015 的规定，优质碳素结构钢共有 28 个牌号及其对应的 28 个统一数字代号。

优质碳素结构钢的牌号是由两位数字和字母两部分构成。两位数字表示平均碳含量的万分数；字母分别表示锰含量、冶金质量等级、脱氧方法。普通锰含量（0.35％～0.80％）的不写"Mn"，较高锰含量（0.80％～1.20％）的，在两位数字后面加注"Mn"；高级优质碳素结构钢加注"A"，特级优质碳素结构钢加注"E"；沸腾钢加注"F"，半镇静钢加注"b"。例如：15F 号钢，表示平均碳含量为 0.15％、普通锰含量的优质沸腾钢；45Mn 号钢表示平均碳含量为 0.45％、较高锰含量的优质镇静钢。

根据国家标准《优质碳素结构钢》GB/T 699—2015，优质碳素结构钢的牌号、统一数字代号及化学成分应符合表 6-4 的规定。

优质碳素结构钢的牌号、统一数字代号及化学成分　　　　表 6-4

序号	统一数字代号	牌号	化学成分（％）							
			C	Si	Mn	P	S	Cr	Ni	Cu[a]
						不大于				
1	U20082	08[b]	0.05～0.11	0.17～0.37	0.35～0.65	0.035	0.035	0.10	0.30	0.25
2	U20102	10	0.07～0.13	0.17～0.37	0.35～0.65	0.035	0.035	0.15	0.30	0.25
3	U20152	15	0.12～0.18	0.17～0.37	0.35～0.65	0.035	0.035	0.25	0.30	0.25
4	U20202	20	0.17～0.23	0.17～0.37	0.35～0.65	0.035	0.035	0.25	0.30	0.25
5	U20252	25	0.22～0.29	0.17～0.37	0.50～0.80	0.035	0.035	0.25	0.30	0.25
6	U20302	30	0.27～0.34	0.17～0.37	0.50～0.80	0.035	0.035	0.25	0.30	0.25
7	U20352	35	0.32～0.39	0.17～0.37	0.50～0.80	0.035	0.035	0.25	0.30	0.25
8	U20402	40	0.37～0.44	0.17～0.37	0.50～0.80	0.035	0.035	0.25	0.30	0.25
9	U20452	45	0.42～0.50	0.17～0.37	0.50～0.80	0.035	0.035	0.25	0.30	0.25
10	U20502	50	0.47～0.55	0.17～0.37	0.50～0.80	0.035	0.035	0.25	0.30	0.25
11	U20552	55	0.52～0.60	0.17～0.37	0.50～0.80	0.035	0.035	0.25	0.30	0.25
12	U20602	60	0.57～0.65	0.17～0.37	0.50～0.80	0.035	0.035	0.25	0.30	0.25
13	U20652	65	0.62～0.70	0.17～0.37	0.50～0.80	0.035	0.035	0.25	0.30	0.25
14	U20702	70	0.67～0.75	0.17～0.37	0.50～0.80	0.035	0.035	0.25	0.30	0.25
15	U20752	75	0.72～0.80	0.17～0.37	0.50～0.80	0.035	0.035	0.25	0.30	0.25

序号	统一数字代号	牌号	化学成分（%）							
			C	Si	Mn	P	S	Cr	Ni	Cu[a]
						不大于				
16	U20802	80	0.77～0.85	0.17～0.37	0.50～0.80	0.035	0.035	0.25	0.30	0.25
17	U20852	85	0.82～0.90	0.17～0.37	0.50～0.80	0.035	0.035	0.25	0.30	0.25
18	U21152	15Mn	0.12～0.18	0.17～0.37	0.70～1.00	0.035	0.035	0.25	0.25	0.25
19	U21202	20Mn	0.17～0.23	0.17～0.37	0.70～1.00	0.035	0.035	0.25	0.30	0.25
20	U21252	25Mn	0.22～0.29	0.17～0.37	0.70～1.00	0.035	0.035	0.25	0.25	0.25
21	U21302	30Mn	0.27～0.34	0.17～0.37	0.70～1.00	0.035	0.035	0.25	0.25	0.25
22	U21352	35Mn	0.32～0.39	0.17～0.37	0.70～1.00	0.035	0.035	0.25	0.25	0.25
23	U21402	40Mn	0.37～0.44	0.17～0.37	0.70～1.00	0.035	0.035	0.25	0.25	0.25
24	U21452	45Mn	0.42～0.50	0.17～0.37	0.70～1.00	0.035	0.035	0.25	0.25	0.25
25	U21502	50Mn	0.48～0.56	0.17～0.37	0.70～1.00	0.035	0.035	0.25	0.30	0.25
26	U21602	60Mn	0.57～0.65	0.17～0.37	0.70～1.00	0.035	0.035	0.25	0.30	0.25
27	U21652	65Mn	0.62～0.70	0.17～0.37	0.90～1.20	0.035	0.035	0.25	0.25	0.25
28	U21702	70Mn	0.67～0.75	0.17～0.37	0.90～1.20	0.035	0.035	0.25	0.25	0.25

注：1. 未经用户同意不得有意加入本表未规定的元素，应采取措施防止从废钢或其他原料中带入影响钢性能的元素；

2. [a]热压力加工用钢铜含量应不大于0.20%；

3. [b]用铝脱氧的镇静钢，碳、锰含量下限不限，锰含量上限为0.45%，硅含量不大于0.03%，全铝含量为0.020%～0.070%，此时牌号为08Al。

（2）力学性能

根据国家标准《优质碳素结构钢》GB/T 699—2015，优质碳素结构钢的力学性能应符合表6-5的规定。

优质碳素结构钢的力学性能　　　　　　表6-5

序号	牌号	试件毛坯尺寸[a]（mm）	推荐热处理制度[c]			力学性能					交货硬度HBW	
			正火	淬火	回火	抗拉强度 R_m（MPa）	下屈服强度 R_S[d]（MPa）	断后伸长率 δ_S（%）	断面收缩率 φ（%）	冲击吸收能量 A_{ku}（J）		
											不大于	
			加热温度（℃）			不小于					未热处理	退火
1	08	25	930	—	—	325	195	33	60	—	131	
2	10	25	930	—	—	335	205	31	55	—	137	
3	15	25	920	—	—	375	225	27	55	—	143	
4	20	25	910	—	—	410	245	25	55	—	156	

序号	牌号	试件毛坯尺寸[a] (mm)	推荐热处理制度[c]			力学性能					交货硬度 HBW	
			正火	淬火	回火	抗拉强度 R_m (MPa)	下屈服强度 R_S[d] (MPa)	断后伸长率 δ_S (%)	断面收缩率 φ (%)	冲击吸收能量 A_{ku} (J)	不大于	
			加热温度（℃）			不小于					未热处理	退火
5	25	25	900	870	600	450	275	23	50	71	170	—
6	30	25	880	860	600	490	295	21	50	63	179	—
7	35	25	870	850	600	530	315	20	45	55	197	—
8	40	25	860	840	600	570	335	19	45	47	217	187
9	45	25	850	840	600	600	355	16	40	39	229	197
10	50	25	830	830	600	630	375	14	40	31	241	207
11	55	25	820	—	—	645	380	13	35	—	255	217
12	60	25	810	—	—	675	400	12	35	—	255	229
13	65	25	810	—	—	695	410	10	30	—	255	229
14	70	25	790	—	—	715	420	9	30	—	269	229
15	75	试样[b]	—	820	480	1080	880	7	30	—	285	241
16	80	试样[b]	—	820	480	1080	930	6	30	—	285	241
17	85	试样[b]	—	820	480	1130	980	6	30	—	302	255
18	15Mn	25	920	—	—	410	245	26	55	—	163	—
19	20Mn	25	910	—	—	450	275	24	50	—	197	—
20	25Mn	25	900	870	600	490	295	22	50	71	207	—
21	30Mn	25	880	860	600	540	315	20	45	63	217	187
22	35Mn	25	870	850	600	560	335	18	45	55	229	197
23	40Mn	25	860	840	600	590	355	17	45	47	229	207
24	45Mn	25	850	840	600	620	375	15	40	39	241	217
25	50Mn	25	830	830	600	645	390	13	40	31	255	217
26	60Mn	25	810	—	—	690	410	11	35	—	269	229
27	65Mn	25	830	—	—	735	430	9	30	—	285	229
28	70Mn	25	790	—	—	785	450	8	30	—	285	229

注：1. 表中的力学性能适用于公称直径或厚度不大于80mm的钢棒；

2. 公称直径或厚度大于80～250mm的钢棒，允许其断后伸长率、断后收缩率比表中的规定分别降低2%（绝对值）及5%（绝对值）；

3. 公称直径或厚度大于120～250mm的钢棒允许改锻（轧）成70～80mm的试料取样检验，其结果应符合表中规定；

4. [a] 钢棒尺寸小于试样毛坯尺寸时，用原尺寸钢棒进行热处理；

5. [b] 留有加工余量的试样，其性能为淬火+回火状态下的性能；

6. [c] 热处理温度允许调整范围：正火±30℃，淬火±20℃，回火±50℃；推荐保温时间：正火不少于30min，空冷；淬火不少于30min，75、80和85钢油冷，其他钢棒水冷；600℃回火不少于60min；

7. [d] 当屈服现象不明显时，可用规定塑性延伸强度 $R_{p0.2}$ 代替。

（三）低合金高强度结构钢

低合金高强度结构钢是在碳素结构钢的基础上，加入总量小于 5% 的合金元素制成的结构钢。所加入的合金元素主要有锰、硅、钒、钛、铌、铬、镍等。

1. 低合金高强度结构钢的牌号及其表示方法。

根据国家标准《低合金高强度结构钢》GB/T 1591—2018，低合金高强度结构钢的牌号是由屈服强度字母 Q，规定的最小上屈服强度数值，交货状态代号（N），质量等级符号四个部分构成。

2. 低合金高强度结构钢的技术要求及应用。

（1）低合金高强度结构（热轧）钢的化学成分应符合表 6-6 的规定。

低合金高强度结构（热轧）钢的化学成分 表 6-6

牌号	质量等级	化学成分（质量分数，%）													
		C	Si	Mn	P	S	Nb	V	Ti	Cr	Ni	Cu	N	Mo	B
		不大于													
Q355	B	0.24	0.55	1.60	0.035	0.035	—	—	—	0.30	0.30	0.40	0.012	—	—
	C	0.20			0.030	0.030									
	D				0.025	0.025									
Q390	B	0.20	0.55	1.70	0.035	0.035	0.05	0.13	0.05	0.30	0.50	0.40	0.015	0.10	—
	C				0.030	0.030									
	D				0.025	0.025									
Q420	B	0.20	0.55	1.70	0.035	0.035	0.05	0.13	0.05	0.30	0.80	0.40	0.015	0.20	—
	C				0.030	0.030									
Q460	C	0.20	0.55	1.80	0.030	0.030	0.05	0.13	0.05	0.30	0.80	0.40	0.015	0.20	0.004

（2）低合金高强度结构钢的弯曲性能，当需方要求做弯曲试验时，弯曲试验应符合表 6-7 的规定。当供方保证弯曲性能合格时，可不做弯曲试验。

低合金高强度结构钢的弯曲试验 表 6-7

试样方向	180°弯曲试验弯心直径 [a 为试样厚度（或直径）]	
	钢材厚度（或直径）	
	≤16mm	16～100mm
对称公称宽度不小于 600mm 的钢板及钢带，拉伸试验取横向试样；其他钢材的拉伸试验取纵向试样	2a	3a

（3）低合金高强度结构钢的力学性能应符合 6-8 的规定。

低合金高强度结构钢与碳素结构钢相比，强度较高，综合性能好，所以在相同使用条件下，可比碳素结构钢节省用钢 20%～30%，对减轻结构自重有利。同时低合金高强度结构钢还具有良好的塑性、韧性、可焊性、耐磨性、耐蚀性、耐低温性等性能，有利于提高钢材的服役性能，延长结构的使用寿命。

低合金高强度结构钢广泛用于钢结构和钢筋混凝土结构中，特别适用于各种重型结构、高层结构、大跨度结构及大柱网结构等。

表 6-8

低合金高强度结构（热轧）钢的力学性能

牌号	质量等级	以下公称厚度（直径，mm）的上屈服强度 σ_s (MPa) 不小于									以下公称厚度（直径，mm）的抗拉强度 σ_b (MPa) 不小于				断后伸长率 (A) /%，不小于 公称厚度（直径，mm）					
		≤16	16~40	40~63	63~80	80~100	100~150	150~200	200~250	250~400	≤100	100~150	150~250	250~400	≤40	40~63	63~100	100~150	150~250	250~400
Q355	B	355	345	335	325	315	295	285	275	265	470~630	450~600	450~600	450~600	22	21	20	18	17	17
	C	355	345	335	325	315	295	285	275	265	470~630	450~600	450~600	450~600	22	21	20	18	17	17
	D	355	345	335	325	315	295	285	275	265	470~630	450~600	450~600	450~600	22	21	20	18	17	17
Q390	B	390	380	360	340	340	320	—	—	—	490~650	470~620	—	—	21	20	20	19	—	—
	C	390	380	360	340	340	320	—	—	—	490~650	470~620	—	—	21	20	20	19	—	—
	D	390	380	360	340	340	320	—	—	—	490~650	470~620	—	—	21	20	20	19	—	—
Q420	B	420	410	390	370	370	350	—	—	—	520~680	500~650	—	—	20	19	19	19	—	—
	C	420	410	390	370	370	350	—	—	—	520~680	500~650	—	—	20	19	19	19	—	—
Q460	C	460	450	430	410	410	390	—	—	—	550~720	530~700	—	—	18	17	17	17	—	—

注：1. 当屈服不明显时，可测试 $\sigma_{p0.2}$ 代替上屈服强度。

2. 宽度不小于 600mm 的钢材，拉伸试验取纵向试样；宽度小于 600mm 的钢材，拉伸试验取横向试样。断后伸长率最小值相应提高 1%（绝对值）。

3. 厚度 250~400mm 的数值适合于扁平材。

161

（四）合金结构钢

1. 分类与代号

（1）钢棒按冶金质量分为下列三类：

1）优质钢；

2）高级优质钢（牌号后加注"A"）；

3）特级优质钢（牌号后加注"E"）。

（2）钢棒按使用加工方法分为下列两类：

1）压力加工用钢 UP：

① 热压力加工用钢　UHP；

② 顶锻用钢　　　　UF；

③ 冷拔坯料用钢　　UCD。

2）切削加工用钢 UC。

（3）钢棒按表面种类分为下列五类：

1）压力加工表面 SPP；

2）酸洗　　　　　SA；

3）喷丸（砂）　　SS；

4）剥皮　　　　　SF；

5）磨光　　　　　SP。

2. 牌号及其表示方法

根据国家标准《合金结构钢》GB/T 3077—2015，合金结构钢共有 24 种钢组 86 个牌号及其对应的 86 个统一数字代号。

合金结构钢按冶炼质量分为优质钢（牌号后不加注）、高级优质钢（牌号后加注"A"）、特级优质钢（牌号后加注"E"）等三类。合金结构钢的牌号是由两位数字、合金元素、合金元素平均含量、质量等级符号四部分构成。两位数字表示平均碳含量的万分数；当硅含量的上限小于等于 0.45％或锰含量的上限小于等于 0.9％时，不加注"Si"或"Mn"，其他合金元素无论含量多少均加注合金元素符号；合金元素平均含量为 1.50％～2.49％或 2.50％～3.49％或 3.50％～4.49％时，在合金元素符号后面加注"2"或"3"或"4"，合金元素平均含量小于 1.5％时不加注。例如 20Mn2 钢，表示平均碳含量为 0.20％、硅含量上限小于等于 0.45％、平均锰含量为 0.15％～2.49％的优质合金结构钢。

根据国家标准《合金结构钢》GB/T 3077—2015，优质钢、高级优质钢、特级优质钢中的硫、磷含量及残余元素含量应符合表 6-9 的规定。

合金结构钢中硫、磷含量及残余元素含量　　　表 6-9

钢的质量等级	化学成分（质量分数，％），不大于					
	P	S	Cu[a]	Cr	Ni	Mo
优质钢	0.030	0.030	0.30	0.30	0.30	0.10
高级优质钢	0.020	0.020	0.25	0.30	0.30	0.10
特级优质钢	0.020	0.010	0.25	0.30	0.30	0.10

注：1. 钢中残余钨、钒、钛含量应做分析，结果记入质量证明中，根据需方要求，可对残余钨、钒、钛含量加以限制；

　　2. [a]热压力加工用钢的铜含量不大于 0.20％。

3. 合金结构钢的性能及应用

合金结构钢的特点是均含有 Si 和 Mn，生产过程中对硫、磷等有害杂质控制严格，并且均为镇静钢，因此质量稳定。

合金结构钢与碳素结构钢相比，具有较高的强度和较好的综合性能，即具有良好的塑性、韧性、可焊性、耐低温性、耐腐蚀性、耐磨性、耐疲劳性等性能，有利于节省用钢，有利于延长钢材的服役性能，延长结构的使用寿命。

合金结构钢主要用于轧制各种型钢（角钢、槽钢、工字钢）、钢板、钢管、铆钉、螺栓、螺帽以及钢筋等，特别是用于各种重型结构、大跨度结构、高层结构等，其技术经济效果更为显著。

二、混凝土结构用钢筋

随着我国现代化建设的发展和"四节一环保"（节能、节地、节水、节材及环境保护）的要求，在混凝土结构工程中提倡应用高强、高性能钢筋。

钢筋按性能确定其牌号和强度级别，并以相应的符号表达。根据混凝土结构构件对受力的性能要求，规定各种牌号钢筋的选用原则。

混凝土结构用钢筋，主要由碳素结构钢和低合金结构钢轧制而成，主要有钢筋混凝土结构用热轧钢筋、余热处理钢筋、冷轧带肋钢筋等普通钢筋（各种非预应力筋）和预应力混凝土结构用钢丝、钢绞线、预应力螺纹钢筋等预应力筋。按直条或盘条（也称盘卷）供货。

（一）钢筋混凝土用热轧钢筋

由于钢筋混凝土用热轧钢筋，具有较好的延性、可焊性、机械连接性能及施工适应性，所以在混凝土结构工程中用量最多的普通钢筋。

钢筋混凝土用钢筋，根据其表面形状分为光圆钢筋和带肋钢筋两类。带肋钢筋有月牙肋钢筋和等高肋钢筋等，如图 6-6 所示。

按标准规定，钢筋拉伸、弯曲试验的试样不允许进行车削加工。计算钢筋强度时钢筋截面面积应采用其公称横截面积。

1. 钢筋混凝土用热轧光圆钢筋。根据国家标准《钢筋混凝土用钢 第 1 部分：热轧光圆钢筋》GB/T 1499.1—2017，热轧光圆钢筋的公称直径及允许偏差、公称截面面积、理论重量及允许偏差应符合表 6-10 的规定；牌号和化学成分应符合表 6-11 的规定；力学性能特征值和弯曲性能应符合表 6-12 的规定。

《钢筋混凝土用钢 第 1 部分：热轧光圆钢筋》GB/T 1499.1—2017标准，适用于钢筋混凝土用热轧直条、盘卷光圆钢筋，不适用于由成品钢材再次轧制成的再生钢筋。

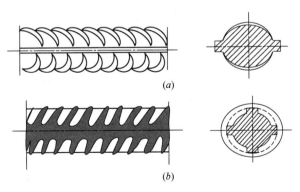

图 6-6 带肋钢筋
（a）月牙肋钢筋；（b）等高肋钢筋

热轧光圆钢筋的牌号是由 HPB 和屈服强度特征值构成，其中 H、P、B 分别为热轧

（Hot rolled）、光圆（Plain）、钢筋（Bars）3个词的英文首位字母。

2. 钢筋混凝土用热轧带肋钢筋。根据国家标准《钢筋混凝土用钢　第2部分：热轧带肋钢筋》GB/T 1499.2—2018，热轧带肋钢筋的公称直径及允许偏差、公称截面面积、理论重量及允许偏差应符合表6-10的规定；牌号和化学成分应符合表6-11的规定；力学性能特征值和弯曲性能应符合表6-12的规定。

国家标准《钢筋混凝土用钢　第2部分：热轧带肋钢筋》GB/T 1499.2—2018，适用于钢筋混凝土用普通热轧带肋钢筋和细晶粒热轧带肋钢筋，不适用于由成品钢材再次轧制成的再生钢筋及余热处理钢筋。

普通热轧带肋钢筋的牌号是由HRB和屈服强度特征值及E构成，其中H、R、B分别为热轧（Hot rolled）、带肋（Ribbed）、钢筋（Bars）三个词的英文首位字母，E是"地震"的英文（Earthquake）首位字母。

细晶粒热轧带肋钢筋的牌号是由HRBF和屈服强度特征值及E构成，其中F为细（Fine）的英文首位字母。其他字母含义同前。

热轧光圆钢筋、热轧带肋钢筋的公称直径与理论重量允许偏差　　　表 6-10

表面形状	公称直径及允许偏差 （mm）		公称截面面积 （mm²）	理论重量（kg/m）及与实际 重量允许偏差（%）	
光圆钢筋	6	±0.3	28.27	0.222	±6%
	8		50.27	0.395	
	10		78.54	0.617	
	12		113.1	0.888	
	14	±0.4	153.9	1.21	±5%
	16		201.1	1.58	
	18		254.5	2.00	
	20		314.2	2.47	
	22		380.1	2.98	
带肋钢筋	6	±0.3	28.27	0.222	±6%
	8	±0.4	50.27	0.395	
	10		78.54	0.617	
	12		113.1	0.888	±5%
	14		153.9	1.21	
	16		201.1	1.58	
	18		254.5	2.00	
	20	±0.5	314.2	2.47	
	22		380.1	2.98	
	25		490.9	3.85	
	28	±0.6	615.8	4.83	±4%
	32		804.2	6.31	
	36		1 018	7.99	
	40	±0.7	1 257	9.87	
	50	±0.8	1 964	15.42	

注：表中理论重量按密度为 7.85g/cm³ 计算。

热轧光圆钢筋、热轧带肋钢筋的牌号及化学成分 表 6-11

表面形状	牌号	化学成分（质量分数，%），不大于					
		C	Si	Mn	P	S	Ceq
光圆钢筋	HPB300	0.25	0.55	1.50	0.045	0.045	—
带肋钢筋	HRB400 HRBF400 HRB400E HRBF400E	0.25	0.80	1.60	0.045	0.045	0.54
	HRB500 HRBF500 HRB500E HRBF500E						0.55
	HRB600	0.28					0.58

热轧光圆钢筋、热轧带肋钢筋的牌号、力学性能、弯曲性能 表 6-12

表面形状	牌号	公称直径 a（mm）	下屈服强度 σ_s（MPa）	抗拉强度 σ_b（MPa）	断后伸长率 δ（%）	最大力总延伸率 δ_{gt}（%）	弯曲试验（180°）弯心直径(d) 钢筋公称直径(a)
			不小于				
光圆钢筋	HPB300	6～22	300	420	25	10.0	$d=a$
带肋钢筋	HRB400 HRBF400 HRB400E HRBF400E	6～25 28～40 >40～50	400	540	16 — 	7.5 9.0	4a 5a 6a
	HRB500 HRBF500 HRB500E HRBF500E	6～25 28～40 >40～50	500	630	16 — 	7.5 9.0	6a 7a 8a
	HRB600	6～25 28～40 >40～50	600	730	14	7.5	6a 7a 8a

注：1. 公称直径 28～40mm 各牌号钢筋的断后伸长率 δ 可降低 1%；公称直径大于 40mm 各牌号钢筋的断后伸长率 δ 可降低 2%；

2. 对于没有明显屈服强度的钢，屈服强度特征值 σ_s 应采用规定比例延伸强度 $\sigma_{p0.2}$；

3. 根据供需双方协议，伸长率类型可从断后伸长率 δ 或最大力总延伸率 δ_{gt} 中选定。如伸长率类型未经协议确定，则伸长率采用 δ，仲裁检验时采用 δ_{gt}。

根据《混凝土结构工程施工质量验收规范》GB 50204—2015 和《钢筋混凝土用钢第 2 部分：热轧带肋钢筋》GB 1499.2—2018，对有抗震设防要求的结构，其纵向受力钢筋的性能应满足设计要求；当设计无具体要求时，对按一、二、三级抗震等级设计的框架和斜撑构件（含梯段）中的纵向受力普通钢筋应采用 HRB400E、HRBF400E、HRB500E、HRBF500E 钢筋，其强度和最大力总延伸率的实测值应符合下列规定：

（1）抗拉强度实测值与屈服强度实测值的比值不应小于 1.25；

（2）屈服强度实测值与屈服强度标准值的比值不应大于 1.30；

（3）最大力总延伸率不应小于 9.0％。

热轧光圆钢筋强度较低，塑性及焊接性能好，伸长率大，便于弯折成型和进行各种冷加工，我国目前广泛用于钢筋混凝土构件中，作为中小型钢筋混凝土结构的受力钢筋和各种钢筋混凝土结构的箍筋等。

热轧带肋钢筋是用低合金镇静钢或半镇静钢轧制成的钢筋，其强度较高，延性、机械连接性和可焊性及施工适应性较好，而且因表面带肋，加强了钢筋与混凝土之间的黏结力，我国目前广泛应用于大、中型钢筋混凝土结构的主要受力钢筋，经过冷拉后可用作预应力筋。

根据《混凝土结构设计规范》GB 50010—2010，纵向受力普通钢筋宜采用 HRB400、HRB500、HRBF400、HRBF500 钢筋，也可采用 HPB300、HRB400 钢筋；梁、柱纵向受力普通钢筋应采用 HRB400、HRB500、HRBF400、HRBF500 钢筋；箍筋宜采用 HRB400、HRBF400、HPB300、HRB500、HRBF500 钢筋。HRB500 和 HRB600 钢筋尚未进行充分的疲劳试验研究，因此承受疲劳作用的钢筋宜选用 HRB400 钢筋。当 HRBF 钢筋用于疲劳荷载作用的构件时，应经试验验证。

（二）钢筋混凝土用余热处理钢筋

钢筋混凝土用余热处理钢筋是热轧后利用热处理原理进行表面控制冷却（穿水），并利用芯部余热自身完成回火处理所得的成品钢筋。其表面金相组织为淬火自回火组织。

余热处理后钢筋的强度提高，但是其延性、可焊性、机械连接性及施工适应性降低。一般可用于对变形性能及加工性能要求不高的构件中，如基础、大体积混凝土、楼板、墙体以及次要的中小结构构件等。

1. 分类、牌号

根据国家标准《钢筋混凝土用余热处理钢筋》GB 13014—2013，按屈服强度特征值分为 400、500 级，按用途分为可焊和非可焊。

钢筋混凝土用余热处理钢筋牌号的构成及其含义如表 6-13。

钢筋混凝土用余热处理钢筋牌号的构成及其含义　　　　　　　　　　表 6-13

类别	牌号	牌号构成	英文字母含义
余热处理钢筋	RRB400 RRB500	由 RRB＋规定的屈服强度特征值	RRB—余热处理筋的英文缩写 W—焊接的英文缩写
	RRB400W	由 RRB＋规定的屈服强度特征值＋可焊	

2. 尺寸、重量及允许偏差

钢筋混凝土用余热处理钢筋的公称直径范围为 8～40mm，标准推荐的钢筋公称直径为 8、10、12、16、20、25、32 和 40mm。

钢筋混凝土用余热处理钢筋的实际重量与理论重量的允许偏差应符合表 6-14 的规定。

钢筋混凝土用余热处理钢筋的实际重量与理论重量的允许偏差　　　表 6-14

公称直径（mm）	实际重量与理论重量的偏差（%）
8～12	±6
14～20	±5
22～50	±4

3. 技术要求

（1）化学成分

钢筋混凝土用余热处理钢筋的化学成分和碳当量（熔炼分析）应符合表 6-15 的规定。根据需要，钢中还可加入 V、Nb、Ti 等元素。

钢筋混凝土用余热处理钢筋的化学成分　　　表 6-15

牌号	化学成分（%，不大于）					
	C	Si	Mn	P	S	Ceq
RRB400 RRB500	0.30	1.00	1.60	0.045	0.045	
RRB400W	0.25	0.80	1.60	0.045	0.045	0.50

（2）力学性能

钢筋混凝土用余热处理钢筋的力学性能特性值应符合表 6-16 的规定。

钢筋混凝土用余热处理钢筋的力学性能　　　表 6-16

牌号	R_{eL}（MPa）	R_m（MPa）	A（%）	A_{gt}（%）
	不小于			
RRB400	400	540	14	5.0
RRB500	500	630	13	
RRB400W	430	570	16	7.5

注：时效后检验结果。

对于没有明显屈服强度的钢，屈服强度特性值 R_{eL} 应采用规定非比例伸长应力 $R_{p0.2}$。

根据供需双方协议，伸长率类型可从 A 或 A_{gt} 中选定。如伸长率类型未经协议确定，则伸长率采用 A。仲裁试验时采用 A_{gt}。

（3）弯曲性能

钢筋混凝土用余热处理钢筋的弯曲性能应符合表 6-17 的规定。按表 6-17 规定的弯芯直径弯曲 180°后，钢筋受弯曲部位表面不得产生裂纹。

钢筋混凝土用余热处理钢筋的弯曲性能　　　表 6-17

牌号	公称直径 a（mm）	弯芯直径 d
RRB400	8～25	$4a$
RRB400W	28～40	$5a$
RRB500	8～25	$6a$

钢筋混凝土用余热处理钢筋的拉伸、弯曲试验试样，不允许进行车削加工。

国家标准《钢筋混凝土用余热处理钢筋》GB 13014—2013，不适用于由成品钢材和废旧钢材再次轧制成的钢筋。

钢筋混凝土用余热处理钢筋的应用与热轧带肋钢筋基本类似。土木工程中常用的余热处理钢筋牌号为RRB400，根据《混凝土结构设计规范》GB 50010—2010，RRB400 钢筋宜作为纵向受力普通钢筋；RRB400 钢筋不宜用于直接承受疲劳荷载的构件。

（三）冷轧带肋钢筋

冷轧带肋钢筋是由热轧光圆钢筋为母材，经冷轧减径后其表面冷轧成二面肋、三面肋（月牙肋）和四面肋的钢筋，截面形状见图 6-7。

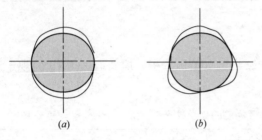

图 6-7 冷轧带肋钢筋截面上月牙肋分布情况
(a) 二面有肋；(b) 三面有肋

1. 牌号

根据国家标准《冷轧带肋钢筋》GB 13788—2017，牌号由 CRB 和抗拉强度特征值及 H 构成。C、R、B、H 分别表示冷轧（Cold rolled）、带肋（Ribbed）、钢筋（Bars）、高延性（High elongation）四个词的英文首位字母。

冷轧带肋钢筋分为 CRB550、CRB650、CRB800、CRB600H、CRB680H、CRB800H 六个牌号。CRB550、CRB600H 为普通钢筋混凝土用钢筋，CRB650、CRB800、CRB800H 为预应力混凝土用钢筋，CRB680H 既可作为普通钢筋混凝土用钢筋，也可作为预应力混凝土用钢筋。

2. 尺寸、重量及允许偏差

二面肋、三面肋和四面肋钢筋的尺寸、重量及允许偏差应符合表 6-18 和表 6-19 的规定。

二面肋和三面肋钢筋的尺寸、重量及允许偏差 表 6-18

公称直径 d (mm)	公称横截面积 (mm²)	重量		横肋中点高		横肋间隙		相对肋面积 f_r (不小于)
		理论重量 (kg/m)	允许偏差 (%)	h_r (mm)	允许偏差 (mm)	l (mm)	允许偏差 (%)	
4	12.6	0.099		0.30		4.0		0.036
4.5	15.9	0.125		0.32		4.0		0.039
5	19.6	0.154		0.32		4.0		0.039
5.5	23.7	0.186		0.40		5.0		0.039
6	28.3	0.222	±4	0.40	+0.10 −0.05	5.0	±15	0.039
6.5	33.2	0.261		0.46		5.0		0.045
7	38.5	0.302		0.46		5.0		0.045
7.5	44.2	0.347		0.55		6.0		0.045
8	50.3	0.395		0.55		6.0		0.045

公称直径 d （mm）	公称 横截面积 （mm²）	重量		横肋中点高		横肋间隙		相对肋面积 f_r （不小于）
		理论重量 （kg/m）	允许偏差 （%）	h （mm）	允许偏差 （mm）	l （mm）	允许偏差 （%）	
8.5	56.7	0.445		0.55		7.0		0.045
9	63.6	0.499		0.75		7.0		0.052
9.5	70.8	0.556		0.75		7.0		0.052
10	78.5	0.617		0.75		7.0		0.052
10.5	86.5	0.679	±4	0.75	±0.10	7.4	±15	0.052
11	95.0	0.746		0.85		7.4		0.056
11.5	103.8	0.815		0.95		8.4		0.056
12	113.1	0.888		0.95		8.4		0.056

四面肋钢筋的尺寸、重量及允许偏差　　　　　表 6-19

公称直径 d （mm）	公称 横截面积 （mm²）	重量		横肋中点高		横肋间隙		相对肋面积 f_r （不小于）
		理论重量 （kg/m）	允许偏差 （%）	h （mm）	允许偏差 （mm）	l （mm）	允许偏差 （%）	
6	28.3	0.222		0.39	+0.10 −0.05	5.0		0.039
7	38.5	0.302		0.45		5.3		0.045
8	50.3	0.395		0.52		5.7		0.045
9	63.6	0.499	±4	0.59		6.1	±15	0.052
10	78.5	0.617		0.65		6.5		0.052
11	95.0	0.746		0.72	±0.10	6.8		0.056
12	113	0.888		0.75		7.2		0.056

3. 技术性能

根据国家标准《冷轧带肋钢筋》GB 13788—2017，力学性能和工艺性能应符合表 6-20 的规定。

冷轧带肋钢筋的力学性能和工艺性能　　　　　表 6-20

牌号	规定塑性 延伸强度 $R_{p0.2}$ （MPa， 不小于）	抗拉强度 R_m （MPa， 不小于）	断后伸长率 （%，不小于）		最大力总 延伸率 （%， 不小于）	弯曲试验[a] 180°	反复弯曲 次数	应力松弛初始应力 应相当于公称抗 拉强度的70%
			A	A_{100mm}	A_{gt}			1000h 松弛率（%， 不大于）
CRB550	500	550	11.0	—	2.5	$D=3d$	—	—

牌号	规定塑性延伸强度 $R_{p0.2}$ (MPa, 不小于)	抗拉强度 R_m (MPa, 不小于)	断后伸长率 (%, 不小于)		最大力总延伸率 (%, 不小于)	弯曲试验[a] 180°	反复弯曲次数	应力松弛初始应力应相当于公称抗拉强度的70%
			A	A_{100mm}	A_{gt}			1000h 松弛率 (%, 不大于)
CRB600H	540	600	14.0	—	5.0	$D=3d$	—	—
CRB680H[b]	600	680	14.0	—	5.0	$D=3d$	4	5
CRB650	585	650		4.0	2.5		3	8
CRB800	720	800		4.0	2.5		3	8
CRB800H	720	800		7.0	4.0		4	5

注：1. [a] D 为弯心直径，d 为钢筋公称直径；

　　2. [b] 当该牌号钢筋作为普通钢筋混凝土用钢筋使用时，对反复弯曲和应力松弛不做要求；当该牌号钢筋作为预应力混凝土用钢筋使用时，应进行反复弯曲试验代替 180°弯曲试验，并检验松弛率。

该牌号钢筋的 $R_m/R_{p0.2}$ 比值应不小于 1.05。

CRB550、CRB600H、CRB680H 钢筋的公称直径范围为 4～12mm。CRB650、CRB800、CRB800H 钢筋的公称直径为 4mm、5mm、6mm。直条钢筋的每米弯曲度不大于 4mm，总弯曲度不大于钢筋全长的 0.4％。经供需双方协议，钢筋可用最大力总延伸率代替断后伸长率。供方在保证 1000h 松弛率合格基础上，允许使用推算法确定 1000h 松弛。

（四）预应力混凝土用钢棒

预应力混凝土用钢棒是由低合金热轧圆盘条经淬火和回火所得钢棒。

根据国家标准《预应力混凝土用钢棒》GB/T 5223.3—2017。

1. 分类。

按钢棒表面形状分为光圆钢棒、螺旋槽钢棒、螺旋肋钢棒、带肋钢棒四种。

2. 代号及标记。

预应力混凝土用钢棒代号为 RCB，光圆钢棒代号为 P，螺旋槽钢棒代号为 HG，螺旋肋钢棒代号为 HR，带肋钢棒代号为 R，低松弛代号为 L。

产品标记中应含有预应力钢棒、公称直径、公称抗拉强度、代号、延性级别（延性 35 或延性 25）、低松弛（L）标准号。

3. 技术性能。

尺寸、重量、性能等应符合表 6-21 的规定。伸长特性（包括延性级别和相应伸长率）应符合表 6-22 的规定。

表面形状类型	公称直径 D_a (mm)	公称横截面积 S_n (mm²)	横截面积 S (mm²) 最小	横截面积 S (mm²) 最大	每米参考重量 (g/m)	抗拉强度 R_m (MPa, 不小于)	规定塑性延伸强度 $R_{p0.2}$ (MPa, 不小于)	弯曲性能 性能要求	弯曲性能 弯曲半径 (mm)
光圆	6	28.3	26.8	29.0	222			反复弯曲不小于 4 次/180°	15
	7	38.5	36.3	39.5	302				20
	8	50.3	47.5	51.1	394				20
	10	78.5	74.1	80.4	616				25
	11	95.0	93.1	97.4	746			弯曲 160°～180°后弯曲处无裂缝	弯心直径为钢棒公称直径的 10 倍
	12	113	106.8	115.8	887				
	13	133	130.3	136.3	1044				
	14	154	145.6	157.8	1209				
	16	201	190.2	206.0	1578				
螺旋槽	7.1	40	39.0	41.7	314	对所有规格钢棒 1080 1230 1420 1570	对所有规格钢棒 930 1080 1280 1420	—	
	9	64	62.4	66.5	502				
	10.7	90	87.5	93.6	707				
	12.6	125	121.5	129.9	981				
螺旋肋	6	28.3	26.8	29.0	222			反复弯曲不小于 4 次/180°	15
	7	38.5	36.3	39.5	302				20
	8	50.3	47.5	51.1	394				20
	10	78.5	74.1	80.4	616				25
	12	113	106.8	115.8	888			弯曲 160°～180°后弯曲处无裂缝	弯心直径为钢棒公称直径的 10 倍
	14	154	145.6	157.8	1 209				
带肋	6	28.3	26.8	29.0	222			—	
	8	50.3	47.5	51.1	394				
	10	78.5	74.1	80.4	616				
	12	113	106.8	115.8	887				
	14	154	145.6	157.8	1209				
	16	201	190.2	206.0	1578				

预应力混凝土用钢棒伸长特性　　　　表 6-22

延性级别	最大力总延伸率 δ_{gt} (%)	断后伸长率 δ (%)
延性 35	3.5	7.0
延性 25	2.5	5.0

注：1. 日常检验可用断后伸长率，仲裁试验以最大力总延伸率为准；

　　2. 最大力总延伸率标距 $L_0＝200$mm；

　　3. 断后伸长率标距 L_0 为钢棒公称直径的 8 倍。

4. 应用。

预应力混凝土用钢棒具有高强度、高韧性和高握裹力等优点，主要用于预应力混凝土桥梁轨枕，还用于预应力梁、板结构及吊车梁等。

预应力混凝土用钢棒成盘供应，开盘后能自行伸直，不需调直和焊接，施工方便，且节约钢材。

（五）预应力混凝土用钢丝

预应力混凝土用钢丝是用索氏体化盘条制造，经冷拉或冷拉后消除应力处理制成。

根据国家标准《预应力混凝土用钢丝》GB/T 5223—2014，钢丝按加工状态分为冷拉钢丝（代号为 WCD）和消除应力低松弛钢丝（代号为 WLR）两类；钢丝按外形分为光圆钢丝（代号为 P）、螺旋肋钢丝（代号为 H）和刻痕钢丝（代号为 I）三种。

预应力混凝土用钢丝产品标记由预应力钢丝、公称直径、抗拉强度等级、加工状态代号、外形代号、标准编号等六部分组成。例如：预应力钢丝 7.00-1570-WLR-H-GB/T 5223—2014。

冷拉钢丝的力学性能应符合表 6-23。消除应力的光圆、螺旋肋钢丝及刻痕钢丝的力学性能应符合表 6-24。

冷拉钢丝的力学性能

表 6-23

公称直径 d_n (mm)	公称抗拉强度 R_m (MPa)	最大力的特征值 F_m (kN)	最大力的最大值 $F_{m.max}$ (kN)	0.2%屈服力 $F_{p0.2}$ (kN) 不小于	每 210mm 扭矩的扭转次数 N 不小于	断面收缩率 Z (%) 不小于	氢脆敏感性负载为 70%最大力时，断裂时间 t (h) 不小于	应力松弛性能初始力为最大力 70%时，1000h 应力松弛率 r (%) 不大于
4.00	1470	18.48	20.99	13.86	10	35	75	7.5
5.00		28.86	32.79	21.65	10	35		
6.00		41.56	47.21	31.17	8	30		
7.00		56.57	64.27	42.42	8	30		
8.00		73.88	83.93	55.41	7	30		
4.00	1570	19.73	22.24	14.80	10	35		
5.00		30.82	34.75	23.11	10	35		
6.00		44.38	50.03	33.29	8	30		
7.00		60.41	68.11	45.31	8	30		
8.00		78.91	88.96	59.18	7	30		
4.00	1670	20.99	23.50	15.74	10	35		
5.00		32.78	36.71	24.59	10	35		
6.00		47.21	52.86	35.41	8	30		
7.00		64.26	71.96	48.20	8	30		
8.00		83.93	93.99	62.95	6	30		
4.00	1770	22.25	24.76	16.69	10	35		
5.00		34.75	38.68	26.06	10	35		
6.00		50.04	55.69	37.53	8	30		
7.00		68.11	75.81	51.08	6	30		

注：0.2%屈服力 $F_{p0.2}$ 应不小于最大力的特征值 F_m 的 75%。

表 6-24

消除应力光圆及螺旋肋钢丝的力学性能

公称直径 d_n (mm)	公称抗拉强度 R_m (MPa)	最大力的特征值 F_m (kN)	最大力的最大值 $F_{m.max}$ (kN)	0.2%屈服力 $F_{p0.2}$ (kN) 不小于	最大力总伸长率 ($L_0=200mm$) A_{gt} (%) 不小于	反复弯曲性能		应力松弛性能	
						弯曲次数/(次/180°) 不小于	弯曲半径 R (mm)	初始应力相当于实际最大力的百分数 (%)	1000h应力松弛率 r (%) 不大于
4.00		18.48	20.99	16.22		3	10		
4.80		26.61	30.23	23.35		4	15		
5.00		28.86	32.78	25.32		4	15		
6.00		41.56	47.21	36.47		4	15		
6.25		45.10	51.24	39.58		4	20		
7.00		56.57	64.26	49.64		4	20		
7.50	1470	64.94	73.78	56.99		4	20		
8.00		73.88	83.93	64.84		4	20		
9.00		93.52	106.25	82.07		4	25		
9.50		104.19	118.37	91.44		4	25		
10.00		115.45	131.16	101.32		4	25		
11.00		139.69	158.70	122.59		—	—		
12.00		166.26	188.88	145.90		—	—		
4.00		19.73	22.24	17.37		3	10		
4.80		28.41	32.03	25.00		4	15		
5.00		30.82	34.75	27.12		4	15		
6.00		44.38	50.03	39.06		4	15		
6.25		48.17	54.31	42.39		4	20		
7.00		60.41	68.11	53.16		4	20		
7.50	1570	69.36	78.20	61.04		4	20		
8.00		78.91	88.96	69.44	3.5	4	20	70	2.5
9.00		99.88	112.60	87.89		4	25		
9.50		111.28	125.46	97.93		4	25	80	4.5
10.00		123.31	139.02	108.51		4	25		
11.00		149.20	168.21	131.30		—	—		
12.00		177.57	200.19	156.26		—	—		
4.00		20.99	23.50	18.47		3	10		
5.00		32.78	36.71	28.85		4	15		
6.00		47.21	52.86	41.54		4	15		
6.25	1670	51.24	57.38	45.09		4	20		
7.00		64.26	71.96	56.55		4	20		
7.50		73.78	82.62	64.93		4	20		
8.00		83.93	93.98	73.86		4	20		
9.00		106.25	118.97	93.50		4	25		
4.00		22.25	24.76	19.58		3	10		
5.00		34.75	38.68	30.58		4	15		
6.00	1770	50.04	55.69	44.03		4	15		
7.00		68.11	75.81	59.94		4	20		
7.50		78.20	87.04	68.81		4	20		
4.00		23.38	25.89	20.57		3	10		
5.00	1860	36.51	40.44	32.13		4	15		
6.00		52.58	58.23	46.27		4	15		
7.00		71.57	79.27	62.98		4	20		

注：1. 0.2%屈服力 $F_{p0.2}$ 应不小于最大力的特征值 F_m 的88%；
    2. 消除应力的刻痕钢丝的力学性能，除弯曲次数外其他应符合应符合表6-24规定；
    3. 对所有规格消除应力的刻痕钢丝，其弯曲次数均应不小于3次。

预应力混凝土用钢丝具有强度高、柔性好、松弛率低、抗腐蚀性强、质量稳定、安全可靠等特点，主要用于大跨度屋架及薄腹梁、大跨度吊车梁、桥梁等预应力结构。

目前我国，增列中强度预应力钢丝，以补充中等强度预应力筋的空缺，用于中、小跨度的预应力构件；逐步淘汰锚固性能差的刻痕钢丝。

（六）预应力混凝土用螺纹钢筋

预应力混凝土用螺纹钢筋（也称精轧螺纹钢筋）是一种热轧成带有不连续外螺纹的直条大直径预应力筋，该钢筋在任意截面处，均可用带有匹配形状的内螺纹的连接器或锚具进行连接或锚固。

根据国家标准《预应力混凝土用螺纹钢筋》GB/T 20065—2006。

1. 强度等级代号。预应力混凝土用螺纹钢筋以屈服强度划分级别，其代号为"PSB"加上规定屈服强度最小值来表示。P、S、B分别为Prestressing、Screw、Bars的英文首位字母。例如：PSB830，表示屈服强度最小值为830MPa的预应力混凝土用螺纹钢筋。

2. 重量允许偏差。实际重量与理论重量的允许偏差应不大于理论重量的±4%，标准推荐的公称直径为25 mm、32 mm。外形采用螺纹状无纵肋且钢筋两侧螺纹在同一螺旋线上，其外形如图6-8所示。

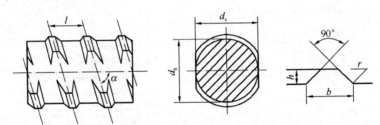

图 6-8　预应力混凝土用螺纹钢筋表面及截面形状

d_h—基圆直径；d_v—基圆直径；h—螺纹高；b—螺纹底宽；

l—螺距；r—螺纹根弧；α—导角

3. 力学性能。力学性能应符合表6-25的规定，以保证经过不同方法加工的成品钢筋。

预应力混凝土用螺纹钢筋的力学性能 表6-25

级别	屈服强度 R_{eL} (MPa)	抗拉强度 R_m (MPa)	断后伸长率 A (%)	最大力总伸长率 A_{gt} (%)	应力松弛性能	
					初始应力	1000h后应力松弛率 V_r (%)，不大于
	不小于					
PSB785	785	980	7	3.5	0.8R_{eL}	3
PSB830	830	1030	6			
PSB930	930	1080	6			
PSB1080	1080	1230	6			

注：无明显屈服时，用规定非比例延伸强度（$R_{p0.2}$）代替。

（1）供方在保证钢筋1000h松弛性能合格的基础上，可进行10h松弛试验，初始应力为公称屈服强度的80%，松弛率不大于1.5%。

（2）伸长率类型通常选用A，经供需双方协商，也可选用A_{gt}。

（3）经供需双方协商，可提供其他规格的钢筋，可进行疲劳试验。

4. 表面质量。

（1）钢筋表面不得有横向裂纹、结疤和折叠。

（2）允许有不影响钢筋力学性能和连接的其他缺陷。

（七）预应力混凝土用钢绞线

预应力混凝土用钢绞线应以热轧盘条钢丝为原料，经冷拔后捻制成钢绞线。捻制后，钢绞线应进行连续的稳定化处理。

根据国家标准《预应力混凝土用钢绞线》GB/T 5224—2014，钢绞线按结构分为8类，其结构代号分别为：1×2（用两根钢丝捻制）、1×3（用三根钢丝捻制）、1×3I（用三根刻痕钢丝捻制）、1×7（用七根钢丝捻制的标准型）、1×7I（用六根刻痕钢丝和一根光圆中心钢丝捻制）、(1×7) C（用七根钢丝捻制又经模拔）、1×19S（用十九根钢丝捻制的1+9+9西鲁式）、1×19W（用十九根钢丝捻制的1+6+6/6瓦林吞式）。

预应力混凝土用钢绞线的产品标记由预应力钢绞线、结构代号、公称直径、强度级别、标准编号等5部分组成，例如：预应力钢绞线 1×7-15.20-1860- GB/T 5224—2014。

根据国家标准《预应力混凝土用钢绞线》GB/T 5224—2014，1×2结构钢绞线、1×3结构钢绞线、1×7结构钢绞线、1×19结构钢绞线的力学性能应分别符合表6-26～表6-29的规定。我国预应力混凝土结构中目前最常用的是1×7结构钢绞线。

1×2结构钢绞线力学性能　　　　　　　　　　表6-26

钢绞线结构	钢绞线公称直径 D_n（mm）	公称抗拉强度 R_m（MPa）不小于	整根钢绞线的最大力 F_m（kN）不小于	整根钢绞线最大力的最大值 $F_{m.max}$（kN）不大于	0.2%屈服力 $F_{p0.2}$（kN）不小于	最大力总伸长率（$L_0 \geq$ 400mm）A_{gt}（%）不小于	应力松弛性能	
							初始负荷相当于实际最大力的百分数（%）	1000h应力松弛率 r（%）不大于
							对所有规格	
1×2	8.00	1470	36.9	41.9	32.5	3.5	70	2.5
	10.00		57.8	65.6	50.9			
	12.00		83.1	94.4	73.1			
	5.00	1570	15.4	17.4	13.6			
	5.80		20.7	23.4	18.2			
	8.00		39.4	44.4	34.7			
	10.00		61.7	69.6	54.3			
	12.00		88.7	100	78.1			
	5.00	1720	16.9	18.9	14.9		80	4.5
	5.80		22.7	25.3	20.0			
	8.00		43.2	48.2	38.0			
	10.00		67.6	75.5	59.5			
	12.00		97.2	108	85.5			

钢绞线结构	钢绞线公称直径 D_n (mm)	公称抗拉强度 R_m (MPa) 不小于	整根钢绞线的最大力 F_m (kN) 不小于	整根钢绞线最大力的最大值 $F_{m.max}$ (kN) 不大于	0.2%屈服力 $F_{p0.2}$ (kN) 不小于	最大力总伸长率 ($L_0 \geqslant$ 400mm) A_{gt} (%) 不小于	应力松弛性能	
							初始负荷相当于实际最大力的百分数(%)	1000h应力松弛率 r (%) 不大于
							对所有规格	
1×2	5.00	1860	18.3	20.2	16.1	3.5	70	2.5
	5.80		24.6	27.2	21.6			
	8.00		46.7	51.7	41.1			
	10.00		73.1	81.0	64.3			
	12.00		105	116	92.5			
	5.00	1960	19.2	21.2	16.9		80	4.5
	5.80		25.9	28.5	22.8			
	8.00		49.2	54.2	43.3			
	10.00		77.0	84.9	67.8			

1×3 结构钢绞线力学性能　　　　　　　　　　　　　　表 6-27

钢绞线结构	钢绞线公称直径 D_n (mm)	公称抗拉强度 R_m (MPa) 不小于	整根钢绞线的最大力 F_m (kN) 不小于	整根钢绞线最大力的最大值 $F_{m.max}$ (kN) 不大于	0.2%屈服力 $F_{p0.2}$ (kN) 不小于	最大力总伸长率 ($L_0 \geqslant$ 400mm) A_{gt} (%) 不小于	应力松弛性能	
							初始负荷相当于实际最大力的百分数(%)	1000h应力松弛率 r (%) 不大于
							对所有规格	
1×3	8.60	1470	55.4	63.0	48.8	3.5	70	2.5
	10.80		86.6	98.4	76.2			
	12.90		125	142	110			
	6.20	1570	31.1	35.0	27.4			
	6.50		33.3	37.5	29.3			
	8.60		59.2	66.7	52.1			
	8.74		60.6	68.3	53.3			
	10.80		92.5	104	81.4			
	12.90		133	150	117			
	8.84	1670	64.5	72.2	56.8			
	6.20	1720	34.1	38.0	30.0			
	6.50		36.5	40.7	32.1			
	8.60		64.8	72.4	57.0		80	4.5
	10.80		101	113	88.9			
	12.90		146	163	128			
	6.20	1860	36.8	40.8	32.4			
	6.50		39.4	43.7	34.7			
	8.60		70.1	77.7	61.7			
	8.74		71.8	79.5	63.2			
	10.80		110	121	96.8			
	12.90		158	175	139			
	6.20	1960	38.8	42.8	34.1			
	6.50		41.6	45.8	36.6			
	8.60		73.9	81.4	65.0			
	10.80		115	127	101			
	12.90		166	183	146			

钢绞线结构	钢绞线公称直径 D_n (mm)	公称抗拉强度 R_m (MPa) 不小于	整根钢绞线的最大力 F_m (kN) 不小于	整根钢绞线最大力的最大值 $F_{m.max}$ (kN) 不大于	0.2%屈服力 $F_{p0.2}$ (kN) 不小于	最大力总伸长率 ($L_0 \geqslant$ 400mm) A_{gt} (%) 不小于	应力松弛性能	
							初始负荷相当于实际最大力的百分数（%）	1000h应力松弛率 r (%) 不大于
							对所有规格	
1×3 I	8.70	1570	60.4	68.1	53.2	3.5	70	2.5
		1720	66.2	73.9	58.3			
		1860	71.6	79.3	63.0		80	4.5

1×7 结构钢绞线力学性能　　表 6-28

钢绞线结构	钢绞线公称直径 D_n (mm)	公称抗拉强度 R_m (MPa) 不小于	整根钢绞线的最大力 F_m (kN) 不小于	整根钢绞线最大力的最大值 $F_{m.max}$ (kN) 不大于	0.2%屈服力 $F_{p0.2}$ (kN) 不小于	最大力总伸长率 ($L_0 \geqslant$ 500mm) A_{gt} (%) 不小于	应力松弛性能	
							初始负荷相当于实际最大力的百分数（%）	1000h应力松弛率 r (%) 不大于
							对所有规格	
1×7	15.20 (15.24)	1470	206	234	181	3.5	70	2.5
		1570	220	248	194			
		1670	234	262	206			
	9.50 (9.53)	1720	94.3	105	83.0			
	11.10 (11.11)		128	142	113			
	12.70		170	190	150			
	15.20 (15.24)		241	269	212			
	17.80 (17.78)		327	365	288			
	18.90	1820	400	444	352			
	15.70	1770	266	296	234			
	21.60		504	561	444			
	9.50 (9.53)	1860	102	113	89.8		80	4.5
	11.10 (11.11)		138	153	121			
	12.70		184	203	162			
	15.20 (15.24)		260	288	229			
	15.70		279	309	246			
	17.80 (17.78)		355	391	311			
	18.90		409	453	360			
	21.60		530	587	466			
	9.50 (9.53)	1960	107	118	94.2			
	11.10 (11.11)		145	160	128			
	12.70		193	213	170			
	15.20 (15.24)		274	302	241			

钢绞线结构	钢绞线公称直径 D_n (mm)	公称抗拉强度 R_m (MPa) 不小于	整根钢绞线的最大力 F_m (kN) 不小于	整根钢绞线最大力的最大值 $F_{m.max}$ (kN) 不大于	0.2%屈服力 $F_{p0.2}$ (kN) 不小于	最大力总伸长率 ($L_0 \geqslant$ 400mm) A_{gt} (%) 不小于	应力松弛性能	
							初始负荷相当于实际最大力的百分数（%）	1000h应力松弛率 r（%）不大于
							对所有规格	
1×7 I	12.70	1860	184	203	162			
	15.20 (15.24)		260	288	229		70	2.5
(1×7) C	12.70	1820	208	231	183	3.5		
	15.20 (15.24)		300	333	264		80	4.5
	18.00	1720	384	428	338			

1×19 结构钢绞线力学性能 表 6-29

钢绞线结构	钢绞线公称直径 D_n (mm)	公称抗拉强度 R_m (MPa) 不小于	整根钢绞线的最大力 F_m (kN) 不小于	整根钢绞线最大力的最大值 $F_{m.max}$ (kN) 不大于	0.2%屈服力 $F_{p0.2}$ (kN) 不小于	最大力总伸长率 ($L_0 \geqslant$ 500mm) A_{gt} (%) 不小于	应力松弛性能	
							初始负荷相当于实际最大力的百分数（%）	1000h应力松弛率 r（%）不大于
							对所有规格	
1×19S (1+9+9)	28.6	1720	915	1 021	805			
	17.8	1770	368	410	334			
	19.3		431	481	379			
	20.3		480	534	422			
	21.8		554	617	488			
	28.6		942	1 048	829		70	2.5
	20.3	1810	491	545	432	3.5		
	21.8		567	629	499			
	17.8	1860	387	428	341		80	4.5
	19.3		454	503	400			
	20.3		504	558	444			
	21.8		583	645	513			
1×19W (1+6+6/6)	28.6	1720	915	1 021	805			
		1770	942	1 048	829			
		1860	990	1 096	854			

注：1. 钢绞线弹性模量为 195±10GPa，可不作为交货条件；当需方要求时，应满足该范围值；

2. 0.2%屈服力 $F_{p0.2}$ 值应为整根钢绞线实际最大力 $F_{m.max}$ 的 88%～95%；

3. 根据供需双方协议，可以提供表 6-26～表 6-29 以外的强度级别的钢绞线；

4. 如无特殊要求，只进行初始力为 70% $F_{m.max}$ 的松弛试验，允许使用推算法进行 120h 松弛试验确定 1000h 松弛率。用于矿山支护的 1×19 结构钢绞线的松弛率不做要求。

预应力钢绞线具有强度高、与混凝土黏结性能好、易于锚固等特点，多使用于大跨度、重荷载的预应力混凝土结构。

我国目前，推广应用高强、大直径的预应力钢绞线。

三、钢结构用钢

在钢结构用钢中一般可直接选用各种规格与型号的型钢，构件之间可直接连接或附件连接。连接方式为铆接、栓接或焊接。因此，钢结构用钢主要是型钢和钢板。型钢和钢板的成型方法主要有热轧和冷轧。

1. 热轧型钢

热轧型钢主要采用碳素结构钢 Q235-A，低合金高强度结构钢 Q345 和 Q390 等热轧成型。

常用的热轧型钢有角钢、工字钢、槽钢、T 型钢、H 型钢、Z 型钢等。热轧型钢的标记方式为一组符号中需要标示：型钢名称、横断面主要尺寸、型钢标准号、钢牌号及钢种标准。例如，用碳素结构钢 Q235-A 轧制的，尺寸为 $160mm \times 160mm \times 16mm$ 的等边角钢，应标示为：

$$\text{热轧等边角钢} \frac{160 \times 160 \times 16\text{-GB }9787\text{—}88}{\text{Q235-A-GB/T }700\text{—}2006}$$

碳素结构钢 Q235-A 制成的热轧型钢，强度适中，塑性和可焊性较好，冶炼容易，成本低，适用于土木工程中的各种钢结构。低合金高强度结构钢 Q345 和 Q390 制成的热轧型钢，综合性能较好，适用于大跨度、承受动荷载的钢结构。

2. 钢板和压型钢板

钢板是用碳素结构钢或低合金高强度结构钢经热轧或冷轧生产的扁平钢材。以平板状态供货的称为钢板，以卷状态供货的称为钢带。厚度大于 4mm 以上为厚板，厚度小于或等于 4mm 的为薄板。

热轧碳素结构钢厚板，是钢结构用主要钢材。薄板主要用作屋面、墙面、压型板等原料。低合金高强度结构钢厚板，用于重型结构、大跨度桥梁和高压容器等。

压型钢板是用薄板经冷压或冷轧成波形、双曲线、V 形等形状，压型钢板有涂层薄板、镀锌薄板、防腐薄板等。具有单位质量轻、强度高、抗震性能好、施工快、外形美观等优点。主要用于维护结构、楼板、屋面等。

3. 冷弯薄壁型钢

冷弯薄壁型钢是用 2～6mm 的薄钢板经冷弯或模压制成，有角钢、槽钢等开口薄壁型钢及方形、矩形等空心薄壁型钢，主要用于轻型钢结构。

冷弯薄壁型钢的表示方法与热轧型钢相同。

土木工程中钢筋混凝土用钢和钢结构用钢，主要根据结构的重要性、承受荷载类型（动荷载或静荷载）、承受荷载方式（直接或间接等）、连接方法（焊接、铆接或栓接）、温度条件（正温或负温）等，综合考虑钢种或钢牌号、质量等级和脱氧方法等进行选用。

第六节　钢材的腐蚀与防护

金属腐蚀现象是十分普遍的。从热力学的观点出发，除了少数贵金属（Au、Pt）外，一般金属发生腐蚀都是自发过程。可以说，人类有效地利用金属的历史，就是与金属腐蚀做斗争的历史。近 50 年来，金属腐蚀已逐渐发展成为一门独立的综合性学科，如"金属腐蚀学"、"金属腐蚀动力学"等学科。随着现代工业的迅速发展，使原来大量使用的高强度钢构件不断暴露出严重的腐蚀问题，引起许多相关学科的关注。

金属腐蚀给社会带来巨大的经济损失，造成了灾难性事故，耗竭了宝贵的资源与能源，污染了环境，阻碍了高科技的正常发展。根据一些发达国家的调查报告，每年由于金属腐蚀而造成的经济损失约占国民经济生产总值的 2%～4%。美国，1989 年约为 2000 亿美元，约占当年国民生产总值的 4.2%；1998 年直接损失约为 2760 亿美元，约占当年国民生产总值的 3.1%。英国，1970 年约为 13.65 亿英镑，约占国民生产总值的 3.5%。日本，1967 年约为 92 亿美元，约占国民生产总值的 1.8%；1997～1998 年直接损失约为 39380 亿日元。苏联，1967 年约为 67 亿美元，约占国民生产总值的 2%。联邦德国，1974 年约为 60 亿美元，约占国民生产总值的 3%。其他国家如德国、印度、法国等也做过调查，报告指出因金属腐蚀带来的直接经济损失也都在 3%左右。中国，2010 年因海水腐蚀金属造成的损失约为 12000 亿元人民币，约占 GDP 的 3%，相当于每个中国人为此损失付出了约 1000 元人民币；如果按照 3%计算，2014 年的损失超过 19000 亿元人民币，其中，海洋腐蚀损失占相当大的比例。根据《中国腐蚀调查报告》（2003），中国因金属腐蚀造成的总经济损失约占 GDP 的 5%，美国约占 GDP 的 3.4%，日本约占 GDP 的 2.8%。

中国，因金属腐蚀所造成的经济损失大于所有自然灾害所造成的经济损失的总和，具体数据如表 6-30。

中国金属腐蚀损失大于所有自然灾害损失的总和　　　　　　　　　　　　　　表 6-30

中国	GDP（万亿）	金属腐蚀损失（5% GDP）	所有自然灾害损失（万亿）	腐蚀/自然灾害（倍数）
2012 年	51.9	2.6	0.42	6.2
2011 年	47.2	2.36	0.31	7.6
2010 年	39.8	1.99	0.53	3.8
2009 年	33.5	1.68	0.25	6.7
2008 年	31.4	1.57	1.18（其中汶川地震损失 0.85）	1.3

一、建筑钢材的腐蚀

钢材腐蚀是钢材受环境介质的化学作用、电化学作用而破坏的现象。U. R. Evans（艾文斯）认为："金属腐蚀是金属从元素态转变为化合态的化学变化及电化学变化。"

建筑钢材的腐蚀是复杂的，常受到多种条件的耦合作用。根据不同的划分方法，建筑钢材的腐蚀类型很多。依据环境介质主要分为：大气腐蚀、干湿腐蚀、海水腐蚀、工业环境腐蚀、土壤腐蚀、电解液中腐蚀等；依据腐蚀因素主要分为：宏观电池腐蚀、电偶腐蚀（接触腐蚀）、摩擦腐蚀、应力腐蚀等；依据腐蚀形态主要分为：均匀腐蚀（全面腐蚀）、不均匀腐蚀、局部腐蚀（点蚀、坑蚀）、腐蚀疲劳等；依据腐蚀机理主要分为：化学腐蚀和电化学腐蚀。

钢结构中，钢材的腐蚀导致钢材有效截面积减小、氧化膜破坏、应力腐蚀破裂（开裂或断裂）、产生蚀坑应力集中、氢脆或氢致、体积膨胀、产生各种化学物质、物理溶解、失去光泽等，是导致钢结构耐久性失效的重要因素。尤其在冲击荷载、循环交变荷载（疲劳荷载）作用下，将产生腐蚀疲劳和应力腐蚀现象，使钢材的疲劳强度显著降低，甚至出现脆性断裂。

根据统计调查结果表明，在所有钢材腐蚀中腐蚀疲劳、全面腐蚀和应力腐蚀引起的钢结构破坏事故所占比率较高，分别为 23%、22% 和 19%。由于应力腐蚀和氢脆的突发性，因此其危害性最大，常常造成灾难性事故，在实际生产和应用中应引起足够的重视。

混凝土结构中，钢筋锈蚀（在混凝土结构工程领域将"腐蚀"习惯称为"锈蚀"）膨胀引起混凝土保护层顺筋开裂，是导致混凝土结构耐久性失效的重要因素，是混凝土结构破坏的重要原因。混凝土结构中钢筋的锈蚀不仅导致钢筋横截面积减小、钢筋力学性能劣化（如应力不均匀分布、锈坑应力集中）、钢筋与混凝土黏结性能降低；而且钢筋锈蚀产物具有体积膨胀的特性，导致混凝土锈胀开裂，进而进一步加剧钢筋锈蚀，促使钢筋与混凝土的黏结力不断降低，改变混凝土结构受力体系，最终使混凝土结构性能降低或加速混凝土结构破坏。

建筑钢材腐蚀是混凝土结构和钢结构破坏的重要原因。混凝土结构和钢结构的失效形式取决于材料、受力状态、环境条件、结构特征等。

钢材的腐蚀都是从表面开始。根据腐蚀机理以及与环境介质直接发生反应，建筑钢材的腐蚀主要为化学腐蚀和电化学腐蚀。

（一）钢材的化学腐蚀

钢材的化学腐蚀是钢材直接与周围介质发生化学作用而引起的腐蚀。化学腐蚀多数是氧化作用，氧化性介质有空气、氧、水蒸气、二氧化碳、二氧化硫、氯等。化学腐蚀的特征是在钢材表面生成较疏松的氧化物（腐蚀产物）。化学腐蚀随温度、湿度的提高而加速，干湿交替环境中钢材腐蚀更为严重。

钢材在高温下和干燥的气体接触或在非电解质环境中，一般产生化学腐蚀。

（二）钢材的电化学腐蚀

钢材的电化学腐蚀是钢材与电解质溶液接触时，由电化学作用形成腐蚀原电池而引起的腐蚀。电化学腐蚀按腐蚀介质和反应不同可分为析氢腐蚀、吸氧腐蚀和浓差腐蚀。电化学腐蚀与化学腐蚀的显著区别是电化学腐蚀过程中有电流产生。电化学腐蚀的特征是在腐蚀原电池中负极上进行氧化反应，通常叫作阳极；正极上进行还原反应，通常叫作阴极。腐蚀区域是钢材表面的阳极，腐蚀产物常常发生在阳极与阴极之间，不能覆盖被腐蚀区域，起不到保护作用。潮湿环境中钢材表面会被一层极薄电解质水膜所覆盖，而钢材本身含有铁、碳等多种成分，由于这些成分的电极电位不同，形成许多腐蚀原电池。在阳极区，铁被氧化成为 Fe^{2+} 离子进入水膜；在阴极区，溶于水膜中的氧被还原为 OH^- 离子，随后两者结合生成不溶于水的 $Fe(OH)_2$（俗称褐锈），遇到孔隙中的水和氧迅速转化为其他形式的锈。生成的 $Fe(OH)_2$ 可被氧化为 $Fe(OH)_3$，$Fe(OH)_3$ 若继续失水就形成水化氧化物 $FeOOH$（俗称红锈），一部分氧化不完全的变成 Fe_3O_4（俗称黑锈）。

只要组成环境的介质中有凝聚态的水（H_2O）存在，哪怕介质中只含有很少量的凝聚态的水，钢材的腐蚀就以电化学腐蚀的过程进行，而钢材表面总会与含凝聚态水的介质接触，所以电化学腐蚀过程非常普遍。

当环境介质的组成、浓度、温度及阳极的电流密度等条件具备时，在钢材表面覆盖很薄的难溶性氧化物膜（钝化膜，厚度一般为几个至十几个纳米）FeO，钢材表面转入钝化状态（简称钝态），钢材表面特性转为钝性，由于钝化膜是不良的离子导体（但却是电子导体，即半导体），钝化膜中电场强度降低，使离子迁移速度减慢，能阻滞钢材的阳极溶解过程，从而使钢材处于耐腐蚀状态，起到一定的防护钢材腐蚀作用。但是，如果钢材的周围环境条件发生变化（如氯化物侵蚀或混凝土中性化等），钝化膜的外层在与溶液接触表面上以一定的速度溶解于溶液，钝化膜厚度逐渐减薄，直至钝化膜溶解消失（脱钝），电场强度增大，使离子迁移速度加快，钢材表面可以重新转入活化状态，钢材开始腐蚀（起锈）。

自然状态下的大气是由混合气体、水汽和杂质组成。参与大气中钢材腐蚀失效过程的环境介质中最主要是氧和水分。钢材大气腐蚀的条件（因素）、过程、机理、规律等很复杂，目前普遍认为，钢材的大气腐蚀实际上是化学腐蚀和电化学腐蚀共同作用的结果，但是以电化学腐蚀为主导；电化学腐蚀在常温下要比化学腐蚀更普遍，危害性更大。钢材腐蚀中最普遍的是电化学腐蚀。

二、建筑钢材的防腐蚀措施

影响钢材腐蚀的主要因素有环境中的湿度、氧，介质中的酸、碱、盐，钢材的化学成分及表面状况等。一些卤素离子，特别是氯离子能破坏氧化膜（钝化膜），促进腐蚀反应，使腐蚀迅速发展。最常见的钢材腐蚀破坏的重要因素是供给溶氧的空气和水分。

钢材腐蚀时，腐蚀产物的体积大于腐蚀前钢材的原体积，钢材腐蚀后的腐蚀产物将发生体积膨胀（腐蚀膨胀），一般体积膨胀为 1.5～4 倍，在严酷的腐蚀环境等条件下最严重的可达到原体积的 6 倍。

钢筋混凝土结构中，钢筋锈蚀初期锈蚀产物向钢筋周围混凝土孔隙中扩散，当锈蚀产物填满孔隙并且累积到一定程度时，由于锈蚀膨胀（锈胀）受到钢筋周围混凝土的限制，在钢筋与混凝土的交界面上开始产生锈蚀膨胀力（锈胀力）。随着钢筋锈蚀过程的发展，钢筋与混凝土交界面上的锈蚀产物不断累积，锈胀力不断增大，在钢筋周围混凝土中产生的环向拉应力（锈胀应力）也不断增大，锈蚀发展到一定程度，当环向拉应力超过混凝土抗拉强度时，混凝土即开裂（锈胀开裂），甚至剥落。

通常情况下，埋入混凝土中的钢筋，处于 pH 值大于 11 的混凝土碱性介质（新拌混凝土的 pH 值为 12 左右）环境时，在钢筋表面形成碱性氧化膜（钝化膜），钢筋处于钝化状态，阻滞钢筋发生锈蚀，故在未中性化的混凝土中钢筋一般不易锈蚀。当钢筋处于 pH 值小于 11 的混凝土环境时，钢筋易脱钝、起锈。

在工程实际中可采取以下技术措施防止或控制建筑钢材的腐蚀。

（一）涂（镀）层覆盖

1. 金属镀层覆盖

金属镀层按照镀层的金属或工艺分为很多类。通常用热浸镀、热喷镀（涂）、冷喷镀（涂）、低压等离子喷镀（涂）、低压电弧喷镀（涂）、物理气相沉积、化学气相沉积等方法覆盖钢材表面，提高钢材的耐腐蚀能力。薄壁钢材可采用热浸法的镀锌、镀锡、镀铜、镀铬后，加涂塑料涂层等措施。

金属镀层从电化学腐蚀过程考虑，又可分为阳极层和阴极层。阳极层相对于基体钢材是阳极防护层，阴极层相对于基体钢材是阴极防护层。

2. 非金属涂层覆盖

非金属涂层可分为有机涂层和无机涂层。常用的有机涂层有：油漆、防腐涂料、塑料、橡胶、防锈油等。常用的无机涂层有：搪瓷、陶瓷、玻璃、水泥净浆、水泥砂浆、混凝土、石墨等。钢结构为了防护钢材，常用的底漆有：红丹、环氧富锌、硅酸乙酯、热喷铝锌、无机富锌、铁红环氧底等；常用的中间漆有：环氧云铁、环氧玻璃鳞片等；常用的面漆有：聚氨酯、丙烯酸树脂、乙烯树脂、醇酸磁、酚醛磁等。

涂（镀）的作用主要是覆盖隔离介质，因此覆盖层应完整无孔，基体钢材不与介质接触，并且与基体钢材牢固结合，在使用过程中，不应脱层或剥落。

（二）防止形成电化学腐蚀原电池

当钢材与黄铜紧固件连接时会形成电化学腐蚀原电池，此时通过中间介入塑料配件使钢材与黄铜绝缘，可以避免电化学腐蚀原电池的形成，使钢材不被腐蚀。防止形成电化学腐蚀原电池的重要环节是在装配或连接件之间尽量避免出现缝隙，连接处应避免形成水的通道。采用焊接形式比机械连接更有利于防止电化学腐蚀原电池的形成。

（三）电位控制

1. 阴极保护

在钢材表面通入足够的阴极电流，使钢材的阳极溶解速度减小，从而防止钢材腐蚀的方法，称为阴极保护法（简称 PG 法）。根据阴极电流的来源或所加阳极不同，阴极保护法可分为两种，一种是外加电流阴极保护法，是通过利用外加直流电源的负极与被保护的钢材相连接，使得被保护的钢材发生阴极极化从而达到保护钢材的目的；另一种是牺牲阳极阴极保护法，是通过外加牺牲阳极，使得被保护的钢材成为腐蚀电池的阴极，从而达到保护钢材的目的。这两种阴极保护法，在腐蚀电池的阳极区、阴极区所发生的电极反应是相似的。

外加电流阴极保护法的主要优点是性能稳定、服役寿命长，但其缺点是系统要求长期保证供电并需要定期进行维护。外加电流阴极保护技术，对于预应力混凝土结构，由于预应力筋处于高应力状态，因而钢材氢脆问题十分敏感。

外加电流阴极保护法的阳极系统可采用以下三种系统之一：

（1）由混凝土表面安装的网状贵金属阳极，与优质水泥砂浆或聚合物改性水泥砂浆覆盖层所组成的阳极系统；

（2）由条状贵金属主阳极，与含碳黑填料的水性或溶剂性导电涂层次阳极所组成的阳极系统；

（3）由开槽埋设于构件中的贵金属棒状阳极，与导电聚合物回填物所组成的阳极系统。

牺牲阳极阴极保护法比外加电流阴极保护法更为简单，但关键是要有合适的牺牲阳极材料，牺牲阳极的电位不宜过负，否则在阴极上会析氢，可导致氢脆。目前常用的牺牲阳极材料有锌基、镁基和铝基三大类。目前土木工程中常用的镀锌钢筋就是利用牺牲阳极的阴极保护技术。牺牲阳极阴极保护法适用于连续浸湿的环境。

牺牲阳极阴极保护法的阳极系统可采用以下两种系统之一：

（1）由锌板与降低回路电阻的回填料所组成的阳极系统；

（2）由涂覆于混凝土表面的导电底涂料与锌喷涂层所组成的阳极系统。

覆盖层防护钢材腐蚀有时不完全，因为在覆盖层局部区域可能存在微小孔隙等缺陷，介质可通过缺陷与钢材接触，所以钢材腐蚀仍可发生。如果将阴极保护与油漆覆盖联合应用，则缺陷区域可以得到保护，而所需的保护电流比未涂油漆的裸露钢材要小得多。

根据《混凝土结构耐久性修复与防护技术规程》JGJ/T 259—2012，阴极保护法可用于混凝土结构中钢筋的保护。确认保护效果的方法是，测定钢筋电位或钢筋电位的衰减/发展值，并符合相关要求。

2. 阳极保护

在钢材表面通入足够的阳极电流，使钢材电位向正方向移动，达到并保持在钝化区内，使钢材处于稳定的钝化状态，从而防止钢材腐蚀的方法，称为阳极保护法。这种方法与钢材的钝化有着非常密切的关系，使钢材改变电位而且保持钝态的方法有如下三种：

（1）用外加电源进行阳极极化——将被保护的钢材作为阳极，当阳极电流密度达到致钝电流密度时，钢材发生钝化，然后用较小的电流密度，使钢材的电位维持在钝化的范围内。

（2）往溶液中添加氧化剂——吹入空气或添加三价铁盐、硝酸盐、铬酸盐、重铬酸盐等氧化剂达到一定浓度，使溶液的氧化－还原电位升高，促进钝化。

（3）合金的阴极改性处理——在合金中添加少量的贵金属元素 Pd、Pt 等，由于它们起着强阴极的作用，加速阴极反应，使合金电位向正方向移动到钝化区内，从而得到保护。在溶液中添加 Pd^{2+}、Pt^{4+}、Ag^+、Cu^{2+} 等，这些金属离子在合金表面上还原，故也有类似的作用。

（四）电化学脱盐

电化学脱盐法（简称 ECR 法）的阳极系统，由网状或条状阳极与浸没阳极的电解质溶液组成。电解质宜采用 $Ca(OH)_2$ 饱和溶液或自来水。根据《混凝土结构耐久性修复与防护技术规程》JGJ/T 259—2012，电化学脱盐法可应用于盐污染环境中混凝土结构的钢材保护。确认保护效果的方法是，测定混凝土中的氯离子含量和钢筋电位，混凝土中的氯离子含量应低于临界氯离子浓度。

（五）电化学再碱化

电化学再碱化法（简称 ERA 法）的阳极系统，由网状或条状阳极与浸没阳极的电解质溶液组成。电解质宜采用 $0.5\sim1M$ 的 Na_2CO_3 水溶液等。根据《混凝土结构耐久性修复与防护技术规程》JGJ/T 259—2012，电化学再碱化法可应用于混凝土易中性化导致钢材腐蚀的混凝土结构。确认保护效果的方法是，测定混凝土的 pH 值和钢筋电位，混凝土的 pH 值应大于 11.5。

值得注意的是，预应力混凝土结构不得进行电化学脱盐和电化学再碱化处理；用静电喷涂环氧涂层钢筋制作的构件不得采用任何电化学防护；预应力混凝土结构采用阴极保护时，应进行可行性论证。

（六）钢材合金化

钢材的化学成分对其耐腐蚀性能影响极大，在钢中加入一定量的铬、镍、钛、锰、铜等合金元素，可制成耐腐蚀钢（或不锈钢）。通过添加某些合金元素，努力提高钢材本身的耐腐蚀性能是减缓钢材腐蚀的最基本且最有效的方法。

（七）钢材表面缓蚀

钢材表面缓蚀是将具有表面活性的化学物质在钢材表面上先进行物理吸附，然后转化为化学吸附，占据钢材表面的活性点，从而达到抑制钢材腐蚀的作用。钢材表面缓蚀的类别有无机缓蚀、有机缓蚀、复配缓蚀等。缓蚀产品有 IMC-30-C、Q、Z，IMC-80-B、N、ZS，IMC-932H，IMC-871W 等，也可以在钢材表面涂刷钢材表面钝化剂。

（八）钢材表面改性

钢材表面改性是采用化学、物理的方法改变钢材表面的化学成分或组织结构，以提高钢材的耐腐蚀性。钢材表面改性的方法有：化学热处理（渗氮、渗碳、渗金属等）、激光重熔复合、离子注入、喷丸、纳米化、轧制复合等。

（九）钢材的混凝土保护

对钢筋混凝土结构和预应力混凝土结构中普通钢筋及预应力筋的防锈措施，主要是根据结构的性质和所处的环境等，综合考虑混凝土等材料的质量要求，提高结构混凝土的密实度（减小孔隙率），pH 值大于 11.5，保证混凝土保护层厚度，控制临界氯离子浓度等。必要时在混凝土中掺入阻锈剂（防锈剂或缓蚀剂）。

预应力筋一般碳含量较高，多数是经过变形加工或冷加工处理，又处于高应力工作状态，因而对锈蚀破坏很敏感，特别是高强度热处理钢筋，容易产生应力锈蚀、氢脆等现象。所以，重要的预应力混凝土结构，除了禁止掺用氯盐外，还应对原材料进行严格检验。

根据近几年的研究结果表明，在拌制混凝土过程中掺入品质良好的矿粉、粉煤灰等矿物掺合料和化学外加剂，配制成高性能混凝土，改善其微观结构、细观结构、氯离子吸附能力等，例如改善界面过渡区、调整孔结构、减少初始缺陷、降低临界氯离子浓度等，提高混凝土的密实度和耐久性，尤其显著提高混凝土保护层的密实度和耐久性，具备抵抗各种复杂的环境、介质等耦合作用的能力，提前并缩短钢筋的钝化时间，使钢筋尽快达到并长时间保持钝化状态，推迟并延缓钢筋的脱钝和起锈时间，降低钢筋的锈蚀速率，减少锈蚀产物量，降低锈胀力，降低混凝土结构的锈胀开裂风险，钢筋与混凝土保持良好的黏结力，提高混凝土结构的长期服役性能，延长其服役寿命。

总之，对钢材腐蚀防护的实质是降低钢材与环境介质之间的电化学反应速度。因此，改善钢材材质、改变环境介质、隔离钢材与环境介质，减少或阻止离子、氧、水分等在钢材与环境介质之间的交换是防护的有效措施。每一种钢材腐蚀的防护措施各有其特色，在实际工程中选择何种防止措施，应根据具体情况确定。

习题与复习思考题

1. 钢的分类方法有哪几种？每种分类中具体分为哪几种钢？
2. 为什么说屈服强度（σ_s）、抗拉强度（σ_b）和伸长率（δ）是钢材的重要技术性能指标？
3. 为什么对于同一钢材 δ_5 大于 δ_{10}？
4. 为何以最大力总延伸率作为钢材拉伸性能指标更为合理？
5. 弯曲性能的表示方法及其实际意义？
6. 随碳含量增加，碳素钢的性能有何变化？
7. 碳素结构钢中，若含有较多的磷、硫或者氮、氧及锰、硅等元素时，对钢性能的主要影响如何？
8. 试述钢材的主要焊接方法。
9. 碳素结构钢的牌号如何表示？为什么 Q235 号钢被广泛用于土木工程中？

10. 试比较 Q235-A·F、Q235-B·b、Q235-C 和 Q235-D 在性能和应用上有什么区别？

11. 低合金高强度结构钢的主要用途及被广泛采用的原因有哪些？

12. 混凝土结构设计中各种钢筋分别用什么样的设计符号表示？

13. 混凝土结构设计中有抗震设防要求的结构，其纵向受力钢筋的性能应满足哪些设计要求？

14. 混凝土结构设计中纵向受力钢筋宜采用哪种牌号的热轧钢筋，梁、柱纵向受力钢筋应采用哪种牌号的热轧钢筋，箍筋宜采用哪种牌号的热轧钢筋？

15. 对热轧钢筋进行冷拉并时效处理的主要目的及主要方法有哪些？

16. $\sigma_{0.2}$、δ_5、δ_{10}、a_k 符号表示的意义是什么？

17. 冷拔低碳钢丝、钢绞线、热处理钢筋的特性及主要用途有哪些？

18. 根据腐蚀机理，钢材的腐蚀分为哪几种，通常情况下以哪种腐蚀为主？

19. 影响钢材腐蚀的主要因素有哪些？

20. 钢筋混凝土结构中钢筋腐蚀会造成怎样的不利影响？

21. 试述防护钢材腐蚀的主要技术措施。

22. 从进货的一批钢筋中抽样，并截取两根钢筋做拉伸试验，测得如下结果：屈服下限荷载分别为 43.3kN、42.1kN；抗拉极限分别为 62.8kN、62.1kN，钢筋公称直径为 12mm，标距为 60mm，拉断时长度分别为 72.1mm 和 71.9mm，试评定其牌号？说明其利用率及使用中的安全可靠度。

第七章 墙体、屋面及门窗材料

第一节 墙 体 材 料

墙体材料是房屋建筑的主要围护材料和结构材料。常用的墙体材料有砖、砌块和板材三大类。其中实心黏土砖在我国已有数千年的应用历史，但由于实心黏土砖毁田取土、生产能耗大、抗震性能差、块体小、自重大、自然耗损大、劳动生产率低、不利于施工机械化等缺点，目前正逐步被限制和淘汰使用。

墙体材料的发展方向是生产和应用多孔砖、空心砖、废渣砖、建筑砌块和建筑板材等各种新型墙体材料，主要目标是节能、节土、利废、保护环境和改善建筑功能。同时要求轻质高强，减轻构筑物自重，简化地基处理；有利于推进施工机械化、加快施工速度、降低劳动强度、提高劳动生产率和工程质量；有利于加速住宅产业化的进程，且抗震性能好、平面布置灵活、便于房屋改造。

一、砖

砖的种类很多，按所用原材料可分为黏土砖、页岩砖、煤矸石砖、粉煤灰砖、灰砂砖和炉渣砖等；按生产工艺可分为烧结砖和非烧结砖，其中非烧结砖又可分为压制砖、蒸养砖和蒸压砖等；按有无孔洞可分为多孔砖和实心砖。

（一）烧结普通砖

烧结普通砖是以黏土、页岩、煤矸石、粉煤灰、建筑渣土、淤泥（江河湖淤泥）、污泥等为主要原料，经焙烧而成主要用于建筑物承重部位的普通砖。根据原料不同分为黏土砖、页岩砖、煤矸石砖、粉煤灰砖、建筑渣土砖、淤泥砖、污泥砖、固体废弃物砖等。

烧结黏土实心砖，目前已被限制或淘汰使用，但由于我国已有建筑中的墙体材料绝大部分为此类砖，是一段不能割裂的历史。而且，烧结多孔砖可以认为是从实心砖演变而来。另一方面，烧结黏土砖、烧结粉煤灰砖、烧结页岩砖和烧结煤矸石砖等的规格尺寸和基本要求均与烧结黏土实心砖相似。因此，我们仍应对其学习了解。

1. 生产工艺

烧结黏土砖以粉质或砂质黏土为主要原料，经取土、炼泥、制坯、干燥、焙烧等工艺制成。其中焙烧是制砖工艺的关键环节。一般是将焙烧温度控制在 $900\sim1100℃$ 之间，使砖坯烧至部分熔融而烧结。如果焙烧温度过高或时间过长，则易产生过火砖。过火砖的特点为色深、敲击声脆、变形大等。如果焙烧温度过低或时间不足，则易产生欠火砖。欠火砖的特点为色浅、敲击声哑、强度低、吸水率大、耐久性差等。当砖窑中焙烧时为氧化气氛，因生成三氧化铁（Fe_2O_3）而使砖呈红色，称为红砖。若在氧化气氛中烧成后，再在还原气氛中闷窑，红色 Fe_2O_3 还原成青灰色氧化亚铁（FeO），称为青砖。青砖一般较红砖致密、耐碱、耐久性好，但由于价格高，目前主要用于有特殊要求的一些清水墙中。此外，生产中可将煤渣、含碳量高的粉煤灰等工业废料掺入制坯的土中制作内燃砖。当砖焙烧到一定温度时，废渣中的碳也在干坯体内燃烧，因此可以节省大量的燃料和 5%～10% 的黏土原料。内燃砖燃烧均匀，表观密度小，导热系数低，且强度可提高约 20%。

烧结粉煤灰砖、烧结页岩砖和烧结煤矸石砖的生产工艺基本相似，主要为配料、制坯、干燥、焙烧等工艺。

2. 主要技术性质

根据国家标准《烧结普通砖》GB/T 5101—2017 的规定，烧结普通砖的技术要求包括尺寸偏差、外观质量、强度等级和耐久性等方面。根据尺寸偏差和外观质量分为合格品与不合格品 2 个等级。

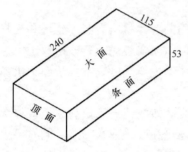

图 7-1　砖的尺寸及平面名称

烧结普通砖的公称尺寸是 240mm×115mm×53mm，其中 240mm×115mm 面称为大面，240mm×53mm 面称为条面，115mm×53mm 面称为顶面，如图 7-1 所示。若考虑 10mm 的灰缝厚度，则四块砖长、8 块砖宽和 16 块砖厚均为 1m，按此计算，砌筑 1m³ 砖砌体所需烧结普通砖为 512 块。

烧结煤结黏土实心砖的强度等级根据 10 块砖的抗压强度平均值、标准值或最小值划分，共分为 MU30、MU25、MU20、MU15、MU10 五个等级，其具体要求如表 7-1 所示。

普通黏土砖的强度等级（MPa）　　　　　　　　　　　　　　表 7-1

强度等级	抗压强度平均值≥	变异系数 $\delta \leqslant 0.21$	变异系数 > 0.21
		强度标准值 $f_k \geqslant$	单块最小值 $f_{min} \geqslant$
MU30	30.0	22.0	25.0
MU25	25.0	18.0	22.0
MU20	20.0	14.0	16.0
MU15	15.0	10.0	12.0
MU10	10.0	7.5	7.5

烧结页岩砖以页岩为主要原料，经破碎、粉磨、成型、制坯、干燥和焙烧等工艺制成，其焙烧温度一般在 1000℃ 左右。生产这种砖可完全不用黏土，配料时所需水分较少，有利于砖坯的干燥，且制品收缩小。砖的颜色与黏土砖相似，但表观密度较大，为1500～2750kg/m³，抗压强度为 7.5～15MPa，吸水率为 20% 左右，可代替实心黏土砖应用于建筑工程。为减轻自重，可制成烧结页岩多孔砖。页岩砖的质量标准与检验方法及应用范围均与烧结普通砖相同。

烧结煤矸石砖以煤矸石为原料，经配料、粉碎、磨细、成型、焙烧而制得。焙烧时基本不需外投煤，因此生产煤矸石砖不仅节省大量的黏土原料和减少废渣的占地，也节省了大量燃料。烧结煤矸石砖的表观密度一般为 1500kg/m³ 左右，比实心黏土砖小，抗压强度一般为 10～20MPa，吸水率为 15% 左右，抗风化性能优良。煤矸石砖的质量标准与检验方法及应用范围均与烧结普通砖相同。

烧结粉煤灰砖以粉煤灰为主要原料，掺入适量黏土（二者体积比为 1：1～1.25）或膨润土等无机复合掺合料，经均化配料、成型、制坯、干燥、焙烧而制成。由于粉煤灰中存在部分未燃烧的碳，能耗降低，也称为半内燃砖。表观密度为 1400kg/m³ 左右，抗压强度 10～15MPa，吸水率 20％左右。颜色从淡红至深红。烧结粉煤灰砖的质量标准与检验方法及应用范围均与烧结普通砖相同。

烧结普通砖的强度试验根据《砌墙砖试验方法》GB/T 2542—2012 进行。砖的强度等级评定按下列步骤进行：

（1）按下式计算平均强度：

$$\bar{f} = \frac{1}{10}\sum_{i=1}^{10} f_i$$

（2）按下式计算变异系数和标准差：

$$\delta = \frac{S}{\bar{f}}$$

$$S = \sqrt{\frac{1}{9}\sum_{i=1}^{10}(f_i - \bar{f})^2}$$

式中　δ——砖强度变异系数，精确至 0.01；

　　　S——10 块砖强度标准差，精确至 0.01MPa；

　　　$\bar{f}$——10 块砖强度平均值，精确至 0.1MPa；

　　　f_i——单块砖强度测定值，精确至 0.01MPa。

（3）当变异系数 $\delta \leqslant 0.21$ 时，根据表 7-1 中的 $\bar{f}$ 和 f_k 指标评定砖的强度等级，f_k 按下式计算：

$$f_k = \bar{f} - 1.83S$$

（4）当变异系数 $\delta > 0.21$ 时，根据表 7-1 中的 $\bar{f}$ 和 f_{min} 指标评定砖的强度等级。

f_{min} 指 10 块砖试样中的最小抗压强度值，精确至 0.1MPa。

抗风化性能是烧结普通砖的重要耐久性指标之一，对砖的抗风化性能要求应根据各地区的风化程度而定。砖的抗风化性能通常用抗冻性、吸水率及饱和系数三项指标表示。饱和系数是指常温 24h 吸水率与 5h 沸煮吸水率之比。

原料中若夹带石灰或内燃料（粉煤灰、炉渣）中带入 CaO，在高温煅烧过程中生成过火石灰，在砖体内吸水膨胀，导致破坏，这种现象称为石灰爆裂。

3. 烧结普通砖的应用

烧结普通砖具有良好的耐久性，主要应用于承重和非承重墙体，以及柱、拱、窑炉、烟囱、市政管沟及基础等。

（二）烧结多孔砖和多孔砌块

烧结多孔砖和多孔砌块的孔洞率要求大于 16％，一般超过 25％，孔洞尺寸小而多，且为竖向孔。多孔砖使用时孔洞方向平行于受力方向。主要用于六层及以下的承重砌体。

多孔砖的技术性能应满足国家规范《烧结多孔砖和多孔砌块》GB/T 13544—2011 的要求。根据其尺寸规格分为 M 型和 P 型两类，见图 7-2 和表 7-2。圆孔直径必须小于等于 22mm，非圆孔内切圆直径小于等于 15mm，手抓孔一般为(30～40)×(75～85)mm。

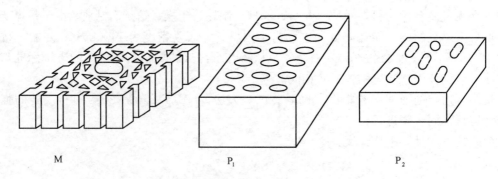

图 7-2 烧结多孔砖

烧结多孔砖规格尺寸   表 7-2

代 号	长度（mm）	宽度（mm）	厚度（mm）
M	190	190	90
P	240	115	90

与烧结普通砖相比，多孔砖可节省黏土 20%～30%，节约燃料 10%～20%，减轻自重 30% 左右，且烧成率高，施工效率高，并改善绝热性能和隔声性能。

多孔砖根据抗压强度平均值和抗压强度标准值或抗压强度最小值分为 MU30、MU25、MU20、MU15、MU10 共 5 个强度等级。强度指标与烧结普通砖相同。并根据强度等级、尺寸偏差、外观质量和耐久性指标划分为优等品（A）、一等品（B）和合格品（C）。

（三）烧结空心砖和空心砌块

烧结空心砖和空心砌块的孔洞率大于 35%，孔洞尺寸大而少，且为水平孔。空心砖使用时的孔洞通常垂直于受力方向。主要用于非承重砌体。空心砖规格尺寸较多，常见形式见图 7-3。

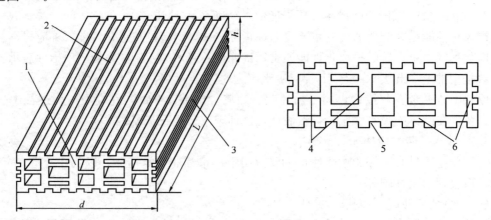

图 7-3 烧结空心砖

1—顶面；2—大面；3—条面；4—肋；5—凹线槽；6—外壁；

L—长度；d—宽度；h—高度

根据国家规范《烧结空心砖和空心砌块》GB/T 13545—2014 的要求，烧结空心砖按体积密度分为 800、900、1000、1100 四个密度等级。对每个密度等级的烧结空心砖，根据孔洞排列及其结构、尺寸偏差、外观质量、强度等级和物理性能（包括冻融、泛霜、石灰爆裂、吸水率）等，分为优等品（A）、一等品（B）和合格品（C）三个质量等级。各技术指标见表 7-3。

烧结空心砖强度等级

表 7-3

| 强度等级 | 抗压强度（MPa） | | | 密度等级范围（kg·m⁻³） |
	抗压强度平均值 $\bar{f}\geqslant$	变异系数 $\delta\leqslant0.21$ 强度标准值 $f_k\geqslant$	变异系数 $\delta>0.21$ 强度最小值 $f_{min}\geqslant$	
MU10.0	10.0	7.0	8.0	
MU7.5	7.5	5.0	5.8	≤1100
MU5.0	5.0	3.5	4.0	
MU3.5	3.5	2.5	2.8	

空心砖的抗风化性能、石灰爆裂性能、泛霜性能等耐久性技术要求与烧结普通砖基本相同，吸水率相近。

（四）非烧结砖

不经焙烧而制成的砖均为非烧结砖。非烧结砖的强度是通过配料中掺入一定量胶凝材料或在生产过程中形成一定量的胶凝物质而制得，是替代烧结普通砖的新型墙体材料之一。非烧结砖的主要缺点是干燥收缩较大和压制成型产品的表面过于光洁，干缩值一般在 0.50mm/m 以上，容易导致墙体开裂和粉刷层剥落。

1. 蒸压灰砂砖和空心砖。蒸压灰砂砖和空心砖是以石灰和砂为主要原料，经磨细、混合搅拌、陈化、压制成型和蒸压养护制成的。一般石灰占 10%～20%，砂占 80%～90%。

蒸压养护的压力为 0.8～1.0MPa、温度 175℃ 左右，经 6h 左右的湿热养护，使原来在常温常压下几乎不与 $Ca(OH)_2$ 反应的砂（晶态二氧化硅），产生具有胶凝能力的水化硅酸钙凝胶，水化硅酸钙凝胶与 $Ca(OH)_2$ 晶体共同将未反应的砂粒黏结起来，从而使砖具有强度。

蒸压灰砂砖的规格与烧结普通砖相同。根据国家标准《蒸压灰砂砖》GB 11945—1999 的规定，分为 MU25、MU20、MU15、MU10 四个强度等级。强度等级 MU15 及以上的砖可用于基础及其他建筑部位。MU10 砖可用于砌筑防潮层以上的墙体。

蒸压灰砂空心砖（JC/T 637—2009）类似于烧结多孔砖，孔洞率要求大于 15%，规格较多，目前生产和应用较少。

灰砂砖不宜在温度高于 200℃ 以及承受急冷、急热或有酸性介质侵蚀的建筑部位长期使用。

2. 粉煤灰砖。粉煤灰砖是以粉煤灰、石灰或水泥为主要原料，掺加适量石膏和炉渣，加水混合拌成坯料，经陈化、轮碾、加压成型，再通过常压或高压蒸汽养护而制成的一种墙体材料。其尺寸规格与烧结普通砖相同。

根据《蒸压粉煤灰砖》JC/T 239—2014 规定，粉煤灰砖根据外观质量、强度、抗冻性和干燥收缩值分为优等品、一等品和合格品。粉煤灰砖的强度等级分为 MU30、

MU25、MU20、MU15 和 MU10 五级。其强度和抗冻性指标要求如表 7-4 所示，一般要求优等品和一等品干燥收缩值不大于 0.65mm/m，合格品干燥收缩值不大于 0.75mm/m。

粉煤灰砖可用于工业与民用建筑的墙体和基础。但用于基础或用于易受冻融和干湿交替作用的建筑部位时，必须采用一等品与优等品。用粉煤灰砖砌筑的建筑物，应适当增设圈梁及伸缩缝或其他措施，以避免或减少收缩裂缝。

粉煤灰砖不得用于长期受热（200℃以上）、受急冷急热和有酸性介质侵蚀的部位。

粉煤灰砖强度指标　　　　　　　　　　　　　　　表 7-4

强度等级	抗压强度（MPa），≥		抗折强度（MPa），≥		抗冻性	
	10 块平均值	单块最小值	10 块平均值	单块最小值	抗压强度（MPa），≥	
MU30	30.0	24.0	6.2	5.0	24.0	质量损失率，单块值≤2.0%
MU25	25.0	20.0	5.0	4.0	20.0	
MU20	20.0	16.0	4.0	3.2	16.0	
MU15	15.0	12.0	3.3	2.6	12.0	
MU10	10.0	8.0	2.5	2.0	8.0	

注：强度级别以蒸汽养护后一天强度为准。

3. 炉渣砖。炉渣砖是以煤燃烧后的残渣为主要原料，配以一定数量的石灰和少量石膏，经配料、加水搅拌、陈化、轮碾、成型和蒸养或蒸压养护而制得的实心砌墙砖。其规格与烧结普通砖相同。

炉渣砖的抗压强度为 10～25MPa，表观密度 1500～2000kg/m³，其主要强度指标参见表 7-5。炉渣砖可以用于建筑物的墙体和基础，但是用于基础或易受冻融和干湿循环的部位必须采用强度等级 15 及以上的砖。防潮层以下建筑部位也应采用强度等级 15 及以上的炉渣砖。

炉渣砖强度指标　　　　　　　　　　　　　　　表 7-5

强度等级	抗压强度（MPa）		抗折强度（MPa）		碳化性能（MPa）
	10 块平均值≥	单块最小值≥	10 块平均值≥	单块最小值≥	碳化后平均值≥
20	20.0	15.0	4.0	3.0	14.0
15	15.0	11.0	3.2	2.4	10.5
10	10.0	7.5	2.5	1.9	7.0
7.5	7.5	5.6	2.0	1.5	5.2

4. 混凝土多孔砖。混凝土多孔砖以水泥为主要胶结材料，砂、石为主要骨料，加水搅拌、挤压成型，经自然养护制成的一种多排小孔砌筑材料，是近年来研制生产的新产品。孔洞率大于 30%，主规格尺寸为 240mm×115mm×90mm，共分为 MU30、MU25、MU20、MU15、MU10 五个强度等级。可用于承重或非承重砌体，当用于±0.000 以下的基础时，宜采用相配套的混凝土实心砖（规格尺寸与烧结普通砖相同），且强度等级不宜小于 MU15。

192

二、建筑砌块

建筑砌块是砌筑用的人造块材，形体大于砌墙砖。制作砌块能充分利用地方材料和工业废料，且制作工艺不复杂。砌块的尺寸比砖大，施工方便，能有效提高劳动生产率，还可改善墙体功能。砌块一般为直角六面体，也可根据需要生产各种异形砌块。砌块系列中主规格的长度、宽度或高度有一项或一项以上分别大于 365mm、240mm 或 115mm，而且高度不大于长度或宽度的 6 倍，长度不超过高度的 3 倍。当系列中主规格的高度大于 115mm 而又小于 380mm 的砌块，称为小砌块；当系列中主规格的高度为 380～980mm 的砌块，称为中砌块；系列中主规格高度大于 980mm 的砌块，称为大砌块。目前，我国以中小型砌块为主。

砌块按其空心率大小分为空心砌块和实心砌块两种。空心率小于 25% 或者无孔洞的砌块为实心砌块。空心率大于或等于 25% 的砌块为空心砌块。砌块通常又可按其所用主要原料及生产工艺命名，如水泥混凝土砌块、加气混凝土砌块、粉煤灰砌块、石膏砌块、烧结砌块等。

（一）普通混凝土小型空心砌块

普通混凝土小型砌块（GB/T 8239—2014）主要以水泥、砂、石和外加剂为原材料，经搅拌成型和自然养护制成，空心率为 25%～50%，采用专用设备进行工业化生产。

混凝土小型空心砌块于 19 世纪末期起源于美国，目前在各发达国家已经十分普及。它具有强度高、自重轻、耐久性好等优点，部分砌块还具有美观的饰面以及良好的保温隔热性能，适合于建造各种类型的建筑物，包括高层和大跨度建筑，以及围墙、挡土墙、花坛等设施，应用范围十分广泛。砌块建筑还具有使用面积增大、施工速度较快、建筑造价和维护费用较低等优点。但混凝土小型空心砌块的收缩较大，易产生收缩变形、不便砍削施工和管线布置等不足之处。

混凝土小型空心砌块主要技术性能指标有：

1. 形状、规格。混凝土砌块各部位的名称见图 7-4，其中主规格尺寸为 390mm × 190mm × 190mm，空心率不小于 25%。

根据尺寸偏差和外观质量分为优等品（A）、一等品（B）和合格品（C）三级。

为了改善单排孔砌块对管线布置和砌筑效果带来的不利影响，近年来对孔洞结构做了大量的改进。目前实际生产和应用较多的为双排孔、三排孔和多排孔结构。另一方面，为了确保肋与肋之间的砌筑灰缝饱满和布浆施工的方便，砌块的底部均采用半封底结构。

2. 强度等级。根据混凝土砌块的抗压强度

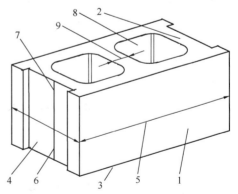

图 7-4　砌块各部位的名称

1—条面；2—坐浆面（肋厚较小的面）；3—铺浆面（肋厚较大的面）；4—顶面；5—长度；6—宽度；7—高度；8—壁；9—肋

值划分为 MU7.5、MU10.0、MU15.0、MU20.0、MU25.0 共五个等级。抗压强度试验根据 GB/T 419—1997 进行。每组 5 个砌块，上、下表面用水泥砂浆抹平，养护后进行抗压试验，以 5 个砌块的平均值和单块最小值确定砌块的强度等级，见表 7-6。

混凝土砌块强度等级表 表 7-6

强度等级	砌块抗压强度（MPa）	
	平均值不小于	单块最小值不小于
MU7.5	7.5	6.0
MU10.0	10.0	8.0
MU15.0	15.0	12.0
MU20.0	20.0	16.0
MU25.0	25.0	20.0

3. 相对含水率。相对含水率指混凝土砌块出厂含水率与砌块的吸水率之比值，是控制收缩变形的重要指标。对年平均相对湿度大于 75% 的潮湿地区，相对含水率要求不大于 45%；对年平均相对湿度 RH 在 50%～75% 的地区，相对含水率要求不大于 40%；对年平均相对湿度 $RH<50\%$ 的地区，相对含水率要求不大于 35%。

4. 抗渗性。用于外墙面或有防渗要求的砌块，尚应满足抗渗性要求。它以 3 块砌块中任一块水面下降高度不大于 10mm 为合格。

此外，混凝土砌块的技术性质尚有抗冻性、干燥收缩值、软化系数和抗碳化性能等。

由于混凝土砌块的收缩较大，特别是肋厚较小，砌体的黏结面较小，黏结强度较低，砌体容易开裂，因此应采用专用砌筑砂浆和粉刷砂浆，以提高砌体的抗剪强度和抗裂性能，同时应增加构造措施。

（二）蒸压加气混凝土砌块

目前常用的蒸压加气混凝土砌块有以粉煤灰、水泥和石灰为主要原料生产的粉煤灰加气混凝土砌块、以水泥、石灰、砂为主要原料生产的砂加气混凝土砌块两大类。

1. 规格尺寸。根据《蒸压加气混凝土砌块》GB/T 11968—2006，加气混凝土砌块的长度一般为 600mm，宽度有 100、125、150、200、250、300 及 120、180、240mm 等九种规格，高度有 200、240、250、300mm 四种规格。在实际应用中，尺寸可根据需要进行生产。因此，可适应不同砌体的需要。

2. 强度及等级。抗压强度是加气混凝土砌块主要指标，以 100mm×100mm×100mm 的立方体试件强度表示，一组三块，根据平均抗压强度划分为 A1.0、A2.0、A2.5、A3.5、A5.0、A7.5、A10.0 共 7 个等级，同时要求各强度等级的砌块单块最小抗压强度分别不低于 0.8、1.6、2.0、2.8、4.0、6.0、8.0MPa 的要求。

3. 体积密度。加气混凝土砌块根据干燥状态下的体积密度划分为 B03、B04、B05、B06、B07、B08 共 6 个级别。各体积密度级别参见表 7-7，体积密度和强度级别对照表参见表 7-8。

蒸压加气混凝土砌块的干体积密度 表 7-7

体积密度级别		B03	B04	B05	B06	B07	B08
体积密度	优等品	300	400	500	600	700	800
	合格品	325	425	525	625	725	825

体积密度级别		B03	B04	B05	B06	B07	B08
强度级别	优等品	A1.0	A2.0	A3.5	A5.0	A7.5	A10.0
	合格品			A2.5	A3.5	A5.0	A7.5

4. 干燥收缩。

加气混凝土的干燥收缩值一般较大，特别是粉煤灰加气混凝土，由于没有粗细集料的抑制作用收缩率达 0.5mm/m。因此，砌筑和粉刷时宜采用专用砂浆，并增设拉结钢筋或钢筋网片。

5. 导热性能和隔声性能。

加气混凝土中含有大量小气孔，导热系数为 0.10～0.15W/(m·K)，因此具有良好的保温性能，既可用于屋面保温，也可用于墙体自保温。加气混凝土的多孔结构，使得其具有良好的吸声性能，平均吸声系数可达 0.15～0.20。

6. 加气混凝土砌块的应用。

蒸压加气混凝土砌块具有表观密度小、导热系数小[0.15～0.20W/(m·K)]、隔声性能好等优点。B03、B04、B05 级一般用于非承重结构的围护和填充墙，也可用于屋面保温。B06、B07、B08 可用于不高于 6 层建筑的承重结构。在标高±0.000 以下，长期浸水或经常受干湿循环、受酸碱侵蚀以及表面温度高于 80℃的部位一般不允许使用蒸压加气混凝土砌块。

加气混凝土的收缩一般较大，容易导致墙体开裂和粉刷层剥落，因此，砌筑时宜采用专用砂浆，以提高黏结强度。粉刷时对基层应进行处理，并宜采用聚合物改性砂浆。

（三）轻骨料混凝土小型空心砌块

轻骨料混凝土小型空心砌块是以粉煤灰陶粒、黏土陶粒、页岩陶粒、膨胀珍珠岩等各种轻骨料替代普通骨料，再配以水泥、砂制作而成，其生产工艺与普通混凝土小型空心砌块类似。尺寸规格为 390mm×190mm×190mm，密度等级有 700、800、900、1000、1100、1200、1300、1400 共 8 个，强度等级有 2.5、3.5、5.0、7.5、10.0 共 5 级。目前我国各种轻骨料混凝土小型空心砌块的产量约为 500 万 m³，约占全国混凝土小型砌块产量的 20%。与普通混凝土小型空心砌块相比，轻骨料混凝土小型空心砌块重量更轻，保温性能、隔声性能、抗冻性能更好。主要应用于非承重结构的围护和框架结构填充墙。

（四）粉煤灰砌块和粉煤灰小型空心砌块

粉煤灰砌块又称为粉煤灰硅酸盐砌块，是以粉煤灰、石灰、石膏和骨料，经加水搅拌、振动成型、蒸汽养护而制成的实心砌块。粉煤灰砌块的主规格尺寸为 880mm×380mm×240mm，880mm×430mm×240mm，其外观形状见图 7-5，根据外观质量和尺寸偏差可分为一等品（B）和合格品（C）两种。砌块的抗压强度、碳化后强度、抗冻性能和密度应符合表

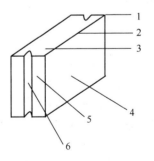

图 7-5 粉煤灰砌块各部
位的名称

1—角；2—棱；3—坐浆面；
4—侧面；5—端面；
6—灌浆槽

7-9 的规定。

粉煤灰砌块的性能指标

表 7-9

项目	指标	
	10 级	13 级
抗压强度（MPa）	3 块试块平均值不小于 10.0 单块最小值不小于 8.0	3 块试块平均值不小于 13.0 单块最小值不小于 10.5
人工碳化后强度（MPa）	不小于 6.0	不小于 7.5
抗冻性	冻融循环结束后，外观无明显疏松、剥落或裂缝，强度损失不大于 20%	
密度（kg/m³）	不超过设计密度 10%	
干缩值（mm/m）	一等品不大于 0.75，合格品不大于 0.90	

粉煤灰小型空心砌块是指以水泥、粉煤灰、各种轻重骨料为主要材料，也可加入外加剂，经配料、搅拌、成型、养护制成的空心砌块。根据《粉煤灰混凝土小型空心砌块》JC/T 862—2008 的标准要求，按照孔的排数可分为单排孔、双排孔、三排孔和四排孔；按尺寸偏差、外观质量、碳化系数可分为优等品、一等品和合格品三个等级；按平均强度和最小强度可分为 3.5、5.0、7.5、10.0、15.0、20.0 六个强度等级；优等品、一等品和合格品的碳化系数分别不小于 0.80、0.75 和 0.70；其软化系数应不小于 0.75；干燥收缩率不大于 0.60mm/m。其施工应用与普通混凝土小型空心砌块类似。

（五）石膏砌块

石膏砌块是以建筑石膏为原料，经料浆拌合、浇筑成型、自然干燥或烘干而制成的轻质块状墙体材料。也可采用各种工业副产石膏生产，如脱硫石膏等。或在保证石膏砌块各种技术性能的同时，掺加膨胀珍珠岩、陶粒等轻骨料；或在采用高强石膏的同时掺入大量的粉煤灰、炉渣等废料，以降低制造成本、保护和改善生态环境。若在石膏砌块内部掺入水泥或玻璃纤维等增强增韧组分。可极大地改善砌块的物理力学性能。

石膏砌块的外形一般为平面长方体，通常在纵横四边设有企口。按照其生产原材料，可分为天然石膏砌块和工业副产石膏砌块；按照其结构特征，可分为实心石膏砌块和空心石膏砌块；按照其防水性能，可分为普通石膏砌块和防潮石膏砌块；按照其规格形状，可分为标准规格、非标准规格和异型砌块。石膏砌块的导热系数一般小于 0.15W/（m·K）；是良好的节能墙体材料，而且具有良好的隔声性能。主要用于框架结构或其他构筑物的非承重墙体。

（六）泡沫混凝土砌块

泡沫混凝土砌块可分为两种，一种是在水泥和填料中加入泡沫剂和水等经机械搅拌、成型、养护而成的多孔、轻质、保温隔热材料，又称为水泥泡沫混凝土；另一种是以粉煤灰为主要材料，加入适量的石灰、石膏、泡沫剂和水经机械搅拌、成型、蒸压或蒸养而成的多孔、轻质、保温隔热材料，又称为硅酸盐泡沫混凝土。泡沫混凝土砌块的外形、物理力学性质均类似于加气混凝土砌块，其表观密度为 300~1000kg/m³，抗压强度为 0.7~3.5MPa，导热系数为 0.15~0.20W/（m·K）、吸声性和隔声性均较好，干缩值为 0.6~1.0mm/m 之间。

三、建筑墙板

建筑墙板主要有用于内墙或隔墙的轻质墙板以及用于外墙的挂板和承重墙板，有纸面石膏板、石膏纤维板、石膏空心条板、石膏刨花板、GRC 轻质多孔条板、GRC 平板、纤维水泥平板、水泥刨花板、轻质陶粒混凝土条板、固定式挤压成型混凝土多孔条板、轻集料混凝土配筋墙板、移动式挤压成型混凝土多孔条板、SP 墙板等。

（一）石膏墙板

石膏墙板是以石膏为主要原料制成的墙板的统称，包括纸面石膏板、石膏纤维板、石膏空心条板、石膏刨花板等，主要用作建筑物的隔墙、吊顶等。

纸面石膏板是以熟石膏为胶凝材料，掺入适量添加剂和纤维作为板芯，以特制的护面纸作为面层的一种轻质板材。按照其用途可分为普通纸面石膏板（P）、耐水纸面石膏板（S）和耐火纸面石膏板（H）三种。

石膏纤维板由熟石膏、纤维（废纸纤维、木纤维或有机纤维）和多种添加剂加水组合而成，按照其结构主要有三种：一种是单层均质板，一种是三层板（上下面层为均质板，芯层为膨胀珍珠岩、纤维和胶料组成），还有一种为轻质石膏纤维板（由熟石膏、纤维、膨胀珍珠岩和胶料组成，主要作天花板）。石膏纤维板不以纸覆面并采用半干法生产，可减少生产和干燥时的能耗，且具有较好的尺寸稳定性和防火、防潮、隔声性能以及良好的可加工性和二次装饰性。

石膏空心条板是以熟石膏为胶凝材料，掺入适量的水、粉煤灰或水泥和少量的纤维，同时掺入膨胀珍珠岩为轻质骨料，经搅拌、成型、抽芯、干燥等工序制成的空心条板，包括石膏、石膏珍珠岩、石膏粉煤灰硅酸盐空心条板等。

石膏刨花板以熟石膏为胶凝材料，木质刨花碎料为增强材料，外加适量的水和化学缓凝助剂，经搅拌形成半干性混合料，在 2.0～3.5MPa 的压力下成型并维持在该受压状态下完成石膏和刨花的胶结所形成的板材。

以上几种板材均是以熟石膏作为其胶凝材料和主要成分，其性质接近，主要有：

1. 防火性好。石膏板中的二水石膏含 20％左右的结晶水，在高温下能释放出水蒸气，降低表面温度、阻止热的传导或窒息火焰达到防火效果，且不产生有毒气体。

2. 绝热、隔声性能好。石膏板的导热系数一般小于 0.20W/(m·K)，故具有良好的保温绝热性能。石膏板的孔隙率高，表观密度小(<900kg/m³)，特别是空心条板和蜂窝板，表观密度更小，吸声系数可达 0.25～0.30。故具有较好的隔声效果。

3. 抗震性能好。石膏板表观密度小，结构整体性强，能有效地减弱地震作用和承受较大的层间变位，特别是蜂窝板，抗震性能更佳，特别适用于地震区的中高层建筑。

4. 强度低。石膏板的强度均较低。一般只能作为非承重的隔墙板。

5. 耐干湿循环性能差，耐水性差。石膏板具有很强的吸湿性，吸湿后体积膨胀，严重时可导致晶型转变、结构松散、强度下降。故石膏板不宜在潮湿环境及常经受干湿循环的环境中使用。若经防水处理或粘贴防水纸后，也可以在潮湿环境中使用。

（二）纤维复合板

纤维复合板的基本形式有三类：第一类是在黏结料中掺加各种纤维质材料经"松散"搅拌复制在长纤维网上制成的纤维复合板；第二类是在两层刚性胶结材之间填充一层柔性或半硬质纤维复合材料，通过钢筋网片，连接件和胶结作用构成复合板材；第三类是以短纤维复合板作为面板，再用轻钢龙骨等复制岩棉保温层和纸面石膏板构成复合墙板。复合纤维板材集轻质、高强、高韧性和耐水性于一体，可以按要求制成任意规格的形状和尺寸，适用于外墙及内墙面承重或非承重结构。

根据所用纤维材料的品种和胶结材的种类，目前主要品种有：纤维增强水泥平板（TK板）、玻璃纤维增强水泥复合内隔墙平板和复合板（GRC外墙板）、混凝土岩棉复合外墙板（包括薄壁混凝土岩棉复合外墙板）、石棉水泥复合外墙板（包括平板）、钢丝网岩棉夹芯板（GY板）等十几种。

1. GRC板材（玻璃纤维增强水泥复合墙板）

按照其形状可分为GRC平板和GRC轻质多孔条板。

GRC平板由耐碱玻璃纤维、低碱度水泥、轻集料和水为主要原料所制成。它具有密度低、韧性好、耐水、不燃烧、可加工性好等特点。其生产工艺主要有两种，即喷射-抽吸法和布浆-脱水-辊压法，前种方法生产的板材又称为S-GRC板，后种称为雷诺平板。以上两种板材的主要技术性质有：密度不大于$1200kg/m^3$，抗弯强度不小于8MPa，抗冲击强度不小于$3kJ/m^2$，干湿变形不大于0.15％，含水率不大于10％，吸水率不大于35％，导热系数不大于$0.22W/(m\cdot K)$，隔声系数不小于22dB等。GRC平板可以作为建筑物的内隔墙和吊顶板，经过表面压花、覆涂之后也可作为建筑物的外墙。

GRC轻质多孔条板是以耐碱玻璃纤维为增强材料，以硫铝酸盐水泥轻质砂浆为基材制成的具有若干圆孔的条形板。GRC轻质多孔条板的生产方式很多，有挤压成型、立模成型、喷射成型、预拌泵注成型、铺网抹浆成型等。根据其板的厚度可分为60型、90型和120型（单位为"mm"）。参照建材行业标准JC 666—1997《玻璃纤维增强水泥轻质多孔隔墙条板》，其主要技术性质有：抗折破坏荷重不小于板重的0.75倍，抗冲击次数不小于3次，干燥收缩不大于0.8mm/m，隔声量不小于30dB，吊挂力不小于800N等。该条板主要用于建筑物的内外非承重墙体，抗压强度超过10MPa的板材也可用于建筑物的加层和两层以下建筑的内外承重墙体。

2. 纤维增强水泥平板（TK板）

纤维增强水泥平板是以低碱水泥、中碱玻璃纤维或短石棉纤维为原料，在圆网抄取机上制成的薄型建筑平板。主要技术性能见表7-10。耐火极限为9.3～9.8min；导热系数为$0.58W/(m\cdot K)$。常用规格为：长1220、1550、1800mm；宽820mm；厚40、50、60、80mm。适用于框架结构的复合外墙板和内墙板。

TK板主要技术性能 表7-10

指标	优等品	一等品	合格品
抗折强度（MPa），≥	18	13	7.0
抗冲击（kJ/m^2），≥	2.8	2.4	1.9
吸水率（％），≤	25	28	32
密度（g/cm^3），<	1.8	1.8	1.6

3. 石棉水泥复合外墙板

这种复合板是以石棉水泥平板（或半波板）为覆面板，填充保温芯材，石膏板或石棉水泥板为内墙板，用龙骨为骨架，经复合而成的一种轻质、保温非承重外墙板。其主要特性由石棉水泥平板决定，它是以石棉纤维和水泥为主要原料，经抄坯、压制、养护而成的薄型建筑平板。表观密度$1500～1800kg/m^3$，抗折强度17～20MPa。

4. GY 板

这是一种采用钢丝网片和半硬质岩棉复合而成的墙板。面密度约 $110kg/m^2$，热阻 $0.8m^2 \cdot K/W$（板厚 100mm，其中岩棉 50mm，两面水泥砂浆各 25mm），隔声系数大于 40dB。适用于建筑物的承重或非承重墙体，也可预制门窗及各种异形构件。

5. 纤维增强硅酸钙板

通常称为"硅钙板"，是由钙质材料、硅质材料和纤维作为主要原料，经制浆、成坯、蒸压养护而成的轻质板材，其中建筑用板材厚度一般为 5～12mm。制造纤维增强硅酸钙板的钙质原料为消石灰或普通硅酸盐水泥，硅质原料为磨细石英砂、硅藻土或粉煤灰，纤维可用石棉或纤维素纤维。同时为进一步减低板的密度并提高其绝热性，可掺入膨胀珍珠岩；为进一步提高板的耐火极限温度并降低其在高温下的收缩率，有时也加入云母片等材料。

硅钙板按其密度可分为 D0.6、D0.8、D1.0 三种，按其抗折强度、外观质量和尺寸偏差可分为优等品、一等品和合格品三个等级。导热系数为 $(0.15～0.29)W/(m \cdot K)$。

该板材具有密度低、比强度高、湿胀率小、防火、防潮、防霉蛀、加工性良好等优点，主要用作高层、多层建筑或工业厂房的内隔墙和吊顶，经表面防水处理后可用作建筑物的外墙板。由于该板材具有很好的防火性，特别使用于高层、超高层建筑。

（三）混凝土墙板

混凝土墙板由各种混凝土为主要原料加工制作而成，主要有蒸压加气混凝土板、挤压成型混凝土多孔条板、轻骨料混凝土配筋墙板等。

蒸压加气混凝土板是由钙质材料（水泥＋石灰或水泥＋矿渣）、硅质材料（石英砂或粉煤灰）、石膏、铝粉、水和钢筋组成的轻质板材。其内部含有大量微小、封闭的气孔，孔隙率 70％～80％，因而具有自重小、保温隔热性好、吸声性强等特点，同时具有一定的承载能力和耐火性，主要用作内、外墙板，屋面板或楼板。

轻骨料混凝土配筋墙板是以水泥为胶凝材料，陶粒或天然浮石为粗骨料，陶砂、膨胀珍珠岩砂、浮石砂为细骨料，经搅拌、成型、养护而制成的一种轻质墙板。为增强其抗弯能力，常常在内部轻骨料混凝土浇筑完后铺设钢筋网片。在每块墙板内部均设置六块预埋铁件，施工时与柱或楼板的预埋钢板焊接，墙板接缝处需采取防水措施（主要为构造防水和材料防水两种）。

混凝土多孔条板是以混凝土为主要原料的轻质空心条板。按其生产方式有固定式挤压成型、移动式挤压成型两种；按其混凝土的种类有普通混凝土多孔条板、轻骨料混凝土多孔条板、VRC 轻质多孔条板等。其中 VRC 轻质多孔条板是以快硬型硫铝酸盐水泥掺入 35％～40％的粉煤灰为胶凝材料，以高强纤维为增强材料，掺入膨胀珍珠岩等轻骨料而制成的一种板材。以上混凝土多孔条板主要用作建筑物的内隔墙。

（四）复合墙板和墙体

单独一种墙板很难同时满足墙体的物理、力学和装饰性能要求，因此常常采用复合的方式满足建筑物内、外隔墙的综合功能要求，由于复合墙板和墙体品种繁多，这里仅介绍常用的几种复合墙板或墙体。

GRC 复合外墙板是以低碱水泥砂浆作基材，耐碱玻璃纤维作增强材料制成面层，内设钢筋混凝土肋，并填充绝热材料内芯，一次制成的一种轻质复合墙板。

GRC复合外墙板的 GRC 面层具有高强度、高韧性、高抗渗性、高耐久性，内芯具有良好的隔热性和隔声性，适合于框架结构建筑的非承重外墙挂板。

随着轻钢结构的广泛应用，金属面夹芯板也得到了较大发展。目前，主要有金属面硬质聚氨酯夹芯板、金属面聚苯乙烯夹芯板、金属面岩棉、矿渣棉夹芯板等。

金属面夹芯板通常采用的金属面材料见表 7-11。

金属面夹芯板常用面材种类 表 7-11

面材种类	厚度（mm）	外表面	内表面	备注
彩色喷涂钢板	0.5～0.8	热固化型聚酯树脂涂层	热固化型环氧树脂涂层	金属基材热镀锌钢板，外表面两涂两烘，内表面一涂一烘
彩色喷涂镀铝锌板	0.5～0.8	热固化型丙烯树脂涂层	热固化型环氧树脂涂层	金属基材铝板，外表面两涂两烘，内表面一涂一烘
镀锌钢板	0.5～0.8			
不锈钢板	0.5～0.8			
铝板	0.5～0.8			可用压花铝板
钢板	0.5～0.8			

钢筋混凝土岩棉复合外墙板包括承重混凝土岩棉复合外墙板和非承重薄壁混凝土岩棉复合外墙板。承重混凝土岩棉复合外墙板主要用于大模和大板高层建筑，非承重薄壁混凝土岩棉复合外墙板可用于框架轻板体系和高层大模体系的外墙工程。

承重混凝土岩棉复合外墙板一般由 150mm 厚钢筋混凝土结构承重层、50mm 厚岩棉绝热层和 50mm 混凝土外装饰保护面层构成；非承重薄壁混凝土岩棉复合外墙板由 50mm（或 70mm）厚钢筋混凝土结构承重层、80mm 厚岩棉绝热层和 30mm 混凝土外装饰保护面层组成。绝热层的厚度可根据各地气候条件和热工要求予以调整。

石膏板复合墙板，指用纸面石膏板为面层、绝热材料为芯材的预制复合板。石膏板复合墙体，指用纸面石膏板为面层，绝热材料为绝热层，并设有空气层与主体外墙进行现场复合，用做外墙内保温复合墙体。

预制石膏板复合墙板按照构造可分为纸面石膏复合板、纸面石膏聚苯龙骨复合板和无纸石膏聚苯龙骨复合板，所用绝热材料主要为聚苯板、岩棉板或玻璃棉板。

现场拼装石膏板内保温复合外墙采用石膏板和聚苯板复合龙骨，在龙骨间用塑料钉挂装绝热板保温层、外贴纸面石膏板，在主体外墙和绝热板之间留有空气层。

纤维水泥（硅酸钙）板预制复合墙板是以薄型纤维水泥或纤维增强硅酸钙板作为面板，中间填充轻质芯材一次复合形成的一种轻质复合板材，可作为建筑物的内隔墙、分户墙和外墙。主要材料为纤维水泥薄板或纤维增强硅酸钙薄板（厚度为 4、5mm），芯材采用普通硅酸盐水泥、粉煤灰、泡沫聚苯乙烯粒料、外加剂和水等拌制而成的混合料。

复合墙板两面层采用纤维水泥薄板或纤维增强硅酸钙薄板，中间为轻混凝土夹芯层。长度可为 2450、2750、2980mm；宽度为 600mm；厚度为 60、90mm。

聚苯模块混凝土复合绝热墙体是将聚苯乙烯泡沫塑料板组成模块，并在现场连接成模板，在模板内部放置钢筋和浇筑混凝土，此模板不仅是永久性模板，而且也是墙体的高效保温隔热材料。聚苯板组成聚苯模块时往往设置一定数量的高密度树脂腹筋，并安装连接件和饰面板。此种方式不仅可以不使用木模或钢模，加快施工进度；而且由于聚苯模板的保温保湿作用，便于夏冬两季施工中混凝土强度的增长；在聚苯板上可以十分方便地进行开槽、挖孔以及铺设管道、电线等操作。

第二节　屋　面　材　料

屋面材料主要为各类瓦制品，按成分分为黏土瓦、水泥瓦、石棉水泥瓦、钢丝网水泥大波瓦、塑料大波瓦、沥青瓦等；按生产工艺分为压制瓦、挤制瓦和手工光彩脊瓦；按形状分有平瓦、波形瓦、脊瓦。新型屋面材料主要有轻钢彩色屋面板、铝塑复合板等。黏土瓦现已淘汰使用，故不再赘述。

一、石棉水泥瓦

石棉水泥瓦是以温石棉纤维与水泥为原料，经加水搅拌、压滤成型、蒸养、烘干而成的轻型屋面材料。该瓦的形状尺寸分为大波瓦、小波瓦及脊瓦三种。石棉水泥瓦具有防火、防腐、耐热、耐寒、绝缘等性能，大量应用于工业建筑，如厂房、库房、堆货棚等。农村中的住房也常有应用。

石棉水泥瓦受潮和遇水后，强度会有所下降。石棉纤维对人体健康有害，很多国家已禁止使用。石棉水泥瓦根据抗折力、吸水率、外观质量等分为优等品、一等品和合格品3个等级。其规格和物理力学性能如表7-12所示。

石棉水泥瓦的规格和物理力学性能　　　　　　　　表 7-12

规格（mm） 性能		大波瓦 280×994×7.5			中波瓦 2400×745×6.5 1800×745×6.0			小波瓦 1800×720×6.0 1800×720×5.0		
级别		优等品	一等品	合格品	优等品	一等品	合格品	优等品	一等品	合格品
抗折力	横向（N/m）	3800	3300	2900	4200	3600	3100	3200	2800	2400
	纵向（N/m）	470	450	430	350	330	320	420	360	300
吸水率（%）		26	28	29	26	28	28	25	26	26
抗冻性		25 次冻融循环后不得有起层等破坏现象								
不透水性		浸水后瓦体背面允许出现滴斑，但不允许出现水滴								
抗冲击性		在相距 60cm 处进行观察，冲击一次后被击处不得出现龟裂、剥落、贯通孔及裂纹								

二、钢丝网水泥波瓦

钢丝网水泥波瓦是普通水泥瓦中间设置一层低碳冷拔钢丝网，成型后再经养护而成的大波波形瓦。规格有两种，一种长 1700mm，宽 830mm，厚 14mm，重约 50kg；另一种长 1700mm，宽 830mm，厚 12mm，重 39～49kg。脊瓦每块 15～16kg。脊瓦要求瓦的初裂荷载每块不小于 2200N。在 100mm 的静水压力下，24 小后瓦背无严重印水现象。

钢丝网水泥大波瓦，适用于工厂散热车间、仓库及临时性建筑的屋面，有时也可用作这些建筑的围护结构。

三、玻璃钢波形瓦

玻璃钢波形瓦是以不饱和树脂和无捻玻璃纤维布为原料制成的。其尺寸为长1800mm，宽740mm，厚为0.8～2mm。这种瓦质轻、强度大、耐冲击、耐高温、透光、有色泽，适用于建筑遮阳板及车站月台、集贸市场等简易建筑的屋面。但不能用于与明火接触的场合。当用于有防火要求的建筑物时，应采用难燃树脂。

四、聚氯乙烯波纹瓦

聚氯乙烯波纹瓦，又称塑料瓦楞板，它以聚氯乙烯树脂为主体，加入其他助剂，经塑化、压延、压波而制成的波形瓦。它具有轻质、高强、防水、耐腐、透光、色彩鲜艳等优点，适用于凉棚、果棚、遮阳板和简易建筑的屋面。常用规格为 $1000mm×750mm×(1.5～2)mm$。抗拉强度 45MPa，静弯强度 80MPa，热变形特征为 60℃时 2h 不变形。

五、彩色混凝土平瓦

彩色混凝土平瓦以细石混凝土为基层，面层覆盖各种颜料的水泥砂浆，经压制而成。具有良好的防水和装饰效果，且强度高、耐久性良好，近年来发展较快。彩色混凝土平瓦的规格与黏土瓦相似。

此外，建筑上常用的屋面材料还有沥青瓦、铝合金波纹瓦、陶瓷波形瓦、玻璃曲面瓦等。

六、油毡（沥青）瓦

彩色沥青瓦是以玻璃纤维毡为胎基，经浸涂石油沥青后，一面覆盖彩色矿物粒料，另一面撒以隔离材料所制成的瓦状屋面防水材料。主要用于各类民用住宅，特别是多层住宅、别墅的坡屋面防水工程。由于彩色沥青瓦具有色彩鲜艳丰富，形状灵活多样，施工简便无污染，产品质轻性柔，使用寿命长等特点，在坡屋面防水工程中得到了广泛的应用。

彩色沥青瓦在国外已有 80 多年的历史。在一些工业发达国家，特别是美国，彩色沥青瓦的使用已占整个住宅屋面市场的 80% 以上。在国内，近几年来，随着坡屋面的重新崛起，作为坡屋面的主选瓦材之一，彩色沥青瓦的发展越来越快。

沥青瓦的胎体材料对强度、耐水性、抗裂性和耐久性起主导作用，胎体材料主要有聚酯毡和破纤毡两种。破纤毡具有优良的物理化学性能，抗拉强度大，裁切加工性能良好，与聚酯毡相比，被纤毡在浸涂高温熔融沥青时表现出更好的尺寸稳定性。

石油沥青是生产沥青瓦的传统黏结材料，具有黏结性、不透水性、塑性、大气稳定性均较好以及来源广泛和价格相对低廉等优点。宜采用低含蜡量的 100 号石油沥青和 90 号高等级道路沥青，并经氧化处理。此外，涂盖料、增黏剂、矿物粉料填充、覆面材料对沥青瓦的质量也有直接影响。

七、琉璃瓦

琉璃瓦是素烧的瓦坯表面涂以琉璃釉料后再经烧制而成的制品。这种瓦表面光滑、质地坚密、色彩美丽、耐久性好，但成本较高，一般多用于古建筑修复，仿古建筑及园林建筑中的亭、台、楼阁使用。

第三节 门 窗 材 料

目前我国建筑能耗约占全国总能耗的 27.6%，而由门窗损失的采暖能耗和制冷能耗要占到建筑维护结构损失能耗的 50％以上。因此，门窗的保温性和气密性是影响建筑能耗的重要因素。

建筑门窗的设置显著地影响着建筑物外观特征，门窗产品的材料、规格、色彩与质感构成了建筑外立面的整体视觉效果。室内环境温度、湿度、气流、热辐射、节能、隔声和采光均与门窗材料紧密相关。我国对建筑外窗的抗风压性能、雨水渗漏性能、气密性、保温性能、空气隔声性能等均制订了严格的标准。

从建筑门窗的窗框材料发展来看，最早使用的以实木材料为主，但随着森林资源的保护和木材资源的短缺，现已限制使用。20 世纪 70 年代发展使用的实腹钢窗可以说是第二代产品，主要作为代木产品，曾经发挥过一定作用。但由于钢窗材料的变形和锈蚀问题，以及水密性、气密性和保温、隔声性能较差，目前也已被限制使用。铝合金门窗材料被称为第三代产品，至今仍广泛使用。与钢窗材料相比，无论是抗变形能力、防锈能力、气密性、水密性和装饰效果，均有了极大的提高。但保温性能和空气隔声性能仍不尽理想，因此，进一步发展了热阻断铝合金门窗材料，保温性能和隔声性能得以改善。塑料（钢）门窗是近年来大力推广应用的新材料，主要得益于我国化学工业的技术进步和科研技术人员的不懈努力。塑料材料的耐久性大大提高。塑钢门窗具有良好的水密性、气密性和保温、隔声性能，且通过钢塑复合，抗变形能力大大提高。

一、木门窗

木门窗的气密性、水密性、抗风压以及抗潮湿、防水性能相对较差，室外工程已很少使用。但由于良好的保温性能，特别是木制品的材质、造型特点与艺术效果，是金属和塑料类产品无法取代的，因此室内工程中使用仍很普遍。

木门窗的主要技术要求在《建筑装饰装修工程质量验收规范》GB 50210—2018 及《建筑木门、木窗》JG/T 122—2000 中有详细规定，主要包括木材的品种、材质等级、规格、尺寸、框扇的线型及人造木板中的甲醛含量等。

除实木门窗外，胶合板门、纤维板门和模压门的应用也十分普遍。特别是模压门，与实木门窗相比，原材料来源更广，整体性强，造型丰富，防水、防火、防盗、防腐性能更好，同时具有良好的气密性、水密性和保温、隔声性能。在一定程度上有取代实木门窗的趋势。

木门的主要类型按开启方式分有平开门、推拉门、连窗门、折叠门、旋转门和弹簧门等。按所用材料和造型特点分为镶板门、包板门、木框玻璃门、拼板门、花格门等。

木窗的主要类型有平开窗、推拉窗、中悬窗、立转窗、提拉窗、上悬窗、下悬窗及百叶窗等。

二、铝合金门窗

铝外观呈银白色，密度为 2.7g/cm³，熔点为 660℃，由于其表面常常被氧化铝薄膜覆盖，因此具有良好的耐蚀性。铝的可塑性良好（伸长率为 50％），但铝的硬度和强度较低。

铝合金主要有 Al-Mn 合金、Al-Mg 合金、Al-Mg-Si 合金等。合金元素的引入，不仅保持铝质量轻的特点，同时机械力学性能大幅度提高，例如屈服强度可达 210～500MPa，抗拉强度可达 380～550MPa 等，因此铝合金不仅可用于建筑装饰领域，而且可用于结构领域。铝合金的主要缺点是弹性模量小、热膨胀系数大、耐热性差等。

为进一步提高铝合金的耐磨性、耐蚀性、耐光性和耐候性能，可以对铝合金进行表面处理。表面处理包括表面预处理、阳极氧化处理和表面着色处理三个步骤。

铝合金门窗的维修费用低、色彩造型丰富、耐久性较好，因此得到了广泛的应用。其主要缺点是导热系数大，不利于建筑节能，因此目前主要采用的是热阻断铝合金窗，也称为断桥铝合金窗。

三、塑料门窗

塑料门窗是继木、钢、铝合金门窗之后兴起的新型节能门窗，是当前世界上所知的最佳的节能、保温、隔声且水密性、气密性和耐久性都很好的门窗。塑料门窗是以改性聚氯乙烯树脂为原料，经挤出成型为各种断面的中空异型材，再经定长切割并在其内腔加钢质型材加强筋，通过热熔焊接机焊接组装成门窗框、扇，最后装配玻璃、五金配件、密封条等构成的门窗成品。型材内腔以型钢增强而形成塑钢结合的整体，故这种门窗也称塑钢门窗。

评价门窗整体性能的质量主要有 6 项指标，即抗风压性能、空气渗透性能、雨水渗透性能、保温性能、隔声性能和装饰性能。从这 6 项指标看，塑料门窗可谓是一个全能型的产品。随着塑料门窗表面装饰技术，如表面覆膜、彩色喷涂、双色共挤等技术的推广与应用，塑料门窗将越来越受到青睐。

塑料门窗的主要技术性能有：

1. 强度高、耐冲击。塑料型材采用特殊的耐冲击配方和精心设计的耐冲击断面，在 −10℃、1m 高、自由落地冲击试验下不破裂，所制成的门窗能耐风压 1500～3500Pa，适用于各种建筑物。

2. 抗老化性能好。由于配方中添加了改性剂，光热稳定剂和紫外线吸收剂等各种助剂，使塑料门窗具有很好的耐候性、抗老化性能。可以在 −10～70℃ 之间各种条件下长期使用，经受烈日、暴雨、风雪、干燥、潮湿之侵袭而不脆、不变质。

3. 隔热保温性好，节约能源。硬质 PVC 材质的导热系数较低，仅为铝材的 1/250，钢材的 1/360，又因塑料门窗的型材为中空多腔结构，内部被分成若干紧闭的小空间，使导热系数进一步降低，因此具有良好的隔热和保温性。

4. 气密性、水密性好。塑料窗框、窗扇间采用搭接装配，各缝隙间都装有耐久性弹性密封条或阻见板，防止空气渗透、雨水渗透性极佳，并在框、扇适当位置开设有排水槽孔，能将雨水和冷凝水排出室外。

5. 隔声性好。塑料门窗用型材为中空结构，内部若干充满空气的密闭小腔室，具有良好的隔声效果。再经过精心设计，框扇搭接严密，防噪声性能好，其隔声效果在 30dB 以上，这种性能使塑料门窗更适用于交通频繁、噪声侵袭严重或特别需要安静的环境，如医院、学校及办公大厦等。

6. 耐腐蚀性好。硬质 PVC 材料不受任何酸、碱、盐、废气等物质的侵蚀，耐腐蚀、耐潮湿，不朽、不锈、不霉变，无需油漆。

7. 防火性能好。塑料门窗为优良的防火材料，不自燃、不助燃、遇火自熄。

8. 电绝缘性高。塑料 PVC 型材为优良的绝缘体，使用安全性高。

9. 热膨胀系数低，能保证正常使用。

习题与复习思考题

1. 烧结普通砖的种类主要有哪些?

2. 烧结普通砖的技术性质有哪些?

3. 烧结普通砖分为几个强度等级? 如何确定砖的强度等级?

4. 工地上运进一批烧结普通砖,抽样测定其强度结果如下:

试件编号	1	2	3	4	5	6	7	8	9	10
破坏荷载（kN）	215	226	235	244	208	256	222	238	264	212
受压面积（mm²）	13800	13650	13288	13810	13340	13450	13780	13780	13340	13800

试确定该砖的强度等级。

5. 烧结多孔砖与烧结普通砖相比的主要优点有哪些?

6. 常用的建筑砌块有哪些?

7. 混凝土小型空心砌块的主要技术性质有哪些?

8. 简述我国墙体材料改革的重要意义及发展方向。

9. 屋面材料的主要品种有哪些?

10. 常用的门窗材料主要有哪些?

11. 分析比较木门窗、塑料门窗和铝合金门窗的主要优缺点。

第八章　合成高分子材料

随着建设事业的发展，对土木工程材料提出了更高的要求，合成高分子材料在土木工程中的应用，提供了许多种可代替传统材料的新材料。

合成高分子材料是指由人工合成的高分子化合物为基础所组成的材料，它有许多优良的性能，如密度小，比强度大，弹性高，电绝缘性能好，耐腐蚀，装饰性能好等。作为土木工程材料，由于它能减轻构筑物自重，改善性能，提高工效，减少施工安装费用，获得良好的装饰及艺术效果，因而在土木工程中得到了越来越广泛的应用，已经成为继水泥、钢材、木材之后发展最为迅速的第四类建筑材料，具有良好的发展前景。产品包括塑料、合成橡胶、涂料、胶粘剂、高分子防水材料等，作为辅助添加剂的包括各种减水剂、增稠剂及聚合物改性砂浆中添加的高分子乳液或可再分散聚合物胶粉等。

第一节　高分子化合物的基本概念

一、高分子化合物

高分子化合物是一类具有很高分子量的化合物。一个大分子往往是由组成单元相互多次重复连接而构成，其分子量虽然很大，但化学组成都比较简单，都是由许多低分子化合物聚合而形成的，因此又称高分子聚合物（简称高聚物）。例如，聚乙烯分子结构为：

$$\cdots CH_2-CH_2\cdots CH_2-CH_2\cdots$$

这种结构称为分子链，可简写为$\{CH_2-CH_2\}_n$。可见聚乙烯是由低分子化合物乙烯（$CH_2\!\!=\!\!CH_2$）聚合而成的，这种可以聚合成高聚物的低分子化合物，称为"单体"，而组成高聚物最小重复结构单元称为"链节"，如$-CH_2-CH_2-$，高聚物中所含链节的数目 n 称为"聚合度"，高聚物的聚合度一般为$1\times 10^3\sim 1\times 10^7$，因此其分子量必然很大。

几种高聚物的单体、链节示例如表 8-1 所示。

高聚物单体和链节结构示例　　　　　　　　　　　　　　　　表 8-1

单　体	链节结构	高聚物
乙烯　$\begin{array}{c} H \quad H \\ \| \quad \| \\ C = C \\ \| \quad \| \\ H \quad H \end{array}$	$\begin{array}{c} H \quad H \\ \| \quad \| \\ -C - C - \\ \| \quad \| \\ H \quad H \end{array}$	聚乙烯 （PE）　$\begin{array}{c} H \quad H \\ \| \quad \| \\ \{C - C\}_n \\ \| \quad \| \\ H \quad H \end{array}$
丙烯　$\begin{array}{c} H \qquad H \\ \| \qquad \| \\ C = C \\ \| \qquad \| \\ H \quad H-C-H \\ \qquad \| \\ \qquad H \end{array}$	$\begin{array}{c} H \qquad H \\ \| \qquad \| \\ -C - C - \\ \| \qquad \| \\ H \quad H-C-H \\ \qquad \| \\ \qquad H \end{array}$	聚丙烯 （PP）　$\begin{array}{c} H \qquad H \\ \| \qquad \| \\ \{C - C\}_n \\ \| \qquad \| \\ H \quad H-C-H \\ \qquad \| \\ \qquad H \end{array}$

单体	链节结构	高聚物
氯乙烯 $\begin{matrix} H & H \\ C & = & C \\ H & Cl \end{matrix}$	$\begin{matrix} H & H \\ -C & - & C- \\ H & Cl \end{matrix}$	聚氯乙烯 (PVC) $\left[\begin{matrix} H & H \\ C & - & C \\ H & Cl \end{matrix}\right]_n$
苯乙烯 $\begin{matrix} H & H \\ C & = & C \\ H & C_6H_5 \end{matrix}$	$\begin{matrix} H & H \\ -C & - & C- \\ H & C_6H_5 \end{matrix}$	聚苯乙烯 (PS) $\left[\begin{matrix} H & H \\ C & - & C \\ H & C_6H_5 \end{matrix}\right]_n$

高聚物是分子量不等的同系物的混合物，存在一定的分布或多分散性，因此，用平均分子量来表征。根据统计方法的不同，平均分子量有不同的表示方法，例如数均分子量、重均分子量、黏均分子量。

1. 数均分子量 $\overline{M}_n$，通常由渗透压、蒸汽压等依数性方法测定，其定义是某体系的总质量 m 被分子总数所平均。低分子量部分对数均分子量有较大的贡献。

2. 重均分子量 $\overline{M}_w$，通常由光散射法测定，其定义为多分散高聚物中相对分子质量的二次幂平均值。高分子量部分对重均分子量有较大的贡献。

3. 黏均分子量 $\overline{M}_\eta$，通常通过测定高聚物稀溶液的特性黏度来计算高聚物的分子量，因此称为黏均分子量。

对于同一高聚物，上述平均分子量的相对值大小依次为：$\overline{M}_w > \overline{M}_\eta > \overline{M}_n$。

除了平均分子量以外，分子量分布也影响聚合物性能的重要因素。低分子部分将使高聚物强度降低，分子量过高又使塑化成型困难。高聚物分子量的分布（多分散性）可用 $\overline{M}_w / \overline{M}_n$ 的比值（简称分布指数）来表征分子量分布宽度。

均一分子量的高聚物，$\overline{M}_w = \overline{M}_n$，即 $\overline{M}_w / \overline{M}_n = 1$。合成高聚物分布指数可在 1.5～2.0 或 20～50 之间，随合成方法而定。比值越大，则分布越宽，分子量越不均一。

根据用途不同，不同高聚物材料应有其合适的分子量及分子量分布。缩聚物的分子量为 1 万～3 万，而烯类加聚物则为 2 万～30 万，天然橡胶为 20 万～40 万。合成纤维的分子量分布较窄，而合成橡胶的分子量分布放宽。

二、高聚物的分类与命名

（一）高聚物的分类

高聚物的分类方法很多，经常采用的方法有下列几种：

1. 按高聚物材料的性能与用途可分为塑料、合成橡胶和合成纤维、胶粘剂、涂料，以及聚合物基复合材料、高分子合金、高性能高分子材料、功能高分子材料等。

2. 按高聚物的分子结构分为线形、支链形和体形三种。

3. 按高聚物的合成反应类别分加聚反应和缩聚反应，其反应产物分别为加聚物和缩聚物。

4. 按主链结构，可将高聚物分成碳链、杂链和元素有机（半有机）聚合物三大类。

（1）碳链聚合物指大分子主链完全由碳原子组成，绝大部分烯类和二烯类的加成聚合物属于这一类，如聚乙烯、聚氯乙烯、聚丁二烯、聚异戊二烯等。

（2）杂链聚合物指大分子主链中除了碳原子外，还有氧、氮、硫等杂原子，如聚醚、聚酯、聚酰胺、聚脲、聚砜等缩聚物和杂环开环聚合物。

（3）元素有机聚合物指大分子主链中没有碳原子，主要由硅、硼、铝和氧、氮、硫、磷等原子组成，但侧基多半是有机基团，如甲基、乙基、乙烯基、苯基等，如聚硅氧烷（有机硅橡胶）。

如果主链和侧链均无碳原子，则为无机高分子，硅酸盐类属之。

（二）高聚物的命名

高聚物有多种命名方法，在土木工程材料工业领域常以习惯命名。

对简单的一种单体的加聚反应产物，在单体名称前冠以"聚"字，如聚乙烯、聚丙烯、聚苯乙烯等，大多数烯类单体聚合物都可按此命名。

由两种不同单体聚合物的共聚物，常摘取两种单体的简名，后缀"树脂"两字来命名。例如，苯酚和甲醛的缩聚物称作酚醛树脂，尿素和甲醛的缩聚物称为脲醛树脂，甘油和邻苯二甲酸酐的缩聚物称为醇酸树脂。这些产物形态类似天然树脂，因此有合成树脂之统称。目前已扩展到将未加有助剂的聚合物粉料和粒料也称为合成树脂。共聚合成橡胶往往从共聚单体中各取一字，后缀"橡胶"二字来命名，如丁（二烯）苯（乙烯）橡胶、丁（二烯）（丙烯）腈橡胶、乙（烯）丙（烯）橡胶等。

也有高聚物的结构特征来命名，如聚酰胺、聚酯、聚碳酸酯、聚砜等。这些名称都代表一类聚合物，具体品种另有专名，如己二胺和己二酸的缩聚物可称为聚己二酰己二胺。这样的名称似嫌冗长，商业上往往称作尼龙-66。尼龙带来聚酰胺一大类，例如尼龙-610是己二胺和癸二酸的缩聚物。尼龙只附一个数字则代表氨基酸或内酰胺的聚合物，数字也代表碳原子数，如尼龙-6是己内酰胺的聚合物。中国习惯以"纶"字作为合成纤维的后缀字，如涤纶（聚对苯二甲酰乙二醇酯）、锦纶（尼龙-6）、维尼纶（聚乙烯醇缩醛）、腈纶（聚丙烯腈）、氯纶（聚氯乙烯）、丙纶（聚丙烯）等。

有些高聚物按单体名来命名容易引起混淆，例如结构式为— $(OCH_2CH_2)_n$ —的聚合物，可从环氧乙烷、乙二醇、氯乙醇或氯甲醚来合成，只因为多用环氧乙烷作单体，故常称作聚环氧乙烷。按结构，应称作聚氧化乙烯。

三、高聚物的结构与性质

（一）高聚物分子链的形状与性质

高聚物按分子几何结构形态来分，可分为线形、支链形和体形三种。

1. 线形：线形高聚物的大小分链节排列成线状主链（如图 8-1a）。大多数呈卷曲状，线状大分子间以分子间力结合在一起。线形高聚物分子间作用力微弱，使分子容易相互滑动。

线形高聚物具有良好的弹性、塑性、柔顺性，但强度较低、硬度小、耐热性、耐腐蚀性较差，且可溶可熔。

2. 支链形：支链形高聚物的分子在主链上带有比主链短的支链（如图 8-1b）。

因分子排列较松，分子间作用力较弱，因而密度、熔点及强度低于线形高聚物。支链形聚合物不容易结晶，高度支链甚至难溶解，只能溶胀。

3. 体形：体形高聚物的分子，是由线形或支链形高聚物分子以化学键交联形成，呈空间网状结构（见图 8-1c）。许多大分子键合在一起，已无单个大分子可言。交联程度浅的网络结构，受热尚可软化，但不熔融；适当溶剂可使溶胀，但不溶解。交联程度深的体形结构，受热时不再软化，也不易被溶剂所溶胀。

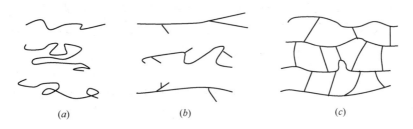

图 8-1　高聚物分子链的形状
(a) 线形；(b) 支链形；(c) 体形

线形高聚物可能带有侧基，侧基并不能称作支链。图中支链仅仅是简单的示意图，实际上的支链还可能是星形、梳形、树枝形等更复杂的结构。

线形或支链形高聚物以物理力聚集成聚合物，可溶于适当溶剂中，加热时可熔融塑化，冷却时则固化成型，为热塑性聚合物，如聚乙烯、聚氯乙烯、聚苯乙烯、涤纶、尼龙等。线形或少量支链的聚合物或预聚物在成型阶段，经加热再使其中潜在的活性官能团继续反应成交联结构而固化，形成立体网状结构，再受热不熔融，在溶剂中也不溶解，当温度超过分解温度时将被分解破坏，即不具备重复加工性，这类聚合物则称作热固性聚合物，如酚醛树脂、环氧树脂、聚氨酯、不饱和聚酯树脂、氨基类树脂、硅树脂等。热固性聚合物具有较高的强度与弹性模量，但塑性小、较硬脆，耐热性、耐腐蚀性较好，不溶不熔。

（二）高聚物的聚集态结构与物理状态

单体以结构单元的形式通过共价键连接成大分子，大分子链再以次价键聚集成聚合物。与共价键相比，分子间的次价键物理力要弱得多，分子间的距离比分子内原子间的距离也要大得多。

按其分子在空间排列规则与否，固态高聚物中并存着晶态与非晶态两种聚集状态，但与低分子量晶体不同，由于长链高分子难免弯曲，故在晶态高聚物中也总有非晶区存在，且大分子链可以同时跨越几个晶区和非晶区。晶区所占的百分比称为结晶度，高聚物的结晶度很少到达 100%。一般，结晶度越高，则高聚物的密度、弹性模量、强度、硬度、耐热性、折光系数等越高，而冲击韧性、黏结力、塑性、溶解度等越小。晶态高聚物一般为不透明或半透明的，非晶态高聚物则一般为透明的，体型高聚物只有非晶态一种。

线形高密度聚乙烯分子结构简单规整，分子链柔顺，容易紧密排列，形成结晶，虽然非极性，次价力较弱，但结晶度仍然很高，达 90% 以上。带支链的低密度聚乙烯结晶度就低很多（55%～60%）。聚四氟乙烯结构与聚乙烯相似，结构对称而无极性，氟原子也较小，容易堆砌紧密，结晶度高。

聚酰胺-66 分子结构与聚乙烯也有点相似，但酰胺键在分子间易形成较强的氢键，反而有利于结晶。另一方面，涤纶树脂分子结构并不复杂，也比较规整，但苯环赋予分子链一定的刚性，且无强极性基团，结晶就比较困难，须在适当的温度下经过拉伸才达到一定结晶的程度。

聚氯乙烯、聚苯乙烯、聚甲基丙烯酸甲酯等大分子带有体积较大的侧基，虽有一定的极性，终因堆砌困难，结晶倾向低，而呈无定型态。

天然橡胶和有机硅橡胶分子中含有双键或醚键，分子链过于柔顺，在室温下处于无定型的高弹状态。如温度适当，经拉伸，则可规则排列而暂时结晶；但拉力一旦去除，规则排列不能维持，立刻恢复到原来的完全无定型状态。

还有一类结构特殊的液晶高分子，这类晶态高分子受热熔融（热致性）或被溶剂溶解（溶致性）后，失去了固体的刚性，转变成液体，但其中晶态分子仍保留着有序排列，呈各向异性，形成兼有晶体和液体双重性质的过渡状态，称为液晶态。

高聚物在不同温度条件下的形态是有差别的，如图 8-2 所示，表现为下列三种物理状态。

1. 玻璃态。当低于某一温度时，分子链作用力很大，分子链与链段都不能运动，高聚物呈非晶态的固体称为"玻璃态"。高聚物转变为玻璃态的温度称为玻璃化温度 T_g。温度继续下降，当高聚物表现为不能拉伸或弯曲的脆性时的温度，称为"脆化温度"，简称"脆点"。

2. 高弹态。当温度超过玻璃化温度 T_g 时，由于分子链段可以发生旋转，使高聚物在外力作用下能产生大的变形，外力卸除后又会缓慢地恢复原状，高聚物的运动状态称为"高弹态"。

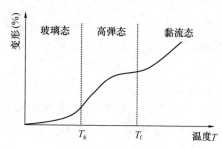

图 8-2 非晶态线形高聚
物的变形与温度的关系

3. 黏流态。随温度继续升高，当温度达到"黏流温度" T_f 后，高聚物呈极黏的液体，这种状态称为"黏流态"。此时，分子链和链段都可以发生运动，当受到外力作用时，分子间相互滑动产生形变，外力卸去后，形变不能恢复。

与转变过程对应的两个转变温度——玻璃化转变温度 T_g、黏流温度 T_f 是两个十分重要的物理量。从分子运动的观点看，玻璃化转变温度 T_g 对应着链段的运动状态，温度小于 T_g 时，链段运动

被冻结，温度大于 T_g 时链段开始运动。黏流温度 T_f 对应着分子整链的运动状态，温度小于 T_f 时分子链重心不发生相对位移，大于 T_f 时分子链解缠结，出现整链滑移。

不同高聚物材料具有不同的转变温度，在常温下处于不同的力学状态。橡胶的 T_g 较低，一般是零下几十摄氏度，如天然橡胶 $T_g=-73℃$，顺丁橡胶 $T_g=-108℃$。常温下橡胶处于高弹态，表现出高弹性，T_g 规定为其最低使用温度，即耐寒温度。塑料的 T_g 较高，如聚氯乙烯 $T_g=87℃$，聚苯乙烯 $T_g=100℃$，常温下处于硬而脆的玻璃态，T_g 为其最高使用温度，也即耐热温度。

第二节　塑　料

塑料是以天然或合成高分子化合物为基体材料，加入适量的填料和添加剂，在高温、高压下塑化成型，且在常温、常压下保持制品形状不变的材料。常用的合成高分子化合物

是各种合成树脂。

目前，已生产出各种用途的塑料，而新的高聚物在不断出现，塑料的性能也在逐步改善。塑料作为土木工程材料有着广阔的前途。如建筑工程常用塑料制品有塑料壁纸、壁布、饰面板、塑料地板、塑料门窗、管线护套等；绝热材料有泡沫塑料与蜂窝塑料等；防水和密封材料有塑料薄膜、密封膏、管道、卫生设施等；土工材料有塑料排水板、土工织物等；市政工程材料有塑料给水管、塑料排水管、煤气管等。

一、塑料的组成

（一）合成树脂

习惯上或广义地讲，凡作为塑料基材的高分子化合物（高聚物）都称为树脂。合成树脂是塑料的基本组成材料，在塑料中起黏结作用。塑料的性质主要决定于合成树脂的种类、性质和数量。合成树脂在塑料中的含量为 $30\%\sim60\%$，仅有少数的塑料完全由合成树脂所组成，如有机玻璃。

用于塑料的热塑性树脂主要有聚乙烯、聚氯乙烯、聚甲基丙烯酸甲酯、聚苯乙烯、聚四氟乙烯等加聚高聚物；用于塑料的热固性树脂主要有酚醛树脂、脲醛树脂、不饱和树脂、不饱和聚酯树脂、环氧树脂、有机硅树脂等缩聚高聚物。

（二）填充料

在合成树脂中加入填充料可以降低分子链间的流淌性，可提高塑料的强度、硬度及耐热性，减少塑料制品的收缩，并能有效地降低塑料的成本。

常用的填充料有：木粉、滑石粉、硅藻土、石灰石粉、石棉、铝粉、炭黑和玻璃纤维等，塑料中填充料的掺率为 $40\%\sim70\%$。

（三）增塑剂

增塑剂可降低树脂的流动温度 T_f，使树脂具有较大的可塑性以利于塑料加工成型，由于增塑剂的加入降低了大分子链间的作用力，因此能降低塑料的硬度和脆性，使塑料具有较好的塑性、韧性和柔顺性等机械性质。

增塑剂必须能与树脂均匀地混合在一起，并且具有良好的稳定性。常用的增塑剂有邻苯二甲酸二辛酯、磷酸三甲酚酯、樟脑、二苯甲酮等。

（四）固化剂

固化剂也称硬化剂或熟化剂。它的主要作用是使线性高聚物交联成体形高聚物，使树脂具有热固性，形成稳定而坚硬的塑料制品。

酚醛树脂中常用的固化剂为乌洛托品（六亚甲基四胺），环氧树脂中常用的则为胺类（乙二胺、间苯二胺）酸酐类（邻苯二甲酸酐、顺丁烯二酸酐）及高分子类（聚酰胺树脂）。

（五）着色剂

着色剂的加入使塑料具有鲜艳的色彩和光泽，改善塑料制品的装饰性。常用的着色剂是一些有机染料和无机颜料。有时也采用能产生荧光或磷光的颜料。

（六）稳定剂

为防止塑料在热、光及其他条件下过早老化而加入的少量物质称为稳定剂。常用的稳定剂有抗氯化剂和紫外线吸收剂。

除上述组成材料以外，在塑料生产中还常常加入一定量的其他添加剂，使塑料制品的性能更好、用途更广泛。如加入发泡剂可以制得泡沫塑料，加入阻燃剂可以制得阻燃塑料。

二、塑料的性质

塑料具有质量轻、比强度高、保温绝热性能好、加工性能好及富有装饰性等优点，但也存在易老化、易燃、耐热性差及刚性差等缺点。

（一）物理力学性质

1. 密度。塑料的密度一般为 0.9～2.2g/cm³，较混凝土和钢材小。

2. 孔隙率。塑料的孔隙率在生产时可在很大范围内加以控制。例如，塑料薄膜和有机玻璃的孔隙率几乎为零，而泡沫塑料的孔隙率可高达 95%～98%。

3. 吸水率。大部分塑料是耐水材料，吸水率很小，一般不超过 1%。

4. 耐热性。大多数塑料的耐热性都不高，使用温度一般为 100～200℃，仅个别塑料（氟塑料、有机硅聚合物等）的使用温度可达 300～500℃。

5. 导热性。塑料的导热性较低，密实塑料的导热系数为 0.23～0.70W/(m・K)，泡沫塑料的导热系数则接近于空气。

6. 强度。塑料的强度较高。如玻璃纤维增强塑料（玻璃钢）的抗拉强度高达 200～300MPa，许多塑料的抗拉强度与抗弯强度相近。

7. 弹性模量。塑料的弹性模量较小，约为混凝土的 1/10，同时具有徐变特性，所以塑料在受力时有较大的变形。

（二）化学性质

1. 耐腐蚀性。大多数塑料对酸、碱、盐等腐蚀性物质的作用都具有较高的化学稳定性，但有些塑料在有机溶剂中会溶解或溶胀，使用时应注意。

2. 老化。在使用条件下，塑料受光、热、大气等作用，内部高聚物的组成与结构发生变化，致使塑料失去弹性、变硬、变脆出现龟裂（分子交联作用引起）或变软、发黏、出现蠕变（分子裂解引起）等现象，这种性质劣化的现象称为老化。

3. 可燃性。塑料属于可燃性材料，在使用时应注意，建筑工程用塑料应为阻燃塑料。

4. 毒性。一般来说，液体状态的树脂几乎都有毒性，但完全固化后的树脂则基本上无毒。

三、常用塑料及其制品

（一）塑料的常用品种

1. 聚乙烯塑料（PE）。聚乙烯塑料由乙烯单体聚合而成。按密度不同，聚乙烯可分为高密度聚乙烯（HDPE）、中密度聚乙烯、低密度聚乙烯（LDPE）。低密度聚乙烯比较柔软，熔点和抗拉强度较低，伸长率和抗冲击性较高，适于制造防潮防水工程中用的薄膜。高密度聚乙烯较硬，耐热性、抗裂性、耐腐蚀性较好，可制成给水排水管、绝缘材料、卫生洁具燃气管、中空制品、衬套、钙塑泡沫装饰板、油罐或作为耐腐蚀涂层等。

2. 聚氯乙烯塑料（PVC）。聚氯乙烯塑料由氯乙烯单体聚合而成，是工程上常用的一种塑料。聚氯乙烯的化学稳定性高，抗老化性好，但耐热性差，在 100℃ 以上时会引起分解、变质而破坏，通常使用温度应在 60～80℃ 以下。根据增塑剂掺量的不同，可制得硬质或软质聚氯乙烯塑料。软质聚氯乙烯可挤压或注射成板材、型材、薄膜、管道、地板砖、壁纸等，还可制成低黏度的增塑溶胶，或制成密封带。硬质聚氯乙烯使用与制作排水管道、外墙覆面板、天窗和建筑配件等。

3. 聚苯乙烯塑料（PS）。聚苯乙烯塑料由苯乙烯单体聚合而成。聚苯乙烯塑料的透光性好，易于着色，化学稳定性高，耐水、耐光，成型加工方便，价格较低。但聚苯乙烯性脆，抗冲击韧性差，耐热性差，易燃，使其应用受到一定限制。

4. 聚丙烯塑料（PP）。聚丙烯塑料由丙烯聚合而成。聚丙烯塑料的特点是质轻（密度 $0.90 g/cm^3$），耐热性较高（$100 \sim 120 ℃$），刚性、延性和防水性均好。它的不足之处是低温脆性显著，抗大气性差，故适用于室内。近年来，聚丙烯的生产发展较迅速，聚丙烯已与聚乙烯、聚氯乙烯等共同成为塑料的主要品种。聚丙烯塑料主要用作管道、容器、建筑零件、耐腐蚀板、薄膜、纤维等。

5. 聚甲基丙烯酸甲酯（PMMA）。由甲基丙烯酸甲酯加聚而成的热塑性树脂，俗称有机玻璃。它的透光性好，低温强度高，吸水性低，耐热性和抗老化性好，成型加工方便。缺点是耐磨性差，价格较贵。可制作采光天窗、护墙板和广告牌。将聚甲基丙烯酸甲酯的乳液涂刷在木材、水泥制品等多孔材料上，可以形成耐水的保护膜。

6. 聚碳酸酯（PC）。聚碳酸酯是较为柔软的碳酸酯链与刚性的苯环相连接的一种线形聚合物结构，为综合性能优良的热塑性工程塑料。它的机械强度，特别是抗冲击强度是目前工程塑料中最高的品种之一，它的模量高，具有优良的抗蠕变性能，是一种硬而韧的材料。聚碳酸酯的耐热性好，热变形温度为 $130 \sim 140 ℃$，脆化温度为 $-100 ℃$，可长期在 $-60 \sim 110 ℃$ 下应用。此外，这种材料具有自熄性，不易燃，并具有高透光率（90%），可制作室外亭、廊、屋顶等的采光装饰材料。

7. 聚酯树脂（PR）。聚酯树脂由二元或多元醇和二元或多元酸缩聚而成。聚酯树脂具有优良的胶结性能，弹性和着色性好，柔韧、耐热、耐水。在建筑工程中，聚酯主要用来制作玻璃纤维增强塑料、装饰板、涂料、管道等。

8. 酚醛树脂（PF）。酚醛树脂由酚和醛在酸性或碱性催化剂作用下缩聚而成。酚醛树脂的黏结强度高，耐光、耐水、耐热、耐腐蚀，电绝缘性好，但性脆。在酚醛树脂中掺加填料、固化剂等可制成酚醛塑料制品。这种制品表面光洁，坚固耐用，成本低，是最常用的塑料品种之一。

9. 环氧树脂（EP）。环氧树脂是指分子中含有两个或两个以上环氧基团的线形有机高分子化合物。固化后的环氧树脂黏附力强、收缩率低，具有优良的力学性能、耐碱性、耐酸性和耐溶剂性，电绝缘性好，以及耐霉菌性好。主要用作胶粘剂、玻璃纤维增强塑料、人造大理石、人造玛瑙等，也可用于制备树脂混凝土、改性沥青混合料、桥面铺装防水层和桥梁混凝土的修补。

10. 聚氨酯（PU）。聚氨酯是指分子结构中含有许多重复的氨基甲酸酯基团的一类聚合物，通过异氰酸酯和醇的缩聚反应得到。原料化合物上功能基团的数目决定了产物聚氨酯的结构：线形聚氨酯由二元异氰酸酯和二元醇制备，体形聚氨酯由多元异氰酸酯和二元或多元醇制备。线形聚氨酯一般是高熔点结晶聚合物，多用于热塑性弹性体和合成纤维。体形聚氨酯多用于泡沫塑料、涂料、胶粘剂和橡胶制品。在建筑领域中，聚氨酯塑料广泛用于装饰、防渗漏、隔离、保温。此外，聚氨酯塑料还用于油田、冷冻、水利等领域。

11. 有机硅树脂（OR）。有机硅树脂由一种或多种有机硅单体水解而成。有机硅树脂耐热、耐寒、耐水、耐化学腐蚀，但机械性能不佳，黏结力不高。用酚醛、环氧、聚酯等合成树脂或用玻璃纤维、石棉等增强，可提高其机械性能和黏结力。可用于黏结金属材料与非金属材料，还可用作防水涂料、混凝土外加剂等多个领域。

12. 脲醛树脂（UF）是氨基树脂的主要品种之一，由尿素与甲醛缩聚反应得到。脲醛树脂质地坚硬、耐刮痕，无色透明、耐电弧、耐燃自熄、耐油、耐霉菌、无毒、着色性好、黏结强度高、价格低、表面光洁如玉，有"电玉"之称。脲醛树脂可制成色泽鲜艳、外观美丽的装饰品、绝缘材料、建筑小五金等，经过发泡制得的泡沫塑料是良好的保温、隔声材料，而用玻璃丝、布、纸制成的脲醛层压板，可制成粘面板、建筑装饰板材等，是木材工业应用最普通的热固性胶粘剂。

13. 玻璃纤维增强塑料俗称玻璃钢（FRP），是以不饱和聚酯、环氧树脂、酚醛树脂等胶结玻璃纤维或玻璃布制成的一种轻质高强的塑料，其中树脂的含量约占总重量的30%～40%。玻璃钢的力学性能主要取决于纤维和树脂的强度。聚合物将玻璃纤维黏结成整体，使力在纤维间传递荷载，并使荷载均衡，从而拥有高强度。玻璃钢具有成型性好、制作工艺简单、质轻高强、透光性好、耐化学腐蚀性强、价廉等优点，主要用作装饰材料、屋面及围护材料、防水材料、采光材料、排水管等。除玻璃纤维增强材料外，近年又发展了采用性能更优越的碳纤维、硼纤维、氧化锆纤维和晶须作为增强材料，使纤维增强塑料的性能更优异，可用于飞机及宇航方面的结构或零部件等。

（二）常用塑料制品

1. 塑料门窗。塑料门窗主要采用改性硬质聚氯乙烯（PVC-U）经挤出机形成各种型材。型材经过加工，组装成建筑物的门窗。

塑料门窗可分为全塑门窗、复合门窗和聚氨酯门窗，但以全塑门窗为主。它由PVC-U中空型材拼装而成，有白色、深棕色、双色、仿木纹等品种。

塑料门窗与其他门窗相比，具有耐水、耐腐蚀、气密性、水密性、绝热性、隔声性、耐燃性、尺寸稳定性、装饰好等特点，而且不需粉刷油漆，维护保养方便，同时还能显著节能，在国外已广泛应用。鉴于国外经验和我国实情，以塑料门窗逐步取代木门窗、金属门窗是节约木材、钢材、铝材、节约能源的重要途径。

2. 塑料管材。塑料管材与金属管材相比，具有质轻、不生锈、不生苔、不易积垢、管壁光滑、对流体阻力小，安装加工方便、节能等特点。近年来，塑料管材的生产与应用已得到了较大的发展，它在工程塑料制品中所占的比例较大。

塑料管材分为硬管与软管。按主要原料可分为聚氯乙烯管、聚乙烯管、聚丙烯管、ABS管、聚丁烯管、玻璃钢管等。在众多的塑料管材中，主要是由聚氯乙烯树脂为主要原料的PVC-U塑料管或简称塑料管。塑料管材的品种有给水管、排水管、雨水管、波纹管、电线穿线管、燃气管等。

3. 塑料壁纸。壁纸是当前使用较广泛的墙面装饰材料，尤其是塑料壁纸，其图案变化多样、色彩丰富多彩。通过印花、发泡等工艺，可仿制木纹、石纹、锦缎、织物，也有仿制瓷砖、普通砖等，如果处理得当，甚至能达到以假乱真的程度，为室内装饰提供了极大的便利。

塑料壁纸可分为三大类：普通壁纸、发泡壁纸和特种壁纸。

（1）普通壁纸：也称塑料面纸底壁纸，即在纸面上涂刷塑料而成。为了增加质感和装饰效果，常在纸面上印有图案或压出花纹，再涂上塑料层。这种壁纸耐水，可擦洗，比较耐用，价格也较便宜。

（2）发泡壁纸：发泡壁纸是在纸面上涂上发泡的塑料面。其立体感强，能吸声，有较好的音响效果。

为了增加黏结力，提高其强度，可用面布、麻布、化纤布等作底来代替纸底，这类壁纸叫塑料壁布，将它粘贴在墙上，不易脱落，受到冲击、碰撞等也不会破裂，因加工方便，价格不高，所以较受欢迎。

（3）特种壁纸：由于功能上的需要而生产的壁纸为特种壁纸，也称功能壁纸，如耐水壁纸、防火壁纸、防霉壁纸、塑料颗粒壁纸、金属基壁纸等。

塑料颗粒壁纸易粘贴，有一定的绝热、吸声效果，而且便于清洗。

金属基壁纸是一种节能壁纸。

近年来生产的静电植绒壁纸，带图案，仿锦缎，装饰性、手感性均好，但价格较高。

4. 塑料地板。塑料地板与传统的地面材料相比，具有质轻、美观、耐磨、耐腐蚀、防潮、防火、吸声、绝热、有弹性、施工简便、易于清洗与保养等特点，使用较为广泛。

塑料地板种类繁多，按所用树脂，可分为聚氯乙烯塑料地板、氯乙烯—醋酸乙烯塑料地板、聚乙烯塑料地板、聚丙烯塑料地板；目前绝大部分的塑料地板为聚氯乙烯塑料地板。按形状可分为块状与卷状，其中块状占的比例大。块状塑料地板可以拼成不同色彩和图案，装饰效果好，也便于局部修补；卷状塑料地板铺设速度快，施工效率高。按质地可分为半硬质与软质。由于半硬质塑料地板具有成本低，尺寸稳定，耐热性、耐磨性、装饰性好，容易粘贴等特点，目前应用最广泛；软质塑料地板的弹性好，行走舒适，有一定的绝热、吸声、隔潮等优点。按产品结构可分为单层与多层复合。单层塑料地板多属于低发泡地板，厚度一般为 3～4mm，表面可压成凹凸花纹，耐磨、耐冲击、防滑，但此地板弹性、绝热性、吸声性较差；多层复合塑料地板一般分上、中、下三层，上层为耐磨、耐久的面层，中层为弹性发泡层，下层为填料较多的基层，上、中、下三层一般用热压黏结而成，此地板的主要特点是具有弹性，脚感舒适，绝热、吸声。

此外，还有无缝塑料地面（也叫塑料涂布地面），它的特点是无缝，易于清洗、耐腐蚀、防漏、抗渗性优良、施工简便等，适用于现浇地面、旧地面翻修、实验室、医院等有侵蚀作用的地面。

石棉塑料地板，由于原料中掺入适量石棉，使地板具有耐磨、耐腐蚀、难燃、自熄、弹性好等特点，适用于宾馆、饭店、民用或公共建筑的地面。

抗静电塑料地板具有质轻、耐磨、耐腐蚀、防火、抗静电等特性，适合于计算机房、邮电部门、空调要求较高及有抗静电要求的建筑物地面。

塑料地板在施工时，要求基层干燥平整，铺设地板时，必须清除地面上的残留物。塑料地板要求平整，尺寸准确，若有卷曲、翘角等情况，应先处理压平，对缺角要另作处理。

塑料地板的胶粘剂，我国使用的有溶剂型与乳型两类。一般地板与胶粘剂配套供应，必须按使用说明严格施工，以免影响质量。

5. 其他塑料制品。

（1）塑料饰面板：可分为硬质、半硬质与软质。表面可印木纹、石纹和各种图案，可以粘贴装饰纸、塑料薄膜、玻璃纤维布和铝箔，也可制成花点、凹凸图案和不同立体造型；当原料中掺入荧光颜料，能制成荧光塑料板。此类板材具有质轻、绝热、吸声、耐水、装饰好等特点，适用于作内墙或吊顶的装饰材料。

（2）玻璃纤维增强塑料（俗称玻璃钢）：具有质轻、耐水、强度高、耐化学腐蚀、装饰好等特点，适于作采光或装饰性板材。

（3）塑料薄膜：耐水、耐腐蚀、伸长率大，可以印花，并能与胶合板、纤维板、石膏板、纸张、玻璃纤维布等黏结、复合。塑料薄膜除用作室内装饰材料外，尚可作防水材料、混凝土施工养护等作用。

用合成纤维织物加强的薄膜，是充气房屋的主要材料，它具有质轻、不透气、绝热、运输安装方便等特点。适用于展览厅、体育馆、农用温室、临时粮仓及各种临时建筑。

第三节 橡 胶

橡胶是一种玻璃化转变温度 T_g 较低，在室温下具有高弹性的高聚物。橡胶的主要特点是在 $-50 \sim +150$℃ 范围内，具有极为优异的弹性，在外力作用下，变形量可以达到百分之几百，并且在外力取消后，变形可完全恢复。此外，橡胶还具有良好的抗拉强度、耐疲劳强度，良好的不透水性、不透气性、耐酸碱腐蚀性和电绝缘性等。由于橡胶良好的综合性能，在土木工程中，广泛用作防水材料和密封材料等。

一、橡胶的组成

橡胶制品的主要原材料有生胶、再生胶、硫化胶粉以及各种配合剂，有的制品还要有纤维和金属材料作为骨架材料。

（一）胶粉

分为生胶、再生胶和硫化胶粉。

生胶包括天然橡胶和合成橡胶，为橡胶的母体材料或称为基体材料。

再生胶是废旧橡胶制品经粉碎、再生和机械加工等物理化学作用，使其由弹性状态变成具有塑性及黏性状态，并且能够再硫化的材料。再生胶可部分代替生胶使用，降低成本，也可改善胶料的工艺性能，提高产品的耐油、耐老化性能。传统的再生胶的生产工艺有油法、水油法等，存在生产效率低、环境污染严重、能耗大等缺点，在逐渐被淘汰。

硫化胶粉是将废旧橡胶制品直接粉碎后制成的粉末状橡胶材料。根据制法不同，可以分冷冻胶粉、常温胶粉及超微细胶粉。胶粉越细，性能越好。与再生胶相比，胶粉生产工艺简单，节约能源，减少环境污染，成本低，力学性能也比再生胶好。可以进行表面活化，进一步提高应用性能。

（二）硫化剂

在一定条件下能使橡胶发生交联的物质统称为硫化剂。由于天然橡胶最早采用硫黄交联，所以橡胶的交联过程叫作硫化。随着合成橡胶的发展，硫化剂的品种也在增加。目前有在硫化温度下能分解出活性硫与橡胶分子发生反应的含硫化合物，如二硫化四甲基秋兰姆；金属氧化物，如氧化锌、氧化镁；过氧化物，如过氧化二异丙苯、过氧化苯甲酰；酮类衍生物，如对苯酮二肟；胺类化合物，如马来酰亚胺；树脂，如酚醛树脂、环氧树脂等。

（三）硫化促进剂

凡能加快硫化速度，缩短硫化时间，降低硫化反应温度，减少硫化剂用量并能提高或改善硫化胶的物理机械性能的物质称为硫化促进剂，简称促进剂。促进剂又分为无机促进剂和有机促进剂。无机促进剂有钙、镁、铝等金属氧化物，它们的促进效果和硫化胶质量不好。有机促进剂有促进剂 M（硫醇基苯并噻唑）、促进剂 DM（二硫化二苯并噻唑）、促进剂 CZ（N—环己基—2—苯并噻唑次磺酰胺）、促进剂 TMTD（二硫化四甲基秋兰姆）等。

（四）硫化活性剂

硫化活性剂简称活性剂，又叫助促进。其作用是提高促进剂的活性，提高硫化速度和硫化效率（即增加交联键的数量，降低交联键中的平均硫原子数），改善硫化胶性能。常用的活性剂为氧化锌和硬脂酸配合体系。

（五）防焦剂

防焦剂又称硫化延迟剂或稳定剂。其作用是防止或延迟胶料在硫化前的加工和贮存过程中发生早期硫化（焦烧）现象。常用防焦剂有防焦剂 TCP（N—环己基硫代邻苯二甲酰亚胺）、防焦剂 NA（N—亚硝基二苯胺）、邻苯二甲酸酐等。

（六）防老剂

橡胶在长期贮存和使用过程中，受热、氧、光、臭氧、高能辐射及应力作用，出现逐渐发黏、变硬、弹性降低的现象称为老化。凡能防止和延缓橡胶老化的物质称为防老剂。常用防老剂有胺类和酚类防老剂。

（七）填充剂和补强剂

凡能改善橡胶力学性能的填料称为补强剂，凡在胶料中主要起增加容积作用的填料为填充剂，又称增容剂。橡胶工业中常用的补强剂为炭黑，其用量为橡胶的 50％左右。白炭黑（水合二氧化硅）其作用仅次于炭黑，故称白炭黑，广泛用于浅色橡胶制品。橡胶制品中常用的填充剂有碳酸钙、陶土、碳酸镁等。

（八）软化增塑剂

凡能增加胶料的塑性，有利于配合剂在胶料中分散，便于加工，并能适当改善橡胶制品的耐寒性的物质，叫作软化剂。常用软化剂有两种，一种来源于天然物质，用于非极性橡胶，如石油类（操作油、机械油、凡士林等）、煤加工产品（煤焦油、古马隆树脂和煤沥青等）、植物油类（松焦油、松香等）；另一种合成酯类软化剂主要用于极性橡胶（如丁腈橡胶）的增塑，所以又叫橡胶增塑剂。

（九）其他配合剂

除了以上配合剂以外，为了其他目的加入的一些配合剂，如发泡剂、隔离剂、着色剂、溶剂等，根据橡胶制品的特殊要求进行选用。

（十）骨架材料

橡胶的弹性大，强度低，因此很多橡胶制品必须用纤维材料或金属材料作为骨架材料，以提高制品的力学强度，减少变形。

骨架材料由纺织纤维（包括天然纤维和合成纤维）、钢丝、玻璃纤维等经加工而成，主要有帘布、帆布、线绳以及针织品等各种类型。根据制品性能要求不同，而选用不同的骨架材料品种和用量。

二、橡胶的性质

橡胶的选用要根据使用的条件和具体要求。主要可参考下面的一些性能指标：

（一）弹性

橡胶是一种性能优异的弹性体，其伸长率可达 1000% 以上。而且橡胶的弹性模量很少，仅为 1～10MPa。衡量橡胶弹性的指标很多，如回弹率，是指橡胶拉伸到一定长度后，能否 100% 回复到原来的长度的指标。回弹率越高，橡胶的弹性就越好。橡胶的弹性也可以用拉伸的倍数或相对伸长率来表示。

（二）耐磨性

耐磨性是橡胶材料的又一重要指标。轮胎、传送带、自动扶梯，以及日常生活中鞋底所用的橡胶都需要有好的耐磨性。橡胶的耐磨性是将橡胶片在 15℃ 加上 2.72kg 的负荷，用标准硬度砂轮摩擦 1km 时的磨损量来表示，单位"$cm^3 \cdot km^{-1}$"。磨损量越小，橡胶的耐磨性越好。合成橡胶的耐磨性一般都优于天然橡胶。

（三）橡胶的玻璃会转变温度或脆化温度

如果橡胶要在低温下使用，如在寒冷的北方，在户外使用的橡胶要选择那些具有较低的玻璃化转变温度的。如果橡胶的玻璃化转变温度高，轮胎在使用时就会脆裂。氯丁橡胶的玻璃化转变温度高，因此不能作轮胎使用；而丁苯橡胶、顺丁橡胶的玻璃化转变温度较很低，通用性就较强，可选择使用。

（四）其他性质

主要有拉伸强度、硬度、撕裂强度、绝缘性、耐燃性和耐油性等。

三、合成橡胶的主要品种

（一）氯丁橡胶（CR）

氯丁橡胶是由单体氯丁二烯聚合而成。为浅黄色及棕褐色弹性体，与天然橡胶比较，氯丁橡胶绝缘性较差，但抗拉强度、耐油性、耐热性，耐臭氧，耐酸碱、耐腐蚀性、透气性和耐磨性较好。耐燃性好、黏结力较高，最高使用温度为 120～150℃。

（二）丁基橡胶（IIR）

丁基橡胶也称异丁橡胶。它是由异丁烯与少量异戊二烯在低温下加聚而成，为无色的弹性体，透气性约为天然橡胶的 1/20～1/10。它是耐化学腐蚀、耐老化、不透气性和绝缘性最好的橡胶，且抗撕裂性能好、耐热性好、吸水率小。但在常温下弹性较小，只有天然橡胶的 1/4，黏性较差，难以与其他橡胶混用。丁基橡胶耐寒性较好，脆化温度为 −79℃，最高使用温度为 150℃。

（三）乙丙橡胶和三元乙丙橡胶（EPR）

乙丙橡胶是乙烯与丙烯的共聚物；三元乙丙橡胶是乙烯与丙烯加上少量共轭二烯单体的共聚物。它们是最轻的橡胶，而且耐光、耐热、耐氧及臭氧，耐酸碱、耐磨等性能都非常好，也是最廉价的合成橡胶。

（四）丁腈橡胶（NBR）

它是由丁二烯与丙烯腈的共聚物，称丁腈橡胶。它的特点是对于油类及许多有机溶剂的抵抗力极强。它的耐热、耐磨和抗老化的性能也胜于天然橡胶。它的缺点是绝缘性较差，塑性较低，加工较难，成本较高。

（五）丁苯橡胶（SBR）

它是丁二烯与苯乙烯的共聚物，为浅黄褐色的弹性体，具有优良的绝缘性，在弹性、耐磨性和抗老化性方面均超过天然橡胶，溶解性与天然橡胶相似，但耐热性、耐寒性、耐挠曲性和可塑性较天然橡胶差，脆化温度为$-50℃$，最高使用温度为$80～100℃$。能与天然橡胶混合使用。

（六）硅橡胶（SR）

硅橡胶的分子主链是由硅原子和氧原子交替组成（$-Si-O-Si-$），其键能比碳—碳键（$C-C$）要大得多，柔顺性也很好，因而具有优异的耐高、低温性能，在所有的橡胶中工作温度范围最宽（$-100～350℃$）。硅橡胶还具有优异的耐老化、电绝缘、耐电晕、耐电弧性能，但力学性能较差。硅橡胶广泛用于建筑密封胶、防潮密封材料。

（七）SBS 热塑性弹性体

热塑性弹性体是一类具有类似橡胶力学性能及使用性能、又能按热塑性塑料进行加工和回收的聚合物。它既具有热塑性，便于加工和再生利用；又有很好的弹性，便于使用。因此，称为热塑性弹性体。常用的有苯乙烯类热塑性弹性体、聚氨酯类热塑性弹性体等。

SBS（苯乙烯—丁二烯—苯乙烯嵌段共聚物）为线形分子，是具有高弹性、高抗拉强度、高伸长率和高耐磨性的透明体，属于热塑性弹性体。在 SBS 中，苯乙烯单体是以一定的长度连接在丁二烯分子的两端；在室温时，弹性体的链段聚集、缠结在一起形成物理交联。在高温时，这些交联点解离，使弹性体具有热塑性。因此 SBS 可以像热塑性塑料一样的加工。通过调节丁二烯（软段）和苯乙烯（硬段）的长度和比例。可以改变热塑性弹性体的性能。一般来说，热塑性弹性体的强度和耐磨性都优于通用橡胶，只是耐温性较差。SBS 在建筑上主要用于沥青的改性。

（八）聚硫橡胶（T）

聚硫橡胶有固态橡胶、液态橡胶和乳胶三种类型，主要以甲醛或二氯化合物和多硫化钠为基本原料经过缩合反应而制得。由于结构的特殊性使它有良好的耐油性、耐溶剂性、耐老化性和低透气性以及良好的低温屈挠性和对其他材料的黏结性。

聚硫橡胶可用于建筑业和地下铁道中的密封填料和填缝材料；可用来制造需要高耐油性的制品如油工业用大型汽油槽的衬里材料，耐油胶管及制品；还可用作硫黄水泥和耐酸砖的增韧剂和作道路路标漆等。

第四节　合　成　纤　维

纤维是指长径比非常大，具有一维各向异性和一定柔韧性的纤细材料。常用的纺织纤维，长径比一般大于1000∶1，其直径为几微米至几十微米，而长度超过25mm。纤维的形状决定了它的可编织、可纺织性，使纤维在复合材料中得到广泛应用。随着新材料的发展，形式多样的纤维增强复合材料，在现代复合材料开发应用的地位日益重要。

纤维可分为天然纤维（如羊毛、蚕丝、棉花、麻等）和化学纤维两大类。化学纤维按其聚合物来源又可分为再生纤维和合成纤维两类，再生纤维是以天然高分子化合物为原料经过化学处理和机械加工而制得的纤维，如（再生纤维素纤维和再生蛋白质纤维）粘胶纤维、醋酸纤维、硝酸纤维等；合成纤维是用石油、天然气、煤及农副产品等为原料，由单体经一系列化学反应，合成高分子化合物，再经加工制得的纤维，有聚酯纤维、聚酰胺纤维、聚丙烯腈纤维、聚丙烯纤维等品种。

一、成纤聚合物

并不是任何聚合物都能纺丝制造纤维。能制备纤维的聚合物必须具备以下基本条件：

1. 聚合物必须是线性高分子，在力的作用下，有利于取向，具有较高的拉伸强度。

2. 聚合物的聚集态既要有晶区又要有非晶区。

3. 聚合物必须有适当的分子量，并且分子量分布要窄。

4. 大分子链之间必须有足够的次价力。

5. 聚合物应具有可熔性或良好的可溶性。

二、合成纤维的主要品种

(一) 聚酯 (PET) 纤维

聚酯纤维是大分子链中的各链节与酯基相连的聚合物纺制而成的合成纤维，其品种很多。目前主要是对苯二甲酸乙二酯纤维 (PET)，我国一般称为涤纶或的确良，聚酯纤维弹性好、强度大、模量高、吸湿性低、耐热性、耐磨性、耐光老化性能好。主要用于土工织物。

(二) 聚酰胺 (PA) 纤维

聚酰胺纤维是分子主链由酰胺键连接起来的一类合成纤维，我国称为尼龙或锦纶。聚酰胺有许多品种，应用最广泛的是聚酰胺-6 和聚酰胺-66。聚酰胺的耐磨性非常好，强度、耐冲击性、弹性、耐疲劳性也很好，而且密度小；但是，聚酰胺纤维的模量低、耐光性、耐热性、抗静电性、染色性、吸湿性较差。主要用于绳索、化纤地毯等。

(三) 聚丙烯腈 (PAN) 纤维

聚丙烯腈纤维是采用丙烯腈三元单体共聚物纺成的纤维，又称腈纶。聚丙烯腈纤维的弹性模量高、耐光性、耐辐射性、化学稳定性、耐热性好，但强度较低、耐磨性、抗疲劳性较差。腈纶广泛用于污水处理和碳纤维生产。

(四) 聚丙烯 (PP) 纤维

聚丙烯纤维是以丙烯聚合得到的等规聚丙烯为原料纺制而成的合成纤维，又称为丙纶。它是所有化学纤维中密度最小的，其强度高、回弹性、耐磨性、抗微生物、耐化学腐蚀性好。其缺点是吸湿性、染色性、耐光性、耐热性差。它可用于制作地毯、装饰织物、人造草坪和土工布等。

(五) 聚乙烯醇 (PVA) 纤维

聚乙烯醇纤维的常规产品是聚乙烯醇缩甲醛纤维，又称为维纶。维纶的短纤维外观接近棉，有"合成棉花"之称。但其强度和耐磨性都优于棉，保暖性、耐腐蚀性、耐日光性好。维纶的缺点是染色性、耐水性、弹性较差。聚乙烯醇纤维主要作为塑料、水泥、陶瓷等的增强材料，作为石棉的代用品用于纤维增强水泥；制作维纶帆布、非织造布滤材以及土工布等。

(六) 聚氯乙烯 (PVC) 纤维

聚氯乙烯纤维是以聚氯乙烯为原料纺制而成的合成纤维，又称为氯纶。它难燃、对无机试剂稳定性好、保暖，但耐热性差。聚氯乙烯可用于制作装饰织物、滤布、工作服、绝缘布、覆盖材料，编织窗纱、筛网、绳索等。

第五节 胶 粘 剂

能直接将两种材料牢固地黏结在一起的物质通称为胶粘剂。随着合成化学工业的发展，胶粘剂的品种和性能获得了很大发展，越来越广泛地应用于建筑构件、材料等的连接，这种连接方法有工艺简单、省工省料、接缝处应力分布均匀、密封和耐腐蚀等优点。

一、胶粘剂的基本要求

为将材料牢固地黏结在一起，胶粘剂必须具备下列基本要求：

1. 具有足够的流动性，且能保证被黏结表面能充分浸润。

2. 易于调节黏结性和硬化速度。

3. 不易老化。

4. 膨胀或收缩变形小。

5. 具有足够的黏结强度。

二、胶粘剂的组成材料

（一）黏料

黏料是胶粘剂的基本成分，又称基料。对胶粘剂的胶接性能起决定作用。合成胶粘剂的胶料，既可用合成树脂、合成橡胶，也可采用二者的共聚体和机械混合物。用于胶接结构受力部位的胶粘剂以热固性树脂为主；用于非受力部位和变形较大部位的胶粘剂以热塑性树脂和橡胶为主。

（二）固化剂

固化剂能使基本黏合物质形成网状或体型结构，增加胶层的内聚强度。常用的固化剂有胺类、酸酐类、高分子类和硫黄类等。

（三）填料

加入填料可改善胶粘剂的性能（如提高强度、降低收缩性、提高耐热性等），常用填料有金属及其氧化物粉末、水泥及木棉、玻璃等。

（四）稀释剂

为了改善工艺性（降低黏度）和延长使用期，常加入稀释剂。稀释剂分活性和非活性，前者参加固化反应，后者不参加固化反应，只起稀释作用。常用稀释剂有：环氧丙烷、丙酮等。

（五）偶联剂

偶联剂的分子一般都含有两部分性质不同的基团。一部分基团经水解后能与无机物表面很好的亲合，另一部分基团能与有机树脂反应结合，从而使两种不同性质的材料偶联起来。常用的偶联剂有硅烷偶联剂，如 KH550、KH560。

（六）增塑剂

增塑剂通常是高沸点、不易挥发的液体或低熔点的固体，其应该具有较好地与基料的相容性及耐热、耐光、耐迁移性。加入增塑剂可以增加胶粘剂的流动性合可塑性，提高胶层的抗冲击韧性及其他机械性能。常用的增塑剂有磺酸苯酚、氯化石蜡等。

此外还有防老剂、催化剂等。

三、常用胶粘剂

（一）热固性树脂胶粘剂

1. 环氧树脂胶粘剂（EP）。环氧树脂胶粘剂的组成材料为合成树脂、固化剂、填料、稀释剂、增韧剂等。随着配方的改进，可以得到不同品种和用途的胶粘剂。环氧树脂未固化前是线形热塑性树脂，由于分子结构中含有极活泼的环氧基（$-CH-CH_2$，其中 C 与 C 通过 O 相连）和多种极性基（特别是 OH）。故它可与多种类型的固化剂反应生成网状体形结构高聚物，对金属、木材、玻璃、硬塑料和混凝土都有很高的粘附力，故有"万能胶"之称。

2. 不饱和聚酯树脂（UP）胶粘剂。不饱和聚酯树脂是由不饱和二元酸、饱和二元酸组成的混合酸与二元醇起反应制成线型聚酯，再用不饱和单体交联固化后，即成体形结构的热固性树脂，主要用于制造玻璃钢，也可黏结陶瓷、玻璃钢、金属、木材、人造大理石和混凝土。

不饱和聚酯树脂胶粘剂的接缝耐久性和环境适应性较好，并有一定的强度。

（二）热塑性合成树脂胶粘剂

1. 聚醋酸乙烯胶粘剂（PVAC）。聚醋酸乙烯乳液（常称白胶）由醋酸乙烯单体、水、分散剂、引发剂以及其他辅助材料经乳液聚合而得。是一种使用方便，价格便宜，应用普遍的非结构胶粘剂。它对于各种极性材料有较好的粘附力，以黏结各种非金属材料为主，如玻璃、陶瓷、混凝土、纤维织物和木材。它的耐热性在 40℃ 以下，对溶剂作用的稳定性及耐水性均较差，且有较大的徐变，多作为室温下工作的非结构胶，如粘贴塑料墙纸、聚苯乙烯或软质聚氯乙烯塑料板以及塑料地板等。

2. 聚乙烯醇胶粘剂（PVA）。聚乙烯醇由醋酸乙烯酯水解而得，是一种水溶液聚合物。这种胶粘剂适合胶接木材、纸张、织物等。其耐热性、耐水性和耐老化性很差，所以一般与热固性胶结剂一同使用。

3. 聚乙烯缩醛（PVFO）胶粘剂。聚乙烯醇在催化剂存在下同醛类反应，生成聚乙烯醇缩醛，低聚醛度的聚乙烯醇缩甲醛即是目前工程上广泛应用的 108 胶的主要成分。108胶在水中的溶解度很高，成本低，现已成为建筑装修工程上常用的胶粘剂。如用来粘贴塑料壁纸、墙布、瓷砖等，在水泥砂浆中掺入少量 108 胶，能提高砂浆的黏结性、抗冻性、抗渗性、耐磨性和减少砂浆的收缩。也可以配制成地面涂料。

（三）合成橡胶胶粘剂

1. 氯丁橡胶胶粘剂（CR）。氯丁橡胶胶粘剂是目前橡胶胶粘剂中广泛应用的溶液型胶。它是由氯丁橡胶、氧化镁、防老剂、抗氧剂及填料等混炼后溶于溶剂而成。这种胶粘剂对水、油、弱酸、弱碱、脂肪烃和醇类都有良好的抵抗性，可在 $-50 \sim +80℃$ 下工作，具有较高的初黏力和内聚强度。但有徐变性，易老化。多用于结构黏结或不同材料的黏结。为改善性能可掺入油溶性酚醛树脂，配成氯丁酚醛胶。它可在室温下固化，适于粘接包括钢、铝、铜、陶瓷、水泥制品、塑料和硬质纤维板等多种金属和非金属材料。工程上常用在水泥砂浆墙面或地面上粘贴塑料或橡胶制品。

2. 丁腈橡胶胶粘剂（NBR）。丁腈橡胶胶粘剂主要用于橡胶制品，以及橡胶与金属、织物、木材的黏结。它的最大特点是耐油性能好，抗剥离强度高，接头对脂肪烃和非氧化性酸有良好的抵抗性，加上橡胶的高弹性，所以更适于柔软的或热膨胀系数相差悬殊的材料之间的黏结，如黏合聚氯乙烯板材、聚氯乙烯泡沫塑料等。为获得更大的强度和弹性，可将丁腈橡胶与其他树脂混合。

习题与复习思考题

1. 与传统的土木工程材料相比，合成高分子材料有什么优缺点？
2. 何谓高聚物？其分子结构有哪几种类型？它们各具有什么性质？
3. 何谓热塑性树脂和热固性树脂？它们有什么不同？
4. 试述塑料的组成成分和它们所起的作用。
5. 试述塑料的优缺点。
6. 何谓塑料的老化？
7. 塑料的主要性能决定于什么？
8. 简述合成橡胶的组成材料及其作用。
9. 成纤聚合物应具备哪些条件？
10. 简述胶粘剂的组成材料及其作用。

第九章 防水材料

防水材料是指能够防止雨水、地下水与其他水渗透的重要组成材料。防水是建筑物的一项主要功能，防水材料是实现这一功能的物质基础。防水材料的主要作用是防潮、防漏、防渗，避免水和盐分对建筑物的侵蚀，保护建筑构件。由于基础的不均匀沉降、结构的变形、建筑材料的热胀冷缩和施工质量等原因，建筑物的外壳总要产生许多裂缝，防水材料能否适应这些缝隙的位移、变形是衡量其性能优劣的重要标志。防水材料质量的好坏直接影响到人们的居住环境、生活条件及建筑物的寿命。

建筑防水材料品种繁多，按其原材料组成可划分为无机类、有机类和复合类防水材料。按防水工程或部位可分为屋面防水材料、地下防水材料、室内防水材料及防水构筑防水材料等。按其生产工艺和使用功能特性，防水材料可分为以下四类：防水卷材、防水涂料、密封材料、堵漏材料。本章主要介绍防水材料的基本成分及防水卷材、防水涂料、密封材料等材料的组成、性能特点及应用。

第一节 防水材料的基本成分

石油沥青、煤焦油、树脂、橡胶和改性沥青等常是防水材料的基本成分。其中树脂已在第八章中叙述，本节只介绍其余四种基本成分。

一、石油沥青

石油沥青是石油原油经过常压蒸馏和减压蒸馏，提炼出汽油、煤油、柴油等轻质油及润滑油后，在蒸馏塔底部的残留物，或再经加工而得的产品。它是一种有机胶凝材料，在常温下呈固体、半固体或黏性液体，颜色为褐色或黑褐色。

石油沥青是憎水性材料，几乎不溶于水，而且本身构造致密，具有良好的防水性、耐腐蚀性；它能与混凝土、砂浆、砖、石料、木材、金属等材料牢固地黏结在一起，且具有一定的塑性，能适应基材的变形。因此，沥青材料及其制品又被广泛地应用于地下防潮、防水和屋面防水等建筑工程中沥青材料。

（一）石油沥青的组成与结构

1. 石油沥青的组分

石油沥青的主要化学成分是碳氢化合物，其中碳占 $80\%\sim87\%$，氢占 $10\%\sim15\%$。此外还含有少量的 O、N、S 等非金属元素。但是，石油沥青是由多种复杂的碳氢化合物及其非金属衍生物组成的混合物，其化学组成很复杂。由于这种化学组成结构的复杂性，使许多化学成分相近的沥青，性质上表现出很大的差异；而性质相近的沥青，其化学成分并不一定相同。即对于石油沥青这种材料，在化学组成与性质之间难以找出直接的对应关系。所以通常是从实用的角度出发，将沥青中分子量在某一范围之内，物理、力学性质相近的化合物划分为几个组，称为石油沥青的组分（组丛）。各组分具有不同的特性，直接影响石油沥青的宏观物理、力学性质。

石油沥青主要含有以下三大组分：

（1）油分。是一种常温下呈淡黄色至红褐色的油状液体，分子量在 $100 \sim 500$ 之间，是石油沥青中分子量最低的组分，密度介于 $0.7 \sim 1.0 \mathrm{g/cm^3}$ 之间。在 $170℃$ 温度下较长时间加热可以挥发，能溶于石油醚、二硫化碳、三氯甲烷、苯、四氯化碳和丙酮等有机溶剂中，但不溶于乙醇。在通常的石油沥青中油分的含量为 $40\% \sim 60\%$。由于油分是沥青中分子量最小和密度最小的组分，油分对沥青性质的影响主要表现为降低稠度和黏滞度，增加流动性，降低软化点。油分含量越多，沥青的延度越大，软化点越低，流动性越大。

（2）树脂。也叫作胶质或脂胶，是一种颜色介于黄色至红褐色之间的黏稠状物质（半固体），分子量比油分大，在 $600 \sim 1000$ 之间，密度为 $1.0 \sim 1.1 \mathrm{g/cm^3}$。能溶于三氯甲烷、汽油、石油醚、醚和苯等有机溶剂，但在乙醇和丙酮中难溶解或溶解度很低。树脂在石油沥青中的含量为 $15\% \sim 30\%$。它赋予沥青以一定的黏结性和塑性。树脂的含量直接决定着沥青的变形能力和黏结力，树脂的含量增加，沥青的延伸度和黏结力增加。树脂的化学稳定性较差，在空气中容易氧化缩合，部分转化为分子量较大的地沥青质。

（3）地沥青质。是一种深褐色至黑色固态无定形的脆性固体微粒。分子量在 $1000 \sim 6000$ 之间，密度大于 $1.0 \mathrm{g/cm^3}$，不溶于乙醇、石油醚和汽油，能溶于三氯甲烷、苯、四氯化碳和二硫化碳等，染色力强，对光的敏感性强，感光后就不能溶解。在石油沥青中的含量为 $10\% \sim 30\%$。地沥青质属于固态组分，无固定软化点，温度达到 $300℃$ 以上时分解为气体和焦炭。地沥青质的作用是提高沥青的软化点，改善温度敏感性，但使沥青的脆性变大。地沥青质的含量越高，石油沥青的软化点越高，黏性越大，温度稳定性越好，但同时沥青也就越硬脆。

以上三大组分，随着分子量范围增大，塑性降低，黏滞性和温度稳定性提高。合理地调整三者的比例，可获得所需要性质的沥青。但是在长期使用过程中，受大气的作用，部分油分挥发，而部分树脂逐步聚合为大分子组分，即地沥青质组分增多，使石油沥青的塑性降低，黏滞性增大，变脆并硬。这是高分子物质的普遍特性。

除以上油分、树脂、地沥青质三大组分之外，石油沥青中还含 $2\% \sim 3\%$ 的沥青碳和似碳物，为无定形的黑色固体粉末，分子量大约为 75000，密度大于 $1\mathrm{g/cm^3}$，对沥青性质的影响表现为降低塑性和黏性，增加老化程度。但由于含量极少，所以对沥青的性质影响不大。

石油沥青中还含有蜡，它会降低石油沥青的黏结性和塑性，同时对温度特别敏感（即温度稳定性差），所以蜡是石油沥青的有害成分，应严格限制其含量。

2. 石油沥青的胶体结构

石油沥青的性质不仅取决于其化学组分，还与内部结构有密切关系。现代胶体学说认为，石油沥青是固态的地沥青质分散在低分子量的液态介质中所形成的分散体系。油分和树脂可以互相溶解，树脂能浸润地沥青质，而在地沥青质的超细颗粒表面形成树脂薄膜。所以石油沥青的结构是以地沥青质为核心，周围吸附部分树脂和油分，构成胶团，无数胶团分散在油分中而形成胶体结构，其结构如图 9-1 所示。在这个分散体系中，从地沥青质到油分是均匀的逐步递变的，并无明显界面。

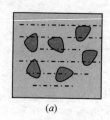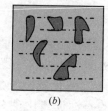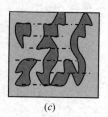

(a) (b) (c)

图 9-1　石油沥青的胶体结构示意图

(a) 溶胶型结构；(b) 溶—凝胶型结构；(c) 凝胶型结构

由于石油沥青中各组分的含量及化学结构不同，将形成不同类型的胶体结构，有溶胶型结构、凝胶型结构和溶—凝胶型结构，它们分别表现出不同的性状。如图 9-1 (a) 所示，如果在石油沥青中，地沥青质组分含量少，且分子量较小，接近于树脂，只能构成少量的胶团，且胶团之间距离较大。胶团表面吸附较厚的树脂膜层，胶团之间的互相吸引力很小，故形成高度分散的溶胶型结构，例如液体沥青。溶胶型结构的沥青中胶团易于相互运动，流动性和塑性较好，开裂后自行愈合能力较强，而对温度的敏感性强，即对温度的稳定性较差，温度过高会流淌。

当石油沥青中油分和树脂含量较少，地沥青质含量较多时，则胶团数量增多，胶团外膜较薄，胶团靠近聚集，相互吸引力增大，相互连接，聚集成空间网络，从而形成凝胶型结构，如图 9-1 (c) 所示。凝胶型石油沥青的特点是，弹性和黏性较高，温度敏感性较小，开裂后自行愈合能力较差，流动性和塑性较低，是用于建筑材料较理想的沥青。

当地沥青质不如凝胶型石油沥青中的多，而胶团间靠得又较近，相互间有一定的吸引力，将它们分开需要一定的力，同时胶团仍悬浮在油分中，结构介于溶胶型和凝胶型二者之间，则构成图 9-1 (b) 所示的溶—凝胶型结构。溶—凝胶型结构的沥青比溶胶型沥青更稳定，地沥青质颗粒虽然较大，但能很好地分散于树脂和油分中，使沥青的黏结性和温度稳定性比较好，是用于道路建设较理想的沥青。

（二）石油沥青的主要技术性质

1. 黏滞性（黏性）

沥青材料在外力作用下抵抗黏性变形的能力称为沥青的黏滞性。黏滞性是反映材料内部阻碍其相对运动的一种特性，也是我国现行标准划分沥青标号的主要性能指标。

沥青的黏滞性与其组分及所处的温度有关。当沥青质含量较高，又有适量的胶质，且油分含量较少是，黏滞性较大。温度升高时，黏滞性随之降低，反之则增大。

一般采用针入度来表示石油沥青的黏滞性，其数值越小，表明黏度越大。

针入度是在温度为 25℃ 时，以附重 100g 的标准针，经 5s 沉入沥青试样重的深度，每深 1/10mm，定为 1 度。

2. 塑性

塑性指石油沥青在外力作用时产生变形而不破坏，除去外力后，则仍保持变形后的形状的性质。它是沥青性质的重要指标之一。

石油沥青的塑性与其组分有关。石油沥青中树脂含量较多，且其他组分含量又适当时，则塑性较大。影响沥青塑性的因素有温度和沥青膜层厚度，温度升高，则塑性增大，膜层越厚则塑性越高。反之，膜层越薄，则塑性越差，当膜层薄至 1μm，塑性近于消失，即接近于弹性。在常温下，塑性较好的沥青在产生裂缝时，也可能由于特有的粘塑性而自行愈合。故塑性还反映了沥青开裂后的自愈合能力。沥青之所以能制造出性能良好的柔性防水材料，很大程度上取决于沥青的塑性。沥青的塑性对冲击振动荷载有一定的吸收能力，并能减少摩擦时的噪声。

石油沥青的塑性用延度（伸长度）表示。延度越大，塑性越好。

沥青延度是把沥青试样制成∞字形标准试模（中间最小截面积 $1cm^2$）在规定速度（每分钟 5cm）和规定温度（25℃）下拉断时的长度，以"cm"为单位表示。

3. 温度稳定性（感温性）

石油沥青不同于无机胶凝材料中的水泥，它的性质（包括黏滞性、塑性等）随温度的变化呈现较大的波动，这种性能称为沥青的温度稳定性，是沥青的又一项重要指标。

沥青是一种高分子、非晶态材料，具有热塑性特点，但没有一定的熔点。当温度升高时，沥青由固态或半固态逐渐软化，使沥青分子之间发生相对滑动，此时沥青就像液体一样发生了黏性流动，称为黏流态。与此相反，当温度降低时又逐渐由黏流态凝固为固态（或称高弹态），甚至变硬变脆（像玻璃一样硬脆称作玻璃态）。在此过程中，反映了沥青随温度升降其黏滞性和塑性的变化。沥青的这种温度敏感性大小与其内部组成有关，地沥青质含量越多，温度敏感性越小；而树脂和油分的含量大时，则温度敏感性大。建筑工程宜选用温度敏感性较小的沥青。例如沥青防水卷材铺设的屋顶在炎热的夏季阳光下会发生流淌现象，这反映了沥青材料的温度敏感性大。所以温度敏感性是沥青性质的重要指标之一。

沥青的温度稳定性用软化点来表示。它表示沥青在某一固定重力作用下，随温度升高逐渐软化，最后流淌垂下至一定距离时的温度。软化点值越高，沥青的温度稳定性越好，即表示沥青的性质随温度的波动性越小。

软化点的数值随采用的仪器不同而异，我国现行试验法是采用环与球法软化点。该法是沥青试样注于内径为 18.9mm 的铜环中，环上置一重 3.5g 的钢球，在规定的加热速度（5℃/min）下进行加热，沥青试样逐渐软化，直至在钢球荷重作用下，使沥青产生 25.4mm 挠度时的温度，称为软化点。

以上所论及的针入度、软化点和延度是评价石油沥青性能最常用的经验指标，所以通称"三大指标"。

4. 大气稳定性

大气稳定性是指石油沥青在热、阳光、氧气和潮湿等因素的长期综合作用下抵抗老化的性能。

在阳光、空气和热的综合作用下，沥青各组分会不断递变。低分子化合物将逐步转变成高分子物质，即油分和树脂发生氧化、挥发、缩合、聚合等作用转化成地沥青质。研究发现，树脂转变为地沥青质比油分转变为树脂的速度快很多。因此，使石油沥青随着时间的进展而流动性和塑性逐渐减小，针入度和延度值减小，软化点增高，硬脆性逐渐增大，直至脆裂。这个过程称为石油沥青的"老化"。所以大气稳定性可以以抗"老化"性能来说明。

石油沥青的大气稳定性常以蒸发损失和蒸发后针入度比来评定。其测定方法是：先测定沥青试样的重量及其针入度，然后将试样置于加热损失试验专用的烘箱中，在 160℃下蒸发 5 小时，待冷却后再测定其重量及针入度。计算蒸发损失重量占原重量的百分数，称为蒸发损失；计算蒸发后针入度占原针入度的百分数，称为蒸发后针入度比。蒸发损失百分数越小和蒸发后针入度比越大，则表示大气稳定性越高，"老化"越慢。

5. 其他性质

此外，为评定沥青的品质和保证施工安全，还应当了解石油沥青的溶解度、闪点和燃点。

溶解度是指石油沥青在三氯乙烯、四氯化碳或苯中溶解的百分率，以表示石油沥青中有效物质的含量，即纯净程度。那些不溶解的物质会降低沥青的性能（如黏性等），应把不溶物视为有害物质（如沥青碳或似碳物）而加以限制。

闪点（也称闪火点）是指加热沥青至挥发出的可燃气体和空气的混合物，在规定条件下与火焰接触，初次闪火（有蓝色闪光）时的沥青温度（℃）。

燃点或称着火点，指加热沥青产生的气体和空气的混合物，与火焰接触能持续燃烧 5s 以上时，此时沥青的温度即为燃点（℃）。燃点温度比闪点温度约高 10℃，沥青质组分多的沥青相差越多，液体沥青由于轻质成分较多，闪点和燃点的温度相差很小。

闪点和燃点的高低表明沥青引起火灾或爆炸的可能性的大小，它关系到运输、贮存和加热使用等方面的安全。例如建筑石油沥青闪点约 230℃，在熬制时一般温度为 185～200℃为安全起见，沥青还应与火焰隔离。

（三）建筑石油沥青的技术标准及选用

《建筑石油沥青》GB/T 494—2010 按针入度不同分为 10 号、30 号、40 号三个牌号，见表 9-1。

建筑石油沥青的技术标准　　　　　　　　　　　　　　表 9-1

序号	项目	单位	质量指标			试验方法①
			10 号	20 号	30 号	
1	针入度（25℃，100g，5s）	1/10mm	10～25	26～35	36～50	GB/T 4509
2	针入度（46℃，100g，5s）	1/10mm	报告②	报告②	报告②	
3	针入度（0℃，200g，5s），不小于	1/10mm	3	6	6	
4	延度（25℃，cm/min），不小于	cm	1.5	2.5	3.5	GB/T 4508
5	软化点（环球法），不低于	℃	95	75	60	GB/T 4507
6	溶解度（三氯乙烯），不小于	%	99			GB/T 11148
7	蒸发损失（163℃，5h），不大于	%	1			GB/T 11964
8	蒸发后针入比（25℃）③，不小于	%	65			GB/T 4509
9	闪点（开口），不低于	℃	260			GB/T 267

注：① 试验方法按照现行《公路工程沥青及沥青混合料试验规程》JTG E20—2011 规定方法执行。

② 报告应为实测值。

③ 测定蒸发损失后样品的 25℃针入度与原 25℃针入度之比乘以 100 后，所得的百分比称为蒸发后针入度比。

在同一品种石油沥青中，牌号越大，相应的针入度值越大（黏性越小），延伸度越大（塑性越大），软化点越低（温度敏感性越大）。

选用石油沥青的原则是根据工程性质（房屋、防腐等）及当地气候条件、所处工程部位（层面、地下）来选用。在满足上述要求的前提下，尽量选用牌号高的石油沥青，以保证有较长的使用年限。这是因为牌号高的沥青比牌号低的沥青含油分多，其挥发、变质所需时间较长，不易变硬，所以抗老化能力强，耐久性好。

通常情况下，建筑石油沥青多用于建筑屋面工程和地下防水工程、沟槽防水，以及作为建筑防腐蚀材料。使用时制成的沥青胶膜较厚，增大了对温度的敏感性。同时黑色沥青表面又是好的吸热体，一般同一地区的沥青屋面的表面温度比其他材料的都高，据高温季节测试沥青屋面达到的表面温度比当地最高气温高 25～30℃，为避免夏季流淌，一般屋面用沥青材料的软化点还应比本地区屋面最高温度高 20℃以上。例如武汉、长沙地区沥青屋面温度约 68℃，选用沥青的软化点应在 90℃左右，低了夏季易流淌，过高冬季低温易硬脆甚至开裂，所以选用石油沥青时要根据地区、工程环境及要求而定。

某一种牌号的石油沥青往往不能满足工程技术要求，因此需用不同牌号沥青进行掺配。在进行掺配时，为了不使掺配后的沥青胶体结构破坏，应选用表面张力相近和化学性质相似的沥青。研究证明同产源的沥青容易保证掺配后的沥青胶体结构的均匀性。所谓同产源是指同属石油沥青，或同属煤沥青（或煤焦油）。

两种沥青掺配的比例可用下式估算：

$$Q_1 = \frac{T_2 - T}{T_2 - T_1} \times 100 \tag{9-1}$$

$$Q_2 = 100 - Q_1 \tag{9-2}$$

式中　Q_1——较软石油沥青用量（%）；

　　　Q_2——较硬石油沥青用量（%）；

　　　T——掺配后的石油沥青软化点（℃）；

　　　T_1——较软石油沥青软化点（℃）；

　　　T_2——较硬石油沥青软化点（℃）。

以估算的掺配比例和其邻近的比例（±5%～±10%）进行试配（混合熬制均匀），测定掺配后沥青的软化点，然后绘制掺配比——软化点关系曲线，即可从曲线上确定出所要求的掺配比例。同样地也可采用针入度指标按上法估算及试配。

当沥青过于黏稠影响使用时，可以加入溶剂进行稀释，但必须采用同一产源的油料作稀释剂，如石油沥青应采用汽油、柴油等轻质油料作稀释溶剂。

二、煤焦油

煤焦油是生产焦炭和煤气的副产物，它大部分用于化工，而小部分用于制作建筑防水材料。

烟煤在密闭设备中加热干馏，此时烟煤中挥发物质气化流出，冷却后仍为气体的可作煤气，冷凝下来的液体除去氨及苯后，即为煤焦油。因为干馏温度不同，生产出来的煤焦油品质也不同。炼焦及制煤气时干馏温度约 800～1300℃，这样得到的为高温煤焦油；当低温（600℃以下）干馏时，所得到的为低温煤焦油。高温煤焦油含碳较多，密度较大，含有多量的芳香族碳氢化合物，建筑性质较好。低温煤焦油含碳少，密度较小，含芳香族碳氢化合物少，主要含蜡族和环烷族及不饱和碳氢化合物，还含较多的酚类，建筑性质较差。故多用高温煤焦油制作焦油类建筑防水材料，或煤沥青，或作为改性材料。

煤沥青是将煤焦油再进行蒸馏，蒸去水分和所有的轻油及部分中油、重油和蒽油后所得的残渣。各种油的分馏温度为：在170℃以下时为轻油；170～270℃时为中油；270～300℃时为重油；300～360℃时为蒽油。有的残渣太硬还可加入蒽油调整其性质，使所生产的煤沥青便于使用。

根据蒸馏程度不同分为低温沥青、中温沥青和高温沥青。建筑上所采用的煤沥青多为黏稠或半固体的低温沥青。

与石油沥青相比，由于两者的成分不同，煤沥青有如下特点：

1. 由固态或黏稠态转变为粘流态（或液态）的温度间隔较窄，夏天易软化流淌而冬天易脆裂，即温度敏感性较大。

2. 含挥发性成分和化学稳定性差的成分较多，在热、阳光、氧气等长期综合作用下，煤沥青的组成变化较大，易硬脆，故大气稳定性较差。

3. 含有较多的游离碳，塑性较差，容易因变形而开裂。

4. 因含有蒽、酚等，故有毒性和臭味，防腐能力较好，适用于木材的防腐处理。

5. 因含表面活性物质较多，与矿料表面的粘附力较好。

三、橡胶

橡胶是弹性体的一种，即使在常温下它也具有显著的高弹性能。在外力作用下它很快发生变形，变形可达百分之数百。但当外力除去后，又会恢复到原来的状态，这是橡胶的主要性质。而且保持这种性质的温度区间范围很大。土建工程中使用橡胶主要是利用它的这一特性。

橡胶可分天然橡胶、合成橡胶和再生橡胶三类。

（一）天然橡胶

天然橡胶的主要成分是异戊二烯的高聚体，其他还有少量水分、灰分、蛋白质及脂肪酸等。天然橡胶主要是由橡胶树的浆汁中取得的。加入少量醋酸、氯化锌或氟硅酸钠即行凝固。凝固体经压制后成为生橡胶。生橡胶经硫化处理得到软质橡胶。天然橡胶易老化失去弹性，一般作为橡胶制品的原料。

（二）合成橡胶

合成橡胶主要是二烯烃的高聚物，又称人造橡胶，建筑工程中常用的合成橡胶品种详见第八章。

（三）再生橡胶

再生橡胶又称再生胶，它是由废旧轮胎和胶鞋等橡胶制品或生产中的下脚料经再生处理而得到的橡胶。这类橡胶来源广，价格低，建筑上多使用。

四、改性沥青（改性石油沥青）

改性沥青是采用各种措施使其性能得到改善的沥青。

建筑上使用的沥青必须具有一定的物理性质和粘附性；在低温条件下应有良好的弹性和塑性；在高温条件下要有足够的强度和稳定性；在加工使用条件下具有抗"老化"能力；与各种矿料和结构表面有较强的粘附力；对构件变形的适应性和耐疲劳性等。通常，石油加工厂制备的沥青不一定能全面满足这些要求，致使目前沥青防水屋面渗漏现象严重，使用寿命短。

为此，常用橡胶、树脂和矿物填料等对沥青进行改性。橡胶、树脂和矿物填料等通称为石油沥青改性材料。

提高沥青流变性质的途径很多，目前认为改性效果好的有下列几类改性剂：

（一）橡胶类改性剂

橡胶是沥青的重要改性材料，它和沥青有较好的混溶性，并能使沥青具有橡胶的很多优点，如高温变形性小，低温柔性好。由于橡胶的品种不同，掺入的方法也有所不同，因而各种橡胶沥青的性能也有差异。现将常用的几种分述如下。

1. 氯丁橡胶改性沥青。石油沥青中掺入氯丁橡胶后，可使其气密性、低温柔性、耐化学腐蚀性、耐光、耐臭氧性、耐候性和耐燃性等得到大大改善。氯丁橡胶掺入的方法有溶剂法和水乳法。溶剂法是先将氯丁橡胶溶于一定的溶剂（如甲苯）中形成溶液，然后掺入液态沥青，混合均匀即可。水乳法是将橡胶和石油沥青分别制成乳液，然后混合均匀即可使用。

2. 丁基橡胶改性沥青。丁基橡胶沥青的配制方法与氯丁橡胶沥青类似，而且较简单一些。丁基橡胶沥青具有优异的耐分解性，并有较好的低温抗裂性能和耐热性能，多用于道路路面工程，制作密封材料和涂料。

3. 再生橡胶改性沥青。再生橡胶掺入沥青之中以后，同样可大大提高沥青的气密性、低温柔性、耐光、热、臭氧性、耐气候性。再生橡胶沥青可以制成卷材、片材、密封材料、胶粘剂和涂料等。

4. 热塑性丁苯橡胶改性沥青。热塑性丁苯橡胶兼有橡胶和塑料的特性，常温下具有橡胶的弹性，在高温下又能像塑料那样熔融流动，成为可塑的材料。所以采用丁苯橡胶改性沥青，其耐高、低温性能均有较明显提高，制成的卷材弹性和耐疲劳性也大大提高，是目前应用最成功和用量最大的一种改性沥青。主要用于制作防水卷材，此外也可用于制作防水涂料等。

（二）树脂类改性剂

用树脂改性石油沥青，可以改进沥青的耐寒性、耐热性、黏结性和不透气性。由于石油沥青中含芳香性化合物很少，故树脂和石油沥青的相溶性较差，而且可用的树脂品种也较少，常用的树脂有：古马隆脂、聚乙烯、聚丙烯、酚醛树脂及天然松香等。

树脂加入沥青的方法常用热熔法。先将沥青加热熔化脱水，加入树脂，并不断搅拌、保温，即可得到均匀的树脂沥青。

（三）橡胶和树脂共混类改性剂

同时用橡胶和树脂来改善石油沥青的性质，可使沥青兼具橡胶和树脂的特性。由于树脂比橡胶便宜，橡胶和树脂又有较好的混溶性，故能取得满意的综合效果。

橡胶、树脂和石油沥青在加热熔融状态下，沥青与高分子聚合物之间发生相互侵入的扩散，沥青分子填充在聚合物大分子的间隙内，同时聚合物分子的某些链节扩散进入沥青分子中，从而形成凝聚网状混合结构，由此而获得较优良的性能。

（四）微填料类改性剂

随着"非水悬浮"研究的发展，研究认为：沥青混合料的性状（例如高温流变特性和低温变形能力等）与微填料的颗粒级配、表面性质和孔隙状态等有密切关系。可以用作沥青微填料的物质，首先是炭黑，其次是高钙粉煤灰，其他还有火山灰和页岩粉等。采用的微填料应经预处理（例如活化、芳化等），方能达到改善沥青性能的效果。否则反而会劣化沥青性能。

（五）纤维类改性剂

在沥青中掺加各种纤维类型物质作为改性剂，这是早年就积累了许多经验的技术。常用的纤维物质有：各种人工合成纤维（如聚乙烯纤维、聚酯纤维）和矿质石棉纤维等。这类纤维类物质加入沥青中，可显著地改善沥青的高温稳定性，同时可增加低温抗拉强度，但能否达到预期的效果，取决于纤维的性能和掺配工艺。此外，这类物质往往对人体健康有影响，必须在具备规定的防护条件下，方能采用这项改性措施。

（六）硫磷类改性剂

硫在沥青中的硫桥作用，能提高沥青的高温抗变形能力，特别是某些组分不协调，例如沥青质含量极低的沥青，掺加低剂量（0.5%～1.0%）即有明显效果。但应采用"预熔法"，否则高温稳定性虽得到改善，但低温抗裂性则明显降低。此外，磷同样能使芳环侧链成为链桥存在，而改善沥青流变性质。

第二节 防 水 卷 材

防水卷材是工程防水材料的重要品种之一，在防水材料的应用中处于主导地位，在建筑防水工程的实践中起着重要作用，是一种面广量大的防水材料。防水卷材质量的优劣与建筑物的使用寿命是紧密相连的，目前常用的沥青基防水卷材是传统的防水卷材，也是应用最多的防水卷材，但是其使用寿命较短。随着合成高分子材料的发展，为研制和生产优良的防水卷材提供了更多的原料来源，目前防水卷材已由沥青基向高聚物改性沥青基和橡胶、树脂等合成高分子防水卷材发展，油毡的胎体也从纸胎向玻璃纤维胎或聚酯胎方向发展，防水层的构造有多层向单层方向发展，施工方法由热熔法向冷贴法方向发展。

防水卷材按照材料的组成一般可分为沥青防水卷材、高聚物改性沥青防水卷材和合成高分子防水卷材等三大类。

一、沥青基防水卷材

沥青基防水卷材分为有胎卷材和无胎卷材。有胎卷材石指用玻璃布、石棉布、棉麻织品、厚纸等作为胎体，浸渍石油沥青，表面撒一层防黏材料而制成的卷材，又称作浸渍卷材；无胎卷材是将橡胶粉、石棉粉等与沥青混炼再压延而成的防水材料，也称辊压卷材。沥青类防水卷材价格低廉、结构致密、防水性能良好、耐腐蚀、黏附性好，是目前建筑工程中最常用的柔性防水材料。广泛用于工业、民用建筑、地下工程、桥梁道路、隧道涵洞及水工建筑等很多领域。但由于沥青材料的低温柔性差、温度敏感性强、耐大气化性差，故属于低档防水卷材。

二、改性沥青防水卷材

沥青防水卷材由于其温度稳定性差、延伸率小等，很难适应基层开裂及伸缩变形的要求。采用高聚物材料对传统的沥青方式卷材进行改性，则可以改善传统沥青防水卷材温度稳定性差、延伸率低的不足，从而使改性沥青防水卷材具有高温不流淌、低温不脆裂、拉伸强度高和延伸率较大等优异性能。主要改性沥青防水卷材有：

1. SBS 改性沥青防水卷材

SBS（苯乙烯－丁二烯－苯乙烯）改性沥青防水卷材是以聚酯毡、玻纤毡等增强材料为胎体，以 SBS 改性石油沥青为浸渍涂盖层，以塑料薄膜为防黏隔离层，经过选材、配料、共熔、浸渍、复合成型、收卷曲等工序加工而成的一种柔性防水卷材。

SBS 改性沥青防水卷材具有优良的耐高低温性能，可形成高强度防水层，耐穿刺、耐硌伤、耐撕裂、耐疲劳，具有优良的延伸性和较强的抗基层变形能力，低温性能优异。

SBS 改性沥青防水卷材除用于一般工业与民用建筑防水外，尤其适应于高级和高层建筑物的屋面、地下室、卫生间等的防水防潮，以及桥梁、停车场、屋顶花园、游泳池、蓄水池、隧道等建筑的防水。又由于该卷材具有良好的低温柔韧性和极高的弹性延伸性，更适合于北方寒冷地区和结构易变形的建筑物的防水。

2. APP 改性沥青防水卷材

石油沥青中加入 25％～35％的 APP（无规聚丙烯）可以大幅度提高沥青的软化点，并能明显改善其低温柔韧性。

APP 改性沥青防水卷材是以聚酯毡或玻纤毡为胎体，以 APP 改性沥青为预浸涂盖层，然后上层撒上隔离材料，下层覆盖聚乙烯薄膜或撒布细砂而成的沥青防水卷材。APP 改性沥青防水卷材的特点是不仅具有良好防水性能，还具有优良耐高温性能和较好柔韧性，可形成高强度、耐撕裂、耐穿刺的防水层，耐紫外线照射、耐久寿命长、热熔法黏结可靠性强等特点。

与 SBS 改性沥青防水卷材相比，除在一般工程中使用外，APP 改性沥青防水卷材由于耐热度更好而且有着良好的耐紫外老化性能，故更加适应于高温或有太阳辐照地区的建筑物的防水。

3. 其他改性沥青卷材

氧化沥青防水卷材是以氧化沥青或优质氧化沥青（催化氧化沥青或改性氧化沥青）作为浸涂材料，以无纺玻纤毡、加纺玻纤毡、黄麻布、铝箔或玻纤铝箔复合为胎体加工制造而成。该卷材造价低，属于中低档产品。优质氧化沥青油毡具有很好的低温柔韧性，适合于北方寒冷地区建筑物的防水。

丁苯橡胶改性沥青防水卷材是采用低软化点氧化石油沥青浸渍原纸，然后以催化剂和丁苯橡胶改性沥青加填料涂盖两面，再撒以撒布料所制成的防水卷材。该类卷材适应于一般建筑物的防水、防潮，具有施工温度范围广的特点，在－15℃以上均可施工。

再生胶改性沥青防水卷材是由再生橡胶粉掺入适量的石油沥青和化学助剂进行高温高压处理后，在掺入一定量的填料经混练、压延而制成的无胎体防水卷材。该卷材具有延伸率大、低温柔韧性好、耐腐蚀性强、耐水性好及热稳定性等特点，使用于一般建筑物的防水层，尤其适应于有保护层的屋面或基层沉降较大的建筑物变形缝处的防水。

自黏性改性沥青防水卷材是以自黏性改性沥青为涂盖材料，以无纺玻纤毡、加纺玻纤毡、无纺聚酯布为胎体，在浸涂胎体后，下表面用隔离纸覆盖，上表面用具有自支保护功能的隔离材料覆面，使用时只需揭开隔离纸便可铺贴，稍加压力就能粘贴牢固。它具有良好的低温柔韧性和施工方便等特点，除一般工程外更适合于北方寒冷地区建筑物的防水。

三、合成高分子防水卷材

合成高分子防水卷材是以合成橡胶、合成树脂或两者的共混体为基础，加入适量的助剂和填充料等，经过混炼、塑炼、压延或挤出成型、硫化、定型等加工工艺制成的片状可卷曲的防水材料。

合成高分子防水卷材具有强度高、断裂伸长率大、抗撕裂强度高、耐热性能好、低温柔性好、耐腐蚀、耐老化及可以冷施工等一系列优异性能，而且彻底改变了沥青基防水卷材施工条件差、污染环境等缺点，是值得大力推广的新型高档防水卷材。目前多用于高级宾馆、大厦、游泳池、厂房等要求有良好防水性的屋面、地下等防水工程。

根据组成材料的不同，合成高分子防水卷材一般可分为橡胶型、树脂型和橡塑共混型防水材料三大类，各类又分别有若干品种。下面介绍一些常用的合成高分子防水卷材。

1. 三元乙丙橡胶防水卷材

三元乙丙橡胶防水卷材是以三元乙丙橡胶为主要原料，掺入适量的丁基橡胶、硫化剂、促进剂、补强剂、稳定剂、填充剂和软化剂等，经过密炼、塑炼、过滤、拉片、挤出（或压延）成型、硫化等工序制成的高强高弹性防水材料。

目前国内三元乙丙橡胶防水卷材的类型按工艺分为硫化型、非硫化型两种，其中硫化型占主导。

三元乙丙橡胶卷材是目前耐老化性能最好的一种卷材，使用寿命可达 30 年以上。它具有防水性好、重量轻、耐候性好、耐臭氧性好，弹性和抗拉强度大，抗裂性强，耐酸碱腐蚀等特点，而且耐高低温性能好，并可以冷施工，目前在国内属高档防水材料。三元乙丙橡胶卷材最适用于工业与民用建筑的屋面工程的外露防水层，并适用于受振动、易变形建筑工程防水，也适用于刚性保护层或倒置式屋面以及地下室、水渠、贮水池、隧道、地铁等建筑工程防水。

2. 聚氯乙烯防水卷材

聚氯乙烯防水卷材是以聚氯乙烯树脂为主要原料，掺加填充料和适量的改性剂、增塑剂、抗氧剂、紫外线吸收剂、其他加工助剂等，经过混合、造粒、挤出或压延、定型、压花、冷却卷曲等工序加工而成的防水卷材。

聚氯乙烯防水卷材的特点是价格便宜、抗拉强度和断裂伸长率较高，对基层伸缩、开裂、变形的适应性强；低温度柔韧性好，可在较低的温度下施工和应用；卷材的搭接除了可用胶粘剂外，还可以用热空气焊接的方法，接缝处严密。

与三元乙丙橡胶防水卷材相比，除在一般工程中使用外，聚氯乙烯防水卷材更适用于刚性层下的防水层及旧建筑混凝土构件屋面的修缮工程，以及有一定耐腐蚀要求的室内地面工程的防水、防渗工程等。

3. 氯化聚乙烯防水卷材

氯化聚乙烯防水卷材主要原料是以氯化聚乙烯树脂，掺入适量的化学助剂和填充料，采用塑料或橡胶的加工工艺，经过捏和、塑炼、压延、卷曲、分卷、包装等工序，加工制成的弹塑性防水材料。

氯化聚乙烯防水卷材具有热塑性弹性体的优良性能，具有耐热、耐老化、耐腐蚀等性能，且原材料来源丰富，价格较低，生产工艺较简单，可冷施工操作，施工方便，故发展迅速，目前，在国内属中高档防水卷材。

氯化聚乙烯防水卷材使用于各种工业和民用建筑物屋面，各种地下室，其他地下工程以及浴室、卫生间和蓄水池、排水沟、堤坝等的防水工程。由于氯化聚乙烯呈塑料性能，耐磨性能很强，故还可以作为室内装饰底面的施工材料，兼有防水和装饰作用。

4. 氯化聚乙烯—橡胶共混防水卷材

氯化聚乙烯—橡胶共混防水卷材是以氯化聚乙烯树脂和合成橡胶为主体，掺入适量硫化剂等添加剂及填充料，经混炼、压延或挤出等工艺制成的高弹性防水卷材。

氯化聚乙烯—橡胶共混防水卷材兼有塑料和橡胶的特点。具有高强度、高延伸率和耐臭氧性能、耐低温性能，良好的耐老化性能和耐水、耐腐蚀性能。尤其该卷材是一种硫化型橡胶防水卷材，不但强度高，延伸率大，且具有高弹性，受外力时可产生拉伸变形，且变形范围大。同时当外力消失后卷材可逐渐回弹到受力前状态，这样当卷材应用于建筑防水工程时，对基层变形有一定的适应能力。

氯化聚乙烯—橡胶共混防水卷材适用于屋面外露、非外露防水工程；地下室外防外贴法或外防内贴法施工的防水工程，以及水池、土木建筑等防水工程。

5. 其他合成高分子防水卷材

合成高分子防水卷材除以上四种典型品种外，还有再生胶、三元丁橡胶、氯磺化聚乙烯、三元乙丙橡胶—聚乙烯共混等防水卷材，这些卷材原则上都是塑料经过改性，或橡胶经过改性，或两者复合以及多种复合，制成的能满足建筑防水要求的制品。它们因所用的基材不同而性能差异较大，使用时应根据其性能的特点合理选择。

按国家标准《屋面工程质量验收规范》GB 50207—2012 的规定，合成高分子防水卷材适用于防水等级为Ⅰ级、Ⅱ级和Ⅲ级的屋面防水工程。在Ⅰ级屋面防水工程中必须至少有一道厚度不小于1.5mm的合成高分子防水卷材；在Ⅱ级屋面防水工程中，可采用一道或两道厚度不小于1.2mm的合成高分子防水卷材；在Ⅲ级屋面防水工程中，可采用一道厚度不小于1.2mm的合成高分子防水卷材。常见合成高分子防水卷材的特点和适用范围见表9-2。

常见合成高分子防水卷材的特点和使用范围　　　　　表 9-2

卷材名称	特 点	使用范围	施工工艺
再生胶防水卷材	有良好的延伸性、耐热性、耐寒性和耐腐蚀性，价格低廉	单层非外露部位及地下防水工程，或加盖保护层的外露防水工程	冷粘法施工
氯化聚乙烯防水卷材	具有良好的耐候、耐臭氧、耐热老化、耐油、耐化学腐蚀及抗撕裂的性能	单层或复合作用宜用于紫外线强的炎热地区	冷粘法或自粘法施工
聚氯乙烯防水卷材	具有较高的抗拉和撕裂强度，伸长率较大，耐老化性能好，原材料丰富，价格便宜，容易黏结	单层或复合使用于外露或有保护层的防水工程	冷粘法或热风焊接法施工
三元乙丙橡胶防水卷材	防水性能优异，耐候性好，耐臭氧性、耐化学腐蚀性、弹性和抗拉强度大，对基层变形开裂的适用性强，重量轻，使用温度范围宽，寿命长，但价格高，黏结材料尚需配套完善	防水要求较高，防水层耐用年限长的工业与民用建筑，单层或复合使用	冷粘法或自粘法施工
三元丁橡胶防水卷材	有较好的耐候性、耐油性、抗拉强度和伸长率，耐低温性能稍低于三元乙丙防水卷材	单层或复合使用于要求较高的防水工程	冷粘法施工

卷材名称	特 点	使用范围	施工工艺
氯化聚乙烯—橡胶共混防水卷材	不但具有氯化聚乙烯特有的高强度和优异的耐臭氧、耐老化性能，而且具有橡胶所特有的高弹性、高延伸性以及良好的低温柔性	单层或复合使用，尤宜用于寒冷地区或变形较大的防水工程	冷粘法施工

第三节 防 水 涂 料

防水涂料是一种流态或半流态物质，可用刷、喷等工艺涂布在基体表面，经溶剂挥发，或各组分间的化学反应，形成具有一定弹性和一定厚度的连续薄膜，使基层表面与水隔绝，并能抵抗一定的水压力，从而起到防水和防潮作用。

一、防水涂料的组成、分类和特点

防水涂料实质上是一种特殊涂料，它的特殊性在于当涂料涂布在防水结构表面后，能形成柔软、耐水、抗裂和富有弹性的防水涂膜，隔绝外部的水分子向基层渗透。因此，在原材料的选择上不同于普通建筑涂料，主要采用憎水性强、耐水性好的有机高分子材料，常用的主体材料采用聚氨酯、氯丁胶、再生胶、SBS橡胶和沥青以及它们的混合物，辅助材料主要包括固化剂、增韧剂、增粘剂、防霉剂、填充料、乳化剂、着色剂等，其生产工艺和成膜机理与普通建筑涂料基本相同。

防水涂料根据组分的不同可分为单组分防水涂料和双组分防水涂料两类。根据成膜物质的不同可分为沥青基防水材料、高聚物改性沥青防水材料和合成高分子材料防水材料三类。如按涂料的分散介质不同，又可分为溶剂型和水乳型两类，不同介质的防水涂料的性能特点见表9-3。

溶剂型、乳液型和反应型防水涂料的性能特点　　　　　　　表9-3

项目	溶剂型防水涂料	水乳型防水涂料
成膜机理	通过溶剂的挥发、高分子材料的分子链接触、缠结等过程成膜	通过水分子的蒸发，乳胶颗粒靠近、接触、变形等过程成膜
干燥速度	干燥快，涂膜薄而致密	干燥较慢，一次成膜的致密性较低
贮存稳定性	贮存稳定性较好，应密封贮存	贮存期一般不宜超过半年
安全性	易燃、易爆、有毒，生产、运输和使用过程中应注意安全使用，注意防火	无毒，不燃，生产使用比较安全
施工情况	施工时应通风良好，保证人生安全	施工较安全，操作简单，可在较为潮湿的找平层上施工，施工温度不宜低于5℃

一般来说，防水涂料具有以下五个特点：

（1）防水涂料在常温下呈液态，特别适宜在立面、阴阳角、穿结构层管道、不规则屋面、节点等细部构造处进行防水施工，固化后能在这些复杂表面处形成完整的防水膜。

（2）涂膜防水层自重轻，特别适宜于轻型薄壳屋面的防水。

（3）防水涂料施工属于冷施工，可刷涂，也可喷涂，操作简便，施工速度快，环境污染小，同时也减小了劳动强度。

（4）温度适应性强，防水涂层在－30～80℃条件下均可使用。

（5）涂膜防水层可通过加贴增强材料来提高抗拉强度。

（6）容易修补，发生渗漏可在原防水涂层的基础上修补。

防水涂料的主要优点是易于维修和施工，特别适用于管道较多的卫生间、特殊结构的屋面以及旧结构的堵漏防渗工程。

二、常用的防水涂料

（一）沥青基防水涂料

沥青基防水涂料的成膜物质是石油沥青，一般分为溶剂型和水乳型两种。溶剂型沥青涂料是将石油沥青直接溶解于汽油等有机溶剂后制得的溶液。沥青溶液施工后所形成的涂膜很薄，一般不单独作防水涂料使用，只用作沥青类油毡施工时的基层处理剂。水乳型沥青防水涂料是将石油沥青分散于水中所形成的稳定的水分散体。目前常用的沥青类防水涂料有水乳无机矿物厚质沥青涂料、水性石棉沥青防水涂料、石灰乳化沥青、水性铝粉屋面反光涂料、溶剂型屋面反光隔热涂料、膨润土—石棉乳化沥青防水涂料、阳离子乳化高蜡石油沥青防水涂料等。这类涂料属于中低档防水涂料，具有沥青类防水卷材的基本性质，价格低廉，施工简单。

（二）高聚物改性防水涂料

沥青防水涂料通过适当的高聚物改性可以显著提高其柔韧性、弹性、流动性、气密性、耐化学腐蚀性和耐疲劳等性能，高聚物改性沥青防水涂料一般是用再生橡胶、合成橡胶或 SBS 等对沥青进行改性而制成的水乳型或溶剂型防水涂料。

1. 氯丁橡胶沥青防水涂料

氯丁橡胶沥青防水涂料的基料是氯丁橡胶和石油沥青。按其溶剂为有机溶剂和水的不同可分为溶剂型和水乳型两种氯丁橡胶沥青防水涂料。其中水乳型氯丁橡胶沥青防水涂料的特点是涂膜强度大、延伸性好，能充分适应基层的变化，耐热性和低温柔韧性优良，耐臭氧老化，抗腐蚀，阻燃性好，不透水，是一种安全无毒的防水涂料，已经成为我国防水涂料的主要品种之一。适用于工业和民用建筑物的屋面防水、墙身防水和楼面防水、地下室和设备管道的防水、旧屋面的维修和补漏，还可用于沼气池、油库等密闭工程混凝土以提高其抗渗性和气密性。

2. 水乳型再生橡胶改性沥青防水涂料

水乳型再生橡胶改性沥青防水涂料是由阴离子型再生乳胶和阴离子型沥青乳胶混合均匀构成，再生橡胶和石油沥青的微粒借助于阴离子表面活性剂的作用，稳定分散在水中而形成的乳状液。

该涂料以水为分散剂，具有无毒、无味、不燃的优点，可在常温下冷施工作业，并可在稍潮湿无积水的表面施工，涂膜有一定的柔韧性和耐久性，材料来源广，价格低。它属于薄型涂料，一次涂刷涂膜较薄，需多次涂刷才能达到规定厚度。该涂料一般要加衬玻璃纤维布或合成纤维加筋毡构成防水层，施工时再配以嵌缝密封膏，以达到较好的防水效果。该涂料适用于工业与民用建筑混凝土基层屋面防水；以沥青珍珠岩为保温层的保温屋面防水；地下混凝土建筑防潮以及旧油毡屋面翻修和刚性自防水屋面的维修等。

3. SBS 改性沥青防水涂料

SBS 改性沥青防水涂料是以沥青、橡胶、合成树脂、SBS 及表面活性剂等高分子材料组成的一种水乳型弹性沥青防水涂料。该涂料的优点是低温柔韧性好、抗裂性强、黏结性能优良、耐老化性能好，与玻纤布等增强胎体复合，能用于任何复杂的基层，防水性能好，可冷施工作业，是较为理想的中档防水涂料。SBS 改性沥青防水涂料适用于复杂基层的防水防潮施工，如厕浴间、地下室、厨房、水池等，特别适合于寒冷地区的防水施工。

（三）合成高分子防水涂料

合成高分子防水涂料是以合成橡胶或合成树脂为主要成膜物质，加入其他辅料而配制成的单组分或多组分防水涂料。合成高分子防水涂料的品种很多，常见的有硅酮、氯丁橡胶、聚氯乙烯、聚氨酯、丙烯酸酯、丁基橡胶、氯磺化聚乙烯、偏二氯乙烯等防水涂料。防水涂料向着高性能、多功能化的方向迅速发展，比如粉末态、反应型、纳米型、快干型等各种功能性涂料逐渐被开发并应用。这里主要介绍以下几种。

1. 聚氨酯防水涂料

聚氨酯防水涂料以异氰酸酯基与多元醇、多元胺及其他含活泼氢的化合物进行加成聚合，生成的产物含氨基甲酸酯基为氨酯键，故称为聚氨酯。聚氨酯防水涂料是防水涂料中最重要的一类涂料，无论是双组分还是单组分都属于以聚氨酯为成膜物质的反应型防水涂料。

聚氨酯涂膜防水涂料涂膜固化时无体积收缩，具有较大的弹性和延伸率、较好的抗裂性、耐候性、耐酸碱性、耐老化性、适当的强度和硬度，几乎满足作为防水材料的全部特性。当涂膜厚度为 1.5～2.0mm 时，使用年限可在 10 年以上。而且对各种基材如混凝土、石、砖、木材、金属等均有良好的附着力。属于高档的合成高分子防水涂料。

双组分聚氨酯防水涂料广泛应用于屋面、地下工程、卫生间、游泳池等的防水，也可用于室内隔水层及接缝密封，还可用作金属管道、防腐地坪、防腐池的防腐处理等。单组分聚氨酯防水涂料则多数用于建筑的砖石结构、金属结构部分及聚氨酯屋面防水层的修补。

2. 水性丙烯酸酯防水涂料

丙烯酸系防水涂料是以纯丙烯酸共聚物、改性丙烯酸或纯丙烯酸酯乳液为主要成分，加入适量填料和助剂配制而成的水性单组分防水涂料。这类防水涂料由于其介质为水，不含任何有机溶剂，因此属于良好的环保型涂料。

这类涂料的最大优点是具有优良的防水性、耐候性、耐热性和耐紫外线性。涂膜延伸性好，弹性好，伸长率可达 250%，能适应基层一定幅度的变形开裂；温度适应性强，在 −30～80℃范围内性能无大的变化；可以调制成各种色彩，兼有装饰和隔热效果。这类涂料适用于各类建筑防水工程，如钢筋混凝土、轻质混凝土、沥青和油毡、金属表面、外墙、卫生间、地下室、冷库等。也可用作防水层的维修和作保护层等。

3. 硅橡胶防水涂料

硅橡胶防水涂料是以硅橡胶胶乳以及其他乳液的复合物为主要基料，掺入无机填料及各种助剂配制而成的乳液型防水涂料。通常由 1 号和 2 号组成，1 号涂布于底层和面层，2 号涂布于中间加强层。

该类涂料兼有涂膜防水和渗透防水材料两者的优良特性，具有良好的防水性、抗渗透性、成膜性、弹性、黏结性、延伸性和耐高低温特性，适应基层变形的能力强。可渗入基底，与基底牢固黏结，成膜速度快，可在潮湿底基层上施工，可刷涂、喷涂或滚涂。特别是它可以做到无毒级产品，是其他高分子防水材料所不能比拟的，因此，硅橡胶防水涂料使用于各类工程尤其是地下工程的防水、防渗和维修工程，对水质不造成污染。

4. 聚氯乙烯防水涂料

聚氯乙烯防水涂料是以聚氯乙烯和煤焦油为基料，加入适量的防老剂、增塑剂、稳定剂及乳化剂，以水为分散介质所制成的水乳型防水涂料。施工时，一般要铺设玻纤布、聚酯无纺布等胎体进行增强处理。

该类防水涂料弹塑性好，耐寒、耐化学腐蚀、耐老化和成品稳定性好，可在潮湿的基层上冷施工，防水层的总造价低。聚氯乙烯防水涂料可用于各种一般工程的防水、防渗及金属管道的防腐工程。

（四）水泥基渗透结晶型防水涂料

水泥基渗透结晶型防水涂料是由硅酸盐水泥、石英砂、特殊活性物质及添加剂组成的无机粉末状防水涂料。与水作用后，硅酸盐活性离子通过载体向混凝土内部扩散渗透，与混凝土孔隙中的钙离子进行化学反应，生成不溶于水的硅酸盐结晶体填充混凝土毛细孔道，从而使混凝土结构致密，实现防水功能。

与高分子类有机防水涂料相比，这类防水材料具有一些独特的性能：可以与混凝土组成完整、耐久的整体；可以在新鲜或初凝混凝土表面施工；固化快，48h 后可以进行后续施工；可以抵抗海水和其他盐分的化学侵蚀，起到保护混凝土和钢筋作用；无毒，可用于饮用水工程。

第四节 建 筑 密 封 材 料

建筑密封材料又称嵌缝材料，主要应用在板缝、接头、裂隙、屋面等部位。通常要求建筑密封材料具有良好的黏结性、抗下垂性、不渗水透气，易于施工；还要求具有良好的弹塑性，能长期经受被粘构件的伸缩和振动，在接缝发生变化时不断裂、剥落，并要有良好的耐老化性能，不受热和紫外线的影响，长期保持密封所需的黏结性和内聚力等。

一、建筑密封材料的组成和分类

建筑密封材料的基材主要有油基、橡胶、树脂等有机化合物和无机类化合物，与防水涂料类似。其生产工艺也相对比较简单，主要包括溶解、混炼、密炼等过程，这里也不一一详述。

建筑密封材料的防水效果主要取决于两个方面，一是油膏本身的密封性、憎水性和耐久性等；二是油膏和基材的黏附力。黏附力的大小与密封材料对基材的浸润性、基材的表面性状（粗糙度、清洁度、温度和物理化学性质等）以及施工工艺密切相关。

建筑密封材料按形态的不同一般可分为不定型密封材料和定型密封材料两大类（表9-4）。不定型密封材料常温下呈膏体状态；定型密封材料是将密封材料按密封工程特殊部位的不同要求制成带、条、方、圆、垫片等形状，定型密封材料按密封机理的不同可分为遇水膨胀型和非遇水膨胀型两类。

分类		类 型	主要品种
不定型密封材料	非弹性密封材料	油性密封材料	普通油膏
		沥青基密封材料	橡胶改性沥青油膏、桐油橡胶改性沥青油膏、桐油改性沥青油膏、石棉沥青腻子、沥青鱼油油膏、苯乙烯焦油油膏
		热塑性密封材料	聚氯乙烯胶泥、改性聚氯乙烯胶泥、塑料油膏、改性塑料油膏
	弹性密封材料	溶剂型弹性密封材料	丁基橡胶密封膏、氯丁橡胶橡胶密封膏、氯磺化聚乙烯橡胶密封膏、丁基氯丁再生胶密封膏、橡胶改性聚酯密封膏
		水乳型弹性密封材料	水乳丙烯酸密封膏、水乳氯丁橡胶密封膏、改性 EVA 密封膏、丁苯胶密封膏
		反应型弹性密封材料	聚氨酯密封膏、聚硫密封膏、硅酮密封膏
定型密封材料		密封条带	铝合金门窗橡胶密封条、丁腈胶—PVC 门窗密封条、自黏性橡胶、水膨胀橡胶、PVC 胶泥墙板防水带
		止水带	橡胶止水带、嵌缝止水密封胶、无机材料基止水带、塑料止水带

二、常用建筑密封材料

1. 橡胶沥青油膏

它具有良好的防水防潮性能，黏结性好，延伸率高，耐高低温性能好，老化缓慢，适用于各种混凝土屋面、墙板及地下工程的接缝密封等，是一种较好的密封材料。

2. 聚氯乙烯胶泥

其主要特点是生产工艺简单，原材料来源广，施工方便，具有良好的耐热性、黏结性、弹塑性、防水性以及较好的耐寒性、耐腐蚀性和耐老化性能。适用于各种工业厂房和民用建筑的屋面防水嵌缝，以及受酸碱腐蚀的屋面防水，也可用于地下管道的密封和卫生间等。

3. 有机硅建筑密封膏

有机硅建筑密封膏具有优良的耐热、耐寒、耐老化及耐紫外线等耐候性能，与各种基材如混凝土、铝合金、不锈钢、塑料等有良好的黏结力，并且具有良好的伸缩耐疲劳性能，防水、防潮、抗震、气密、水密性能好。适用于各类建筑物和地下结构的防水、防潮和接缝处理。

4. 聚硫橡胶密封材料

这类密封材料的特点是弹性特别高，能适应各种变形和振动，黏结强度好（0.63MPa）、抗拉强度高（1~2MPa）、延伸率大（500%以上）、直角撕裂强度大（8kN/m），并且它还具有优异的耐候性，极佳的气密性和水密性，良好的耐油、耐溶剂、耐氧化、耐湿热和耐低温性能，使用温度范围广，对各种基材如混凝土、陶瓷、木材、玻璃、金属等均有良好的黏结性能。

聚硫密封材料适用于混凝土墙板、屋面板、楼板、地下室等部位的接缝密封以及金属幕墙、金属门窗框四周、中空玻璃的防水、防尘密封等。

5. 聚氨酯弹性密封膏

聚氨酯弹性密封膏对金属、混凝土、玻璃、木材等均有良好的黏结性能，具有弹性大、延伸率大、黏结性好、耐低温、耐水、耐油、耐酸碱、抗疲劳及使用年限长等优点。与聚硫、有机硅等反应型建筑密封膏相比，价格较低。

聚氨酯弹性密封膏广泛应用于墙板、屋面、伸缩缝等勾缝部位的防水密封工程，以及给排水管道、蓄水池、游泳池、道路桥梁、机场跑道等工程的接缝密封与渗漏修补，也可用于玻璃、金属材料的嵌缝。

6. 水乳型丙烯酸密封膏

该类密封材料具有良好的黏结性能、弹性和低温柔韧性能，无溶剂污染、无毒、不燃，可在潮湿的基层上施工，操作方便，特别是具有优异的耐候性和耐紫外线老化性能，属于中档建筑密封材料，其适用范围广、价格便宜、施工方便，综合性能明显优于非弹性密封膏和热塑性密封膏，但要比聚氨酯、聚硫、有机硅等密封膏差一些。该密封材料中含有约15%的水，故在温度低于0℃时不能使用，而且要考虑其中水分的散发所产生的体积收缩，对吸水性较大的材料如混凝土、石料、石板、木材等多孔材料构成的接缝的密封比较适宜。

水乳型丙烯酸密封膏主要用于外墙伸缩缝、屋面板缝、石膏板缝、给水排水管道与楼屋面接缝等处的密封。

7. 止水带

止水带也称为封缝带，是处理建筑物或地下构筑物接缝（伸缩缝、施工缝、变形缝）用的一类定型防水密封材料。常用品种有橡胶止水带、嵌缝止水密封胶、无机材料基止水条（BW复合止水带）及塑料止水带等。

（1）橡胶止水带。它具有良好的弹塑性、耐磨性和抗撕裂性能，适应变形能力强，防水性能好。但使用温度和使用环境对物理性能有较大的影响，当作用于止水带上的温度超过50℃，以及受强烈的氧化作用或受油类等有机溶剂的侵蚀时不宜采用。橡胶止水带一般用于地下工程、小型水坝、贮水池、地下通道、河底隧道、游泳池等工程的变形缝部位的隔离防水以及水库、输水洞等处闸门的密封止水。

（2）嵌缝止水密封胶。它能和混凝土、塑料、玻璃、钢材等材料牢固黏合，具有优良的耐气候老化性能及密封止水性能，同时还具有一定的机械强度和较大的伸长率，可在较宽的温度范围内适应基材的热胀冷缩变化，并且施工方便，质量可靠，可大大减少维修费用。它主要用于建筑和水利工程等混凝土建筑物的接缝、电缆接头、汽车挡风玻璃、建筑用中空玻璃及其他用途的止水密封。

（3）无机材料基止水带。它具有优良的黏结力和延伸率，可以利用自身的黏性直接黏在混凝土施工缝表面。它是静水膨胀材料，遇水可快速膨胀，封闭结构内部的细小裂缝和孔隙，止水效果好。其主体材料为无机类，又包于混凝土中间，故不存在老化问题。这种止水带适用于各种地下工程防水混凝土水平缝和垂直缝，主要代替橡胶止水带和钢板止水带使用，以及地面各种存水设施、给排水管道的接缝防水密封等。

（4）塑料止水带。塑料止水带的优点是原料来源丰富，价格低廉，耐久性好，物理力学性能能满足使用要求。可用于地下室、隧道、涵洞、溢洪道、沟渠等的隔离防水。

8. 密封条带

根据弹性性能，密封带可分为非回弹、半回弹和回弹型三种。非回弹型以聚丁烯为基，并用少量低分子量聚异丁烯或丁基橡胶增强，或以低分子量聚异丁烯为基，可用于二次密封，装配玻璃、隔热玻璃等。半回弹型往往以丁基橡胶或较高分子量的聚异丁烯为基。高回弹型密封带以固化丁基橡胶或氯丁橡胶为基，两者可用于幕墙和预制构成，也可用于隔热玻璃等。

作为衬垫使用的定型密封材料，由于其必须在压缩作用下工作，故要由高恢复性的材料制成。预制密封垫常用的材料有氯丁橡胶、三元乙丙橡胶、海帕伦、丁基橡胶等。氯丁橡胶由于恢复率优良，故在建筑物及公路上的应用处于领先地位。以三元乙丙为基的产品性能更好，但价格更贵。

在我国，目前该类材料的品种和使用量还相对较少，主要品种有丁基密封腻子、铝合金门窗橡胶密封条、丁腈胶—PVC门窗密封条、彩色自黏性密封条、自黏性橡胶、遇水膨胀橡胶以及PVC胶泥墙板防水带等。

（1）丁基密封腻子。它是以丁基橡胶为基料，并添加增塑剂、增黏剂、防老化剂等辅助材料配成的一种非硫型建筑密封材料（不干性腻子）。它具有寿命长，价格较低，无毒、无味、安全等特点，具有良好的耐水黏结性和耐候性，带水堵漏效果好，使用温度范围宽，能在−40～100℃范围内长期使用，且与混凝土、金属、熟料等多种材料具有良好的黏结力，可冷施工，使用方便。它适用于建筑防水密封，涵洞、隧道、水坝、地下工程的带水堵漏密封，环保工程管道密封等。在建筑密封方面，它可用于外墙板接缝、卫生间防水密封、大型屋面伸缩缝嵌缝、活动房屋嵌缝等。

（2）丁腈胶—PVC门窗密封条。它具有较高的强度和弹性，适当的硬度和优良的耐老化性能。该产品广泛应用于建筑物门窗、商店橱窗、地柜和铝型材的密封配件，镶嵌在铝合金和玻璃之间，能起固定、密封和轻度避震作用，防止外界灰尘、水分等进入系统内部，广泛用于铝合金门窗的装配。

（3）彩色自黏性密封条。它具有优良的耐久性、气密性、黏结力和伸长率。它使用于混凝土、塑料、金属构建、玻璃、陶瓷等各种接缝的密封，也广泛用于铝合金屋面接缝、金属门窗框的密封等。

（4）自黏性橡胶。该类产品具有良好的柔顺性，在一定压力下能填充到各种裂缝及空洞中去，延伸性能良好，能适应较大范围的沉降错位，具有良好的耐化学性和极优良的耐老化性能，能与一般橡胶制成复合体。可单独作腻子用于接缝的嵌缝防水，或与橡胶复合制成嵌条用于接缝防水，也可用作橡胶密封条的辅助黏结嵌缝材料。该类产品广泛用于工农业给水、排水工程，公路、铁路工程以及水利和地下工程。

（5）遇水膨胀橡胶。它是一种既具有一般橡胶制品的性能，又能遇水膨胀的新型密封材料。该材料具有优良的弹性和延伸性，在较宽的温度范围内均可发挥优良的防水密封作用。遇水膨胀倍率可在100%～500%之间调节，耐水性、耐化学性和耐老化性良好，可根据需要加工成不同形状的密封嵌条、密封圈、止水带等，也能与其他橡胶复合制成复合防水材料。遇水膨胀橡胶主要用与各种基础工程和地下设施如隧道、地铁、水电给水排水工程中的变形缝、施工缝的防水，混凝土、陶瓷、塑料管、金属等各种管道的接缝防水等。

（6）PVC胶泥墙板防水带。其特点是胶泥条经加热后与混凝土、砂浆、钢材等有良好的黏结性能，防水性能好，弹性较大，高温不流淌，低温不脆裂，因而能适应大型墙板因荷载、温度变化等原因引起的构件变形。它主要用于混凝土墙板的垂直和水平接缝的防水。胶泥条一般采用热黏操作。

习题与复习思考题

1. 石油沥青为何宜作防水材料？

2. 为什么说沥青是一种胶凝材料？

3. 组分变化对沥青的性质将产生什么样的影响？

4. 试分析石油沥青各组分相对含量变化时，对其宏观结构的影响。

5. 蜡的存在将对沥青的胶体结构和性能产生什么样的影响？

6. 沥青的胶体结构常用何种方法确定？怎样判定？

7. 石油沥青的三大指标是什么？

8. 石油沥青软化点指标反映了沥青的什么性质？沥青的软化点偏低，用于屋面防水工程上会产生什么后果？

9. 何谓沥青的感温性？常用什么指标表征？其值大小与感温性高低间的关系如何？

10. 怎样划分石油沥青的牌号？牌号大小与沥青主要性质间的关系如何？在施工中选用沥青时，是不是牌号越高的沥青质量越好？

11. 影响沥青耐久性的因素主要有哪些？

12. 改性沥青的作用包括哪些方面？常用改性剂有哪几类？

13. 高聚物改性沥青油毡和合成高分子防水卷材有哪些优点？

14. 防水涂料是什么？有哪些特点？

15. 防水涂料可分为哪几类？各类防水涂料的成膜机理有何不同？

16. 对建筑密封材料的要求有哪些？

第十章 装饰材料

第一节 概　　述

一、建筑装饰与材料

装饰材料一般指建筑物内外墙面、地面、顶棚装饰所需要的材料，它不仅装饰美化建筑、满足人的美感需要，还可以改善和保护主体结构，延长建筑物寿命。因此，常称之为建筑装修材料。

装饰材料是建筑材料中的精品，它集材性、工艺、造型、色彩于一体，反映时代的特征，体现科学技术发展的水平。

建筑物的外观效果不仅取决于建筑造型、比例、虚实对比、线条以及平面立面的设计手法，同时还需要装饰材料的质感、色彩和线形加以衬托。

材料的质感很难精确定义，一般指材料的质地感觉。同一种材料、可把它加工成不同的性状，比如粗细、纹理和光泽的变化从而达到不同的质感。如粗犷的花岗石给人以庄重、雄伟的感觉；若制成磨光的石板材，又给人高雅整洁的感觉；具有弹性松软的材料，给人以柔和、温暖、舒适之感。

选择质感，还需要考虑其附加的作用和影响。例如表面粗糙的材料，可遮挡其瑕疵缺陷，但易挂灰。光亮的地面易清洗，但人易滑倒，不安全。

线型是指材料制成不同的形状或施工时拼成线型。采用直线、曲线或圆弧线，构成一定的格缝、凹凸线。从而提高建筑饰面的美化效果。有的直接采用块状材料砌清水墙，既简捷又美观。

色彩对装饰表观效果具有十分重要的作用。材料的彩色实际上材料对光谱的反射，它涉及物理学、生理学和心理学。对物理学来说，颜色是光线；对生理学来说，颜色是感受；对心理学来说，颜色易使人产生幻想。颜色的选择应与环境协调，既要体现个性，又要易于让多数人接受。装饰材料的色彩应耐光耐晒，具有较好的化学稳定性，不褪色。

二、建筑装饰材料的分类

建筑装饰材料的品种繁多，通常有三种分类：

1. 按化学成分分类：

无机材料（包括金属和非金属）、有机材料、复合材料。

2. 按建筑物装饰部位分类：

外墙装饰材料、内墙装饰材料、地面装饰材料、顶棚装饰材料。

3. 按装饰材料的名称分类：

石材、玻璃、陶瓷、涂料、塑料、金属、装饰水泥、装饰混凝土等。

三、装饰材料的基本要求和选用

选用装饰材料，外观固然重要，但还需具有一定的物理化学性质，以满足其使用部位

的性能要求。装饰材料还应对相应的建筑物部位起保护作用。例如:

外墙装饰材料,不仅色彩与周围环境协调美观,具有耐水抗冻、抗浸蚀等物理学性质,还保护墙体结构、提高墙体材料抗风吹、日晒、雨淋以及辐射、大气及微生物的作用。若兼有隔热保温则更为完美。

内部装饰材料除了保护墙体和增加美观,还应方便清洁、耐擦洗,并具有一定的吸声、保温、吸湿功能,不含对人体有害的成分,以改善室内生活和工作环境。

地面装饰材料应具有较好的抗折、抗冲击、耐磨、保温、吸声、防火、抗腐蚀、抗污染、脚感好等性能。但很多性能是难以同时兼备的。如花岗石板材和地毯则是两类性质相反的材料,只能根据建筑物的使用性质和使用者的爱好进行选择。

顶棚材料则需吸声、隔热、防火、轻质、有一定的耐水性。

装饰材料类别品种繁多,同一种材料也有不同的档次。选用装饰材料,首先要根据建筑物的装修等级和经济状况"定调"。其次根据建筑装饰部位的功能要求选择材料的品种,不同品种具有不同的性能。还要考虑施工因素和材料来源的方便性。有的装饰材料装饰效果好,又经济,但施工难度大、施工周期长。有的材料难以采购和运输。

总之,装饰材料的选用,应在一定的建筑环境和空间,以适当的经济物质条件去改善和创造美好的生活和工作环境。

第二节　天然石材及其制品

天然石材是最古老的建筑材料之一,意大利的比萨斜塔、我国河北的赵州桥等,均为著名的古代石结构建筑。由于脆性大、抗拉强度低、自重大、开采加工较困难等原因,石材作为结构材料,近代已逐步被混凝土材料所代替,但由于石材具有特有的色泽和纹理美,使得其在室内外装饰中仍得到了更为广泛的应用。石材用于建筑装饰已有悠久的历史,早在两千多年前的古罗马时代,就开始使用白色及彩色大理石等作为建筑饰面材料。在近代,随着石材加工水平的提高,石材独特的装饰效果得到充分展示,作为高级饰面材料,颇受人们欢迎,许多商场、宾馆等公共建筑均使用石材作为墙面、地面等装饰材料。

一、岩石的形成和分类

天然岩石根据其形成的地质条件不同,可分为岩浆岩、沉积岩、变质岩三大类。

(一)岩浆岩

1. 岩浆岩的形成及种类

岩浆岩又称火成岩,它是地壳深处的熔融岩浆上升到地表附近或喷出地表经冷凝而形成的岩石。根据岩浆冷凝情况不同,岩浆岩又可分为深成岩、喷出岩和火山岩三种。

深成岩是地壳深处的岩浆,在受上部覆盖层压力的作用下经缓慢且较均匀地冷凝而形成的岩石。其特点是矿物结晶完整,晶粒粗大,结构致密,呈块状构造;具有抗压强度高,吸水率小,表观密度大,抗冻性、耐磨性、耐水性良好等性质。常见的深成岩有花岗岩、正长岩、闪长岩、橄榄岩。

喷出岩是岩浆喷出地表后,在压力骤减、迅速冷却的条件下形成的岩石。其特点是大部分结晶不完全,多呈细小结晶(隐晶质)或玻璃质(解晶质)。当喷出的岩浆形成较厚的喷出岩岩层时，其结构与性质与深成岩相似；当形成较薄的岩层时，由于冷却速度快，且岩浆中气压降低而膨胀，形成多孔结构的岩石，其性质近于火山岩。常见的喷出岩有玄武岩、辉绿岩、安山岩等。

火山岩是火山爆发时，岩浆被喷到空中急速冷却后形成的岩石。其特点是呈多孔玻璃质结构，表观密度小。常见的火山岩有火山灰、浮石、火山渣、火山凝灰岩等。

2. 建筑装饰工程常用的岩浆岩

(1) 花岗岩

花岗石是火成岩，是地壳内部熔融的岩浆上升至地壳某一深处冷凝而成的岩石。构成花岗岩的主要造岩矿物是长石（结晶铝硅酸盐）、石英（结晶 SiO_2）和少量云母（片状含水铝硅酸盐）。从化学成分看，花岗岩主要含 SiO_2（约 70%）和 Al_2O_3，CaO 和 MgO 含量很少，因此属酸性结晶深成岩。

花岗岩的特点如下：

① 色彩斑斓，呈斑点状晶粒花样。花岗岩的颜色由长石颜色和其他深色矿物颜色而定，一般呈灰色、黄色、蔷薇色、淡红色、黑色。由于花岗岩形成时冷却缓慢且较均匀，同时覆盖层的压力又相当大，因而形成较明显的晶粒。按花岗岩晶粒大小分伟晶、粗晶、细晶三种。晶粒特别粗大的伟晶花岗岩，性质不均匀且易于风化。花岗岩花纹的特点是表面呈晶粒花样，并均匀地分布着繁星般的云母亮点与闪闪发亮的石英结晶。

② 硬度大，耐磨性好。花岗岩为深成岩，质地坚硬密实，非常耐磨。

③ 耐久性好。花岗岩孔隙率小，吸水率小，耐风化。花岗岩的化学组成主要为酸性的 SiO_2，具有高度抗酸腐蚀性。

④ 耐火性差。由于花岗岩中的石英在 573℃和 870℃会发生相变膨胀，引起岩石开裂破坏，因而耐火性不高。

⑤ 可以打磨抛光。花岗岩质感坚实，抛光后熠熠生辉，具有华丽高贵的装饰效果，因此，主要用作高级饰面材料，可以用于室内也可以用于室外，也广泛用作室内和室外的高级地面材料和踏步。

⑥ 自重大，硬度大，开采和加工困难；某些花岗岩含有微量放射性元素，对人体有害。

石材行业通常将具有与花岗岩相似性能的各种岩浆和以硅酸盐矿物为主的变质岩统称为花岗石。花岗石的用途根据晶粒大小分：晶粒细小的可加以磨光或雕琢，作为装饰板材或艺术品；中等粒度的常用于修筑桥墩、桥拱、堤坝、海港、勒脚、基础、路面等；晶粒粗大的轧制成碎石，是混凝土的优良集料。由于花岗石耐酸，还用作化工、冶金生产中的耐酸衬料和容器。花岗石板材的质量应符合《天然花岗石建筑板材》GB/T 18601—2009 的规定。

按用途和加工方法，花岗岩石板分为以下四种：

① 剁斧板材——表面粗糙，具有规则的条状斧纹。

② 机刨板材——表面光滑，具有相互平行的刨纹。

③ 粗磨板材——表面光滑，无光。

④ 磨光板材——表面光亮、色泽明显、有镜面感。

(2) 玄武岩、辉绿岩

玄武岩是喷出岩中最普通的一种，颜色较深，常呈玻璃质或隐晶质结构，有时也呈多孔状或斑形构造。硬度高，脆性大，抗风化能力强，表观密度为 $2900\sim3500kg/m^3$，抗压强度为 $100\sim500MPa$。常用作高强混凝土的骨料，也用其铺筑道路路面等。

辉绿岩主要由铁、铝硅酸盐组成。具有较高的耐酸性，可用作耐酸混凝土的骨料。其熔点为 $1400\sim1500℃$，可作为铸石的原料，所制得的铸石结构均匀致密且耐酸性好。因此，是化工设备耐酸衬里的良好材料。

（二）沉积岩

1. 沉积岩的形成及种类

沉积岩又称水成岩。它是地表的各种岩石经自然风化、风力搬迁、流水冲移等作用后，再沉积而形成的岩石。主要存在于地表及离地表不太深处。其特征是层状构造，外观多层理（各层的成分、结构、颜色、层厚等均不相同），表观密度小，孔隙率和吸水率较大，强度较低，耐久性较差。

根据沉积岩的生成条件又可分为机械沉积岩（如砂岩、页岩）、生物沉积岩（如石灰岩、硅藻土）、化学沉积岩（石膏、白云岩）三种。

2. 建筑工程常用的沉积岩

（1）石灰岩

俗称灰石或青石。主要化学成分为 $CaCO_3$。主要矿物成分为方解石，但常含有白云石、菱镁矿、石英、蛋白石、铁矿物及黏土等。因此，石灰岩的化学成分、矿物组成、致密程度以及物理性质等差异甚大。

石灰岩通常为灰白色、浅灰色，常因含有杂质而呈现深灰、灰黑、浅红等颜色，表观密度为 $2600\sim2800kg/m^3$，抗压强度为 $20\sim160MPa$，吸水率为 $2\%\sim10\%$。如果岩石中黏土含量不超过 $3\%\sim4\%$，其耐水性和抗冻性较好。

石灰岩来源广，硬度低，易劈裂，便于开采，具有一定的强度和耐久性，因而广泛用于建筑工程中。其块石可作基础、墙身、阶石及路面等，其碎石是常用的混凝土骨料。此外，它也是生产水泥和石灰的主要原料。

（2）砂岩

砂岩又称砂粒岩，是由于地球的地壳运动，砂粒与胶结物（硅质物、碳酸钙、黏土、氧化铁、硫酸钙等）经长期巨大压力压缩黏结而形成的一种沉积岩。砂岩由碎屑和填隙物两部分构成。碎屑除石英、长石外还有白云母、重矿物、岩屑等。填隙物包括胶结物和碎屑杂质两种组分。常见胶结物有硅质和碳酸盐质；杂质成分主要指与碎屑同时沉积的颗粒更细的黏土或粉砂质物。填隙物的成分和结构反映砂岩形成的地质构造环境和物理化学条件。

砂岩高贵典雅，质地坚硬，是使用最广泛的建筑用石材之一，巴黎圣母院、罗浮宫、英伦皇宫、美国国会等著名建筑都用砂岩装饰而成。目前世界上已被开采利用的有澳洲砂岩、印度砂岩、西班牙砂岩、中国砂岩等，其中色彩、花纹最受建筑设计师所欢迎的则是澳洲砂岩。澳洲砂岩是一种生态环保石材，其产品具有无污染、无辐射、无反光、不风化、不变色、吸热、保温、防滑等特点。

（三）变质岩

1. 变质岩的形成及种类

变质岩是由地壳中原有的岩浆岩或沉积岩，由于地壳变动和岩浆活动产生的温度和压力，使原岩石在固态状态下发生再结晶，使其矿物成分、结构构造以至化学成分部分或全部改变而形成的岩石。通常岩浆岩变质后，结构不如原岩石坚实，性能变差；而沉积岩变质后，结构较原岩石致密，性能变好。

2. 建筑工程常用的变质岩

（1）大理岩

大理石是地壳中原有的岩石经过地壳内高温高压作用形成的变质岩。地壳的内力作用促使原来的各类岩石发生结构、构造和矿物成分的改变，经过质变形成的新的岩石类型称为变质岩。大理石的主要造岩矿物为方解石（结晶碳酸钙）或白云石（结晶碳酸钙镁复盐），其化学成分主要是 $CaCO_3$（CaO 约占 50％），酸性氧化物 SiO_2 很少，属碱性的结晶岩石。

天然大理岩具有黑、白、灰、绿、米黄等多种色彩，并且斑纹多样，千姿百态。大理岩的颜色由其所含成分决定的，见表 10-1。大理岩的光泽与其成分有关，见表 10-2。

大理岩的颜色与所含成分的关系　　　　　　　　　　　　　　　　　　表 10-1

颜色	白色	紫色	黑色	绿色	黄色	红褐色、紫红色、棕黄色	无色透明
所含成分	碳酸钙、碳酸镁	锰	碳或沥青物	钴化物	铬化物	锰及氧化铁的水化物	石英

大理岩的光泽与所含成分的关系　　　　　　　　　　　　　　　　　　表 10-2

光泽	金黄色	暗红	蜡状	石棉	玻璃	丝绢	珍珠	脂肪
所含成分	黄铁矿	赤铁矿	蛇纹岩等混合物	石棉	石英、长石、白云石	纤维状矿物质、石膏	云母	滑石

大理石耐久性次于花岗岩。天然大理石硬度较低，容易加工和磨光，材质均匀，抗压强度为 70～110MPa。如果用大理石铺设地面，磨光面容易损坏，其耐用年限一般在 30～80 年间。由于大理石为碱性岩石，不耐酸，抗风化能力差，除个别品种（如汉白玉、艾叶青等）外，一般不宜用于室外装饰。大气中的酸雨容易与岩石的碳酸钙作用，生成易溶于水的石膏，使表面很快失去光泽变得粗糙多孔，从而降低装饰效果。

大理石主要用于室内饰面，如墙面、地面、柱面、吧台和服务台立面与台面、高级卫生间的洗漱台面以及造型面等，此外还可用于制作大理石壁画、工艺品、生活用品等。常用规格为厚 20mm、宽 150～195mm、长 300～1220mm。

石材行业通常将具有与大理岩相似性能的各类碳酸盐岩或镁质碳酸盐岩以及有关的变质岩统称为大理石。

大理石板材的质量应符合《天然大理石建筑板材》GB/T 19766—2016 的规定。

（2）石英岩

石英岩是由硅质砂岩变质而成，晶体结构。结构均匀致密，抗压强度高（250～400MPa），耐久性好，但硬度大、加工困难。常用作重要建筑物的贴面，耐磨耐酸的贴面材料，其碎块可用作混凝土的骨料。

（3）片麻岩

片麻岩是由花岗岩变质而成，其矿物成分与花岗岩相似，呈片状构造，因而各个方向的物理、力学性质不同。在垂直于解理（片层）方向有较高的抗压强度（120～200MPa）。沿解理方向易于开采加工，但在冻融循环过程中易剥落分离成片状，故抗冻性差，易于风化。常用作碎石、块石及人行道石板等。

二、天然石材的技术性质

天然石材的技术性质包括物理性质、力学性质和工艺性质。天然石材的技术性质决定于其组成的矿物的种类、特征以及结合状态。天然石材因生成条件各异，常含有不同种类的杂质，矿物组成有所变化，所以，即使是同一类岩石，其性质也可能有很大差别。因此，使用前都必须进行检验和鉴定。

（一）物理性质

1. 表观密度

表观密度大于 $1800kg/m^3$ 的称为重质石材，否则称为轻质石材。石材表观密度与其矿物组成和孔隙率有关，它能间接反映石材的致密程度和孔隙多少，在通常情况下，同种石材的表观密度越大，其抗压强度越高，吸水率越小，耐久性越好。

2. 吸水性

吸水率低于 1.5％ 的岩石称为低吸水性岩石；吸水率介于 1.5％～3.0％ 的称为中吸水性岩石；吸水率高于 3.0％ 的称为高吸水性岩石。花岗岩的吸水率通常小于 0.5％，致密的石灰岩，吸水率可小于 1％，而多孔贝壳石灰岩，吸水率可高达 15％。

3. 耐水性

石材的耐水性用软化系数表示。软化系数大于 0.90 为高耐水性石材，软化系数在 0.7～9.0 之间为中耐水性石材，软化系数在 0.6～0.7 之间为低耐水性石材。一般软化系数低于 0.6 的石材，不允许用于重要建筑。

4. 抗冻性

石材的抗冻性是用冻融循环次数来表示。也就是石材在水饱和状态下能经受规定条件下数次冻融循环，而强度降低值不超过 25％，重量损失不超过 5％ 时，则认为抗冻性合格。石材的抗冻等级分为 F5、F10、F15、F25、F50、F100、F200 等。石材的抗冻性与其矿物组成、晶粒大小及分布均匀性、胶结物的胶结性质等有关。

5. 耐热性

石材的耐热性与其化学成分及矿物组成有关。含有石膏的石材，在 100℃ 以上时开始破坏；含有碳酸镁的石材，当温度高于 725℃ 时会发生破坏；含有碳酸钙的石材，当温度达到 827℃ 时开始破坏。由石英与其他矿物所组成的结晶石材，如花岗岩等，温度高于 700℃ 以上时，由于石英受热晶型转变发生膨胀，强度迅速下降。

6. 导热性

石材的导热性主要与其表观密度和结构状态有关。重质石材的导热系数可达 2.91～3.49W/(m·K)；轻质石材的导热系数则在 0.23～0.70W/(m·K)。相同成分的石材，玻璃态比结晶态的导热系数小，封闭孔隙的导热性差。

7. 光泽度

高级天然石材大都经研磨抛光后进行装修，加工后的平整光滑程度越好，光泽度高。材料的光泽度是利用光电的原理进行测定的，可采用光电光泽计或性能类似的仪器测定。见图 10-1，光泽是物体表面的一种物理现象，物体表面受到光线照射时，会产生反光，物体的表面越平滑光亮，反射的光量越大；反之，若表面粗糙不平，入射光则产生漫射，反射的光量就小。

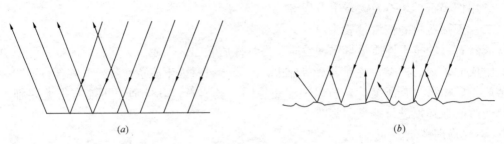

图 10-1　光的反射
(*a*) 平整光滑表面的反射光；(*b*) 粗糙表面的漫反射

8. 放射性元素含量

建筑石材同其他装饰材料一样，也可能存在影响人体健康的成分，主要是放射性核元素镭-226、钍-232 等，其标准可依据《建筑材料放射性核素限量》GB 6566—2010 中的放射性核素比活度确定，使用范围可分为 A、B、C 三类。A 类材料使用范围不受限制，可用于任何场所；B 类材料不可用于Ⅰ类民用建筑的内饰面，但可用于Ⅱ类民用建筑物、工业建筑内饰面及其他一切建筑的外饰面；C 类只可用于建筑物外饰面及室外其他场所。

（二）力学性质

1. 抗压强度

根据《天然饰面石材试验方法》（GB 9966.1～9966.7—2001，GB 9966.8—2008），饰面石材干燥、水饱和条件下的抗压强度是以边长为 50mm 的立方体或 Φ50mm×50mm 的圆柱体抗压强度值来表示，可分为 MU100、MU80、MU60、MU50、MU40、MU30、MU20、MU15、MU10 等 9 个强度等级，不同尺寸的石材尺寸换算系数见表 10-3。

石材的尺寸换算系数　　　　　　　　　　　　　　　　　　　　表 10-3

立方体边长（mm）	200	150	100	70	50
换算系数	1.43	1.28	1.14	1	0.86

2. 抗折强度

抗折强度是饰面石材重要的力学性能指标，根据《天然饰面石材试验方法》GB/T 9966.2—2001 规定，抗折强度试件尺寸根据石板材的厚度 H 确定，试件长度则为 $10×H+50mm$。当 $H \leqslant 68mm$ 时，试件宽度为 100mm；$H > 68mm$ 时，宽度为 $1.5H$。抗折强度试验示意图见图 10-2。抗折强度按公式 $f_w = 3PL/4BH^2$ 进行计算。

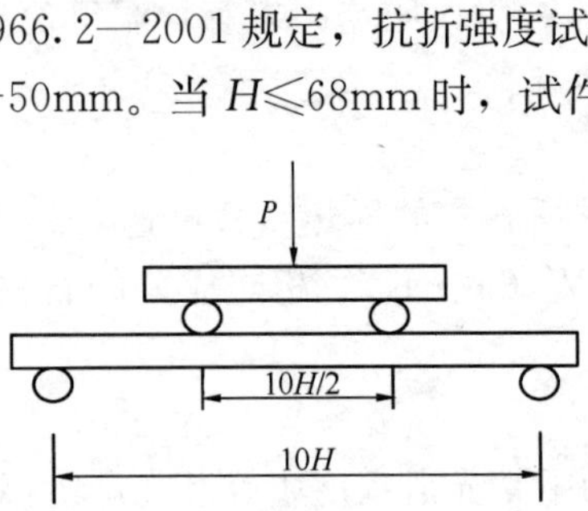

3. 冲击韧性

石材的抗拉强度比抗压强度小得多，为抗压强度的 1/20～1/10，是典型的脆性材料。石材的冲击韧性取决于矿物组成与构造。石英岩和硅质砂岩脆性很大，含暗色矿物较多的辉长岩、辉绿岩等具有相对较大的韧性。通常，晶体结构的岩石较非晶体结构的岩石具

图 10-2　天然石材抗折强度试验示意图

有较高的韧性。

4. 硬度

石材的硬度指抵抗刻划的能力，以莫氏或肖氏硬度表示。它取决于矿物的硬度与构造。石材的硬度与抗压强度具有良好的相关性，一般抗压强度越高，其硬度也越高。硬度越高，其耐磨性和抗刻划性越好，但表面加工越困难。

莫氏硬度：它采用常见矿物来刻划石材表面，从而判断出相应的莫氏硬度。莫氏硬度从1～10的矿物分别是滑石、石膏、方解石、萤石、磷灰石、长石、石英、黄玉、刚玉和金刚石。装修石材的莫氏硬度一般在5～7之间。莫氏硬度的测定在某种条件下虽然简便，但各等级不呈比例，相差悬殊。

肖氏硬度：由英国肖尔提出，它用一定重量的金刚石冲头，从一定的高度落到磨光石材试件的表面，根据回跳的高度来确定其硬度。

5. 耐磨性

耐磨性是指石材在使用条件下抵抗摩擦、边缘剪切以及冲击等复杂作用的性质。石材的耐磨性以单位面积磨耗量表示。石材的耐磨性与其矿物的硬度、结构、构造特征以及石材的抗压强度和冲击韧性等有关。

（三）工艺性质

石材的工艺性质指开采及加工的适应性，包括加工性、磨光性和抗钻性。

加工性指对岩石进行劈解、破碎与凿琢等加工时的难易程度。强度、硬度较高的石材，不易加工；质脆而粗糙，颗粒交错结构，含层状或片状构造以及业已风化的岩石，都难以满足加工要求。

磨光性指岩石能否磨成光滑表面的性质。致密、均匀、细粒的岩石，一般都有良好的磨光性，可以磨成光滑亮洁的表面。疏松多孔、鳞片状结构的岩石，磨光性均较差。

抗钻性指岩石钻孔的难易程度。影响抗钻性的因素很复杂，一般与岩石的强度、硬度等性质有关。

三、常用天然装饰石材

（一）天然大理石板材

岩石学中所指的大理岩是由石灰岩或白云岩变质而成的变质岩，主要矿物成分是方解石或白云石，主要化学成分为碳酸盐类（碳酸钙或碳酸镁）。但建筑工程上通常所说的大理石是广义的，是指具有装饰功能，可锯切、研磨、抛光的各种沉积岩和变质岩，属沉积岩的大致有：致密石灰岩、砂岩、白云岩等；属变质岩的大致有：大理岩、石英岩、蛇纹岩等。

1. 大理石板材的产品分类及等级

按《天然大理石建筑板材》GB/T 19766—2016规定，其板材根据形状可分为毛光板（MG）、普型板（PX）和圆弧板（HM）。毛光板为毛板饰面被磨光但未切边的板材，普型板为正方形或长方形，圆弧板为装饰面轮廓线的曲率半径处处相同的石棉板材，其他形状的板材为异型板。普通板和圆弧板按质量又分为优等品A、一等品B和合格品C共3个等级。

2. 大理石板材的技术要求

按《天然大理石建筑板材》GB/T 19766—2016，除规格尺寸允许偏差、外观质量外，对大理石板材还有下列技术要求：

（1）镜面光泽度

物体表面反射光线能力的强弱程度称为镜面光泽度。大理石板材的抛光面应具有镜面光泽，能清晰反映出景物，其镜面光泽度应不低于70光泽单位或由供需双方确定。

（2）表观密度：不小于2300kg/m³。

（3）吸水率：不大于0.50%。

（4）干燥压缩强度：不小于50.0MPa。

（5）弯曲强度：不小于7.0MPa。

大理石板材用于装饰等级要求较高的建筑物饰面，主要用于室内饰面，如墙面、地面、柱面、台面、栏杆、踏步等。当用于室外时，因大理石抗风化能力差，易受空气中二氧化硫的腐蚀而使表层失去光泽、变色并逐渐破损，通常只有白色大理石（汉白玉）等少数致密、质纯的品种可用于室外。

（二）天然花岗石板材

岩石学中花岗岩是指石英、长石及少量云母和暗色矿物（橄榄石类、辉石类、角闪石类及黑云母等）组成全晶质的岩石。但建筑工程上通常所说的花岗石是广义的，是指具有装饰功能，可锯切、研磨、抛光的各种岩浆岩及少数其他类岩石，主要是岩浆岩中的深成岩和部分喷出岩及变质岩。属深成岩的有：花岗岩、闪长岩、正长岩、辉长岩；属喷出岩的有：辉绿岩、玄武岩、安山岩；属变质岩的有片麻岩。这类岩石的构造非常致密，矿物全部结晶且晶粒粗大，块状构造或粗晶嵌入玻璃质结构中呈斑状构造。

1. 花岗石板材的产品分类及等级

根据《天然花岗石建筑板材》GB/T 18601—2009规定，花岗石板材按形状可分为毛光板（MG）、普型板（PX）、圆弧板（HM）和异型板（YX）四种。按表面加工程度又分为：亚光板（YG）、镜面板（JM）、粗面板（CM）。普通板和圆弧板又可按质量分为优等品（A）、一等品（B）及合格品（C）3个等级。

2. 花岗石板材的技术要求

按标准《天然花岗石建筑板材》GB/T 18601—2009，除规格尺寸允许偏差、平面度允许公差和外观质量外，对花岗石建筑板材还有下列主要技术要求：

（1）镜面光泽度

镜面板材的正面应具有镜面光泽度，能清晰反映出景物，其镜面光泽度值应不低于80光泽单位或按供需双方协调确定。

（2）表观密度：不小于2560kg/m³。

（3）吸水率：不大于0.60%。

（4）干燥抗压强度：不小于100.0MPa。

（5）抗弯强度：不小于8.0MPa。

由于花岗石板材质感丰富，具有华丽高贵的装饰效果，且质地坚硬、耐久性好，所以是室内外高级装饰材料。主要用于建筑物的墙、柱、地、楼梯、台阶、栏杆等表面装饰及服务台、展示台等。

（三）天然石材的选用原则

建筑工程选用天然石料时，应根据建筑物的类型、使用要求和环境条件等，综合考虑适用、经济和美观等方面的要求。

1. 适用性

在选用石材时，根据其在建筑物中的用途和部位，选定其主要技术性质能满足要求的石材。如承重用石材，主要应考虑强度、耐水性、抗冻性等技术性能；饰面用石材，主要考虑表面平态度、光泽度、色彩与环境的协调、尺寸公差、外观缺陷及加工性等技术要求；围护结构用石材，主要考虑其导热性；用作地面、台阶等的石材应坚韧耐磨；用在高温、高湿、严寒等特殊环境中的石材，还分别考虑其耐久性、耐水性、抗冻性及耐化学侵蚀性等。

2. 经济性

由于天然石材表观密度大，不宜长途运输，应综合考虑地方资源，尽可能做到就地取材，降低成本。天然岩石一般质地坚硬，雕琢加工困难，加工费工耗时，成本高。一些名贵石材，价格昂贵。因此，选择石材时必须予以慎重考虑。

3. 色彩

石材装饰必须要与建筑环境相协调，其中色彩相融尤其重要，因此，选用天然石材时，必须认真考虑所选石材的颜色与纹理。

第三节　石膏装饰材料

石膏装饰制品具有轻质、隔热、保温、吸声、防火、洁白，表面光滑细腻，对人体健康无危害等优点。在建筑工程中被广泛应用。其主要品种有：

一、纸面石膏板

纸面石膏板以半水石膏为主要胶凝材料，掺入玻璃纤维，发泡剂、调凝剂制成芯材，并与特制纸面在生产流水线上经成型、切断、烘干、修边等工序制成。宽幅一般为1000mm 和1200mm，生产效率高。

纸面石膏板的技术性能可根据《纸面石膏板》GB/T 9775—2008 的要求，它具有质轻、抗弯、保湿、隔热、防火、易于现场二次加工等特点。与轻钢龙骨配合，可简便用于普通隔墙，吊顶装饰。在隔墙中，填充岩棉等隔声保温材料，隔声保温效果大为提高。

普通纸面石膏板适用于办公楼、宾馆、住宅等室内墙面和顶棚装饰。不宜用于厨房、卫生间及空气湿度较大的环境。

为提高其耐水性，可掺入适量外加剂进行改性，经改性后的纸面石膏板可用于厨房、卫生间等潮湿场合的装饰。

二、装饰石膏板

装饰石膏板的原材料与纸面石膏板的芯材基本一样，发泡剂的掺入会影响制品表面的效果，一般不掺。

装饰石膏板质轻，强度较高，吸声，保湿，防火，可调节室内湿度，表面光滑洁白，易于制成美观的图案花纹，装饰性强，安装简便。装饰石膏板的物理力学性能应满足《装饰石膏板》JC/T 799—2016 的要求。

装饰石膏板按板材耐湿性能分为普通板和防潮板两类，每类按其板面特征又分为平板、孔板及浮雕板三种，其装饰图案有印花、压花、浮雕、穿孔等。装饰石膏板按安装形式可分为嵌装式和粘贴式，嵌装式装饰石膏板带有嵌装企口，配有专用的轻钢龙骨条进行装配式安装，其施工方便，可随意拆卸和交换。其物理力学性能应满足《嵌装式装饰石膏板》JC/T 800—2007 的要求。粘贴式装饰石膏板的黏结材料一般为石膏基，加入一定的聚合物。施工时可在石膏板的四角钻孔，用防锈螺钉固定，既可作为粘贴施工的临时固定，又可作为粘贴安全的二道保护。螺钉应比石膏面底，再用石膏腻子补平。

根据声学原理，吸声装饰石膏板背面可贴吸声材料，既可提高吸声效果，又可防止顶棚粉尘落入室内。吸声穿孔石膏板应满足《吸声用穿孔石膏板》JC/T 803—2007 的要求。装饰穿孔石膏板的抗弯、抗冲击性能较基板低。使用时应予以注意，吸声用穿孔石膏板主要用于播音室、音乐厅、影剧院、会议室或噪声较大的场所。

三、石膏浮雕装饰

石膏浮雕装饰制品主要包括：装饰石膏线条、线板、花角、灯座、罗马柱、花饰以及艺术石膏工艺品。这些制品均采用优质建筑石膏（$CaSO_4 \cdot 1/2H_2O$）和水搅拌成石膏浆，经注模成型、硬化、干燥而成，模具采用橡胶，既方便制模又便于脱模。装饰线条和装饰浮雕板需加入玻璃纤维，提高其抗折抗冲击性能。

浮雕石膏线条、线板表面光滑细腻、洁白，花形和线条清晰，尺寸稳定，强度高，无毒、防火，拼装方便，可二次加工。一般采用直接粘贴或螺钉固定，施工效率高，造价仅为同类木质制品的 1/4～1/3，且不易变形腐朽。现已越来越多代替木质线条和线板。广泛应用于顶棚角线，其装饰效果简捷，明快。

浮雕石膏艺术装饰件集雕刻艺术和石膏制品于一体，在建筑装饰中既有实用价值又有很好的装饰艺术效果。

第四节　纤维装饰织物和制品

纤维装饰织物是目前国内外广泛使用的墙面装饰材料之一，主要品种有地毯、挂毯、墙布、窗帘等纤维织物。装饰织物所用纤维有天然纤维和人造纤维。天然纤维主要采用羊毛棉、麻丝等。人造纤维主要是化学纤维，其主要品种有人造棉、人造丝、人造毛、醋酯纤维等。较常用的有聚酯纤维（涤纶）、聚丙烯腈纤维（腈纶）、聚丙烯纤维（丙纶）、聚氨基甲酸酯纤维（氨纶）。纤维装饰织物质地柔软、保温、吸声、色彩丰富。采用不同的纤维和不同的编织工艺可达到独特的装饰效果。

一、地毯

地毯可按所用原材料、编制工艺、使用场所和规格尺寸分为四类。

1. 按原材料分类

（1）羊毛地毯：又称纯毛地毯。它有手工编织和机织两种，前者是我国传统高档地毯，后者是近代发展起来的较高级纯毛地毯。弹性大，不易变形，拉力强，耐磨损，易清洗，易上色，色彩鲜艳，有光泽，但易受虫蛀。属高档铺地装饰织物。

（2）混纺地毯：混纺地毯是以羊毛纤维与合成纤维混纺后编织而成的地毯。合成纤维的掺入可降低原材料的成本，提高地毯的耐磨性。

（3）化纤地毯：化纤地毯采用合成纤维制作的面料而制成，现常用的合成纤维材料有丙纶、腈纶、涤纶等，其外观和触感酷似羊毛，它耐磨而较富有弹性，为目前用量最大的中、低档地毯品种。

（4）剑麻地毯：这种地毯是采用植物剑麻为原料，经纺纱、编织、涂胶、硫化等工序而制成，剑麻地毯具有耐酸碱、耐磨、无静电现象等特点，但弹性较差，且手感十分粗糙。可用于公共建筑地面及家庭地面。

2. 按编制工艺分类

（1）手工编织地毯：手工编织地毯一般指纯毛地毯。它是人工打结裁绒。将绒毛层与基底一起织做而成。做工精细，图案千变万化，是地毯中的高档品。但手工编织地毯工效低、产量少，因而成本高、价格昂贵。

（2）簇绒地毯：簇绒地毯又称裁绒地毯。簇绒法是目前各国生产化纤地毯的主要方式，它是通过带有一排往复式穿针的纺机，把毛纺纱穿入第一层基底（初级背衬织布），并在其面上将毛纺纱穿插成毛圈而背面拉紧，然后在初级背衬的背面刷一层胶粘剂使之固定，这样就生产出了厚实的圈绒地毯。若再用锋利的刀片横向切割毛圈顶部，并经过修剪，则就成为平绒地毯。也称割绒地毯或切绒地毯。

簇绒地毯生产时绒毛高度可以调整，圈绒的高度一般为 5～10mm，平绒绒毛高度多在 7～10mm。同时，毯面纤维密度大，因而弹性好，脚感舒适，且可在毯面上印染各种图案花纹。簇绒地毯已成为各国产量最大的化纤地毯品种，很受欢迎的中档产品。

（3）无纺地毯：无纺地毯是指无经纬编织的短毛地毯。它是将绒毛用特殊的钩针扎刺在用合成纤维构成的网布底衬上，然后在其背面涂上胶层，使之牢固，故其又有针刺地毯、针扎地毯或黏合地毯之称。这种地毯因生产工艺简单，故成本低、价廉，但其弹性和耐久性较差。为提高其强度和弹性，可在毯底加缝或加贴一层麻布底衬，或可再加贴一层海绵底衬。

3. 按规格尺寸分类

（1）块状地毯

纯毛地毯多制成方形及长方形块状地毯，铺设时可用以组合成各种不同的图案。

块状地毯铺设方便灵活，位置可以随意变动，对已被破坏磨损的部位，可随时调换，从而可延长地毯的使用寿命，达到既经济又美观的目的。

门口毯、床前毯、茶几毯等小块地毯在室内的铺设，不仅使室内不同的功能有所划分，还可起到装饰、保温、吸声的作用，达到画龙点睛的效果。此外，铺放在浴室或卫生间，可装饰防滑。

（2）卷装地毯

卷装地毯一般为化纤地毯，其幅宽有 1～4m，每卷长度一般为 20～25m，也可按要求加工。铺设成卷的整幅地毯，可提高地毯的整体性、平整性和观感效果，便于清洁整理，但损坏后不易更换。

4. 按使用场所不同分

（1）轻度家用级。铺设在不常使用的房间或部位。

（2）中度家用级或轻度专业使用级。用于主卧室或家庭餐室等。

（3）一般家用或中度专业使用级。用于起居室及楼梯、走廊等交通频繁的部位。

（4）重度家用或一般专业使用级。用于中重度磨损的场所。

（5）重度专业使用级。价格甚高，家庭一般不用，多用于特殊要求的场合。

（6）豪华级。地毯品质好，绒毛纤维长，具有豪华气派，用于高级装饰的卧室。

二、墙面装饰织物

室内墙面的装饰由传统的石灰砂浆抹面到建筑涂料、墙纸等多种材料装饰，而墙面装饰织物主要是指以纺织物和编织物为原料制成的壁纸（或墙布），其原料可以是丝、羊毛、棉、麻、化纤等纤维，也可以是草、树叶等天然材料。这种材料具有其独特装饰效果，可吸声、保温、美化环境，常用于咖啡厅、宾馆等公共室内场所。常用的品种有织物壁纸和墙布。

纸基织物壁纸是由天然纤维和化学纤维制成的各种色泽、花色的粗细纱或织物再与纸的基层黏合而成。具有色彩丰富、立体感强、吸声性强等特点，适用于宾馆、饭店、办公大楼、家庭卧室等室内墙面装饰。另外还有麻草壁纸，它具有古朴、自然和粗犷的装饰效果，其变形小、吸声性强，适用于酒吧、舞厅、会议室、商店、饭店等室内墙面装饰。

墙布的纤维常用合成纤维或棉、麻纤维，高级墙面装饰织物纤维主要用锦缎、丝绒、呢料，合成纤维装饰墙布的特点是防潮、耐磨。棉麻纤维装饰墙布防静电、无毒无味。由锦缎、丝绒等材料织成的高级装饰墙面织物具有绚丽多彩、质感丰富、典雅华贵等特点，用于高级宾馆或别墅室内高档豪华装饰。

第五节 玻璃装饰制品

一、玻璃的基本知识

（一）玻璃的生产

玻璃是用石英砂、纯碱、长石和石灰石为主要原料，并加入一定辅助原料，在 $1550\sim$ $1660℃$ 高温下熔融，成型后急速冷却而成的制品。其主要化学成分是 SiO_2、Na_2O、CaO 和少量的 MgO、Al_2O_3、K_2O 等。

玻璃的制造工艺主要包括：①原料预加工。将块状原料（石英砂、纯碱、石灰石、长石等）粉碎，使潮湿原料干燥，将含铁原料进行除铁处理，以保证玻璃质量。②配合料制备。③熔制。玻璃配合料在池窑或坩埚窑内进行高温（$1550\sim1600℃$）加热，使之形成均匀、无气泡并符合成型要求的液态玻璃。④成型。将液态玻璃加工成所要求形状的制品，如平板、各种器皿等。⑤热处理。通过退火、淬火等工艺，消除或产生玻璃内部的应力、分相或晶化，改变玻璃的结构状态。

玻璃经成型和退火后，还需进行各种后加工，制成制品。玻璃的后加工分为冷加工、热加工和化学处理三大类。冷加工包括研磨抛光、切割、喷砂、钻孔。热加工包括烧口、火抛光、火切割、火钻孔、真空成型和玻璃灯工，此外还包括烧釉等装饰，以及通过热处理，使玻璃微晶化、烧结，产生结构的转变。化学处理包括化学蚀刻、化学抛光、玻璃表面涂膜、离子交换等。

1. 研磨抛光。研磨是将制品粗糙不平或成型时余留部分的玻璃磨去，使制品具有平整的表面或需要的形状和尺寸。一般开始用研磨效率高的粗磨料研磨，然后逐级使用细磨料，直至玻璃表面较细致，再用抛光材料进行抛光，使玻璃表面变得光滑、透明、有光泽。磨料的硬度必须大于玻璃的硬度。光学玻璃和日用制品一般加工余量大，用刚玉或天然金刚砂作磨料；平板玻璃的加工余量小，但面积大，用量多，一般采用廉价的石英砂作磨料。常用的抛光材料有红粉（氧化铁）、氧化铈、氧化铬、氧化锆等。火抛光是采用最少辐射热的燃烧器，使制品表面熔化而不变形，借表面张力作用使之光滑，以消除制品表面的微裂纹、折纹及波纹。化学抛光是利用氢氟酸破坏玻璃表面原有的硅氧膜，生成一层新的硅氧膜，使玻璃得到很高的光洁度和透光度。可单纯用化学侵蚀进行抛光，也可将化学侵蚀与机械研磨相结合，后者又称化学研磨法，多用于平板玻璃。

2. 切割。冷切割是利用玻璃的脆性和残余应力，在切割点加一刻痕，造成应力集中，使之易于折断。一般的管、板可用金刚石、合金刀等坚韧的工具在表面刻痕，直接折断，或刻痕后用火焰加热进行切割。厚玻璃可用电热丝在切割的部位加热，用水或冷空气使受热处急冷，产生局部应力，进行切割。火切割是对制品进行局部集中加热，使玻璃局部达到熔化流动状态，用高速气流将制品切开。由于激光能使物体局部产生 10000℃ 以上高温，用于切割制品，准确、卫生、效率高、断口整齐。

3. 喷砂。利用高压空气通过喷嘴的细孔时所形成的高速气流，将石英砂或金刚砂等喷吹到玻璃表面，使玻璃表面的组织不断受到砂粒的冲击破坏，形成毛面。主要用于器皿的表面磨砂和玻璃仪器商标的打印。

4. 钻孔。有研磨钻孔、钻床钻孔、冲击钻孔、超声波钻孔、火钻孔等。研磨钻孔是用铜棒压在敷有碳化硅等磨料和水的玻璃上转动，使玻璃形成所需要的孔。钻床加工是用合金钻头在水、轻油的冷却下缓慢钻孔的技术。冲击钻孔是利用电磁振荡器使钻孔凿子连续冲击玻璃表面而形成孔。超声波钻孔是利用超声波发生器使加工工具发生振动，在振动工具和玻璃液之间注入含有磨料的加工液，使玻璃穿孔。火钻孔是用高速火焰对制品进行局部集中加热，熔融状态时，喷高速气流形成孔洞。也可用激光使制品局部剧热形成孔洞。

5. 烧口。许多制品经切割后，口部具有尖锐、锋利的边缘，可用集中的高温火焰局部加热，依靠表面张力的作用使玻璃软化时变得圆滑。

6. 真空成型。用于制造精密内径玻璃管。把需校正管径的玻璃管一端熔封，在管内放入标准金属管，缓慢加热，同时抽真空，直至玻璃管与金属芯棒紧密贴附。由于金属收缩大，冷却后易取出。

7. 烧釉。将以易熔玻璃为基釉的釉料通过描绘、印刷、贴花纸或喷涂等工艺施于玻璃制品表面。在制品软化温度以下加热至釉料熔融，并牢固地附着在制品表面，可得到彩色釉、白色釉、透明色釉、无光釉等装饰制品。

8. 结构转变热处理。将玻璃磨碎成一定颗粒度，加入结合剂压成需要的形状和大小，加热至玻璃软化点温度后，形成有细气孔的制品，可用作滤器和电子元件等。配料中加入发泡剂可以制造烧结的泡沫玻璃。对某些设定成分的玻璃，还可通过热处理使其发生相的变化，以获得预期的特性。如微晶玻璃成型后经热处理产生微晶相，成为微晶玻璃制品；高硼硅酸盐玻璃经热处理产生富硅相和富硼相，用酸溶去富硼相后形成高硅氧玻璃。

9. 化学蚀刻。用氢氟酸溶掉玻璃表面层的硅氧，根据残留盐类的溶解度不同，可得到有光泽的表面或无光泽的毛面。容量仪器和温度计的刻度以及特色瓶罐、毛面灯泡等均可用此法加工。

10. 表面涂膜。利用化学反应可以将硝酸银还原成银层附着在玻璃表面，如保温瓶、镜子等。用同样的方法还可镀铜。真空蒸镀金属铝、铬、锡等于玻璃表面可以反射光线和导电。将金属有机物或氧化物喷于热的玻璃制品表面，可以产生虹彩效果的装饰膜。

11. 离子交换。使玻璃制品与一定温度下的无机盐接触，进行离子的相互置换和扩散，从而获得特殊性质。如熔盐大离子半径的钾离子与玻璃中钠离子交换，使玻璃表层因挤压效应产生压应力，形成化学钢化玻璃；熔盐锂离子与玻璃中的钠离子交换，形成表层适合微晶化的玻璃成分；银盐或铜盐在一定温度下扩散进入玻璃，使玻璃着色。

平板玻璃的产量是采用标准箱来计量的。2mm 厚的玻璃 $10m^2$ 作为一个标准箱。不同厚度的玻璃换算标准箱的换算系数见表 10-4。玻璃还可用重量箱表示，50kg 折合成一重量箱。

不同厚度玻璃标准箱换算系数 表 10-4

玻璃厚度（mm）	2	3	5	6	8	10	12
标准箱（个）	1	1.65	3.5	4.5	6.5	8.5	10.5

（二）普通平板玻璃的技术性质

玻璃的密度在 $2.40\sim3.80g/cm^3$ 之间，玻璃内部十分致密，几乎无空隙，吸水率极低。

普通玻璃的抗压强度为 $600\sim1200MPa$，抗拉强度为 $40\sim120MPa$，抗弯强度为 $50\sim130MPa$，弹性模量为 $(6\sim7.5)\times10^4MPa$。普通玻璃的莫氏硬度为 $5.5\sim6.5$，玻璃的抗刻划能力较强，但抗冲击能力较差。

普通玻璃的导热系数为 $0.73\sim0.82W/(m\cdot K)$，比热为 $0.33\sim1.05/℃（kg\cdot K）$，热膨胀系数为 $8\sim10\times10^{-6}/℃$，石英玻璃的热膨胀系数为 $5.5\times10^{-6}/℃$。玻璃的热稳定性较差，主要是由于玻璃的导热系数较小，因而会在局部产生温度内应力，使玻璃因内应力出现裂纹或破裂。普通玻璃的软化温度为 $530\sim550℃$。

玻璃的光学性质包括反射系数、吸收系数、透射系数和遮蔽系数四个指标。反射的光能、吸收的光能和透射的光能与投射的光能之比分别为反射系数、吸收系数和透射系数。不同厚度、不同品种的玻璃反射系数、吸收系数、透射系数均有所不同。将透过 3mm 厚标准透明玻璃的太阳辐射能量作为 1，其他玻璃在同样条件下透过太阳辐射能量的相对值为遮蔽系数，遮蔽系数越小，说明透过玻璃进入室内的太阳辐射能越少，光线越柔和。

玻璃的化学稳定性较高，可抵挡氢氟酸外的所有酸的腐蚀，但耐碱性较差，长期与碱液接触，会使得玻璃中的 SiO_2 溶解，受到浸蚀。

普通平板玻璃的技术性能应符合《平板玻璃》GB 11614—2009 的技术要求。选用应参照《建筑玻璃应用技术规程》JGJ 113—2009。

二、常用建筑装饰玻璃

1. 普通平板玻璃

普通平板玻璃，指由浮法或引上法熔制的经热处理消除或减小其内部应力至允许值的平板玻璃。平板玻璃是建筑玻璃中用量最大的一种，厚 2~12mm，其中以 3mm 厚的使用量最大，广泛用作窗片玻璃。

2. 安全玻璃

安全玻璃是指与普通玻璃相比，具有力学强度高、抗冲击能力强、破碎时无尖锐棱角或四处飞溅伤人的玻璃，其主要品种有钢化玻璃、夹丝玻璃和夹层玻璃。

钢化玻璃是将普通平板玻璃或其他品种原片玻璃加热到一定温度后迅速冷却，或通过化学方法进行特殊钢化处理的一种预应力玻璃。经钢化后，玻璃的抗弯曲强度、耐机械冲击和热冲击强度均明显提高，可达普通平板玻璃的3～5倍。由于钢化玻璃内部存在内应力，一旦有裂纹存在即发生整体碎裂，碎片无尖锐棱角，故称为安全玻璃。

夹丝玻璃是采用压延法，将金属丝或金属网嵌于玻璃板内制成的一种具有抗冲击能力的平板玻璃，受撞击时只会形成辐射状裂纹而不致坠下伤人，故多应用于高层楼宇和震荡性强的厂房。

夹层玻璃一般由两片普通平板玻璃（也可以是钢化玻璃或其他特殊玻璃）和玻璃之间的有机胶合层构成。

3. 保温绝热玻璃

保温绝热玻璃包括吸热玻璃、热反射玻璃、中空玻璃、玻璃空心砖、泡沫玻璃等。它们既具有良好的装饰效果，同时具有特殊的保温绝热功能，除用于一般门窗之外，常作为幕墙玻璃。普通窗用玻璃对太阳光近红外线的透过率高，易引起温室效应，使室内空调能耗大，一般不宜用于幕墙玻璃。

吸热玻璃是能吸收大量红外线辐射能并保持较高可见光透过率的平板玻璃。生产吸热玻璃的方法有两种：一是在普通钠钙硅酸盐玻璃的原料中加入一定量的有吸热性能的着色剂；另一种是在平板玻璃表面喷镀一层或多层金属或金属氧化物薄膜而制成。吸热玻璃还可以阻挡阳光和冷气，使房间冬暖夏凉，可用于以防热为主的南方地区。

热反射玻璃属于镀膜玻璃，是用物理或者化学的方法在玻璃表面镀一层金属或者金属氧化物薄膜，或采用电浮法等离子交换方法，以金属离子置换玻璃表层原有离子而形成热反射膜。对来自太阳的红外线，其反射率可达30%～40%，甚至可高达50%～60%。这种玻璃具有良好的节能和装饰效果，且具有单向透视功能。

中空玻璃多采用胶接法将两块玻璃保持一定间隔，间隔中是干燥的空气，周边再用密封材料密封而成，主要用于有隔声要求的装修工程之中。中空玻璃还具有防结露的作用。

空心玻璃砖由两块半坯在高温下熔接而成，由于中间是密闭的腔体并且存在一定的微负压，具有透光、不透明、隔声、热导率低、强度高、耐腐蚀、保温、隔潮等特点，可用来砌筑透光墙壁、隔断、门厅、通道等，装饰效果高贵典雅、富丽堂皇，是当今国际上较为流行的新型饰材。空心玻璃砖有正方形、矩形及各种异形产品，尺寸以145mm×145mm×80mm /95mm、190mm×190mm×80mm/95mm的居多。空心玻璃砖适用于建筑物的非承重内外装饰墙体，用于建筑物外墙装饰时，一般采用95mm厚的玻璃砖，用于建筑物内部隔断时，95mm和80mm厚均可使用。目前，水立方国家游泳馆、上海世博会联合国馆、上海东方体育中心、济南机场、深圳体育馆等建筑均采用了空心玻璃砖。

泡沫玻璃是由碎玻璃、发泡剂、改性添加剂和发泡促进剂等，经过细粉碎和均匀混合后，再经过高温熔化、发泡、退火而制成的无机非金属玻璃材料。泡沫玻璃又称为多孔玻璃，其内部充满无数开口或闭口的直径为1～2mm的均匀气泡，其中吸声泡沫玻璃为50%以上开孔气泡，绝热泡沫玻璃为75%以上的闭孔气泡。

4. 半透明玻璃

半透明玻璃主要有压花玻璃、磨砂玻璃和喷花玻璃等三大类。这三类玻璃的主要特点是表面粗糙，光线产生漫射，透光不透视，适宜于卫生间、浴室、办公室的门窗。

压花玻璃是在玻璃硬化之前，经刻有花纹的滚筒，在玻璃的单面或两面压出深浅不同的各种花纹图案。

磨砂玻璃是采用机械喷砂、手工研磨或氢氟酸溶蚀等方法把普通玻璃表面处理成均匀毛面而成。一般厚度多在 9mm 以下，以 5～6mm 厚度居多。

喷砂玻璃则是在平板玻璃表面贴上花纹图案，抹以护面层，性能上基本与磨砂玻璃相似，不同的是改磨砂为喷砂。

5. 装饰玻璃制品

装饰玻璃制品主要有玻璃马赛克、冰花玻璃、雕刻玻璃等。

玻璃马赛克也叫玻璃锦砖，广泛用作建筑物内外饰面材料或艺术镶嵌材料。它与陶瓷锦砖的区别主要在于，陶瓷锦砖系由瓷土制成的不透明陶瓷材料，而玻璃锦砖为半透明的玻璃质材料，呈乳浊或半乳浊状，内含少量气泡和未熔颗粒。玻璃马赛克在外形和使用上与陶瓷锦砖大体相似，但花色多，价格较低。一般尺寸为 20mm×20mm、30mm×30mm、40mm×40mm，厚度为 4～6mm，且品种多样，有透明、半透明、不透明，有带金色、银色斑点或条纹的。一般来说玻璃马赛克上方光滑，四周侧边和背面略凹，有槽纹，和砂浆黏结良好。玻璃马赛克生产工艺简单，具有颜色绚丽、色泽众多、耐热、耐寒、耐酸、耐碱、不褪色、不易受污染、历久常新、与水泥黏结性好、便于施工等特性。

冰花玻璃是一种利用平板玻璃经特殊处理形成具有自然冰花纹理的玻璃。冰花玻璃对通过的光线有漫射作用，如作门窗玻璃，犹如蒙上一层纱帘，看不清室内的景物，却有着良好的透光性能，具有较好的装饰效果。冰花玻璃可用无色平板玻璃制造，也可用茶色、蓝色、绿色等彩色玻璃制造，其装饰效果优于压花玻璃，给人以清新感，是一种新型的室内装饰玻璃。

雕刻玻璃是一种刻有文字或图案、花纹的玻璃，作为装饰品，美观大方。雕刻玻璃分为人工雕刻和电脑雕刻两种。玻璃雕刻的喷砂技法，是用空压机的压缩空气把容器里的金刚砂直接喷打在玻璃表面，造成深浅不一的打磨雕刻效果，多表现凹刻效果，根据要求可以更换金刚砂的粒度来表现不同的风格，有毛砂面、磨砂面、亚光面、凹雕深刻面等。玻璃的手工雕刻在雕刻平板玻璃时，多进行细小精致的表现，使用特种工具雕刻，也多用凹刻作为表现手法，也有结合立体雕、浮雕、镂空雕手法的。人工雕刻利用娴熟刀法的深浅和转折配合，更能表现出玻璃的质感。

第六节　建筑装饰陶瓷

一、建筑陶瓷的基本知识

建筑陶瓷在我国有悠久的历史。自古以来就作为优良的装饰材料之一。陶瓷以黏土和其他天然矿物为主要原料经破碎、粉磨、计量、制坯、上釉、焙烧等工艺过程制成。

按用途陶瓷可分为日用陶瓷、工业陶瓷、建筑陶瓷和工艺陶瓷，按材质结构和烧结程度又可分为瓷、炻和陶三大类。

陶质制品烧结程度相对较低，为多孔结构，通常吸水率较大（10%～22%）、强度较低、抗冻性较差、断面粗糙无光、不透明、敲击时声音粗哑，分无釉和施釉两种制品，适用于室内使用。瓷质制品烧结程度高、结构致密、断面细致有光泽、强度高、坚硬耐磨、吸水率低（＜1％）、有一定的半透明性，通常施有釉层。炻质制品介于两者之间，其结构比陶质致密，强度比陶质高，吸水率较小（1％～10％），坯体一般带有颜色，由于其对原材料的要求不高，成本较低廉。因此，建筑陶瓷大都采用炻质制品。

陶瓷制品的表面装饰方法很多，常用的有以下几种。

1. 施釉

釉是由石英、长石、高岭土等为主要原料，再配以多种其他成分，研制成浆体，喷涂于陶瓷坯体的表面，经高温焙烧后，在坯体表面形成的一层连续玻璃质层。陶瓷施釉的目的在于美化坯体表面，改善坯体的表面性能并提高机械强度。施釉的陶瓷表面平滑、光亮、不吸湿、不透气。另外，釉层保护了画面，能防止彩釉中有毒元素的溶出。

2. 彩绘

彩绘是在陶瓷坯体的表面绘以彩色图案花纹，以大大提高陶瓷制品的装饰性。陶瓷彩绘分釉下彩绘和釉上彩绘两种。釉下彩绘是在陶瓷生坯或经素烧过的坯体上进行彩绘，然后施一层透明釉料，再经釉烧而成。釉上彩绘是在已经釉烧的陶瓷釉面上，采用低温彩料进行彩绘，然后再在较低温度下经釉烧而成。

3. 贵金属装饰

对于高级细陶瓷制品，通常采用金、银等贵金属在陶瓷釉上进行装饰，其中最常见的是饰金，如金边、图画、描金等。

建筑陶瓷制品的技术性能包括外观质量、吸水率、耐急冷急热性、弯曲强度等。外观质量是装饰用建筑陶瓷制品最主要的质量指标，往往根据外观质量对产品进行分类。吸水率与弯曲强度、耐急冷急热性密切相关，是控制产品质量的重要指标，吸水率大的建筑陶瓷制品不宜用于室外。陶瓷制品的内部和表面釉层热膨胀系数不同，温度急剧变化可能会使釉层开裂。另外铺地的彩釉砖要进行耐磨试验，室外陶瓷制品有抗冻性和抗化学腐蚀性要求。

二、常用建筑陶瓷

（一）内墙釉面砖

又称陶质釉面砖，砖体为陶质结构，面层施有釉。釉面可分为单色、花色、图案。陶质釉面砖平整度和尺寸精度要求较高，表观质量较好，表面光滑、易清洗，一般用于厨房、卫生间等经常与水接触的内墙面，也可用于实验室、医院等墙面需经常清洁、卫生条件要求较高的场所。其力学性能可满足室内环境的要求。陶质釉面砖不能用于外墙面装饰。室外的气候条件及使用环境对外墙面砖的抗折、抗冲击性能及吸水率等性能要求较高。陶质釉面砖用于外墙装饰易出现龟裂，其抗渗、抗冻及贴牢固度易存在质量隐患。

陶质釉面砖的技术性能应符合《釉面内墙砖》GB/T 4100.5—2006 的有关要求。

（二）墙地砖

墙地砖指用于外墙面和室内外地面装饰的面砖。其材料质均属于炻质，有施釉和不施釉之分。

墙地面应具有较高的抗折、抗冲击强度，质地致密、吸水率低、抗冻、抗渗、耐急冷急热，对地面砖，还应具有较高的耐磨性。其性能应符合《陶瓷砖》GB/T 4100—2015 的规定。

（三）陶瓷锦砖

陶瓷锦砖俗称马赛克（Mosaic），是以瓷土为原料烧制而成的片状小瓷砖，需用一定数量的砖按规定的图案贴在一张规定尺寸的牛皮纸上，成联使用。它具有抗腐蚀、耐磨、耐火、吸水率小、抗压强度高、易清洗和永不褪色等优点，而且质地坚硬、色泽多样，加之规格小，不易踩碎，因而是建筑装饰中常用的一种材料

锦砖按表面性质分为有釉、无釉锦砖，按砖联分为单色、拼花两种。单块砖的边长不大于 50mm，常用规格为 18.5mm×18.5mm×5mm。砖联为正方形或长方形，常用规格为 305mm×305mm。按外观质量分优等品和合格品。

（四）卫生陶瓷

卫生陶瓷指用于浴室、盥洗室、厕所等处的卫生洗具，如洗面盆、坐便器、水槽等，卫生陶器多用耐火黏土经配料制浆、灌浆成型、上釉焙烧而成。卫生陶瓷结构形式多样，其造型美观、线条流畅，并节水。颜色为白色和彩色，表面光洁，易于清洗，耐化学腐蚀。其性能应符合《卫生陶瓷》GB/T 6952—2015 的规定。

（五）建筑琉璃制品

建筑琉璃制品在我国建筑上的使用已有悠久的历史，最能体现中华民族建筑风格。它是用难熔黏土制坯，经干燥，上釉后熔烧而成。釉面颜色有黄、蓝、绿、青等。品种有瓦类（瓦筒、滴水瓦沟头）、脊类和饰件（博古、兽）。

琉璃制品色彩绚丽，造型古朴，质坚耐久。主要用于具有民族特色的宫殿式房屋和园林中的亭、台，楼阁等。其性能应符合《建筑琉璃制品》JC/T 765—2015 的要求。

第七节 建 筑 涂 料

一、涂料的概念及其分类

涂料是指涂敷于物体表面，并能与物体表面材料很好黏结形成连续性膜，从而对物体起到装饰、保护或某些特殊功能的材料。涂料在物体表面干结形成的薄膜称之为涂膜，又称涂层。涂料包括油漆，但油漆不代表涂料，其原因是早期涂料的主要原材料是天然树脂和油料，如松香、生漆、虫胶和亚麻子油、桐油等，所以称油漆。自 20 世纪 50 年代以来，随着石油化工的发展，各种合成树脂和溶剂、助剂的出现，油漆这一词已失去其确切的定义，故称涂料。但人们仍习惯把溶剂涂料称油漆，乳液型涂料称乳胶漆。

涂料的品种很多，各国分类方法也不尽相同，我国对于一般涂料的分类命名方法按《涂料产品分类和命名》GB/T 2705—2003。常见的分类方法有以下几种：

1. 按建筑物的使用部位分：外墙涂料、内墙涂料、地面涂料、顶棚涂料、屋面涂料等。

2. 按主要成膜物质的属性分：有机涂料、无机涂料、复合涂料。

3. 按分散介质分：溶剂型涂料、水溶性涂料、乳液型涂料。

4. 按涂膜状态分：薄质涂料、厚质涂料、彩色复层凹凸花纹涂料、砂壁状涂料等。

5. 按涂料的功能分：建筑涂料、防水涂料、防毒涂料等。

二、建筑涂料的组成物质

（一）主要成膜物质

主要成膜物质在涂料中主要起成膜及黏结作用，使涂料在干燥或固化后能形成连续的

涂层，主要成膜物质的性能对涂料质量起决定性作用。

主要成膜物质分有机和无机两大类。有机涂料中的主要成膜物质为各种树脂。常用的合成树脂包括乳液型树脂和溶剂型树脂两类。乳液型树脂的成膜过程主要是乳液中的水分蒸发浓缩；溶剂型树脂的成膜过程主要是溶剂挥发，有时还伴随着化学反应。乳液型树脂对环境的污染较小，但低温贮存和成膜均较困难，这类合成树脂主要有：醋酸乙烯树脂系、氯乙烯树脂系和丁基树脂系。

溶剂型合成树脂有单组分和多组分反应固化型两大类。溶液型树脂涂料是将树脂溶解于各类有机溶剂中。这类涂料干燥迅速，可在低温条件下涂饰施工，其涂膜光泽好，硬度较高，耐候性能优良。主要缺点是易燃，易污染环境，成本较高，含固量较低。反应固化型一般由主剂和固化剂双组分组成，施工时按一定的比例混合经反应固化成膜。涂膜机械性能和耐久性能优异。但施工操作较繁杂，并且必须计量准确，即配即用。

（二）次要成膜物质

次要成膜物质本身不能胶结成膜，分散在涂料中能改善涂料的某些性能。如调配涂料的色彩，提高涂料的遮盖力，增加涂料厚度，提高涂料的耐磨性，降低涂料的成本等。常用的次要成膜物质为着色颜料和体积颜料。着色颜料常用无机颜料，因建筑涂料通常应用在混凝土及砂浆等碱性基面上，因而必须具有耐碱性能，并且当外墙涂料用于建筑室外装饰时，由于长期暴露在阳光及风雨中，因此要求颜料具有较好的耐光耐晒性和耐候性。其主要品种有：

红色颜料：铁红（Fe_2O_3）

黄色颜料：铁黄（$FeO(OH) \cdot nH_2O$）

绿色颜料：铬绿（Cr_2O_3）

棕色颜料：铁棕（Fe_2O_3）

白色颜料：钛白（TiO_2）、锌白（ZnO）、锌钡白（也称立德粉，$ZnS \cdot BaSO_4$）、硅灰石粉（$CaO \cdot SiO_2$）、氧化锆（ZrO_2）

蓝色颜料：群青蓝（$Na_6A_4Si_6S_4O_{20}$）、钴蓝（CO_2O_3）

黑色颜料：炭黑（C）、石墨（C）、铁黑（Fe_3O_4）

金属颜料：银色颜料铝粉（又称银粉）、金色颜料铜粉（又称金粉）

有机质颜料的遮盖力及颜色的耐光性、耐溶剂性等均不及无机颜料，但由于其色彩丰富、鲜艳明快，也常用于涂料中。有机质颜料按化学结构分三类：偶氮系（红、黄、蓝），缩合多环式系（青、蓝、绿），着色沉淀系（红、黄、紫）。

体积颜料又称填料，能提高涂料的密度和机械性能。常用的体积颜料有：轻质碳酸钙、滑石粉等。

（三）辅助成膜物质

辅助成膜物质包括溶剂和助剂。

溶剂主要有有机溶剂和水。溶剂起到溶解或分散主要成膜物质，改善涂料的施工性能，增加涂料的渗透能力，改善涂料和基层的黏结，保证涂料的施工质量等。涂料施工后，溶剂逐渐挥发或蒸发，最终形成连续和均匀的涂膜。常用的有机溶剂有二甲苯、乙醇、正丁醇、丙酮、乙酸乙酯和溶剂油等。水也可作为溶剂，用于水溶性涂料或乳液性涂料。溶剂虽不是构成涂料的材料，但它对涂膜质量和涂料成本有很大的关系。选用溶剂一般要考虑其溶解力、挥发率、易燃性和毒性等问题。

为了提高涂料的综合性质，并赋予涂膜某些特殊功能，在配制涂料时常加入相关助剂。其中提高固化前涂料性质的有分散剂、乳化剂、消泡剂、增稠剂、防流挂剂、防沉降剂和防冻剂等。提高固化后涂膜性能的助剂有增塑剂、稳定剂、抗氧剂、紫外光吸收剂等。此外尚有催化剂、固化剂、催干剂、中和剂、防霉剂、难燃剂等。

三、建筑涂料的技术性质

建筑涂料的技术性质包括涂料施工前和施工后两个方面的性能。

（一）施工前涂料的性能

施工前涂料的性能包括涂料在容器中的状态、施工操作性能、干燥时间、最低成膜温度和含固量等。容器中的状态主要指储存稳定性及均匀性。储存稳定性指涂料在运输和存放过程不产生分层离析、沉淀、结块、发霉、变性及改性等。均匀性是指每桶溶液上中下三层的颜色、稠度及性能的均匀性，桶与桶、批与批和不同存放时间的均匀性。这些性能的测试主要采用肉眼观察。包括低温（$-5℃$）、高温（$50℃$）和常温（$23℃$）储存稳定性。

施工操作性能主要包括涂料的开封、搅匀、提取方便与否，是否有挂流、油缩、拉丝、涂刷困难等现象，还包括便于重涂和补涂的性能。由于施工操作或其他原因，建筑物的某些部位（如阴阳角）往往需要重涂或补涂。因此要求硬化涂膜与涂料具有很好的相溶性，形成良好的整体。这些性能主要与涂料的黏度有关。

干燥时间包括表干时间与实干时间。表干是指以手指轻触标准试样涂膜，如有些发黏，但无涂料黏在手指上，即认为表面干燥。表干时间一般不得超过 2h。实干时间一般要求不超过 24h。

涂料的最低成膜温度规定了涂料施工作业最低温度，水性及乳液型涂料的最低温度一般大于 $0℃$，否则水可能结冰而难以施工。溶剂型涂料是最低成膜温度主要与溶剂的沸点及固化反应特性有关。

含固量指在一定温度下加热挥发后余留物质的含量。它的大小对涂膜的厚度有直接影响，同时影响涂膜的致密性和其他性能。

此外，涂料的细度对涂抹的表面光泽度及耐污染性等有较大的影响。有时还需要测定建筑涂料的 pH 值、保水性、吸水率以及易稀释性和施工安全性等。

（二）施工后涂膜的性能

1. 遮盖率。遮盖率反映涂料对基层颜色的遮盖能力。即把涂料均地涂刷在黑白格玻璃板上，使其底色不再呈现的最小用量，以“g/m^2”表示。

2. 涂膜外观质量。涂膜与标准样板相比较，观察其是否符合色差范围，表面是否平整光洁，有无结皮、皱纹、气泡及裂痕等现象。

3. 附着力与黏结程度。附着力即为涂膜与基层材料的黏附能力，能与基层共同变形不致脱落。影响附着力和黏结强度的主要因素有涂料对基层的渗透能力、涂料本身的分子结构以及基层的表面性状。涂料对基层的渗透主要与涂料的分子量、浸润性等有关，施工时的环境条件会影响成膜固化及涂膜质量。一般来说，气温过低、过高，相对湿度过大、过小都是不利的。

4. 耐磨损性。建筑涂料在使用过程中要受到风沙雨雪及人为的磨损，尤其是地面涂料，磨损作用更加强烈。一般采用漆膜耐磨仪在一定荷载下转磨一定次数后，以涂料重量的损失克数表示耐磨损性。

5. 耐老化性。指涂料中的成膜物质受大气中、热、臭氧等因素的综合作用发生降解老化，使涂膜光泽降低、粉化、变色、龟裂、磨损露底等。

四、常用建筑涂料

（一）常用外墙涂料

1. 丙烯酸酯外墙涂料

丙烯酸酯外墙涂料是以热塑性丙烯酸酯合成树脂为主要成膜物质，加入溶剂、填料、助剂等，经研磨而成的一种外墙涂料，具有较好的耐久性，使用寿命可达 10 年以上，是目前外墙涂料中较为优良的品种之一，也是我国目前高层建筑外墙及与装饰混凝土饰面应用较多的涂料品种之一。

丙烯酸外墙涂料的特点是耐候性好，在长期光照、日晒、雨淋的条件下，不易变色、粉化或脱落。对墙面有较好的渗透作用，结合牢固性好。使用时不受温度限制，即使在零度以下的严寒季节施工，也可很好地干燥成膜。施工方便，可采用刷涂、滚涂、喷涂等施工工艺，可以按用户要求配置成各种颜色。

2. 聚氨酯系外墙涂料

聚氨酯系外墙涂料是以聚氨酯与其他合成树脂复合体为主要成膜物质，添加颜料、填料、助剂组成的优质外墙涂料。主要品种有聚氨酯—丙烯酸酯外墙涂料和聚氨酯高弹性外墙涂料。

聚氨酯涂料由双组分按比例混合固化成膜，其含固量高，与混凝土、金属、木材等黏结牢固，涂膜柔软，弹性变形能力大，可以随基层的变形而伸缩，即使基层裂缝宽度达 0.3mm 以上也不至于将涂膜撕裂。经 1000h 的加速耐候试验，其伸长率、硬度、抗拉强度等性能几乎没有降低，经 5000 次以上伸缩疲劳试验不断裂，丙烯酸系厚质涂料在 500 次时就断裂。

聚氨酯涂料有极好的耐水、耐酸碱、耐污染性，涂膜光泽度好，呈瓷状质感，价格较贵。

聚氨酯系外墙涂料可做成各种颜色，一般为双组分或多组分涂料，施工时现场按比例配合，要求基层含水量不大于 8%。

常用的聚氨酯—丙烯酸酯外墙涂料为三组分涂料，施工前将甲、乙、丙三组分按比例充分搅拌后即可施工，涂料应在规定的时间内用完。

3. 丙烯酸酯有机硅涂料

丙烯酸酯有机硅涂料是由有机硅改性丙树脂为主要成膜物质，添加颜料、填料、助剂组成的优质溶剂型涂料。因有机硅的改性，使丙烯酸酯的耐候性和耐沾污性等性能大大提高。

丙烯酸酯有机涂料渗透性好，能渗入基层，增加基层的抗水性能，涂料的流平性好，涂膜光洁、耐磨、耐污染、易清洁。涂料施工方便，可刷涂、滚涂和喷涂。一般涂刷二道，间隔 4h 左右。涂刷前基层含水量应小于 8%，故在涂刷时和涂层干燥前应注意防止雨淋和尘土污染。

4. 氯化橡胶外墙涂料

氯化橡胶外墙涂料又称氯化橡胶水泥漆。是由氯化橡胶、溶剂、增塑剂、颜料、填料和助剂等配制而成的溶剂型外墙涂料。

氯化橡胶干燥快，数小时后可复涂第二道，比一般油漆快干数倍。能在$-20\sim50℃$环境中施工，施工基本不受季节影响。但施工中应注意防火和劳动保护。涂料具有优良的耐碱性、耐酸性、耐候性、耐水性、耐久性和维修重涂性，并其有一定的防霉功能。涂料对水泥、混凝土钢铁表面均有良好的附着能力，上下涂层因溶剂的溶解浸渗作用而紧密地黏在一起。是一种较为理想的溶剂型外墙涂料。

5. 苯—丙乳胶漆

由苯乙烯和丙烯类单体、乳化剂、引发剂等，通过乳液聚合反应，得到苯—丙共聚乳液，以此液为主要成膜物质，加入颜料填料和助剂组成是涂料称为苯—丙乳胶漆，是目前应用较普遍的外墙乳液型涂料之一。

苯—丙乳胶漆具有丙烯酸类涂料的高耐光性、耐候性、不泛黄等特点，并具有优良的耐碱、耐水、耐湿擦洗等性能，外观细腻色彩艳丽，质感好。苯—丙乳胶漆与水泥基材的附着力好，适用于外墙面的装饰。但其施工温度不宜低于8℃，施工时如涂料太稠可加入少量水稀释，两道涂料施工间隔时间不小于4h。1kg涂料可涂刷$2\sim4m^2$。使用寿命为$5\sim10$年。

6. 丙烯酸酯乳液涂料

丙烯酸乳液涂料是由甲基丙烯酸甲酯、丙烯酸乙酯等丙烯系单体经乳液共聚而制得的纯丙烯酸酯系乳液为主要成膜物质，加入填料、颜料及其他助剂而制得的一种优质乳液型外墙涂料。

这种涂料较其他乳液型涂料的涂膜光泽柔和，耐候性与保光性、保色性优异，耐久性可达10年以上，但价格较贵。

7. 硅溶胶外墙涂料

硅溶胶外墙涂料以胶体二氧化硅为主要成膜物质，加入颜料、填料及各种助剂，经混合、研磨而成。这类涂料的成膜机理是胶体二氧化硅单体在空气中失去水分逐渐聚合，随水分进一步蒸发而形成Si-O-Si涂膜。

JH80-2无机外墙涂料为常用的硅胶涂料。涂料以硅溶胶（胶体二氧化硅）为主要成膜物质，加入成膜助剂、填料、颜料等均匀混合、研磨而制成的一种新型外墙涂料。该涂料特点是以水为溶剂，对基层的干燥程度要求不高。涂料的耐候性、耐热性好，遇火不燃、无烟，耐污染性好，不易挂灰。施工中无挥发性和有机溶剂产生，不污染环境，原料丰富。

8. 复层建筑涂料

它是由两种以上涂层组成的复合涂料。复层建筑涂料一般由基层封闭涂料（底层涂料）、主层涂料、复层涂料所组成。复层建筑涂料按主要成膜物质的不同，分为聚合物水泥系、硅酸盐系、合成树脂乳液系和反应固化型合成树脂乳液系四大类。

（二）内墙墙涂料

1. 丙烯酸内墙乳胶涂料

丙烯酸酯内墙乳胶涂料又称丙烯酸酯内墙乳胶漆。它是以热塑性丙烯酸酯合成树脂为主要成膜物质，该涂料具有很好的耐酸碱性，涂膜光泽性好，不易变色粉化，耐碱性强，对墙面有较好的渗透性。黏结牢固，是较好的内墙涂料，但价格较高。

2. 聚醋酸乙烯乳液内墙涂料

该涂料以聚醋酸为主要成膜物质，加入适量的颜料、填料及助剂加工而成。

该涂料无毒、无味、不燃，易于加工、干燥快、透气性好、附着力强，其涂膜细腻、色彩鲜艳、装饰效果好、价格适中，但耐碱性、耐水性、耐候性等较差。

3. 聚乙烯醇类水溶性涂料。

这类涂料是以聚乙烯醇树脂及其衍生物为主要成膜物质，涂料资源丰富，生产工艺简单，具有一定装饰效果，加工便宜。但涂膜的耐水性、耐洗刷性和耐久性较差，是目前生产和应用较多的内墙顶棚涂料。主要用于装饰档次较低的内墙涂料。

（三）地面涂料

1. 聚氨酯地面涂料

聚氨酯地面涂料分薄质罩面和厚质弹性地面涂料两类。薄质涂料主要用于木质地板或其他地面的罩面上光，厚质涂料用于涂刷水泥混凝土地面，形成无缝并具有弹性的耐磨涂层，故称之为弹性地面涂料，在这里仅介绍用于水泥混凝土地面的涂料。

聚氨酯弹性地面涂料是双组分常温固化型橡胶涂料。甲组分是聚氨酯预聚体，乙组分由固化剂、颜料、填料及助剂按一定比例混合，研磨均匀制成。施工时按一定比例将两组分混合搅拌均匀后涂刷，两组分固化后形成具有一定弹性的彩色涂层。

该涂料的特点是涂料固化后，具有一定的弹性，且可加入少量的发泡剂形成含有适量泡沫的涂层，脚感舒适，用于高级的地面。涂料与水泥、木材、金属、陶瓷等地面的黏结力强，整体性好。涂层的弹性变形能力大，不会因基底裂纹而导致涂层开裂。耐磨性好，并且耐油、耐水、耐酸、耐碱，是化工车间较为理想的地面材料。色彩丰富，可涂成各种颜色，也可做成各种图案。重涂性好、便于维修。施工较复杂，施工中应注意通风、防火及劳动保护。价格较贵。

2. 聚氨酯—丙烯酸酯地面涂料

聚氨酯—丙烯酸地面涂料是以聚氨酯—丙烯酸树脂溶液为主要成膜物质，加入适量颜料、填料、助剂等配制而成的一种双组分固化型地面涂料。该涂料的特点是：涂膜光亮平滑，有瓷质感，又称仿瓷地面涂料，具有很好的装饰性、耐磨性、耐水性、耐碱及耐化学药品性能。因涂料由双组分组成，施工时需要按规定比例现场调配，施工比较麻烦，要求严格。

3 环氧树脂地面厚质涂料

该涂料以环氧树脂 E44（6101）、E42（634）为主要成膜物质的双组分固化型涂料。甲组分为环氧树脂，乙组分为固化剂和助剂。为了改善涂膜的柔韧性，常掺入增塑剂。这种涂料固化后，涂膜坚硬，耐磨，具有一定的冲击韧性。耐化学腐蚀、耐油、耐水性好，与基层黏结力强，耐久性好，但施工操作较复杂。

（四）特种涂料

特种建筑涂料不仅具有保护和装饰功能，而且可赋予建筑物某些特殊功能，如防火、防腐、防霉、防辐射、隔热、隔声等。这里仅介绍其中的三种。

1. 建筑防火涂料

建筑防火涂料指涂刷在基层材料表面，其涂层能使基层与火隔离，从而延长热侵入基层材料所需的时间，达到延迟和抑制火焰蔓延的作用，为消防灭火提供宝贵的时间。热侵入被涂物所需时间越长，涂料的防火性能越好。故防火涂料的主要作用是阻燃。如遇大火，防火涂料几乎不起作用。

防火涂料阻燃的基本原理为：①隔离火源与可燃物接触。如某些防火涂料的涂层在高温或火焰作用下能形成熔融的无机覆盖膜（如聚磷酸氨、硼酸等），把底材覆盖住，有效地隔绝底材与空气的接触。②降低环境及可燃物表面温度。某些涂料形成的涂层具有高热反射性能，及时辐射外部传来的热量。有些涂料的涂层在高温或火焰作用下能发生相变，吸收大量的热，从而达到降温的目的。③降低周围空气中氧气的浓度。某些涂料的涂层受热分解出 CO_2、NH_3、HCl、HBr 及水气等不燃气体，达到延缓燃烧速度或窒息燃烧。

按照防火涂料的组成材料不同，可分为非膨胀型和膨胀型防火涂料两类。前者用含卤素、磷、氮等难燃性物质的高分子合成树脂为主要成膜物质，如卤化醇酸树脂、卤化聚酯、卤化酚醛、卤化环氧、卤化橡胶乳液、卤化聚丙烯酸酯乳液等。也可采用水玻璃、硅溶胶、磷酸盐等无机材料作为成膜物质。膨胀型防火涂料由难燃树脂、难燃剂、成碳剂、发泡剂（三聚氰胺）等组成。这类涂料的涂层在火焰或高温作用下会发生膨胀，形成比原来涂层厚几十倍的泡沫碳质层，有效地阻挡外部热源对底材的作用，从而阻止燃烧的发生。阻燃效果比非膨胀型防火涂料好。

2. 防腐蚀涂料

涂于建筑物表面，能够保护建筑物避免酸、碱、盐及各种有机物侵蚀的涂料称为建筑防腐蚀涂料。

防腐蚀涂料的主要作用原理是把腐蚀介质与被涂基层隔离开来，使腐蚀介质无法渗入到被涂覆基层中去，从而达到防腐蚀的目的。

防腐蚀涂料应具备如下基本性能：

(1) 长期与腐蚀介质接触具有良好的稳定性；

(2) 涂层具有良好的抗渗性，能阻挡有害介质的侵入；

(3) 具有一定的装饰效果；

(4) 与建筑物表面黏结性好，便于涂层维修、重涂；

(5) 涂层的机械强度高，不会开裂和脱落；

(6) 涂层的耐候性好，能长期保持其防腐蚀能力。

防腐蚀涂料的生产方法与普通涂料一样，但在选择原料时应根据环境的具体要求，选用防腐蚀和耐候性好的原料。如成膜物质应选用环氧树脂、聚氨酯等；颜料、填料应选用化学稳定性好的瓷土、石英粉、刚玉粉、硫酸钡、石墨粉等。常用的防腐蚀涂料有聚氨酯防腐蚀涂料、环氧树脂防腐蚀涂料、乙烯树脂类防腐蚀涂料、橡胶树脂防腐蚀涂料、改性呋喃树脂防腐蚀涂料等。

3. 防霉涂料

霉菌在一定的自然条件下大量存在，如黑曲霉、黄曲霉、变色曲霉、木霉、球毛壳霉、毛霉等，它们能在稳定 $23\sim38℃$，相对湿度 $85\%\sim100\%$ 的适宜条件下大量繁殖，从而腐蚀建筑物的表面，即使普通的装饰涂料也会受到霉菌不同程度的侵蚀。防霉涂料是由某些普通涂料中掺加适量相溶性防霉剂制成。因而防霉涂料的类型与品种和普通涂料相同。常用的防霉剂有五氯酚钠、醋酸苯汞、多菌灵等。其中前两种毒性较大，使用时要多加注意。对防霉剂的基本要求是成膜后能保持抑制霉菌生长的效能，不改变涂料的装饰和使用效果。

<h2>第八节　金属装饰制品</h2>

金属装饰材料强度较高，耐久性好，色彩鲜艳，光泽度高，装饰性强，因此在装饰工程中被广泛采用。

一、铝合金

在生产过程实践中，人们发现向熔融的铝中加入适量的某些合金元素制成铝合金，再经加工或热处理，可以大幅度提高其强度，极限抗拉强度甚至可达 $400\sim500MPa$，相当于低合金钢的强度。铝中常加的合金元素有铜（Cu）、镁（Mg）、硅（Si）、锰（Mn）、锌（Zn）等，这些元素有时单独加入，有时配合加入，从而制得各种各样的铝合金。铝合金克服了纯铝强度低、硬度不足的缺点，并能保持铝的质轻、耐腐蚀、易加工等优良性能，故在建筑工程尤其在装饰领域的应用越来越广泛。

（一）铝合金的分类

根据铝合金的成分及生产工艺特点，通常将其分为变形铝合金和铸造铝合金两类。

变形铝合金是指这类铝合金可以进行热态或冷态的压力加工，即经过轧制、挤压等工序，可制成板材、管材、棒材及各种异型材使用。这类铝合金要求其具有相当高的塑性。铸造铝合金则是将液态铝合金直接浇铸在砂型或金属模型内，铸成各种形状复杂的制件。对这类铝合金则要求其具有良好的流动性、小收缩性及高抗热裂性等。

变形铝合金又可分为不能热处理强化和可热处理强化两种。前者用淬火的方法提高强度，后者可以通过热处理的方法来提高其强度。不能热处理强化的铝合金一般是通过冷加工（碾压、拉拔等）过程而达到强化。它们具有适中的强度和优良的塑性，易于焊接，并有很好的抗腐蚀性，我国统称之为防锈铝合金。可热处理的铝合金其机械性能主要靠热处理来提高，而不是靠冷加工强化来提高。热处理能大幅提高强度而不降低塑性。用冷加工强化虽然能提高强度，但易使铝合金的塑性迅速降低。

（二）铝合金的表面处理

由于铝材表面的自然氧化膜很薄因而耐腐蚀性有限，为了提高铝材的抗蚀性，可用人工方法增加其氧化膜层厚度。常用方法是阳极氧化处理。在氧化处理的同时，还可进行表面着色处理，以增加铝合金制品的外观。

铝合金型材经阳极氧化着色后的膜层为多孔状，具有很强的吸附能力，很容易吸附有害物质而被污染或腐蚀，从而影响外观和使用性能。因此，在表面处理后应采取一定的方法，将膜层的孔加以封闭，使之丧失吸附能力，从而提高氧化膜的抗污染和耐蚀性，这种处理过程称为闭孔处理。建筑铝材的常用封孔方法有水合封孔、无机盐溶液封孔和透明有机涂层封孔等。

（三）铝合金材料施工要点

铝合金材料选用应符合《铝合金建筑型材》GB 5237.1～5237.5—2008，GB 5237.6—2012标准的要求。铝合金型材在加工制作和施工过程中不能破坏其表面的氧化铝膜层；不能与水泥、石灰等碱性材料直接接触，避免受到腐蚀；不能与电位高的金属

（如钢、铁）接触，否则在有水汽条件下易产生电化腐蚀。

加工方法可分为挤压法和轧制法两大类。在国内外生产中，绝大多数采用挤压方法，仅在批量较大、尺寸和表面要求较低的中、小规格的棒材和断面形状简单的型材时，才采用轧制方法。

挤压法有正挤压、反挤压、正反向联合挤压之分。铝合金型材主要采用正挤压法。它是将铝合金锭放入挤压筒中，在挤压轴的作用下，强行使金属通过挤压筒端部的模孔流出，得到与模孔尺寸形状相同的挤压制品。挤压型材的生产工艺，常因材料的品种、规格、供应状态、质量要求、工艺方法及设备条件等因素而不同，应按具体条件综合选择与制定。一般的过程如下：铸锭→加热→挤压→型材空气或水淬火→张力矫直→锯切定尺→时效处理→型材。

建筑用铝合金型材力学性能应符合《铝合金建筑型材》GB 5237.1—2008 的要求。

（四）常用铝合金制品

建筑装饰工程中常用铝合金制品包括门窗、铝合金幕墙、铝合金装饰板、铝合金龙骨和各种室内装饰配件等。

铝合金门窗色彩造型丰富，气密性、水密性较好，开闭力小，耐久性较好，维修费用低，因此得到了广泛的应用。虽然近年来铝合金门窗受到了塑料门窗、塑钢门窗、不锈钢门窗的挑战，不过铝合金门窗在造价、色泽、可加工性等方面仍有优势，因此在各种装饰领域仍被广泛应用。

铝合金装饰板主要有铝合金花纹板、浅花纹板、波纹板、压型板和穿孔板等。它们具有质量轻、易加工、强度高、刚度好、耐久性长等优点，而且具有色彩造型丰富的特点，其不仅可与玻璃幕墙配合使用，而且可对墙、柱、招牌等进行装饰，同样具有独特的装饰效果。

用纯铝或铝合金可加工成 6.3～200um 的薄片制品，成为铝箔。按照铝箔的形状可分为卷状铝箔和片状铝箔；按照铝箔的材质可分为硬质铝箔、半硬质铝箔和软质铝箔；按照铝箔的加工状态可分为素箔、压花箔、复合箔、涂层箔、上色箔、印刷箔等。铝箔主要作为多功能保温隔热材料、防潮材料和装饰材料的表面，广泛用于建筑装饰工程中，如铝箔牛皮纸和铝箔泡沫塑料板、铝箔石棉夹心板等复合板材或卷材。

二、不锈钢

不锈钢是以铬（Cr）为主添加元素的合金钢，铬含量越高，钢的抗腐蚀性越好。除铬外，不锈钢中还含有镍（Ni）、锰（Mn）、钛（Ti）、硅（Si）等元素，这些元素将影响不锈钢的强度、塑性、韧性和耐蚀性等技术性能。

不锈钢按其化学成分可分为铬不锈钢、铬镍不锈钢和高锰低铬不锈钢等几类。按不同的耐腐蚀特点，又可分为普通不锈钢（简称不锈钢）和耐酸钢两类。

建筑装饰用不锈钢制品主要是薄钢板，其中厚度小于 1mm 的薄钢板用得最多，冷轧不锈钢板厚度为 0.2～2.0mm，宽度为 500～1000mm，长度为 100～200mm，成品卷装供应。不锈钢薄板主要用作包柱装饰。目前，不锈钢包柱被广泛用于商场、宾馆、餐馆等公共建筑入口、门厅、中厅等处。

不锈钢除制成薄钢板外，还可加工成型材、管材及各种异型材，在建筑上可用作屋面、幕墙、隔墙、门、窗、内外墙饰面、栏杆、扶手等。

不锈钢的主要特征是耐腐蚀，而光泽度是另一重要的装饰特性。其独特的金属光泽，经不同的表面加工可形成不同的光泽度，并按此划分成不同等级。高级抛光不锈钢，具有镜面玻璃般的反射能力。建筑工程可根据建筑功能要求和具体环境条件进行选用。

彩色不锈钢是由普通不锈钢经过艺术加工后，使其成为各种色彩绚丽的不锈钢装饰板，其颜色有蓝、灰、紫、红、青、绿、橙、金黄等多种。采用不锈钢装饰墙面，坚固耐用、美观新颖，具有强烈的时代感。

彩色不锈钢板抗腐蚀性强，耐盐雾腐蚀性能超过一般的不锈钢；机械性能好，其耐磨和耐刻划性能相当于镀金箔的性能。彩色不锈钢板的彩色面层能能耐200℃高温，其色泽随着光照角度的不同而产生变换效果。即使弯曲90°，此时面层也不会损坏，面层色彩经久不褪色。彩色不锈钢板可作电梯厢板、车厢板墙板、顶棚板、建筑装潢、招牌等装饰之用，也可用作高级建筑的其他局部装饰。

三、彩色涂层钢板

彩色涂层钢板又称有机涂层钢板。它是以冷轧钢板或镀锌钢板卷板为基板，经过刷磨、上油、磷化等表面处理后，在基板的表面形成一层极薄的磷化钝化膜。该膜层对增强基材耐腐蚀性和提高漆膜对基材的附着力具有重要的作用。经过表面处理的基板通过辊涂或层压，基板的两面被覆以一定厚度的涂层，再通过烘烤炉加热使涂层固化。一般经涂覆并烘干两次，即获得彩色涂层钢板。其涂层色彩和表面纹理丰富多彩。涂层除必须具有良好的防腐蚀能力以及与基板良好的黏结力外，还必须具有较好的防水蒸气渗透性，避免产生腐蚀斑点。常用的涂层材料有聚氯乙烯（PVC）、环氧树脂、聚酯树脂、聚丙烯酸酯、酚醛树脂等。常见产品有PVC涂层钢板、彩色涂层压型钢板等。

聚氯乙烯（PVC）涂层钢板是在经过表面处理的基板上先涂以胶粘剂，再涂覆PVC增塑溶胶而制成。与之相类似的聚氯乙烯复层钢板是将软质或半软质的聚氯乙烯薄膜层黏压到钢板上而制成。这种PVC涂层或复层钢板，兼有钢板与塑料二者之特长，具有良好的加工成型性、耐腐蚀性和装饰性。可用作建筑外墙板、屋面板、护壁板等，还可加工成各种管道（排气、通风等）、电器设备罩等。

彩色涂层压型钢板是将彩色涂层钢板辊压加工成V形、梯形、水波纹等形状的轻型维护结构材料，可用作工业与民用建筑的屋盖、墙板及墙壁贴面等。

用彩色涂层压型钢板、H型钢、冷弯型材等各种断面型材配合建造的钢结构房屋，已发展成为一种完整而成熟的建筑体系。它使结构的重量大大减轻。某些以彩色涂层钢板围护结构的用钢量，已接近或低于钢筋混凝土的用钢量。

四、建筑装饰用铜合金制品

在铜中掺入锌、锡等元素形成铜合金制成各种小型配件或型材板材常用于装饰工程中。由于铜和铜合金制品有着金色的光泽，尤其是用于地面作为花纹图案的装饰线条，在地面使用过程中不断摩擦接触，可保持其艳丽的金色光泽，常用于宾馆、展览馆等公共建筑点缀，也常用于楼梯台阶，既作防滑条，又作装饰，效果突出。但由于价格较昂贵和强度不高，难以大量推广使用。

五、铁艺制品

铁艺制品有装饰铸锻件和熟铁加工件两类。装饰铸锻件主要是用铁通过铸锻工艺加工而成的装饰材料产品，主要有各种欧式铁制品、阳台护栏、楼梯扶手、防盗门、庭院门、屏风、壁挂等装饰件及铁制家具。熟铁加工件是通过铁管（方管、矩形管）、铁片条经焊接、弯曲而成，可随客户喜好，随意设计制作。铁艺制品古朴典雅，充满欧陆风情，它将欧式生活的浪漫与东方传统艺术的纯朴高雅融为一体，是城市新兴的装饰制品，成为商业、文化、住宅建筑中的点睛之笔，同时也是装饰中的视觉中心。

第九节　塑料装饰制品

塑料作为建筑装饰材料具有许多特性。一般来说，塑料具有加工性好、耐腐蚀性好、重量轻、比强度高、装饰性好、隔热性好、比较经济等优点。其缺点主要包括不耐高温、可燃烧、热膨胀系数大等。通过改进配方和加工方法，并通过在使用中采取适当防护措施，这些缺点可以避免或得到改善。

由于塑料具有上述特点，且富有装饰性，不仅可以制成透明、半透明的制品，而且可以获得各种色泽鲜艳、经久不褪色的制品。在建筑装饰工程中常用作地面材料、墙面材料、顶棚材料、各种管材、型材等。

一、塑料的组成与分类

塑料由合成树脂、填充料、增塑剂、着色剂、固化剂等组成。

1. 合成树脂

合成树脂是塑料的基本组成材料（含量为30％～60％），在塑料中起胶结作用，能将其他的材料牢固的胶结在一起。按生产时化学反应的不同，合成树脂分聚合树脂（如聚乙烯、聚氯乙烯等）和缩聚树脂（如酚醛、环氧聚酯），按受热时性能改变的不同，又分为热塑性树脂和热固性树脂。

2. 填充料

填充料也称填料，能增强塑料的性能，如纤维填充剂等的加入，可提高强度；石棉的加入可提高塑料的耐热性；云母的加入可提高塑料的电绝缘性等。

3. 增塑剂

增塑剂具有低蒸气压的低分子量固体或液体有机化合物，主要为酯类和酮类，与树脂混合不发生化学反应，仅能提高混合物弹性、黏性、可塑性、延伸率，改进低温脆性和增加柔性、抗振性等。增塑剂会降低塑料制品的机械性能和耐热性。

4. 添加剂

（1）着色剂一般为有机染料或无机颜料。要求色泽鲜明，着色力强，分散性好，耐热耐晒，与塑料结合牢靠。在成型加工温度下不变色、不起化学反应，不因加入着色剂而降低塑料性能。

（2）稳定剂是指为了稳定塑料制品质量，延长使用寿命而加入的添加剂。常用的稳定剂有硬脂酸盐、铅白、环氧化物。选择稳定剂一定要注意树脂的性质、加工条件和制品的用途等因素。

（3）润滑剂，分内、外润滑剂。内润滑剂是减少内摩擦，增加加工时的流动性。外润滑剂主要作用是为了脱模方便。

（4）固化剂又称硬化剂，其作用是在聚合物中生成横跨键，使分子交联，由受热可塑的线形结构，变成体形的热稳定结构。不同树脂的固化剂不同。

（5）抗静电剂。塑料制品电气性能优良，缺点是在加工和使用过程中由于摩擦而容易带有静电。掺加抗静电剂的根本作用是给予导电性，即使塑料表面形成连续相，以提高表面导电度，迅速放电，防止静电的积聚。应注意的是，要求电绝缘的塑料制品，不应进行防静电处理。

（6）其他添加剂。在塑料里加入金属微粒如银、铜等就可制成导电塑料。加入一些磁铁粉，就制成磁性塑料。加入特殊的化学发泡剂就可制成泡沫塑料。掺入放射性物质与发光物质，可制成发光塑料（冷光）。加入香醇类可制成发出香味的塑料。为了阻止塑料燃烧具有自熄性，还可加入阻燃剂。

塑料的品种很多，根据树脂在受热时所发生的变化不同可分为热塑性塑料和热固性塑料。热塑性塑料是指经加热成型，冷却硬化后，再经加热还具有可塑性的塑料，即塑化和硬化过程是可逆的，如聚乙烯、聚丙烯、聚氯乙烯、聚苯乙烯等都是热塑性塑料。热塑性塑料中树脂分子链都是线形或带支链的结构，分子链之间无化学键产生，加热时软化流动。冷却变硬的过程是物理变化。热固性塑料是指在初次加热时可以软化流动，加热到一定温度，产生化学反应，冷却硬化后，再经加热则不再软化和产生塑性的塑料，即塑化和硬化过程是不可逆的，如酚醛、环氧、不饱和聚酯以及有机硅等塑料。热固性塑料的树脂固化前是线形或带支链的，固化后分子链之间形成化学键，成为三度的网状结构，不仅不能再熔融，在溶剂中也不能溶解。

二、常用塑料品种

1. 聚氯乙烯塑料（PVC）

它是由氯乙烯单体聚合而成，其化学稳定性和抗老化性能好，但耐热性差，通常的使用温度为 60～80℃以下。根据增塑剂的掺量不同，可制得软、硬两种聚氯乙烯塑料。软聚氯乙烯塑料很柔软，有一定的弹性，可以作地面材料和装饰材料，可以作为门窗框及制成止水带，用于防水工程的变形缝处等。硬聚氯乙烯塑料有较高的机械性能和良好的耐腐蚀性能、耐油性和抗老化性，易焊接，可进行黏结加工，多用作百叶窗、各种板材、楼梯扶手、波形瓦、门窗框、地板砖、给水排水管等。

2. 聚甲基丙烯酸甲酯（PMMA）

聚甲基丙烯酸甲酯又称有机玻璃，是透光率最高的一种塑料（可达 92%），因此可代替玻璃。有机玻璃不易破碎，但其表面硬度比无机玻璃差，容易划伤。如果在树脂中加入颜料、稳定剂和填充料，可加工成各种色彩鲜艳、表面光洁的制品。有机玻璃机械强度较高、耐腐蚀性、耐气候性、抗寒性和绝缘性均较好，成型加工方便，缺点是质脆、不耐磨、价格较贵，可用来制作护墙板和广告牌。

3. 酚醛树脂

酚醛树脂是由苯酚和甲醛在酸性或碱性催化剂的作用下缩聚而成，多具有热固性，其优点是黏结强度高、耐光、耐热、耐腐蚀、电绝缘性好，但质脆。加入填料和固化剂后可制成酚醛塑料制品（俗称电木），此外还可做成压层板等。

4. 不饱和聚酯树脂（UP）

不饱和聚酯树脂是在激发剂作用下，由二元酸或二元醇制成的树脂与其他不饱和单体聚合而成。

5. 环氧树脂（EP）

环氧树脂是以多环氧氯丙烷和二烃基二苯基丙烷为主原料制成，是很好的黏合剂，其黏结作用较强，耐侵蚀性也较强，稳定性很高，在加入硬化剂之后，能与大多数材料胶合。

6. 聚乙烯（PE）

聚乙烯是乙烯经聚合制得的一种热塑性树脂。在工业上，也包括乙烯与少量 α-烯烃的共聚物。聚乙烯无臭、无毒，手感似蜡，具有优良的耐低温性能，化学稳定性好，能耐大多数酸碱的侵蚀。常温下不溶于一般溶剂，吸水性小，电绝缘性能优良。聚乙烯容易光氧化、热氧化、臭氧分解，在紫外线作用下容易发生降解，炭黑对聚乙烯有优异的光屏蔽作用。受辐射后可发生交联、断链、形成不饱和基团等反应。

7. 聚丙烯（PP）

聚丙烯为无毒、无臭、无味的乳白色高结晶的聚合物，密度小，是目前所有塑料中最轻的品种之一。聚丙烯的结晶度高，结构规整，因而具有优良的力学性能。聚丙烯力学性能的绝对值高于聚乙烯，但在塑料材料中仍属于偏低的品种，其拉伸强度仅可达到 30MPa 或稍高的水平。聚丙烯具有良好的耐热性，制品能在 100℃ 以上温度进行消毒灭菌，在不受外力的条件下，150℃ 也不变形。具有良好的电性能和高频绝缘性且不受湿度影响，但低温时变脆，不耐磨、易老化。

8. 聚苯乙烯（PS）

聚苯乙烯是一种透明的无定型热塑性塑料，其透光性能仅次于有机玻璃，优点是密度低、耐水、耐光、耐化学腐蚀性好，电绝缘性和低吸湿性极好，而且易于加工和染色；缺点是抗冲击性能差，脆性大，耐热性低。可用作百叶窗、隔热隔声泡沫板，可黏结纸、纤维、木材、大理石碎粒制成复合材料。

9. ABS 塑料

ABS 塑料是一种橡胶改性的 PS。不透明，呈浅象牙色，耐热，表面硬度高，尺寸稳定，耐化学腐蚀，电性能良好，易于成型和机械加工，表面还能镀铬。

10. 聚酰胺类塑料（尼龙或锦纶）

聚酰胺类塑料优点是坚韧耐磨，熔点较高，缺点是摩擦系数小，抗拉伸，但价格便宜。

11. 聚氨酯树脂（PU）

聚氨酯树脂是一种性能优异的热固性树脂，可以是软质的，也可以是硬质的。力学性能、耐老化性、耐热性都比较好。可作涂料和胶粘剂。

12. 玻璃纤维增强塑料

玻璃纤维增强塑料（GFRP 或 FRP）是一种以玻璃纤维增强不饱和聚酯、环氧树脂与酚醛树脂为基体材料的热固性塑料，俗称玻璃钢。玻璃纤维增强塑料的相对密度在 1.5～2.0 之间，只有碳钢的 1/5～1/4，但拉伸强度却接近甚至超过碳素钢，强度可以与高级合金钢媲美。某些环氧玻璃钢的拉伸、弯曲和压缩强度甚至能达到 400MPa 以上，比强度甚至高于钢材。玻璃钢具有耐腐蚀、电绝缘性能好、传热慢、热绝缘性好、耐瞬时超高温性能好，以及容易着色，能透过电磁波等特性，可设计性强，工艺性能优良，但是弹性模量小，长期耐温性差，层间剪切强度低。

三、塑料装饰制品

1. 塑料地板

塑料地板是发展最早、最快的建筑装修塑料制品，其装饰效果好，色彩图案不受限制，仿真，施工维护方便，耐磨性好，使用寿命长，具有隔热、隔声、隔潮的功能，脚感舒适暖和。塑料地板按其使用状态可分为块材（或地板砖）和卷材（或地板革）两种。按其材质可分为硬质、半硬质和软质（弹性）三种，软质地板多为卷材，硬质地板多为块材。我国目前主要生产半硬质地板，国外多生产弹性地板。按其基本原料可分为聚氯乙烯（PVC）塑料、聚乙烯（PE）塑料和聚丙烯（PP）塑料等数种。

2. 塑料壁纸

塑料壁纸是由基底材料（纸、麻、棉布、丝织物、玻璃纤维）涂以各种塑料，加入各种颜色经配色印花而成。塑料壁纸强度较好，耐水可洗，装饰效果好，施工方便，成本低，目前广泛用作内墙、天花板等的贴面材料。有普通壁纸（单色压花壁纸、印花压花壁纸、有光印花和平光印花墙纸）、发泡墙纸和特种墙纸等品种。

3. 贴墙布

无纺贴墙布：采用棉、麻等天然纤维或涤纶、腈纶等合成纤维，经过无纺成型、上树脂、印制彩色花纹而成的一种贴墙材料，其特点是挺括、有弹性、不易折断、不老化、不散失、对皮肤无刺激；黏结方便，具有一定的透气性和防潮性；可擦洗不褪色。

装饰墙布：以纯棉平布经过前处理、印花、涂层制作而成，其特点是强度大、静电小、蠕变小、无光、吸声、无毒、无味、美观大方。

化纤装饰贴墙布：化纤又称人造纤维。化纤装饰贴墙布无毒、无味、透气、防潮、耐磨、无分层。

4. 塑料装饰板材

塑料装饰板是以树脂材料为基材或为浸渍材料，经一定工艺制成的具有装饰功能的板材。塑料装饰板材主要用作护墙板、屋面板和平顶板，此外有夹芯层的夹芯板可用作非承重墙的墙体和隔断。塑料装饰板材重量轻，能减轻建筑物的自重。塑料护墙板可以具有各种形状的断面和立面，并可任意着色。

硬质聚氯乙烯建筑板材：其耐老化性好，具有自熄性，有波形板、异形板、格子板三种形式。波形板：包括具有各种圆弧形式或梯形断面的波形板，被用作屋面板和护墙板；异形板材：具有异形断面的长条板材，也称为波迭板或侧板，主要用作吊顶和墙板；格子板：具有立体图案的方形或矩形，用作吊顶和护墙板。

玻璃钢建筑板材：可制成各种断面的型材或格子板。与硬质聚氯乙烯板材相比，其抗冲击性能、抗弯强度、刚性都较好，此外它的耐热性、耐老化性也较好，热伸缩较小，其透光性相近。作屋面采光板时，室内光线较柔和。

夹层板：复合夹层板一般为泡沫塑料或矿棉等隔热材料，具有装饰性和隔声隔热等功能。用塑料与其他轻质材料复合制成的复合夹层墙，重量轻，是理想的轻板框架结构的墙体材料。

第十节 木材装饰制品

自古以来，木材就是人类重要的建筑材料之一，近年来，由于出现了许多新型建筑材料和为了保护森林资源，木材已由过去在土木工程中作结构材料转为装饰材料。木材装饰具有许多其他材料难以替代的性能和效果，因此在室内装饰中仍占有很重要地位。

一、木材的分类

木材可按其树的外形分为针叶树和阔叶树。针叶树树干笔直高大，纹理较直顺，材质均匀，较轻，易于加工，木质较软，又称软木。常用树种有杉木、松木、柏木等。

阔叶树通常树干较短，材质较硬，较重，纹理交织，易翘曲，开裂。常用树种有榆木、柞木、水曲柳等。

按木材的用途和加工的不同，可分为原条、原木、普通锯材和枕木等四类。原条指已去皮、根及树梢，但尚未加工成规定尺寸的木料；原木是由原条按一定尺寸加工成规定直径和长度的木材；普通锯材是指已加工锯解成材的木料；枕木是指按枕木端面和长度加工而成的木材。

二、木材的技术性质

木材质轻，表观密度约 $300 \sim 800kg/m^3$，密度约为 $1.55g/cm^3$，孔隙率约 $50\% \sim 80\%$。

木材是非匀质各向异性材料，其各个方向的强度是不一样的，顺纹抗拉强度和抗弯强度较高，横纹强度较低。木材的比强度较大，属质轻强度高的材料。木材弹性和韧性好，能承受较大的冲击荷载和振动作用。木材的导热系数小，导热系数一般为 $0.3W/(m \cdot K)$ 左右，具有良好的保温隔热性能。木材装饰性好，具有美丽的天然纹理和色彩。用作室内装饰或制作家具，给人以自然而高雅的美感，还能使室内空间产生温暖、亲切感。

当然，木材也有其缺点，如各向异性、膨胀变形大、易腐、易受白蚁等虫害破坏、天然疵病多等，但这些缺点，经采取适当措施，大多数还是可以克服的。

三、常用木材装饰制品

1. 木地板

木地板分为条木地板和拼花地板两种，其中条木地板有一定弹性、脚感舒适、木质感强，能调节室内空气温湿度，给人以温馨、舒适感。木地板是目前中、高级地面装饰材料。木地板应选用木纹美观，不易开裂变形，有适当硬度，耐朽，较耐磨的优质木材。木地板应经干燥、变形稳定后再加工制作。木地板原材料常用柚木、水曲柳、核桃木、檀木、橡木和柞木等制作。条状木地板宽度一般不超过120mm，板厚15～30mm。条木地板拼缝处可平头、企口或错口。铺装缝一般为工字缝。

2. 胶合板

胶合板按质量和使用胶料不同分为Ⅰ、Ⅱ、Ⅲ、Ⅳ四类。Ⅰ类为耐气候、耐沸煮，能在室内使用；Ⅱ类胶合板即耐水胶合板，能在冷水中浸泡或短时间热水浸泡，但不沸煮；Ⅲ类胶合板即耐潮胶合板，能耐短时间冷水浸泡；Ⅳ类胶合板即不耐潮胶合板，后三种胶合板主要在室内使用。按照表面加工分为砂光胶合板（板面经砂光机砂光）、刮光胶合板（表面经刮光机砂光）、预饰面胶合板（板面经过处理，使用时无须再修饰）和贴面胶合板（表面复贴装饰单板，如木纹纸、树脂胶膜或金属片材料）。

胶合板最大的特点是改变了木材的各向异性，材质均匀、吸湿变形小、幅面大、不易翘曲，而且有着美丽的花纹，是使用非常广泛的装饰板材之一。

3. 薄木贴面装饰板

薄木贴面装饰板是将具有美丽木纹和天然色调的珍贵树种加工成非常薄的装饰面。

薄木贴面装饰板按厚度分，可分为：厚薄木（厚度为 0.7～0.8mm）和微薄木（厚度为 0.2～0.3mm）。按制造方法分有旋切薄木和刨切薄木。

薄木贴面花纹美丽，材色悦目，具有自然的特点，可作高级建筑的室内墙、门、橱柜等饰面。

4. 木装饰线条

木装饰线条主要用于接合处、分界面、层次面、衔接口等收边封口材料。线条在室内装饰材料中起着平面构成和线形构成的重要角色，可起固定、连接和加强装饰饰面的作用。

木线条主要选用质硬、木质细、耐磨、黏结性好、可加工性好的木材，经干燥处理后用机械加工或手工加工而成。

木装饰线条的品种规格繁多，从材质上可分为杂木木线、水曲柳线、胡桃木线、柏木木线、榉木木线等；从功能上可分为压边线、压角线、墙腰线、柱角线、天花角线等；从款式上可分外凸式、内凸式、凸凹结合式、嵌槽式等。

木装饰线条可作为墙腰饰线、护壁板和勒角的压条线，门窗的镶边线等，增添室内古朴、高雅和亲切的美感。

5. 纤维板

纤维板是将树皮、刨花、树枝等废材经破碎浸泡、研磨成木浆，加入胶料，热压成型，干燥处理而成的人造板材，纤维板将木材的利用率由 60% 提高到 90%。纤维板按密度不同分为硬质纤维板（表观密度大于 800kg/m³）、中密度纤维板（表观密度大于 500kg/m³）、软质纤维板（表观密度小于 500kg/m³）。硬质纤维板表观密度大，强度高，是木材的优良代用材料。主要用作室内壁板、门板、地板、家具等。中密度纤维板主要用于隔断、隔墙和家具等；软质纤维板结构松软、强度低，但保温隔热和吸声好，主要用于吊顶和墙面吸声材料。

习题与复习思考题

1. 如何根据装饰部位要求选择装饰材料？

2. 建筑装饰石材的主要品种有哪些？各自的成分和性能如何？

3. 大理石一般不宜用于室外装饰，但汉白玉、艾叶青等有时却可用于室外装饰，为什么？

4. 建筑石膏制品一般加入什么纤维作为增强材料？这种纤维有何特性？

5. 地毯有哪些种类？各自有何性能特点？

6. 常用安全玻璃有哪些品种？各有何特性？

7. 陶、炻、瓷各有何特性？为什么外墙饰面砖用炻质而不选用陶质釉面砖？

8. 溶剂型、乳胶型和水性建筑涂料有何区别？性能如何？

9. 建筑装饰塑料具有哪些共性？使用应注意什么问题？

10. 木材胶合板是为何生产的？有什么特性？

11. 铝合金型材加工制作和施工中应注意什么问题？

第十一章　保温隔热材料和吸声材料

随着我国现代化建设的发展和人民生活水平的提高，舒适的建筑环境越来越成为人们生活的基本需求。保温隔热材料和吸声材料都是能够满足舒适的建筑环境要求的功能性建筑材料。建筑功能材料是赋予建筑物特殊功能的材料，因为特殊功能要求，如保温隔热、吸声、隔声、装饰、防火、防水等，难以用建筑结构材料来满足要求，需要采用特殊功能材料来实现人们对建筑物诸多使用功能的需求，故本章就主要的建筑功能材料进行介绍。

保温隔热材料和吸声材料的共同特点是：表观密度小，孔隙率大，孔径细小且分布均匀。保温隔热材料和吸声材料的主要区别在于其孔隙特征，保温隔热材料的孔隙特征是封闭且互不连通；吸声材料的孔隙特征是开口且互相连通。

建筑物采用适当的保温隔热材料，不仅能保温隔热，满足人们对舒适居住办公条件的要求，而且有着显著的节能效果；采用良好的吸声或隔声材料，可以减轻噪声污染的危害，保持室内良好的音响效果。在我国，这种需求日益迫切。因此，高层建筑、城市高架桥、城市轻轨铁路、高速公路等工程中均非常重视这类材料的开发与应用。

第一节　保温隔热材料

冬季气候寒冷，室内热量通过围护结构不断向室外散失，使室内气温降低；夏季气候炎热，室外热量通过围护结构不断向室内传入，使室内气温升高。为了能常年保持室内适宜的生活、工作气温，一方面设置采暖设备和空调设备，另一方面应提高建筑物围护结构的保温隔热能力。这就要求建筑物的外围结构必须具有一定的保温隔热性能。

在建筑工程中，用于控制室内热量向外散失的材料称为保温材料；防止室外热量传入室内的材料称为隔热材料。因为它们的功能本质是一样的，故统称为保温隔热材料，即对热流具有显著阻抗性的材料或材料复合体。

在建筑工程中，保温隔热材料主要用于住宅、生产车间、公共建筑的墙体和屋顶保温隔热，以及各种热工设备、采暖和空调管道的隔热与保温，在冷藏或冷冻设备中则大量用作隔热。在建筑物中合理选择应用保温隔热材料，能提高建筑物的保温隔热效能，更好地满足人们对建筑物的舒适性与健康性要求，保证正常的生产、工作和生活，能减少热损失，节能降耗，降低建筑造价及使用成本。据统计，具有良好的保温隔热功能的建筑，其能源可节省 25%～65%。因此，在建筑工程中，合理地使用保温隔热材料具有重要意义，促进绿色建筑的发展。

一、保温隔热材料的作用机理及影响因素

（一）保温隔热材料的作用机理

本质上热量是由组成物质的分子、原子和电子等，在物质内部的移动、转动和振动所产生的能量，即热能。在任何介质中，当两点之间存在温度差时，就会产生热能传递现

象，热能将由温度较高点传递至温度较低点。传热的基本方式有热传导、热对流和热辐射三种。通常情况下，传热过程中同时存在两种或三种传热方式，但因性能良好的保温隔热材料是多孔且封闭的，虽然在材料的孔隙内有空气，起着对流和辐射作用，但与热传导相比，热对流和热辐射所占的比例很小，故在热工计算时通常不予考虑，而主要考虑热传导。

1. 导热性

材料传导热量（热传导）的能力称为导热性。材料的导热性可用导热系数表示（见第一章中介绍）。

导热系数是材料的固有特性，导热系数与材料的物质组成、结构等有关，尤其是与其孔隙率、孔隙特征、湿度、温度和热流方向等有着密切关系，故不同的建筑材料具有不同的热物理性能，材料的保温隔热性能优劣主要由材料的热传导性能所决定，反映材料的热传导难易程度，衡量保温隔热性能优劣的主要指标是导热系数 $\lambda[W/(m \cdot K)]$。材料的导热系数越小，材料的热传导越难，通过材料传递的热量越少，材料的保温隔热性能越好。

工程中通常把导热系数小于 $0.23W/(m \cdot K)$ 的材料称为保温隔热材料。

2. 热容量

材料受热时吸收热量或冷却时放出热量的性质称为热容量，材料的热容量可用比热容表示（见第一章中介绍）。

比热容是衡量材料吸热或放热能力的物理量。比热容也是材料的固有特性，材料的比热容主要取决于矿物成分和有机成分含量，一般无机材料的比热容小于有机材料。不同的材料比热容不同，即使是同一种材料，由于所处的物态不同，比热容也不同，例如，水的比热容为 $4.19kJ/(kg \cdot K)$，而水结冰后的比热容则是 $2.05kJ/(kg \cdot K)$。

材料的比热容，对保持建筑物内部温度稳定有很大作用，比热容大的材料，能够在热流变动或采暖设备供热不均匀时，缓和室内的温度波动。

反映材料热工性能的热物理指标还有导温系数、传热系数、蓄热系数、热阻、热惰性等（见第一章中介绍）。导热系数和比热容是设计建筑物围护结构（墙体、屋盖）时进行热工计算的重要参数，设计时应选用导热系数较小而比热容较大的建筑材料，有利于保持建筑物室内温度的稳定性。同时，导热系数也是工业窑炉热工计算和确定冷藏保温隔热层厚度的重要参数。

（二）影响保温隔热性能的主要因素

1. 材料的化学成分及分子结构。材料的化学成分及分子结构不同，其导热系数也不同。一般来说，导热系数以金属最大，非金属次之，液体再次，气体最小。对于同一种材料，其分子结构不同，导热系数也有很大的差异，一般地，结晶体结构的最大，微晶体结构的次之，玻璃体结构的最小，如在 0℃时晶体二氧化硅的导热系数是 $8.97W/(m \cdot K)$，而玻璃体二氧化硅的导热系数是 $1.38W/(m \cdot K)$。因此，可以采取改变分子结构的方式得到具有较低导热系数的材料。但是对于保温隔热材料来说，由于孔隙率很大，颗粒或纤维之间充满的气体（空气），对导热系数起主要作用，而固体部分的结构无论是晶体还是玻璃体，对导热系数的影响均减小。

2. 孔隙率与孔隙特征。材料中固体物质的热传导能力比空气大得多，对于含有孔隙的材料，其导热系数取决于材料的孔隙率与孔隙特征。由于封闭孔隙的导热系数［约为

$0.023W/(m \cdot K)$]比连通孔隙的要小,因此,通常情况下材料的孔隙率越大(表观密度越小)、封闭孔隙越多,其导热系数越小,保温隔热性能越好;材料的孔隙率相同时,封闭孔隙的孔径越细小、分布越均匀,其导热系数越小,保温隔热性能越好。对于纤维状材料,当纤维之间压实至某一表观密度时,其导热系数最小,此表观密度称为最佳表观密度。当纤维材料的表观密度小于最佳表观密度时,其导热系数反而增大,这是由于孔隙增大且相互连通,引起空气对流的结果。

3. 材料的含水率。材料吸湿受潮后,其导热系数增大,这在多孔材料中最为明显。这是由于水的导热系数[约为 $0.581W/(m \cdot K)$]远大于封闭空气的导热系数(近 25倍)。当保温隔热材料吸水结冰时,其导热系数更大,因为冰的导热系数[约为 $2.326W/(m \cdot K)$]远大于水的导热系数。因此,保温隔热材料应特别注意防水防潮。

对于高吸湿性材料来说,除了吸湿降低保温隔热性能以外,蒸汽渗透是值得注意的问题。水蒸气能从温度较高的一侧渗入材料,当水蒸气在材料孔隙中聚积达到最大饱和度时就凝结成水,从而使温度较低的一侧表面出现冷凝水滴,这不仅大大提高了材料的导热性,而且还会降低材料的强度和耐久性。防止冷凝水的常用方法是在可能出现冷凝水的界面上,用沥青卷材、铝箔或塑料薄膜等憎水性材料加做蒸汽隔层。

4. 材料的温度。材料的导热系数随温度的升高而增大,因为温度升高时,材料固体物质的热运动增强,同时材料孔隙中空气的导热和孔壁间的辐射作用也有所增加。但是,在 $0 \sim 50℃$ 温度范围内这种影响并不显著,只有对处于高温或零度以下的材料,需要考虑温度的影响。

5. 热流方向。对于各向异性材料,如木材等纤维质材料,当热流与纤维方向平行时,热流受到的阻力小,故导热系数大,而热流垂直于纤维方向时,热流受到的阻力大,故导热系数小。以松木为例,当热流垂直于纤维方向时,导热系数为 $0.17W/(m \cdot K)$;而当热流平行于纤维方向时,则导热系数为 $0.35W/(m \cdot K)$。

在上述各种因素中,对材料的保温隔热性能影响最大的是表观密度和湿度。因而在测定材料的导热系数时,必须测定其表观密度。至于湿度,对多数保温隔热材料通常可取空气相对湿度为 $80\% \sim 85\%$ 时材料的平衡湿度(平衡相对湿度)作为参考值,应尽可能在这种相对湿度条件下测定材料的导热系数。

二、常用保温隔热材料

保温隔热材料的分类方法很多,按材质可分为有机类、无机类和复合类;按结构状态可分为纤维状、颗粒状、多孔状和层状;按结构构造可分为固体基质连续气孔不连续、固体基质不连续气孔连续、固体基质气孔均连续;按使用温度可分为低温、中温、高温。通常保温隔热材料可制成板材、片材、卷材或管壳等多种形式的制品。一般来说,无机保温隔热材料的表观密度较大,但是不易腐朽,不易燃烧,有的耐高温。有机保温隔热材料则表观密度较小,保温隔热性能良好,但是耐热、耐火性较差。

保温隔热材料的品种很多,现将建筑工程中常用的保温隔热材料简介如下。

(一)纤维状保温隔热材料

纤维状保温隔热材料是以矿棉、石棉、玻璃棉及植物纤维等为主要原料,制成板、筒、毡等形状的制品,广泛用于住宅建筑和热工设备、管道等保温隔热。这类保温隔热材料通常也是良好的吸声材料。

1. 石棉制品。石棉是一种天然矿物纤维，主要化学成分是含水硅酸镁，具有耐火、耐热、耐酸碱、防腐及绝缘等特性。通常制成石棉粉、石棉纸板、石棉毡等制品。由于石棉中的粉尘对人体有害，因此民用建筑中已很少使用，目前主要用于工业建筑的隔热、保温及防火覆盖等。

2. 矿棉制品。矿棉一般包括矿渣棉和岩石棉。矿渣棉所用原料有高炉硬矿渣、铜矿渣等，并加入一些调节原料（钙质和硅质原料）；岩石棉的主要原料为天然岩石（白云石、花岗岩或玄武岩等）。上述原料经熔融后，用喷吹法或离心法制成细纤维。矿棉具有轻质、不燃和绝缘等性能，且原料来源广，成本较低。可制成矿棉板、矿棉毡及管壳等。可用作建筑物的墙壁、屋顶、天花板等的保温隔热材料和吸声材料，以及热力管道的保温材料。

3. 玻璃棉制品。玻璃棉是用玻璃原料或碎玻璃经熔融后制成的纤维材料，包括短棉和超细棉两种。短棉的表观密度为 $40\sim150kg/m^3$，导热系数为 $0.035\sim0.058W/(m \cdot K)$，价格与矿棉相近。可制成沥青玻璃棉毡、板及酚醛玻璃棉毡、板等制品，广泛用于温度较低的热力设备和房屋建筑中的保温隔热，同时它还是良好的吸声材料。超细棉纤维直径在 $4\mu m$ 左右，表观密度可小至 $18kg/m^3$，导热系数为 $0.028\sim0.037W/(m \cdot K)$，具有优良的保温隔热性能。

4. 植物纤维复合板。植物纤维复合板是以植物纤维为主要材料加入胶结料和填加料而制成。其表观密度为 $200\sim1200kg/m^3$，导热系数为 $0.058W/(m \cdot K)$ 左右，可用于墙体、地板、顶棚等，也可用于冷藏库、包装箱等。

木质纤维板是以木材下脚料经机械加工制得的木丝，加入硅酸钠溶液及普通硅酸盐水泥，经搅拌、成型、冷压、养护、干燥而制成。甘蔗板是以甘蔗渣为原料，经过蒸制、加压、干燥等工序制成的一种轻质、吸声、保温隔热的材料。

5. 陶瓷纤维制品。陶瓷纤维是以氧化硅、氧化铝为主要原料，经高温熔融、蒸汽（或压缩空气）喷吹或离心喷吹（或溶液纺丝再经烧结）而制成，表观密度为 $140\sim150kg/m^3$，导热系数为 $0.116\sim0.186W/(m \cdot K)$，最高使用温度为 $1100\sim1350℃$，耐火度大于等于 $1770℃$，可加工成毡、毯、带、绳等制品，供高温环境中保温隔热或吸声之用。

（二）散粒状保温隔热材料

1. 膨胀蛭石制品。蛭石是一种天然矿物，经 $850\sim1000℃$ 煅烧，体积急剧膨胀，单颗粒体积膨胀约 20 倍。

膨胀蛭石的主要特性是：表观密度为 $80\sim900kg/m^3$，导热系数为 $0.046\sim0.070W/(m \cdot K)$，可在 $1000\sim1100℃$ 温度下使用，不蛀、不腐，但是吸水性较大。膨胀蛭石可以松散状铺设于墙壁、楼板、屋面等夹层中，作为保温隔热、吸声之用。使用时应注意防潮，以免吸水后影响保温隔热效果。

膨胀蛭石也可以与水泥、水玻璃等胶凝材料配合制成板材，用于墙、楼板和屋面板的保温隔热。水泥膨胀蛭石制品通常用 10%～15% 体积的水泥、85%～90% 体积的膨胀蛭石和适量的水，经拌合、成型、养护而制成，表观密度为 $300\sim550kg/m^3$，相应的导热系数为 $0.08\sim0.10W/(m \cdot K)$，抗压强度为 $0.2\sim1.0MPa$，耐热温度为 $600℃$。水玻璃膨胀蛭石制品是以膨胀蛭石、水玻璃和适量氟硅酸钠（Na_2SiF_6）配制而成，表观密度为 $300\sim550kg/m^3$，相应的导热系数为 $0.079\sim0.084W/(m \cdot K)$，抗压强度为 $0.35\sim$

0.65MPa，最高耐热温度可达 900℃。

2. 膨胀珍珠岩制品。膨胀珍珠岩是由天然珍珠岩煅烧而成，呈蜂窝泡沫状的白色或灰白色颗粒，是一种高效能的保温隔热材料。堆积密度为 $40 \sim 500 \mathrm{kg/m^3}$，导热系数为 $0.047 \sim 0.070 \mathrm{W/(m \cdot K)}$，最高使用温度可达 800℃，最低使用温度为 -200℃。具有吸湿小、无毒、不燃、抗菌、耐腐等特点。

膨胀珍珠岩制品是以膨胀珍珠岩为主，配合适量胶结材料（水泥、水玻璃、磷酸盐、沥青等），经拌合、成型、养护（或干燥，或固化）制成板、块、管壳等制品。广泛用作围护结构、低温及超低温保冷设备、热工设备的保温隔热材料，也可制作吸声材料。

（三）无机多孔保温隔热材料

1. 微孔硅酸钙制品。微孔硅酸钙制品是用粉状二氧化硅（硅藻土）、石灰、纤维增强材料及水等，经搅拌、成型、蒸压处理和干燥等工序制成。微孔硅酸钙制品的主要成分是水化硅酸钙，经水热合成的水化硅酸钙具有两种不同的结晶：雪硅钙石型的表观密度约为 $200 \mathrm{kg/m^3}$，导热系数为 $0.047 \mathrm{W/(m \cdot K)}$，最高使用温度约为 650℃；硬硅钙石型的表观密度约为 $230 \mathrm{kg/m^3}$，导热系数为 $0.056 \mathrm{W/(m \cdot K)}$，最高使用温度可达 1000℃。用于围护结构及管道保温，其效果比水泥膨胀珍珠岩和水泥膨胀蛭石更好。

2. 泡沫玻璃制品。泡沫玻璃又称多孔玻璃。泡沫玻璃制品是由玻璃粉和发泡剂等经配料烧制而成，主要成分为二氧化硅。气孔率为 80%～95%，气孔直径为 0.1～5.0mm，而且有大量的封闭小气泡，表观密度为 $150 \sim 600 \mathrm{kg/m^3}$，导热系数为 $0.058 \sim 0.128 \mathrm{W/(m \cdot K)}$，抗压强度为 0.8～15.0MPa。采用普通玻璃粉制成的泡沫玻璃最高使用温度为 300～400℃，采用无碱玻璃粉生产时，最高使用温度可达 800～1000℃，耐久性好，易加工，可用于各种保温隔热。

3. 泡沫混凝土制品。泡沫混凝土是由水泥、水、松香泡沫剂配合，经搅拌、成型、养护而制成的多孔、轻质的材料。也可用粉煤灰、矿粉、石灰、石膏和泡沫剂制成泡沫混凝土。泡沫混凝土的表观密度为 $300 \sim 500 \mathrm{kg/m^3}$，导热系数为 $0.082 \sim 0.186 \mathrm{W/(m \cdot K)}$。

4. 加气混凝土制品。加气混凝土是由水泥、石灰、粉煤灰和发泡剂（铝粉）配制而成的多孔、轻质材料。由于加气混凝土的表观密度小（$300 \sim 800 \mathrm{kg/m^3}$），导热系数为 $0.10 \sim 0.20 \mathrm{W/(m \cdot K)}$，只有烧结普通砖的几分之一，因而 24cm 厚的加气混凝土墙体，其保温隔热效果优于 37cm 厚的烧结普通砖墙体。此外，加气混凝土的耐火性能良好。

5. 发泡陶瓷保温板。发泡陶瓷保温板是以陶土尾矿、陶瓷碎片、河道淤泥、掺合料等作为主要原料，采用先进的生产工艺和发泡技术，经 1200℃以上高温煅烧而成的高闭孔气孔率的材料。发泡陶瓷保温板的导热系数小 [$0.08 \sim 0.10 \mathrm{W/(m \cdot K)}$]；吸水率低（≤8%）；防火阻燃性能好，燃烧性能为 A1 级；与水泥砂浆、混凝土等相容性好，双面粉刷无机界面剂后与水泥砂浆拉伸粘接强度可达到 0.2MPa 以上；热胀冷缩时不易开裂、不易变形；抗老化性能好，耐久性能好；生态环保性好。

发泡陶瓷保温板与基层和抹面层相容性好，安全稳固性好，可与建筑物同寿命，故适用于建筑外墙保温，防火隔离带，建筑自保温冷热桥处理等。更重要的是防火等级为 A1 级，克服了有机材料怕明火、易老化的弱点。

（四）泡沫塑料保温隔热材料

泡沫塑料是以各种树脂为基料，加入一定剂量的发泡剂、催化剂、稳定剂等辅助材料，经加热发泡制成的多孔、轻质材料，具有良好的保温隔热、吸声、抗震等性能。

1. 聚氨酯泡沫塑料（PU）制品。聚氨酯泡沫塑料是把含有羟基的聚醚或聚酯树脂与异氰酸酯反应构成聚氨酯主体，并由异氰酸酯与水反应生成的二氧化碳或用发泡剂发泡，内部含有大量小气孔的材料。可分为软质、半硬质和硬质三类。硬质聚氨酯泡沫塑料，表观密度为 $24\sim80kg/m^3$，导热系数为 $0.017\sim0.027W/(m\cdot K)$，常用于建筑工程。

2. 聚苯乙烯泡沫塑料制品。聚苯乙烯泡沫塑料是以聚苯乙烯树脂为基料，加入发泡剂等辅助材料，经加热发泡制成的轻质材料。按成型工艺不同，可分为模塑型（EPS）和挤塑型（XPS）。模塑型自重轻，表观密度为 $15\sim60kg/m^3$，导热系数一般小于 $0.041W/(m\cdot K)$，而且价格适中，已成为目前使用最广泛的保温隔热材料，但是其体积吸水率较大，受潮后导热系数明显增大，而且耐热性能较差，长期使用温度应低于 $75℃$。挤塑型的孔隙呈微小封闭结构，因此具有强度较高、压缩性好、导热系数更小［常温下导热系数一般小于 $0.027W/(m\cdot K)$］，吸水率低、水蒸气渗透系数小等特点。长期在高湿度或浸水环境中使用，仍能保持良好的保温性能。

此外，还有聚乙烯泡沫塑料（PE）、聚氯乙烯泡沫塑料、酚醛泡沫塑料（PF）、脲醛泡沫塑料等保温隔热材料。这类材料可用于各种复合墙板及屋面板的夹芯层、冷藏及包装的保温隔热。由于这类材料造价较高，且可燃，因此目前在实际工程应用上受到一定限制，今后随着这类材料性能的改善，将向着高效、多功能方向发展。

（五）其他保温隔热材料

1. 软木板制品。软木也称栓木。软木板是用栓皮、栎树皮或黄菠萝树皮为原料，经破碎后与皮胶溶液拌合，再加压成型，在温度为 $80℃$ 的干燥室中干燥一昼夜而制成。软木板具有表观密度小、导热性低、抗渗和防腐性能好等特点。常用热沥青错缝粘贴，用于冷藏库的隔热。

2. 蜂窝板制品。蜂窝板是用两块较薄的面板，牢固地黏结在一层较厚的蜂窝状芯材两面制成的板材，亦称蜂窝夹层结构。蜂窝状芯材是用浸渍过合成树脂（酚醛、聚酯等）的牛皮纸、玻璃布和铝片等，经过加工黏合成六角形空腹（蜂窝状）的整块芯材。芯材厚度 $15\sim450mm$，空腔尺寸 $10mm$ 以上。常用的面板为浸渍过树脂的牛皮纸、玻璃布或未经树脂浸渍的胶合板、纤维板、石膏板等。面板必须用合适的胶粘剂与芯材牢固地黏结在一起，才能显示蜂窝板的优异特性，即具有比强度高、导热性低、抗震性好等多种功能。

3. 窗用薄膜制品。薄膜是以聚酯薄膜经紫外线吸收剂处理后，在真空条件下蒸镀金属粒子沉积层，然后与一层有色透明的塑料薄膜压黏而成。厚度为 $12\sim50\mu m$，常用于建筑物窗玻璃的保温隔热，其效果与热反射玻璃相同。作用原理是将透过玻璃的大部分太阳光反射出去，反射率最高可达 80%，从而起到遮蔽阳光、防止室内陈设物褪色、减少冬季热量损失、增加美感等作用，同时可以避免玻璃片伤人。

三、选用保温隔热材料的基本要求及原则

1. 选用保温隔热材料的基本要求

选用保温隔热材料时，应满足的基本要求是：导热系数不宜大于 $0.23W/(m\cdot K)$，表观密度应小于 $1000kg/m^3$，抗压强度应大于 $0.3MPa$。

2. 选用保温隔热材料的原则

（1）满足温度条件。应根据当地历年的最高气温、最低气温决定。

（2）导热系数小。在满足保温隔热效果的条件下，优先选用导热系数较小的。

（3）表观密度小。在满足保温隔热效果的条件下，选用表观密度小的可显著减轻自重，方便施工，性价比高。

（4）强度足够。通常把保温隔热材料层与承重结构材料层复合使用，所以应具有足够的强度，能承受一定的荷载并能抵抗外力撞击。

（5）吸水率小。避免吸水增大导热系数，降低节能指标。

（6）阻燃性高。防火要求高的区域，优先选用满足规定要求的阻燃型材料。

（7）化学稳定性好。不应被化工气体等腐蚀。

（8）施工维修方便。应施工、维修方便，易保证使用效果。

（9）使用寿命长。复杂而长期的环境作用下，具有良好的抗老化性能，保证节能效果和使用寿命。

四、常用保温隔热材料的技术性能

常用保温隔热材料的热工性能参数及用途，如表 11-1。

常用保温隔热材料的热工性能参数及用途   表 11-1

材料名称	干表观密度 （kg/m³）	强度 （MPa）	导热系数 ［W/（m·K）］	最高使用 温度（℃）	用　　途
超细玻璃棉毡	20～40	$f_t=0.1～0.3$	0.024～0.050	300～400	墙体、屋面、冷藏库等
纳米二氧化硅保温毡	215		0.018	≤600	用于建筑保温层等
交联聚乙烯垫	35		0.038		用于建筑保温层等
沥青玻璃纤维制品	100～150		0.030～0.041	250～300	墙体、屋面、冷藏库等
矿棉纤维	70～130		0.030～0.060	≤600	填充材料
岩棉纤维	80～150		0.035～0.070	250～700	填充墙、屋面、管道等
矿棉、岩棉、玻璃棉板	80～200	$f_t>0.15$	0.045～0.048	≤600	墙体、屋面保温隔热等
膨胀珍珠岩	40～300		常温 0.021～0.076 低温 0.026～0.033	≤800 （-200）	高效保温保冷填充材料
膨胀珍珠岩板	250～350	$f_c=0.4～0.9$	0.078～0.085		墙体、屋面保温隔热等
憎水性珍珠岩板	250～400	$f_c=0.4～0.9$	0.078～0.120		屋面保温层等
水泥膨胀珍珠岩制品	300～800	$f_c=0.5～6.0$	常温 0.050～0.150 低温 0.070～0.120	≤600 （-150）	保温隔热用
沥青膨胀珍珠岩制品	300～500	$f_c=0.2～1.2$	0.080～0.120		用于常温及负温
水玻璃膨胀珍珠岩制品	200～300	$f_c=0.6～1.2$	0.048～0.093	≤650	保温隔热用
膨胀蛭石	80～300		0.047～0.140	1000	填充材料
水泥膨胀蛭石制品	300～500	$f_c=0.2～1.2$	0.065～0.140	≤600	保温隔热用
泡沫玻璃	140～600	$f_c=0.8～1.5$	0.050～0.110	300～500	墙体、屋面保温隔热
泡沫混凝土	300～500	$f_c≥0.4$	0.070～0.190	≤600	围护结构
加气混凝土	300～700	$f_c≥0.4$	0.080～0.220	≤600	墙体、屋面保温隔热
陶粒混凝土	1300～1400		0.420～0.490		屋面、楼板保温层等

材料名称	干表观密度 （kg/m³）	强度 （MPa）	导热系数 ［W/（m·K）］	最高使用 温度（℃）	用 途
模塑聚苯乙烯泡沫塑料	15～60	f_v=0.06～0.4	0.027～0.045	−80～75	墙体、屋面保温隔热等
挤塑聚苯乙烯泡沫塑料	15～50	f_v=0.15～0.5	0.027～0.035	−80～75	墙体、屋面保温隔热等
聚氨酯硬泡沫塑料	24～50	f_v=0.1～0.15	0.018～0.033	≤120(−60)	墙体、屋面保温层、 冷藏库保温隔热
聚氯乙烯泡沫塑料	72～120	f_c≥0.18	0.031～0.048	≤80	墙体、屋面保温、 冷藏库保温隔热
脲醛泡沫塑料	10～20	f_c=0.015～ 0.025	≤0.041	−150～500	墙体保温、冷藏库保温 隔热填充材料
聚乙烯泡沫塑料	100		0.047		墙体保温、冷藏库保温 隔热填充材料
机械发泡酚醛泡沫塑料	12～66	f_c≥0.1	0.025～0.045	−150～150	工业与建筑保温隔热
化学发泡酚醛泡沫塑料	44～72	f_c≥0.1	0.029～0.042	−150～150	工业与建筑保温隔热
聚苯颗粒保温浆料	230～250		≤0.060		墙体、屋面保温隔热等
海泡石保温砂浆	280～300		≤0.060		墙体保温隔热等
聚合物保温砂浆	300～750		≤0.110		墙体保温隔热等
无机轻集料保温砂浆	650～750		0.120～0.150		用于建筑保温层等
喷涂硬泡聚氨酯	45		0.027		用于建筑保温层等
硬泡聚氨酯板	35		0.024		用于建筑保温层等
硬泡聚氨酯复合板	40		0.026		用于建筑保温层等
挤塑聚苯板	15～40	f_c=0.06～0.5	0.030～0.041	≤75	墙体、屋面保温隔热等
膨胀聚苯板	18～22	f_c=0.06～0.5	0.030～0.041	≤75	墙体、屋面保温隔热等
水泥聚苯板	250～300		0.070～0.090		墙体、屋面保温隔热层
石棉水泥隔热板	500	f_c>0.3	0.160	≤650	围护结构及管道保温
纤维增强水泥板	1800		0.520		用于建筑楼板保温层等
轻质钙塑板	100～150	f_c=0.1～0.3 f_t=0.7～1.1	0.040～0.049	≤80	保温隔热兼防水性能， 并具有装饰性能
木丝板	300～600	f_v=0.4～0.5	0.072～0.130	≤75	顶棚、隔墙板、护墙板
软质纤维板	300～350	f_v=0.1～0.2	0.035～0.045	≤75	顶棚、隔墙板、护墙板
芦苇板	250～400		0.093～0.130		顶棚、隔墙板
软木板	105～300	f_v=0.15～2.5	0.050～0.093	≤120	用于保温隔热结构
石膏板	900～1050		0.200～0.330		墙体、楼板保温层等
实木地板	700		0.170		用于楼板保温层等
强化复合木地板	600		0.170		用于楼板保温层等
细木工板	600		0.230		用于楼板保温层等
发泡陶瓷保温板	≤280	f_c≥0.4 f_t≥0.25	≤0.1	≤1300	保温、隔热、防火等

第二节 吸声材料

建筑声学材料通常分为吸声材料和隔声材料，其中吸声材料无疑是最主要的建筑声学材料，应用最为广泛。

吸声材料主要用在音乐厅、会议室、礼堂、影剧院、体育馆的墙面、地面、顶棚等部位，一方面控制和降低噪声干扰，另一方面可以达到改善厅堂音质、消除回声和颤动回声等。吸声材料还用于纺织车间、球磨车间等噪声很大的工厂车间，吸收一部分噪声，降低噪声强度，有利于工人身心健康。

一、吸声材料的吸声机理

从物理学的观点来讲，声音实际上是一种机械波，是机械振动在介质中的传播，所以也是声波。受作用的空气发生振动，当频率在 20～20000Hz（人耳正常听觉频率范围）范围时，作用于人耳鼓膜而产生的听觉成为声音。声源则是受到外力作用而产生振动的物体。声波传播的过程是振动能量在传媒介质中的传递，按传媒介质不同，声音可分为空气声、水声和固体声。声音沿发射的方向最响，称为声音的方向性。

声音在传播过程中，一部分声能随着距离的增大而扩散，另一部分声能则因空气分子的吸收而减弱。声能的这种减弱现象，在室外空旷处颇为明显，但是在室内如果房间的空间并不大时，上述的这种声能减弱不起主要作用，而重要的是室内墙壁、天花板、地板等材料表面对声能的吸收。

任何材料都对入射声波产生反射、透射和吸收，但是三者比例不同。当声波遇到材料时，一部分声能被反射，一部分声能穿透材料，其余的声能转化为热能而被材料吸收。吸声机理是声波进入材料内部互相连通的微小孔隙，受到空气分子及孔壁的摩擦和黏滞阻力，以及细小纤维作机械振动，从而使声能转化为热能。

吸声系数是评定材料吸声性能的主要指标，即被材料吸收的声能 E（包括部分穿透材料的声能在内）与入射声能 E_0 之比，用公式表示如下：

$$a = \frac{E}{E_0} \tag{11-1}$$

假如入射声能的 60% 被吸收，40% 被反射，则该材料的吸声系数 a 等于 0.6。当入射声能 100% 被吸收而无反射时，吸声系数等于 1。当门窗开启时，吸声系数相当于 1。一般材料的吸声系数在 0～1 之间。

材料的吸声性能除了与材料本身的性质、厚度及表面状况（有无空气层及空气层的厚度）有关外，还与声波的入射角度及频率有关。因此，吸声系数用声音从各个方向入射的平均值表示，并应指出是对哪一频率的吸收。同一种材料，对于高频、中频、低频声波的吸声系数不同，有些材料对高频声波的吸收效果好，而对低频声波的吸收则很弱，或者正好相反。一般认为，500Hz 以下为低频，500～2000Hz 为中频，2000Hz 以上为高频，人类语言的声波频率范围主要集中在中频。为了全面反映材料的吸声性能，规定取 125Hz、250Hz、500Hz、1000Hz、2000Hz、4000Hz 等 6 个频率的吸声系数来表示材料的吸声特性。例如，材料对某一频率的吸声系数为 a，材料的面积为 A，则吸声总量等于 aA（吸声单位）。任何材料都能吸收声音，只是吸收程度不同。通常将上述 6 个频率的平均吸声系数 $\bar{a}$ 大于 0.2 的材料，认为是吸声材料。吸声材料大多为疏松多孔结构的材料，如矿渣棉、毯子等。多孔性吸声材料的吸声系数，一般从低频到高频逐渐增大，故对高频和中频的吸声效果较好。

二、吸声材料的吸声结构

一般来讲，坚硬、光滑、结构紧密和表观密度大的材料吸声能力弱，反射能力强；粗糙松软、含有大量内外连通微孔的多孔性材料吸声能力强，反射能力弱。

按照材料的结构特征和吸声机理，吸声材料通常分为如下几大类：

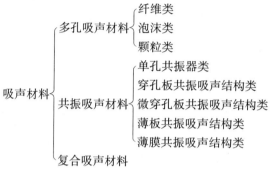

常用的吸声结构有如下几种。

1. 多孔结构

多孔性结构吸声材料是常用的一种吸声材料，它具有良好的中高频吸声性能。多孔性吸声材料含有大量的内外连通微孔，通气性良好。当声波入射到材料表面时，声波很快地顺着微孔进入材料内部，引起孔隙内的空气振动，由于摩擦、空气黏滞阻力和材料内部的热传导作用，相当一部分声能转化为热能而被吸收（消耗）。

影响多孔材料吸声性能的主要因素：

（1）孔隙率与孔隙特征。孔隙率越大（表观密度越小）、连通且微小孔隙越多，吸声性能越好；孔隙率相同时，连通孔隙的孔径越细小、分布越均匀，吸声性能越好。当材料吸湿或表面喷涂油漆、孔隙充水或堵塞，会大大降低吸声材料的吸声效果。

（2）表观密度。表观密度增大，意味着微孔减小，使低频吸声效果有所提高，但高频吸声性能却下降。

（3）材料厚度。低频吸声系数，一般随着材料厚度的增加而提高，但厚度对高频的影响不显著。材料厚度增加到一定程度后，吸声效果的变化不明显。所以，不应为提高吸声效果而盲目增加材料厚度。

（4）背后空气层。大部分吸声材料都固定在龙骨上，材料背后空气层的作用相当于增加了材料厚度，吸声效果一般随着空气层厚度的增加而提高。当材料背后空气层厚度等于 1/4 波长的奇数倍时，可获得最大的吸声系数，根据这个原理，调整材料背后空气层厚度，可以提高吸声效果。

2. 薄板共振结构

由于低频声波比高频声波更容易激起薄板共振，所以薄板共振吸声结构具有吸收低频声波的特性，同时还有助声波的扩散。建筑工程中常用胶合板、薄木板、硬质纤维板、石膏板、石棉水泥板或金属板等薄板，固定在墙壁或顶棚的龙骨上，并在背后留有空气层，构成薄板共振吸声结构。

薄板共振结构在声波的交变压力作用下，迫使薄板振动，使声能转变为机械振动而消耗声能，起到吸声作用。当声频正好为振动系统的共振频率时，其振动最强烈，吸声效果最显著。建筑工程中常用的薄板共振吸声结构的共振频率在 80～300Hz 之间，在此共振频率的吸声系数最大（0.2～0.5），而其他共振频率的吸声系数较低。

3. 微穿孔板共振结构

微穿孔板共振吸声结构是由密闭的空腔和较小的开口孔隙组成，像个瓶子。当瓶腔内空气受到外力激荡，会按一定的频率振动，这就是共振吸声器。每个独立的共振吸声器都有一个共振频率，在其共振频率附近，由于颈部空气分子在声波的作用下像活塞一样进行往复运动，因摩擦而消耗声能。若在腔口蒙一层细布或疏松的棉絮，可以加宽共振频率范围，提高吸声效果。

4. 穿孔板共振结构

穿孔板共振吸声结构具有吸收中频声波的特性。这种吸声结构与单独的共振吸声器相似，可以看作是多个单独共振吸声器的并联。穿孔板的厚度、穿孔率、孔径、孔距、背后空气层厚度以及是否填充多孔材料等，都直接影响其吸声性能。建筑工程中普遍使用穿孔的胶合板、硬质纤维板、石膏板、石棉水泥板、铝合板、薄钢板等，固定在龙骨上，并在背后设置空气层。

5. 泡沫结构

具有密闭气孔和一定弹性的材料，如聚氯乙烯泡沫塑料，表面多孔，内含密闭气孔，声波引起的空气振动不是直接传递至材料内部，只能相应的产生振动，在振动过程中由于克服材料内部的摩擦而消耗声能，造成声波衰减。这种吸声结构的吸声特性是在一定的频率范围内出现一个或多个吸收频率。

6. 悬挂空间结构

悬挂于空间的吸声体，由于声波与吸声材料的两个或两个以上的表面接触，增加了有效的吸声面积，产生边缘效应，加上声波的衍射作用，大大提高吸声效果。实际应用时，可根据不同的使用部位和要求，设计成各种结构形式的悬挂空间吸声结构。空间吸声体有平板形、球形、椭圆形、棱锥形等多种结构形式。

7. 帘幕结构

帘幕吸声结构是用具有透气性能的纺织品，安装在离开墙面或窗洞一段距离处，背后设置空气层。这种吸声体对中、高频都有一定的吸声效果。帘幕的吸声效果还与所用的材料种类有关。帘幕吸声体安装、拆卸方便，并可兼有装饰作用，应用性价比高。

三、吸声材料的选用和安装时注意事项

为了保持室内声音清晰且不失真等良好的音质，在教室、礼堂和影剧院等室内应当采用吸声材料。根据建筑物使用功能的不同，声学设计的要求不同，对吸声材料（结构）的要求也不同，对不同频率的噪声选用不同的吸声材料。

对大多数室内环境来说，吸声材料（结构）不但要具备吸声、隔声或声反射的功能，通常还要兼有室内装饰的功能，同时，要考虑吸声材料（结构）的耐久性、性价比以及与建筑结构的相容性等。

选用和安装吸声材料时，应注意以下几点：

1．在音频范围内尽可能选用吸声系数较高的材料，以便节约材料用量，降低成本。

2．选用的吸声材料应不易虫蛀、腐朽，且不易燃烧。

3．为使吸声材料充分发挥效果，应安装在最容易接触声波和最多反射次数的表面上，不应集中在天花板或某一面的墙壁上，并比较均匀地分布在室内各个表面上，兼顾吸声和室内装饰效果。

4．吸声材料的强度一般较低，应设置在护壁线以上，避免碰撞、磨损、机械损失，保证其耐久性。

5．多孔吸声材料易吸湿，安装时应考虑湿胀干缩的影响。

6．吸声材料的表面细孔不应被油漆等堵塞，防止降低吸声效果。

虽然有些吸声材料的名称与保温隔热材料相同，都属于多孔性材料，但在材料的孔隙特征上有着完全不同的要求。保温隔热材料要求具有封闭的、互不连通的微小气孔，这种气孔越多、分布越均匀，保温隔热性能越好；而吸声材料则要求具有开放的、互相连通的微小气孔，这种气孔越多、分布越均匀，吸声性能越好。至于如何使名称相同的材料具有不同的孔隙特征，这主要取决于原材料组分中的某些差别和生产工艺中的热工、加压等制度。例如泡沫塑料在生产过程中采取不同的加热、加压制度，可获得不同孔隙特征的制品。

通常，选用多孔吸声材料可提高高频的吸声效果；选用穿孔板吸声结构可提高中频的吸声效果；选用薄板共振吸声结构可改善低频的吸声特性。对于中高频噪声，一般可采用20～50mm厚的多孔吸声板，当吸声要求高时，可采用50～80mm厚的超细玻璃棉、化纤下脚料等多孔吸声材料；对于中低频噪声，采用穿孔板共振吸声结构时，孔径通常为3～6mm，穿孔率宜小于5%。

四、常用吸声材料及吸声系数

建筑工程中常用的吸声材料及吸声系数，如表11-2所示。

建筑工程常用吸声材料及吸声系数　　　　表 11-2

序号	名称	厚度(cm)	表观密度(kg/m³)	各频率下的吸声系数						装置情况
				125Hz	250Hz	500Hz	1000Hz	2000Hz	4000Hz	
1	石膏砂浆（掺有水泥、玻璃纤维）	2.2		0.24	0.12	0.09	0.30	0.32	0.83	粉刷在墙上
*2	石膏砂浆（掺有水泥、石棉纤维）	1.3		0.25	0.78	0.97	0.81	0.82	0.85	喷射在钢丝板上，表面滚平，后有15cm空气层
3	水泥膨胀珍珠岩板	2	350	0.16	0.46	0.64	0.48	0.56	0.56	贴实
4	矿渣棉	3.13	210	0.10	0.21	0.60	0.95	0.85	0.72	贴实
		8.0	240	0.35	0.65	0.65	0.75	0.88	0.92	
5	沥青矿渣棉毡	6.0	200	0.19	0.51	0.67	0.70	0.85	0.86	贴实
6	玻璃棉	5.0	80	0.06	0.08	0.18	0.44	0.72	0.82	贴实
		5.0	130	0.10	0.12	0.31	0.76	0.85	0.99	
	超细玻璃棉	5.0	20	0.10	0.35	0.85	0.85	0.86	0.86	
		15.0	20	0.50	0.85	0.85	0.85	0.86	0.80	

序号	名称	厚度(cm)	表观密度(kg/m³)	各频率下的吸声系数						装置情况
				125Hz	250Hz	500Hz	1000Hz	2000Hz	4000Hz	
7	酚醛玻璃纤维板（去除表面硬皮层）	8.0	100	0.25	0.55	0.80	0.92	0.98	0.95	贴实
8	泡沫玻璃	4.0	1260	0.11	0.32	0.52	0.44	0.52	0.33	贴实
9	脲醛泡沫塑料	5.0	20	0.22	0.29	0.40	0.68	0.95	0.94	贴实
10	软木板	2.5	260	0.05	0.11	0.25	0.63	0.70	0.70	贴实
11	＊木丝板	3.0	400	0.10	0.36	0.62	0.53	0.71	0.90	钉在木龙骨上，后留10cm空气层
＊12	穿孔纤维板（穿孔率为5％孔径5mm）	1.6		0.13	0.38	0.72	0.89	0.82	0.66	钉在木龙骨上，后留5cm空气层
＊13	＊胶合板（三夹板）	0.3		0.21	0.73	0.21	0.19	0.08	0.12	钉在木龙骨上，后留5cm空气层
＊14	＊胶合板（三夹板）	0.3		0.60	0.38	0.18	0.05	0.05	0.08	钉在木龙骨上，后留10cm空气层
＊15	＊穿孔胶合板（五夹板）（孔径5mm孔心距25mm）	0.5		0.01	0.25	0.55	0.30	0.16	0.19	钉在木龙骨上，后留5cm空气层
＊16	＊穿孔胶合板（五夹板）（孔径5mm孔心距25mm）	0.5		0.23	0.69	0.86	0.47	0.26	0.27	钉在木龙骨上，后留5cm空气层，但在空气层内填充矿物棉
＊17	＊穿孔胶合板（五夹板）（孔径5mm孔心距25mm）	0.5		0.20	0.95	0.61	0.32	0.23	0.55	钉在木龙骨上，后留5cm空气层，填充矿物棉
18	工业毛毡	3	370	0.10	0.28	0.55	0.60	0.60	0.59	张贴在墙上
19	地毯	厚		0.20		0.30		0.50		铺于木搁栅楼板上
20	帘幕	厚		0.10		0.50		0.60		有折叠，靠墙装置

注：1. 表中名称前有＊者表示系有混响室法测得的结果；无＊者系用驻波管法测得的结果，混响室法测得的数据比驻波管法约大20％。

2. 穿孔板吸声结构在穿孔率为0.5％～5％，板厚为1.5～10mm，孔径2～15mm，后面留腔深度为100～250mm时，可获得较好效果。

3. 序号前有＊者为吸声结构。

五、隔声材料

隔声与吸声是完全不同的两个声学概念。能减弱或隔断声波传递的材料称为隔声材料。材料的隔声原理与吸声原理不同，隔声材料与吸声材料的结构特征不同。隔声材料是将入射声波的振动通过材料自身的阻尼作用隔挡，隔声性能与材料单位面积的质量有关，质量越大，传声损失越大，隔声性能越好。必须指出：吸声性能好的材料，不能简单地把它们作为隔声材料来使用。

人们要隔绝的声音，按传播途径有：空气声（通过空气传播的声音）和固体声（通过固体的撞击或振动传播的声音）两种，这两者的隔声原理及隔声技术措施不同。

对空气声的隔绝，主要是依据声学中的"质量定律"，即材料的表观密度越大，声波作用越不易产生振动，声波传递速度迅速减弱，隔声效果越好。所以，应选用表观密度大且无孔隙的材料（如钢筋混凝土、实心砖、钢板等）作为隔绝空气声的材料。

对固体声的隔绝，最有效的措施是隔断声波的连续传递，即在产生和传递固体声的结构层（如梁、框架、楼板与隔墙以及它们的交接处等）中加入有一定弹性的衬垫材料（如软木、橡胶、石棉毡、地毯或设置空气隔离层等），阻止或减弱固体声的连续传播。

为了达到人们对居住、工作环境的安静要求，对建筑物的不同部位围护结构必须有隔声性能的具体规定。建筑隔声标准主要分为两类：一是空气声隔声标准，以墙或楼板两侧声压级差值的计权声压量（分贝数）表示；二是楼板撞击声隔声标准，用标准撞击器撞击楼板时，在楼板下的房间内所接收到的噪声计权标准化撞击声压级（分贝数）表示。

住宅楼内各住户的作息时间和生活习惯不同，为防止各户之间噪声干扰，对分户墙的隔声标准要求较高，户内分室墙的要求则较低；有些居住建筑的隔声标准则是根据使用房间的安静要求与邻室的噪声情况而规定出不同的隔声要求。

根据《民用建筑隔声设计规范》GB 50118—2010、《宿舍建筑设计规范》JGJ 36—2016 和《托儿所、幼儿园建筑设计规范》JGJ 39—2016，居住建筑楼板撞击声隔声标准如表 11-3。

居住建筑楼板撞击声隔声标准 表 11-3

项目		计权标准化撞击声压级 $L'_{nT,w}$(dB)
住宅分户楼板卧室、起居室（厅）	普通住宅	≤75
	高要求住宅	≤65
宿舍居室楼板		≤75
托儿所、幼儿园楼板	活动室、寝室、乳儿室、保健观察室	≤65
	多功能活动室	≤75

习题与复习思考题

1. 何谓保温隔热材料？影响保温隔热材料导热系数的主要因素有哪些？工程上对保温隔热材料有哪些要求？

2. 试述保温隔热材料的保温隔热机理。

3. 试述选用保温隔热材料的基本要求及原则。

4. 保温隔热材料的基本特征如何？按材料的结构特征保温隔热材料可分为哪几类？

5. 材料的吸声性能及其表示方法？什么是吸声材料？

6. 吸声材料的基本特征如何？

7. 试述吸声材料的吸声机理。

8. 按照材料的结构特征和吸声机理，吸声材料通常可分为哪几大类？

9. 试述选用吸声材料时的注意事项。

10. 吸声材料与保温隔热材料在性质、结构上有何异同？使用保温隔热材料和吸声材料时各应注意哪些问题？

11. 何谓隔声材料？隔绝空气声与隔绝固体声的作用原理有何不同？哪些材料适宜用作隔绝空气声或隔绝固体声的材料？

12. 哪些措施可以解决轻质材料保温隔热性能和吸声性能好，而隔声能力差的问题？

附录　建筑材料试验

建筑材料试验是建筑材料课程的重要组成，也是通过试验直观接触和认识建筑材料的实践性教学环节。

建筑材料试验目的在于：使学生认识建筑材料的具体性状，熟悉技术要求，并进一步巩固理论知识；使学生掌握基本的实验技能、仪器设备的操作使用方法，培养独立开展试验的能力；培养学生严谨的科学态度，提高分析问题和解决问题的能力，为工程实践和科研创新打好基础。为此，学生需要做到：

1. 试验前应做好预习，明确试验目的、基本原理及操作要点，基本了解试所用的仪器设备、材料等。

2. 通过试验形成科学的工作程序，遵守操作规程，观察记录试验中的数据、现象。

3. 对试验的过程中的现象和结果进行合理分析，完成实验报告。

材料的质量指标和试验结果是有条件的、相对的，与取样、测试和数据处理密切相关。应从代表性、一致性和规范性出发，以保证测试和计算结果的正确性和可比性。

本书中试验内容是按课程教学大纲的要求并结合工程实际需要选材，参照现行国家标准或其他规范、资料进行编写，并不包含所有建筑材料试验的全部内容。同时，由于技术水平的进步和生产条件的发展，在科研和实际工作中，应查阅有关资料，并注意各种材料标准或规范的修订状况，以作相应修正。

试验一　建筑材料的基本性质试验

建筑材料的基本性质与特性和使用功能密切关联，通过实验了解建筑材料的基本性质，有助于指导建筑材料的实际应用。

本章试验内容有：密度、表观密度、体积密度、堆积密度、孔隙率及空隙率等试验。

试验参照《水泥密度测定方法》GB/T 208—2014、《建设用砂》GB/T 14684—2011、《建设用卵石、碎石》GB/T 14685—2011 等标准进行。

一、密度试验

（一）主要仪器设备

李氏瓶——瓶颈刻度由 0～1mL 和 18～24mL 两段刻度组成，以 0.1mL 为分度值，标明的容量误差不大于 0.05mL，见附图 1-1；

筛子——孔径为 0.90mm 方孔筛；

天平——量程不小于 100g，感量不大于 0.01g；

烘箱——温度能控制在 110±5℃；

无水煤油、恒温水槽、干燥器、温度计等。

（二）试验方法及步骤

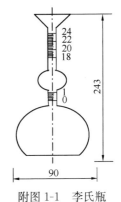

附图 1-1　李氏瓶

1. 试样预先破碎、磨细，全部通过 0.90mm 孔筛后，置于 110±5℃的烘箱中烘干 1h，并在 20±1℃环境下的干燥器器内冷却至室温。

2. 在李氏瓶中注入无水煤油至 0～1mL 刻度线，置于 20±1℃恒温水槽中恒温不少于 30min，使刻度部分浸入水中，记录刻度 V_1。

3. 用天平称取试样质量为 m（60g 左右，精确至 0.01g，保证加料后刻度可读），用小勺小心地一点点将试样装入李氏瓶中，反复摇动或用超声波振动或磁力搅拌，直至没有气泡排出。

4. 再次将李氏瓶按前述要求浸入水浴恒温不少于 30min，记录液面刻度 V_2。

5. 两次记录刻度时，恒温水槽温度差不大于 0.2℃。

（三）结果计算及确定

1. 按下式计算材料密度 ρ，精确至 0.01g/cm^3：

$$\rho = \frac{m}{V_2 - V_1}$$

2. 结果取两个平行试样试验结果的算术平均值。两次结果之差不应大于 0.02g/cm^3，否则重做。

二、表观密度试验

试验时各项称量宜在 15～25℃范围内进行，试样加水静置的 2h 起至试验结束温度变化不应超过 2℃。

（一）砂的表观密度试验（容量瓶法）

1. 主要仪器设备

容量瓶——500mL；

天平——称量为 1000g，感量为 0.1g；

烘箱——温度能控制在 105±5℃；

干燥器、料勺、温度计等。

2. 试验方法及步骤

（1）用四分法（见砂、石试验）将砂缩分至 660g 左右，置于 105±5℃的烘箱中烘干至恒量（前后质量之差不大于试验称量精度），冷却至室温后分为大致相等的两份待用。

（2）称取烘干的试样 300g（m_0），精确至 0.1g，将试样装入容量瓶，注入冷开水至接近 500mL 的刻度处，摇转容量瓶，排除气泡，再塞紧瓶塞，静置 24h。

（3）静置后用滴管添水，至 500mL 刻度处，塞紧瓶塞，擦干瓶外水分，称取其质量（m_1），精确至 1g。

（4）倒出瓶中的水和试样，洗净容量瓶，再向瓶内注入冷开水，至瓶颈 500mL 刻度处，塞紧瓶塞，擦干瓶外水分，称取其质量 m_2，精确至 1g。

3. 试验结果计算与确定

（1）按下式计算砂表观密度 ρ_{0s}，精确至 10kg/m^3。

$$\rho_{0s} = \left(\frac{m_0}{m_0 + m_2 - m_1} - \alpha_t \right) \times \rho_{水} \quad (\rho_{水} \text{ 取 } 1000\text{kg/m}^3)$$

式中　α_t——水温对表观密度影响的修正系数，见附表 1-1。

不同水温对表观密度影响的修正系数　　　　　　　　　　　　附表 1-1

水温（℃）	15	16	17	18	19	20	21	22	23	24	25
α_t	0.002	0.003	0.003	0.004	0.004	0.005	0.005	0.006	0.006	0.007	0.008

（2）结果取两个平行试样试验结果的算术平均值。两次测定结果的差值不应大于 20kg/m³，否则重做。

（3）对于材质不均的试样，如两次试验结果之差超过 20kg/m³，最后结果可取四次试验结果的算术平均值。

（4）采用修约值比较法进行评定。

（二）石子表观密度试验

1. 广口瓶法

适宜于最大粒径不超过 37.5mm 的碎石或卵石。

（1）主要仪器设备

广口瓶——1000mL，磨口；

天平——称量为 2000g，感量值为 1g；

烘箱——温度能控制在 105±5℃；

筛子——孔径为 4.75mm 方孔筛；

浅盘、温度计、玻璃片等。

（2）试验方法与步骤

1）用四分法（见砂石试验）将试样缩分至附表 1-2 规定的数量，风干并筛去 4.75mm 以下的颗粒后洗刷干净，分成大致相等的两份备用。

表观密度试验所需试样数量　　　　　　　　　　　　附表 1-2

最大粒径（mm）	小于 26.5	31.5	37.5	63.0	75.0
最少试样质量（kg）	2.0	3.0	4.0	6.0	6.0

2）将试样浸水饱和后，装入广口瓶中，然后注满饮用水，用玻璃片覆盖瓶口，以上下左右摇晃的方法排除气泡。

3）气泡排尽后，向瓶内添加饮用水至水面凸出到瓶口边缘，然后用玻璃片沿瓶口迅速滑行，使其紧贴瓶口水面。擦干瓶外水分后，称取总质量 m_1，精确至 1g。

4）将瓶中的试样倒入浅盘，置于 105±5℃的烘箱中烘干至恒重，冷却至室温后称出试样的质量 m_0，精确至 1g。

5）将瓶洗净，重新注入饮用水，用玻璃片紧贴瓶口水面，擦干瓶外水分后称出质量（m_2），精确至 1g。

2. 液体比重天平法

（1）主要仪器设备

液体比重天平——由电子天平和静水力学装置组合而成，称量为 5kg，感量为 5g；

烘箱、筛子同广口瓶法，网篮、盛水容器、浅盘、温度计等。

（2）试验方法与步骤

1）同广口瓶法备样。

2）取一份试样放入网篮并浸入盛水容器中，以上下升降的方法排除气泡（试样不得露出液面），并使液面高出试样 50mm 以上，浸泡 24h。

3）把网篮挂于天平挂钩，将水注入盛水容器，直至高出溢流孔，测定水温。

4）待液面稳定后，称出网篮及试样在水中的质量 m_1，精确至 5g。

5）将网篮中的试样倒入浅盘，置于 $105\pm5℃$ 的烘箱中烘干至恒量，冷却至室温后称出试样的质量 m_0，精确至 5g。

6）将网篮浸泡于盛水容器中，并通过溢流孔调整液面高度至稳定，称出网篮在水中的质量（m_2），精确至 5g。

3. 试验结果计算与确定

（1）按下式计算石子表观密度 ρ_{0g}，精确至 $10kg/m^3$：

$$\rho_{0g} = \left(\frac{m_0}{m_0 + m_2 - m_1} - \alpha_t\right) \times \rho_水 \quad (\rho_水 \text{ 取 } 1000kg/m^3)$$

式中 α_t——水温对表观密度影响的修正系数，见表附表 1-1。

（2）结果取两个平行试样试验结果的算术平均值。两次测定结果的差值不应大于 $20kg/m^3$，否则重做。

（3）对于材质不均匀的试样，如两次试验结果之差超过 $20kg/m^3$，最后结果可取四次试验结果的算术平均值。

（4）采用修约值比较法进行评定。

三、体积密度试验

（一）规则几何形状试样的测定

1. 主要仪器设备

游标卡尺——分度值为 0.02mm；

钢直尺——分度值为 0.5mm；

天平——称量为 2000g，感量为 1g；

烘箱、干燥器等。

2. 试验方法与步骤

（1）加工成规定尺寸试样。

蒸压加气混凝土：沿蒸压加气混凝土发气方向中心部分按上、中、下顺序锯取一组三块试件一组，尺寸为 100mm×100mm×100mm。

岩石块体：加工成尺寸大于最大矿物颗粒直径 10 倍的圆柱体（直径和高均为 50mm）或正方体（边长为 50mm）试件，三个一组。

（2）量取试样尺寸。

蒸压加气混凝土试件：逐块量取长、宽、高方向轴线尺寸，精确至 1mm。

岩石块体：量取试件两端和中间三个断面上相互垂直的两个直径或边长，精确至 0.02mm，取平均值；量取端面四周对称的四点和中心点的五个高度，精确至 0.02mm，取平均值。

（3）计算出试样体积 V_0。

（4）将试样按照规定程序烘干至恒量（一般材料为 $105\pm5℃$ 的烘箱内烘干），取出置于干燥器中冷却至室温，用天平称量出试件的质量 m_0。

3. 试验结果计算与确定

（1）按下式计算出体积密度 ρ_0，精确至 $1kg/m^3$：

$$\rho_0 = \frac{m_0}{V_0}$$

（2）结果取三个平行试样试验结果的算术平均值。

（二）不规则形状试样的测定（如卵石等）

此类材料体积密度的测定时需将其表面涂蜡，封闭开口孔后，用静水（浸水）天平法进行测定。

1. 主要仪器设备

静水（浸水）天平——由电子天平和静水力学装置组合而成，称量为 $10kg$，精度为 $5g$；

烘箱——温度能控制在 $105\pm5℃$；

网篮、盛水容器、温度计等。

2. 试验方法与步骤

（1）将试样在 $105\pm5℃$ 的烘箱内烘干至恒重，取出放入干燥器中，冷却至室温待用。

（2）称出试样质量 m_0。

（3）将试样表面涂蜡，待冷却后称出质量 m_1。

（4）用静水天平称出涂蜡试样在水中的质量 m_2（具体要求见石子表观密度试验）。

3. 试验结果计算与确定

（1）按下式计算出体积密度 ρ_0，精确至 $1kg/m^3$：

$$\rho_0 = \frac{m_0}{(m_1 - m_2)/\rho_{水} - (m_1 - m_0)/\rho_{蜡}}$$

式中，$\rho_{水}$ 取 $1000kg/m^3$；$\rho_{蜡}$ 取 $930kg/m^3$。

（2）结果取三个平行试样试验结果的算术平均值。

四、堆积密度试验

（一）砂松散堆积密度试验

1. 主要仪器设备

容量筒——金属圆柱形，容积为 $1L$；

天平——称量为 $10kg$，感量为 $1g$；

烘箱——温度能控制在 $105\pm5℃$；

漏斗或料勺、$4.75mm$ 方孔筛、直尺、垫棒等。

2. 试样制备

用四分法缩取（见砂石试验）砂样约 $3L$，在温度为 $105\pm5℃$ 的烘箱中烘干至恒重，取出冷却至室温，筛除大于 $4.75mm$ 的颗粒，分为大致相等的两份待用。

3. 试验方法及步骤

（1）称取容量筒的质量 m_1 及校准容量筒的体积 V_0'；将容量筒置于下料漏斗下方，使漏斗下口对正中心，漏斗下口距离容量筒上沿 $50mm$。

（2）取一份试样，用料勺将试样装入漏斗，打开活动门，使试样徐徐落入容量筒，直至上部呈锥体且容量筒溢满，关闭活门。

（3）直尺垂直于筒口，沿筒口中心线向两个相反方向刮平，称出试样和容量筒的总质量 m_2，精确至 1g。

注：加料及刮平过程中不得触动容量筒。

4. 试验结果计算与确定

（1）按下式计算试样的堆积密度 ρ_0'，精确至 $10 \text{kg}/\text{m}^3$：

$$\rho_0' = \frac{m_2 - m_1}{V_0'}$$

（2）结果取两个平行试样试验结果的算术平均值。

（3）采用修约值比较法进行评定。

（二）石子松散堆积密度试验

1. 主要仪器设备

容量筒——具体见附表 1-3；

天平——称量为 10kg，感量为 10g；称量为 50 或 100kg，感量为 50g；各一台；

小铲、烘箱等。

容量筒规格   附表 1-3

石子最大粒径（mm）	容量筒（L）	容量筒尺寸（mm）		
		内径	净高	壁厚
9.5，16.0，19.0，26.5	10	208	294	2
31.5，37.5	20	294	294	3
53.0，63.0，75.0	30	360	294	4

2. 试验方法及步骤

（1）用四分法（见砂石试验）缩取所需石子烘干或风干后，拌匀并将试样分为大致相等的两份备用。

（2）称取容量筒的质量 m_1 及校准容量筒的体积 V_0'。

（3）取一份试样，用小铲将试样从容量筒上方 50mm 处徐徐加入，试样自由落体下落，直至容量筒上部试样呈锥体且四周溢满时，停止加料。

（4）除去凸出容量筒表面的颗粒，并以合适的颗粒填入凹陷部分，使表面凸起部分体积和凹陷部分体积大致相等。称取试样和容量筒总质量 m_2，精确至 10g。

3. 试验结果计算与确定

（1）试样的堆积密度 ρ_0' 按下列计算，精确至 $10 \text{kg}/\text{m}^3$：

$$\rho_0' = \frac{m_2 - m_1}{V_0'}$$

（2）结果取两个平行试样试验结果的算术平均值。

（3）采用修约值比较法进行评定。

五、孔隙率、空隙率的计算

（一）按下式计算材料的孔隙率，精确至 1%：

$$P = \frac{V_{孔}}{V_0} = \frac{V_0 - V}{V_0} = \left(1 - \frac{\rho_0}{\rho}\right) \times 100$$

式中　P——材料的孔隙率；

ρ——材料的密度；

ρ_0——材料的表观密度。

（二）按下式计算材料的空隙率，精确至1％：

$$P' = \frac{V_K}{V_0'} = \frac{V_0' - V_0}{V_0'} = \left(1 - \frac{\rho_0'}{\rho_0}\right) \times 100$$

式中　P'——材料的空隙率；

ρ_0——材料颗粒的表观密度；

ρ_0'——材料的堆积密度。

试验二　水　泥　试　验

本章试验内容有细度、标准稠度用水量、凝结时间、安定性、胶砂流动度、强度试验。

试验参照《水泥取样方法》GB/T 12573—2008、《通用硅酸盐水泥》GB 175—2007、《水泥细度检验方法　筛析法》GB/T 1345—2005、《水泥比表面积测定方法　勃氏法》GB/T 8074—2008、《水泥标准稠度用水量、凝结时间、安定性检验方法》GB/T 1346—2011、《水泥胶砂流动度测定方法》GB/T 2419—2005、《水泥胶砂强度检验方法（ISO法）》GB/T 17671—1999进行。

一、水泥试验的一般规定

（一）编号和取样

确定同一条件下生产的产品检查批，并进行编号。

采用自动取样器取样时，在接近于水泥包装机或散装容器的管路中取出。采用手工采样时，散装水泥：水泥深度不超过2m时，每一个编号内采用散装水泥取样器在适当位置插入一定深度，随机取样。袋装水泥：每一个编号随机抽取不少于20袋水泥，将取样器沿对角线方向插入包装袋中抽取。

取样量：（1）一个编号内从不同部位抽取的单样，混合均匀后的混合样取样量应符合相关水泥标准要求。（2）在一个编号内按1/10编号取样的单样，用于匀质性试验的分割样：①袋装：每1/10编号从一袋中取不少于6kg；②散装：每1/10编号在5min内取样不少于6kg。

（二）养护与试验条件

水泥标准稠度用水量、凝结时间、安定性、胶砂流动度试验：试验室温度应为20±2℃，相对湿度不低于50％；养护室（箱）温度应为20±1℃，相对湿度不低于90％。

（三）对试验材料的要求

1. 试样要充分拌匀，通过0.9mm方孔筛。

2. 试验用水应是洁净的饮用水。

3. 水泥试样、标准砂、拌合水及试模等温度均与试验室温度相同。

二、水泥细度试验

（一）目的

水泥细度测定通常采用筛析法或勃氏法。通过控制水泥细度的技术指标，保证水泥的水化活性，从而控制水泥质量。

（二）筛析法

1. 主要仪器设备

负压筛——方孔，80μm 或 45μm，见附图 2-1；

负压筛析仪——功率不小于 600W，筛座转速 30±2r/min，负压可调范围 4000～6000Pa，喷嘴上口与筛网距离 2～8mm；

负压筛座——见附图 2-2；

水筛——方孔，孔径为 80μm 或 45μm，见附图 2-3；

手工筛——方孔，孔径为 80μm 或 45μm，见附图 2-4；

天平——感量为 0.01g；

水筛架和喷头、料勺等。

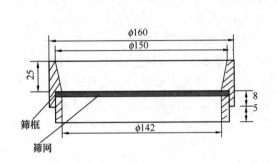

附图 2-1 负压筛（单位：mm）

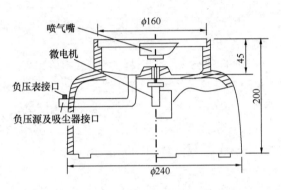

附图 2-2 负压筛座（单位：mm）

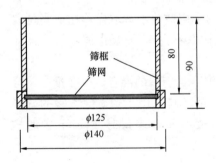

附图 2-3 水筛（单位：mm）

1—筛网；2—筛框

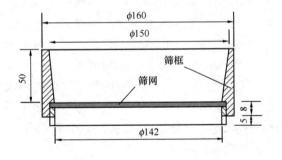

附图 2-4 手工筛（单位：mm）

1—筛网；2—筛框

2. 试验方法步骤

（1）负压筛析法

1）筛析试验前，检查试验筛，应干燥清洁。把负压筛放在筛座上，盖上筛盖，接通电源，检查控制系统，调节负压至 4000～6000Pa。

2）称取试样质量 m（80μm 筛析试验 25g，45μm 筛析试验 10g），精确至 0.01g。试样置于负压筛中后盖上筛盖，开动筛析仪连续筛析 2min，在此期间如有试样附着在筛盖上，可轻轻敲击使试样落下，筛毕后称量筛余物质量 m_t，精确至 0.01g。

（2）水筛法

1）筛析试验前应检查水中无泥、砂，调整好水压及水筛架位置，使其能正常运转，喷头底面和筛网之间距离为 35～75mm。

2）同负压筛析法称取水泥试样质量 m，置于洁净的水筛中，立即用洁净水冲洗至大部分细粉通过，再将筛子置于筛座上，用水压为 0.05 ± 0.02MPa 的喷头连续冲洗 3min。

3）筛毕用少量水把筛余物全部移至蒸发皿中，等水泥颗粒全部沉淀后将水倾出，烘干后称量筛余物质量 m_t，精确至 0.01g。

（3）手工干筛法

同负压筛析法称取水泥试样质量 m，倒入筛内，一手执筛往复摇动，另一手轻轻拍打，拍打速度约为 120 次/min，其间每 40 次向同一方向转动 60°，使试样均匀分布在筛网上，直至每分钟通过量不超过 0.03g 时为止，称取筛余物质量 m_t，精确至 0.01g。

3. 试验结果计算与确定

（1）按下式计算水泥筛余百分数 F，精确至 0.1%：

$$F = \frac{m_t}{m} \times 100 \times C$$

$$C = \frac{F_s}{F_t}$$

式中　C——试验筛修正系数，精确至 0.01，应在 0.80～1.20 范围；

　　　F_s——标准样品的筛余标准值，精确至 0.1%；

　　　F_t——标准样品的筛余实测值，精确至 0.1%。

（2）筛析结果取两个平行试样筛余的算术平均值。两次结果之差超过 0.5% 时（筛余大于 5.0% 时可放至 1.0%），再做一次试验，取两次相近结果的算术平均值。

（3）负压筛析法、水筛法和手工筛法测定的结果发生争议时，以负压筛析法为准。

（三）勃氏法

1. 主要仪器设备

勃氏比表面积透气仪——见附图 2-5；

天平——感量为 0.001g；

烘箱——温度能控制在 105 ± 5℃；

秒表、料勺等。

2. 试验前准备

水泥试样过 0.9mm 方孔筛，在 110 ± 5℃烘箱中烘 1h 后，置于干燥器中冷却至室温待用。

3. 试验方法步骤

（1）按照密度试验方法测试水泥的密度。

（2）检查仪器是否漏气。

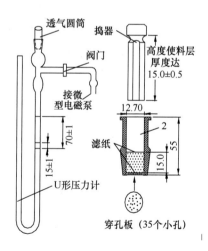

附图 2-5　勃氏比表面积透气仪示意图（单位：mm）

（3）PⅠ、PⅡ型水泥的空隙率采用 0.500±0.005，其他水泥或粉料的空隙率采用 0.530±0.005。

（4）按下式计算需要的试样质量 m：

$$m = \rho_{水泥}V(1-\varepsilon)$$

式中　V——试料层的体积，按标定方法测定；

　　　ε——试料层的空隙率。

（5）将穿孔板放入透气筒内，用捣棒把一片滤纸送到穿孔板上，边缘放平并压紧。称取试样质量 m，精确至 0.001g，倒入圆筒。轻敲筒边使水泥层表面平坦。再放入一片滤纸，用捣器均匀捣实试料，至捣器的支持环紧紧接触筒顶边并旋转 1～2 圈，取出捣器。

（6）把装有试料层的透气圆筒连接到压力计上，保证连接紧密不漏气，并不得振动试料层。

（7）打开微型电磁泵从压力计中抽气，至压力计内液面上升到扩大部下端，关闭阀门。当压力计内液体的凹月面下降到第一个刻线时开始计时，液体的凹月面下降到第二条刻线时停止计时，记录所需时间 t，精确至 1s，并记录试验时温度。

4. 试验结果计算与确定

（1）当被测试样密度、试料层中空隙率与标准试样相同时。

1）试验和校准的温差不大于 3℃时，按式下式计算被测试样的比表面积 S，精确至 $1cm^2/g$：

$$S = \frac{S_s\sqrt{T}}{\sqrt{T_s}}$$

式中　S_s——标准试样的比表面积（cm^2/g）；

　　　T_s——标准试样压力计中液面降落时间（s）；

　　　T——被测试样压力计中液面降落时间（s）。

2）试验和校准的温差大于 3℃时，按式下式计算被测试样的比表面积 S，精确至 $1cm^2/g$。

$$S = \frac{S_s\sqrt{\eta_s}\sqrt{T}}{\sqrt{\eta}\sqrt{T_s}}$$

式中　η_s——标准试样试验温度时的空气黏度（$\mu Pa \cdot s$）；

　　　η——被测试样试验温度时的空气黏度（$\mu Pa \cdot s$）。

（2）当被测试样和标准试样的密度相同，试料层中空隙率不同时。

1）试验和校准的温差不大于 3℃时，按式下式计算被测试样的比表面积 S，精确至 $1cm^2/g$：

$$S = \frac{S_s\sqrt{T}(1-\varepsilon_s)\sqrt{\varepsilon^3}}{\sqrt{T_s}(1-\varepsilon)\sqrt{\varepsilon_s^3}}$$

式中　ε_s——标准试样试料层的空隙率；

　　　ε——被测试样试料层的空隙率。

2）试验和校准的温差大于 3℃时，按式下式计算被测试样的比表面积 S，精确至 $1cm^2/g$：

$$S = \frac{S_\text{S} \sqrt{\eta_\text{s}} \sqrt{T}(1-\varepsilon_\text{s}) \sqrt{\varepsilon^3}}{\sqrt{\eta}\sqrt{T_\text{s}}(1-\varepsilon) \sqrt{\varepsilon_\text{s}^3}}$$

（3）当被测试样和标准试样的密度和试料层中空隙率均不同时。

1）试验和校准的温差不大于3℃时，按式下式计算被测试样的比表面积S，精确至$1\text{cm}^2/\text{g}$：

$$S = \frac{S_\text{S}\rho_\text{s} \sqrt{T}(1-\varepsilon_\text{s}) \sqrt{\varepsilon^3}}{\rho\sqrt{T_\text{s}}(1-\varepsilon) \sqrt{\varepsilon_\text{s}^3}}$$

式中　ρ_s——标准试样的密度；

　　　ρ——被测试样的密度。

2）试验和校准的温差大于3℃时，按式下式计算被测试样的比表面积S，精确至$1\text{cm}^2/\text{g}$：

$$S = \frac{S_\text{S}\rho_\text{s} \sqrt{\eta_\text{s}} \sqrt{T}(1-\varepsilon_\text{s}) \sqrt{\varepsilon^3}}{\rho\sqrt{\eta}\sqrt{T_\text{s}}(1-\varepsilon) \sqrt{\varepsilon_\text{s}^3}}$$

（4）水泥比表面积取两个平行试样试验结果的算术平均值，精确至$10\text{cm}^2/\text{g}$。如二次试验结果相差2%以上时，应重新试验。

三、水泥标准稠度用水量试验

（一）目的

标准稠度用水量试验可消除试验条件的差异，便于不同水泥间技术指标的比较，同时为进行凝结时间和安定性试验做好准备。

（二）标准法

1. 主要仪器设备

标准法维卡仪——滑动部分的总重量为300±1g，见附图2-6；

标准稠度试杆和装净浆用试模——见附图2-7；

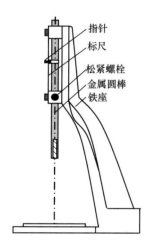

附图 2-6　维卡仪

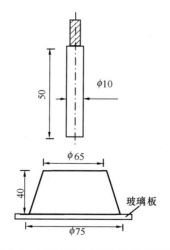

附图 2-7　标准稠度试杆和装净浆用试模
（标准法）（单位：mm）

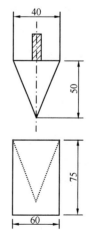

附图 2-8　试锥和装净浆用
锥模（代用法）（单位:mm）

天平——称量为1000g，感量为1g；

量水器——精度为±0.5mL；

水泥净浆搅拌机、小刀、料勺等。

2. 试验方法及步骤

（1）检查稠度仪的金属棒能否自由滑动，调整指针至试杆接触玻璃板时，指针应对准标尺的零点，搅拌机运转正常。

（2）用湿布擦抹水泥净浆搅拌机的筒壁及叶片。

（3）称取 500g（m_c）水泥试样。

（4）量取拌合水 m_w（根据经验确定），水量精确至 0.5mL，倒入搅拌锅。

（5）5s～10s 内将水泥加入水中。

（6）将搅拌锅放到搅拌机锅座上，升至搅拌位置，开动机器低速搅拌 120s，停拌 15s，再高速搅拌 120s 后停机。

（7）拌合完毕后将净浆一次性装入玻璃板上的试模中，高度超出试模上端，用宽约 25mm 的直边刀轻轻拍打浆体 5 次，在试模表面 1/3 处，略倾斜于试模，分别轻轻锯掉多于净浆，再从模边沿轻抹顶部一次，使表面光滑，抹平后迅速将其居中放到维卡仪上。

（8）将试杆恰好降至净浆表面，拧紧螺栓 1～2s 后，突然放松，让试杆自由沉入净浆中，试杆停止下沉或释放试杆 30s 时，记录试杆距玻璃板距离，整个操作过程应在搅拌后 1.5min 内完成。

（9）可调整用水量大小，直至试杆沉入净浆距玻璃板 6±1mm，此时的水泥净浆为标准稠度净浆，拌合用水量为水泥的标准稠度用水量（按水泥质量的百分比计）。

3. 试验结果的计算与确定

按下式计算水泥标准稠度用水量 P，精确至 0.1%：

$$P = \frac{m_w}{m_c} \times 100$$

（三）代用法

1. 主要仪器设备

维卡仪——滑动部分的总重量为 300±1g，见附图 2-6；

试锥和装净浆用锥模——见附图 2-8；

其余同标准法。

2. 试验方法与步骤

采用代用法测定水泥标准稠度用水量，可用调整水量法和不变水量法。

（1）检查测定仪的金属棒能否自由滑动，试锥降至锥模顶面位置时，指针应对准标尺的零点，搅拌机运转正常。

（2）水泥净浆的拌制同标准法。

（3）拌合用水量 m_w 的确定。

1）调整水量方法：按经验根据试锥沉入深度确定；

2）不变水量方法：用水量为 142.5mL。

（4）拌合完毕后，将净浆一次性装入锥模，用宽约 25mm 的直边刀插捣 5 次，再轻振 5 次，刮去多余净浆，抹平后迅速将其放到试锥下固定位置，将试锥锥尖恰好降至净浆表面，此时指针应对准标尺零点，拧紧螺栓 1～2s 后，突然放松，让试锥自由沉入净浆中，试锥停止下沉或释放试锥30s时，记录试锥下沉深度S，整个操作过程应在搅拌后1.5min内完成。

3. 试验结果的计算与确定

（1）调整水量方法

1）调整水量大小，使试锥下沉深度为30±1mm时的水泥净浆为标准稠度净浆，拌合用水量即为水泥的标准稠度用水量（按水泥质量的百分比计）。

2）按下式计算水泥标准稠度用水量P，精确至0.1%：

$$P = \frac{m_w}{m_c} \times 100$$

（2）不变水量方法

根据测得的试锥下沉深度S（mm），按下面的经验公式计算水泥标准稠度用水量P，精确至0.1%：

$$P = 33.4 - 0.185S$$

注：若试锥下沉深度小于13mm，应采用调整水量方法测定。

四、水泥凝结时间试验

（一）目的

水泥凝结时间测试采用标准稠度水泥净浆在规定温度和湿度条件下进行。通过凝结时间的试验，可评定水泥的凝结硬化性能，判定是否达到标准要求。

（二）主要仪器设备

维卡仪——见附图2-6；

试针和试模——见附图2-9；

天平、净浆搅拌机等。

（三）试验方法及步骤

1. 将圆模放在玻璃板上，调整指针，使初凝试针接触玻璃板时，指针对准标尺的零点。

2. 将标准稠度水泥净浆按标准稠度用水量标准法装模和刮平，放入标准养护箱内，

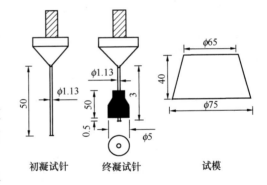

附图2-9　试针和试模（单位：mm）

记录水泥全部加入水中的时间作为凝结时间的起始时间。

3. 凝结时间测定

（1）初凝时间

1）在加水后30min时进行第一次测定。

2）测定时，从养护箱取出试模，放到初凝试针下，使试针与净浆面接触，拧紧螺栓1～2s后再突然放松，试针自由垂直地沉入净浆，记录试针停止下沉或释放试针30s时指针的读数。

3）当试针下沉至距离底板4±1mm时，水泥达到初凝状态。

注：临近初凝状态时间隔5min或更短测定一次；达到初凝时应立即重复测一次，两次结论相同才能确定达到初凝状态，且每次测针应在不同位置。

（2）终凝时间

1）测定时，试针更换成终凝试针。

2）完成初凝时间测定后，立即将试模和浆体翻转180°，直径小端向下放在玻璃板上，再放入养护箱中继续养护。

3）当试针沉入浆体0.5mm，且在浆体上不留环型附件的痕迹时，水泥达到终凝时间。

注：临近终凝状态时间隔15min或更短测定一次；达到终凝时应立即重复测2次，结论相同才能确定达到初凝状态，且每次测针应在不同位置。

（四）试验结果的计算与确定

1. 初凝时间：自水泥全部加入水中时起，至初凝试针沉入净浆中距离底板4±1mm时所需的时间。

2. 终凝时间：自水泥全部加入水中时起，至终凝试针沉入净浆中0.5mm，且不留环形痕迹时所需的时间。

五、安定性试验

安定性试验方法有雷氏夹法（标准法）和试饼法（代用法），均属于沸煮法范畴。

（一）目的

通过安定性试验，可检验水泥硬化后体积变化的均匀性，以控制因安定性不良引起的工程质量事故。

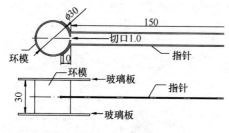

附图2-10 雷氏夹（单位：mm）

（二）主要仪器设备

沸煮箱——能在30±5min将箱内水由室温升至沸腾状态并保持3h以上；

雷氏夹——见附图2-10；

雷氏夹膨胀值测量仪、水泥净浆搅拌机、玻璃板等。

（三）雷氏夹法

1. 试验方法及步骤

（1）用标准稠度用水量拌制水泥净浆，然后制作试件。

（2）把内表涂油的雷氏夹放在稍涂油的玻璃板上，将标准稠度水泥净浆一次装满雷氏夹，一手轻扶雷氏夹，另一只手用宽约25mm的直边刀插捣3次，然后抹平，盖上另一稍涂油的玻璃板，移至标准养护箱内养护24±2h。

（3）调整好沸煮箱的水位，使之能在整个沸煮过程中都没过试件。

（4）脱去玻璃板，取下试件，测量雷氏夹指针尖端间的距离A，精确到0.5mm，再将试件放入水中试件架上，指针朝上，在30±5min内加热至沸，并恒沸180±5min。

（5）煮毕，将水放出，待箱内温度冷却至室温时，取出检查。

（6）测量煮后雷氏夹针尖端间的距离C，精确至0.5mm。

2. 试验结果的计算与确定

（1）雷氏夹法试验结果以沸煮前后试件指针尖端间的距离之差（C-A）表示。

（2）雷氏夹法试验结果取两个平行试样试验结果的算术平均值。

（3）距离之差（C-A）小于等于5.0mm时，即安定性合格，否则应用同一样品立即重做一次试验，以复验结果为准。

（四）试饼法

1. 试验方法及步骤

（1）用标准稠度用水量拌制水泥净浆，然后制作试件。

（2）取部分标准稠度水泥净浆，分成两等份，制成球形，放在涂过油的玻璃板上，轻振玻璃板，并用湿布擦过的小刀，由边缘向饼的中央抹动，制成直径为 70～80mm，中心厚约 10mm，边缘渐薄，表面光滑的试饼，放入标准养护箱内养护 24±2h。

（3）调整好沸煮箱的水位，使之能在整个沸煮过程中都没过试件。

（4）脱去玻璃板，取下试件，检查试饼完整性，在无缺陷的情况下，将试饼置于沸煮箱内水中的篦板上，在 30±5min 内加热至沸，并恒沸 180±5min。

（5）煮毕，将水放出，待箱内温度冷却至室温时，取出检查。

2. 试验结果的确定

目测试饼，若未发现裂缝，再用钢直尺检查也没有弯曲时，则水泥安定性合格，反之为不合格。当两个试饼判别结果有矛盾时，为安定性不合格。

六、水泥胶砂强度试验

（一）目的

采用 40mm×40mm×160mm 棱柱体试件，测试水泥胶砂在一定龄期时的抗压强度和抗折强度，从而确定水泥的强度等级或判定是否达到某一强度等级。

（二）主要仪器设备

试模——三个 40mm×40mm×160mm 模槽组成，见附图 2-11；

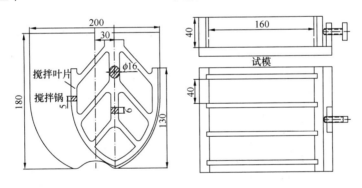

附图 2-11　胶砂搅拌机与试模

抗折强度试验机——三点抗折，加载速度可控制在 50±10N/s；

抗压强度试验机——最大荷载为 200～300kN，精度为 1%；

自动滴管或天平——225mL，精度为 1mL 或称量为 500g，精度为 1g；

水泥胶砂搅拌机——见附图 2-11；

抗折和抗压夹具——见附图 2-12；

胶砂振实台、模套、刮平直尺等。

（三）试验方法及步骤

1. 试验前准备

（1）将试模擦净，紧密装配，内壁均匀刷一层薄机油。

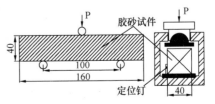

附图 2-12　抗折和抗压夹具
示意图（单位：mm）

（2）每成型三条试件需称量水泥 $450\pm2g$，标准砂 $1350\pm5g$。

（3）硅酸盐水泥和掺其他混合料的普通硅酸盐水泥：水灰比为 0.5，拌合用水量为 $225\pm1mL$ 或 $225\pm1g$。

火山灰质硅酸盐水泥、粉煤灰硅酸盐水泥、复合硅酸盐水泥和掺火山灰质混合材的普通硅酸盐水泥：用水量按 0.5 水灰比和胶砂流动度不小于 180mm 来确定，当流动度小于 180mm 时，以增加 0.01 倍数的水灰比调整胶砂流动度至不小于 180mm。

2. 成型试件

（1）把水加入锅内，再加入水泥，把锅固定后上升到固定位置，立即开动机器。低速搅拌 30s 后，在第二个 30s 开始的同时均匀地将砂加入，再高速搅拌 30s。停拌 90s，在停拌的第一个 15s 内将叶片和锅壁上的胶砂刮入锅中间，再高速搅拌 60s。

（2）把试模和模套固定在振实台上，将搅拌锅里胶砂分二层装入试模，装第一层时，每个槽内放约 300g 胶砂，用大播料器垂直架在模套顶部沿每个模槽来回一次将料层播平，接着振实 60 次。再装入第二层胶砂，用小播平器播平，再振实 60 次。

（3）从振实台上取下试模，用一金属直尺以近 90°的角度从试模一端沿长度方向以横向锯割动作慢慢将超过试模部分的胶砂刮去，并用直尺以近乎水平的角度将试体表面抹平。

（4）在试模上作标记或加字条标明试件编号和试件相对于振实台的位置。

3. 养护

（1）将试模水平放入温度为 $20\pm1℃$，相对湿度大于 90% 的养护室或养护箱养护，20～24h 后取出脱模。

（2）脱模后立即放入水中养护，养护水温为 $20\pm1℃$，养护至规定龄期。

4. 强度试验

（1）龄期

不同龄期的试件须在 $24h\pm15min$、$48h\pm30min$、$72h\pm45min$、$7d\pm2h$、$>28d\pm8h$ 内进行强度测定。

（2）抗折强度测定

1）每龄期取出 3 个试件，先测试抗折强度。

2）试验前须擦去试件表面水分和砂粒，清理夹具上圆柱表面，从试件侧面与圆柱接触方向放入抗折夹具内。

3）开动抗折机以 $50\pm10N/s$ 的速度加荷，直至试件折断，记录破坏荷载 F_f（N）。

（3）抗压强度测定

1）取抗折试验后的 6 个断块进行抗压试验，抗压强度测定采用抗压夹具，以试体的侧面作为受压面，试体受压面为 40mm×40mm，试验前应清除试体受压面与加压板间的砂粒或杂物。

2）开动试验机，以 $2400\pm200N/s$ 的速度均匀地加荷至破坏。记录破坏荷载 F_c（N）。

（四）试验结果的计算与确定

1. 抗折强度

（1）按下式计算抗折强度 R_f，精确至 0.1MPa：

$$R_f = \frac{3}{2}\frac{F_f L}{bh^2} = 0.00234 F_f$$

式中　L——支撑圆柱中心距离为100mm；

　　b、h——试件断面宽及高均为40mm。

（2）抗折强度结果取3个试件抗折强度的算术平均值，精确至0.1MPa。当3个强度值中有超过平均值的±10%时，应予剔除，再取平均值作为试验结果。

2. 抗压强度

（1）按下式计算抗压强度R_c，精确至0.1MPa：

$$R_c = \frac{F_c}{A}$$

式中　A——受压面积，即40mm×40mm＝1600mm^2。

（2）抗压强度结果取6个试件抗压强度的算术平均值，精确至0.1MPa；如6个测定值中有一个超出6个平均值的±10%，就应剔除这个结果，以剩下5个的平均值作为结果；如果5个测定值中再有超过其平均值±10%的，则此组结果作废。

七、水泥胶砂流动度试验

（一）目的

水泥胶砂流动度是以一定配合比的水泥胶砂，在规定振动状态下的扩展范围来表示。通过流动度试验，可衡量水泥相对需水量的大小，也是火山灰质硅酸盐水泥、粉煤灰硅酸盐水泥、复合硅酸盐水泥和掺火山灰质混合材的普通硅酸盐水泥进行强度试验的必要前提。

（二）主要仪器设备

水泥胶砂搅拌机——见附图2-11；

水泥胶砂流动度测定仪（跳桌）——见附图2-13；

天平——称量为1000g，精度为1g；

试模——截锥圆模，高60mm，上口内径70mm，下口内径100mm；

捣棒——直径20mm；

卡尺、模套、料勺、小刀等。

（三）试验方法及步骤

1. 检查水泥胶砂搅拌机运转是否正常，跳桌空跳25次。

2. 根据配合比按照"水泥胶砂强度试验"搅拌方法制备胶砂。

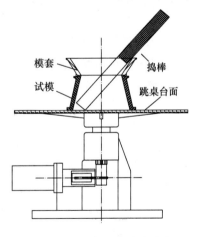

附图2-13　水泥胶砂流动度
测定仪示意图

3. 在制备胶砂的同时，用湿布抹擦跳桌台面、试模、捣棒等与胶砂接触的工具，并用湿抹布覆盖。

4. 将拌好的胶砂分两层迅速装入加模套的试模，扶住试模进行压捣。

5. 第一层装至约2/3模高处，并用小刀在两垂直方向各划5次，用捣棒由边缘至中心压捣15次，压捣至1/2胶砂高度处。

6. 第二层装至约高出模顶20mm处，并用小刀在两垂直方向各划5次，用捣棒由边缘至中心压捣 10 次，压捣不超过第一层捣实顶面。

7. 压捣完毕，取下模套，用小刀倾斜方向由中间向两侧分两次近水平角度抹平顶面，擦去桌面胶砂，垂直轻轻提起试模。

8. 开动跳桌，以每秒 1 次的频率完成 25 次跳动。

9. 测量两个垂直方向上的直径，精确至 1mm。

10. 水泥加入水中起到测量结束的时间不得超过 6min。

（四）试验结果的计算与确定

胶砂流动度试验结果取两个垂直方向上直径的算术平均值，精确至 1mm。

试验三　砂、石材料试验

本章试验内容有砂的筛分、含水率试验，石的筛分、针片状含量试验。

试验参照《建设用砂》GB/T 14684—2011、《建设用卵石、碎石》GB/T 14685—2011、《普通混凝土用砂、石质量及检验方法标准》JGJ 52—2006、《公路工程集料试验规程》JTGE42—2005 等标准进行。

一、砂试验

（一）取样方法与检验规则

1. 砂的取样

在料堆取样时，铲除表层后从料堆不同部位随机取大致等量 8 份砂；从皮带运输机上抽样时，应用接料器在出料处定时抽取大致等量的 4 份砂；从火车、汽车和货船上取样时，从不同部位和深度抽取大致等量的 8 份砂。分别组成一组样品。

2. 四分法缩取试样

用分料器直接分取；或人工四分：将取回的砂试样在潮湿状态下拌匀后摊成厚度约 20mm 的圆饼，在其上划十字线，分成大致相等的四份，取其对角线的两份混合后，再按同样的方法持续进行，直至缩分后的材料量略多于试验所需的数量为止。

3. 检验规则

砂检验项目主要有颗粒级配等五项指标。经检验后，结果符合标准规定的相应要求时，可判为该产品合格，若其中一项不符合，则应从同一批产品中加倍抽样对该项进行复检，复检后指标符合标准要求时，可判该类产品合格，仍不符合标准要求时，则该批产品不合格。若有两项及以上结果不符合标准规定时，则判该批产品不合格。

（二）砂的筛分析试验

1. 目的

通过筛分试验，获得砂的级配曲线即颗粒大小分布状况，判定砂的颗粒级配情况；根据累计筛余百分率计算出砂的细度模数，评定出砂规格即粗砂或中砂或细砂。

2. 主要仪器设备

标准筛——方孔，孔径为 150、300、600μm、1.18、2.36、4.75 和 9.50mm，并附有筛底和筛盖；

天平——称量为 1000g，感量为 1g；

烘箱——温度能控制在 105±5℃；

摇筛机、浅盘、毛刷和容器等。

3. 试验方法及步骤

（1）筛除大于 9.50mm 的颗粒，用四分法缩取约 1100g 试样，置于 105±5℃ 的烘箱中烘至恒量，冷却至室温，再分为大致相等的两份待用。

（2）称取试样 500g，精确至 1g。

（3）将标准筛由上到下按孔径从大到小顺序叠放，加底盘后，将试样倒入最上层 4.75mm 筛内。

（4）加筛盖后置于摇筛机上，摇 10min。

（5）将筛取下后按孔径大小，逐个用手筛分，筛至每分钟通过量小于试样总重的 0.1％ 为止，通过的颗粒并入下一号筛内一起过筛。直至各号筛全部筛完为止。

各筛的筛余量不得超过按下式计算出的量，超过时应按方法 1）或 2）处理：

$$m = \frac{A \times d^{1/2}}{200}$$

式中 m——在一个筛上的筛余量（g）;

　　　A——筛面的面积（mm^2）;

　　　d——筛孔尺寸（mm）。

1）将筛余量分成少于上式计算出的量，分别筛分，以各筛余量之和为该筛的筛余量。

2）将该筛孔及小于该筛孔的筛余混合均匀后，以四分法分为大致相等的两份，取一份称其质量并进行筛分。计算重新筛分的各级分计筛余量需根据缩分比例进行修正。

（6）称量各号筛的筛余量 m_i，精确至 1g。分计筛余量和底盘中剩余重量的总和与筛分前的试样重量之比，其差值不得超过 1％，否则重做。

4. 试验结果计算与确定

（1）分计筛余百分率 a_i——各筛的筛余量除以试样总量的百分率，精确至 0.1％。

（2）累计筛余百分率 A_i——该筛上的分计筛余百分率与大于该筛的分计筛余百分率之和，精确到 0.1％。

（3）粗细程度确定。

1）按下式计算细度模数 M_x，精确至 0.01:

$$M_x = \frac{(A_2 + A_3 + A_4 + A_5 + A_6) - 5A_1}{100 - A_1}$$

式中 A_1、A_2、A_3、A_4、A_5、A_6——4.75mm、2.36mm、1.18mm、$600\mu m$、$300\mu m$、$150\mu m$ 孔径筛的累计筛余百分率。

2）测定结果取两个平行试样试验结果的算术平均值，精确至 0.1，两次所得的细度模数之差不应大于 0.2，否则重做。

3）根据细度模数的大小确定砂的规格。

（4）级配的评定——累计筛余率取两次试验结果的平均值，绘制筛孔尺寸－累计筛余率曲线，或对照规定的级配区范围，判定是否符合级配区要求。

注：除 4.75mm 和 $600\mu m$ 筛孔外，其他各筛的累计筛余百分率允许略有超出，但超出总量不应大于 5％。

（5）采用修约值比较法进行评定。

（三）砂的含水率试验

1. 目的

进行混凝土配合比计算时，砂石材料以干燥状态为基准，即砂的含水率小于 0.5％，石的含水率小于 0.2％。在混凝土搅拌现场中，砂通常会含有部分的水，为精确控制混凝土配合比各项材料用量，需要预先测试砂的含水率。

2. 主要仪器设备

天平——称量为 1000g，感量为 0.1g；

烘箱——温度能控制在 105±5℃；

浅盘、容器等。

3. 试验方法及步骤

（1）将自然潮湿状态下的砂用四分法缩取约 1100g 试样，拌匀后分为大致相等的两份备用。

（2）称取试样的质量 m_1，精确至 0.1g。

（3）将试样放入浅盘或容器中，置于 105±5℃的烘箱中烘至恒重，取出冷却至室温后，称出其质量 m_0，精确至 0.1g。

4. 试验结果计算与确定

（1）按下式计算砂含水率 Z，精确至 0.1％：

$$Z = \frac{m_1 - m_0}{m_0} \times 100\%$$

（2）结果取两个平行试样试验结果的算术平均值，精确至 0.1％。两次所得的结果之差不应大于 0.2％，否则重做。

二、石试验

（一）取样方法与检验规则

1. 石子的取样

在料堆抽样时，铲除表层后从料堆不同部位随机取大致相等的 15 份石子；从皮带运输机上抽样时，用接料器在出料处抽取大致等量的 8 份石子；从火车、汽车和货船上取样时，从不同部位和深度抽取大致等量的 16 份石子。分别组成一组样品。

2. 四分法缩取试样

将石子试样在自然状态下拌匀后堆成锥体，在其上划十字线，分成大致相等的四份，取其中对角线的两份拌匀后，再按同样的方法持续进行，直至缩分后的材料量略多于试验所需的数量为止。

3. 检验规则

石子检验项目主要有颗粒级配等七项指标。经检验后，结果符合标准规定的相应要求时，可判为该产品合格，若其中一项不符合，则应从同一批产品中加倍抽样对该项进行复检，复检后指标符合标准要求时，可判该类产品合格，仍不符合标准要求时，则该批产品不合格。若有两项及以上结果不符合标准规定时，则判该批产品不合格。

（二）石子的筛分析试验

1. 目的

通过石子的筛分试验，可测定石子的颗粒级配，为其在混凝土中使用和混凝土配合比设计提供依据。

2. 主要仪器设备

标准筛——内径 300mm，方孔，孔径为 2.36、4.75、9.50、16.0、19.0、26.5、31.5、37.5、53.0、63.0、75.0 和 90mm，并附有筛底和筛盖；

天平——称量为 10kg，感量为 1g；

烘箱——温度能控制在 105±5℃；

摇筛机、搪瓷盆等。

3. 试验方法与步骤

（1）所取样用四分法缩取略大于附表 3-1 规定的试样数量，经烘干或风干后备用。

（2）按附表 3-1 规定称取烘干或风干试样质量 m_0，精确至 1g。

（3）将筛从上到下按孔径由大到小顺序叠置，把称取的试样倒入上层筛中，摇筛 10min。

石子筛分析所需试样的最小重量 附表 3-1

最大粒径（mm）	9.5	16.0	19.0	26.5	31.5	37.5	63.0	75.0
试样质量不少于（kg）	1.9	3.2	3.8	5.0	6.3	7.5	12.6	16.0

（4）将筛取下后按孔径由大到小进行手筛，直至每分钟通过量小于试样总量的 0.1%，通过的颗粒并入下一号筛中一起过筛。试样粒径大于 19.0mm，允许用手拨动试样颗粒。

（5）称取各筛的筛余量，精确至 1g。

4. 试验结果的计算与确定

（1）各筛上的所有分计筛余量和筛底剩余的总和与筛分前测定的试样总量相比，其相差不得超过 1%，否则重做。

（2）分计筛余百分率——各筛筛余量与试样总质量之比，精确至 0.1%。

（3）累计筛余百分率——该筛及以上各筛分计筛余百分率之和，精确至 1%。

（4）级配的判定——各筛上的累计筛余百分率是否满足规定的颗粒级配范围要求。

（5）采用修约值比较法进行评定。

（三）石子的针、片状含量试验

1. 目的

通过石子的针、片状含量试验，可评判石子的质量。粒径小于 37.5mm 的颗粒可采用规准仪方法，大于 37.5mm 的颗粒可采用卡尺方法。

2. 主要仪器设备

规准仪——针状规准仪见附图 3-1，片状规准仪见附图 3-2；

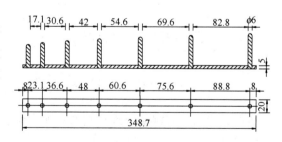

附图 3-1 针状规准仪（单位：mm）

天平——称量为 10kg，感量为 1g；

标准筛——方孔，孔径为 4.75、9.50、16.0、19.0、26.5、31.5、37.5mm；

卡尺、搪瓷盆等。

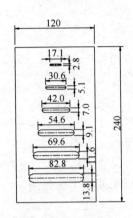

附图 3-2　片状规准仪
（单位：mm）

3. 试验方法与步骤

（1）所取样用四分法缩取略大于附表 3-2 规定的试样数量，经烘干或风干后备用。

（2）按附表 3-2 规定称取烘干或风干试样一份 m_0，精确到 1g。

石子针、片状颗粒含量试验所需试样的最小重量　附表 3-2

最大粒径（mm）	9.5	16.0	19.0	26.5	31.5	37.5	63.0	75.0
试样质量不少于（kg）	0.3	1.0	2.0	3.0	5.0	10.0	10.0	10.0

（3）按附表 3-3、附表 3-4 规定粒级依据石子筛分方法进行筛分。

石子针、片状颗粒含量试验的粒级划分及规准仪要求

附表 3-3

石子粒级（mm）	4.75～9.50	9.50～16.0	16.0～19.0	19.0～26.5	26.5～31.5	31.5～37.5
片状规准仪对应孔宽（mm）	2.8	5.1	7.0	9.1	11.6	13.8
针状规准仪对应间距（mm）	17.1	30.6	42.0	54.6	69.6	82.8

大于 37.5mm 石子针、片状颗粒含量试验的粒级划分及卡尺卡口要求　　附表 3-4

石子粒级（mm）	37.5～53.0	53.0～63.0	63.0～75.0	75.0～90.0
检验片状颗粒的卡尺卡口设定宽度（mm）	18.1	23.2	27.6	33.0
检验针状颗粒的卡尺卡口设定宽度（mm）	108.6	139.2	165.6	198.0

（4）用规准仪或卡尺对石子逐粒进行检验，凡长度大于针状规准仪对应间距或大于针状颗粒的卡尺卡口设定宽度者，为针状颗粒；凡厚度小于片状规准仪对应孔宽或小于片状颗粒的卡尺卡口设定宽度者，为片状颗粒。

（5）称取针、片状颗粒总质量 m_1，精确至 1g。

4. 试验结果的计算与确定

（1）按下式计算针、片状颗粒含量 Q_c，精确至 1%：

$$Q_c = \frac{m_1}{m_0} \times 100$$

（2）采用修约值比较法进行评定。

试验四　外加剂试验

本章试验内容有混凝土外加剂的水泥净浆流动度、水泥胶砂减水率和混凝土减水率。

试验参照《混凝土外加剂》GB 8076—2008、《混凝土外加剂匀质性试验方法》GB/T 8077—2012 进行。

一、外加剂匀质性试验

（一）水泥净浆流动度试验

1. 目的

水泥净浆流动度是指将一定比例的水泥、水和外加剂拌合成净浆，测定其在玻璃板上自由流淌的最大直径。通过流动度试验，确定是否达到生产厂家控制值的要求，也可一定程度上反映外加剂与水泥之间的适应性。

2. 主要仪器设备

水泥净浆搅拌机——同水泥标准稠度试验；

截锥圆模——高 60mm，上口内径 36mm，下口内径 60mm；

天平——感量为 0.01g 和 1g 各一台；

钢直尺、秒表、玻璃板、刮刀等。

3. 试验方法与步骤

（1）将玻璃板平放在水平位置，用湿布抹擦玻璃板、截锥圆模、搅拌机等与净浆直接接触的工具，用湿抹布覆盖截锥圆模和玻璃板。

（2）称取水泥 300g、水 87g 或 105g、规定掺量外加剂。

（3）将水泥倒入搅拌锅，再加入外加剂和水，按水泥标准稠度试验程序搅拌。

（4）把拌好的净浆迅速注入截锥圆模，用刮刀刮平，将截锥圆模垂直提起，同时用秒表计时至 30s。

（5）用直尺量取流淌部分互相垂直方向的最大直径，精确至 1mm。

4. 试验结果的计算与确定

（1）单次试验结果取两个垂直方向上直径的算术平均值，精确至 1mm。

（2）试验结果取两个平行试样试验结果的算术平均值，精确至 1mm。如两次试验结果差大于 5mm，应重做试验。

（3）结果中应注明水、水泥和外加剂的情况。

（二）水泥胶砂减水率试验

1. 目的

水泥胶砂减水率用以检测外加剂对水泥的分散效果。通过试验确定是否达到生产厂家控制值的要求，也可一定程度上反映外加剂与水泥之间的适应性。

2. 主要仪器设备

水泥胶砂搅拌机——同水泥胶砂强度试验；

水泥胶砂流动度测定仪（跳桌）及配套——同水泥胶砂流动度试验；

天平——称量为 100g，精度为 0.01g；称量为 1000g，精度为 1g；

钢直尺、秒表、玻璃板、刮刀等。

3. 试验方法与步骤

（1）基准胶砂流动度用水量的确定

1）称取水泥 450g，适量水（质量根据流动度确定），精确至 1g，水泥胶砂强度试验用标准砂 1350g。

2）按水泥胶砂强度试验方法进行搅拌。

3）将搅拌完成的胶砂按水泥胶砂流动度试验方法测试流动度。

4）不断调整用水量，重复上述过程，直至流动度达到 180±5mm，此时的用水量为基准胶砂流动度的用水量 m_0，精确至 1g。

（2）掺外加剂胶砂流动度用水量的确定

1）称取水泥450g，适量水（质量根据流动度确定），一定质量的外加剂（质量根据掺量确定），精确至0.01g。

2）按水泥胶砂强度试验方法进行搅拌。

3）将搅拌完成的胶砂按水泥胶砂流动度试验方法测试流动度。

4）调整用水量，不断重复上述过程，直至流动度达到180±5mm，此时的用水量为掺外加剂胶砂流动度的用水量 m_1。

4．试验结果的计算与确定

（1）按下式计算胶砂减水率，精确至0.1%：

$$胶砂减水率 = \frac{m_0 - m_1}{m_0} \times 100$$

（2）结果取两个平行试样试验结果的算术平均值，精确至0.1%。如两次试验结果之差大于1.0%，应重做试验。

（3）结果中应注明水泥的强度等级、名称、型号及生产厂家。

二、掺外加剂混凝土减水率试验

混凝土性能试验中各项材料及试验室的温度均应保持在20±3℃。

1．目的

通过掺外加剂混凝土减水率试验，可确定产品的减水率指标是否达到标准要求，也可采用此方法比较不同外加剂与相同水泥之间、相同外加剂与不同水泥或掺合料之间的适应性。

2．主要仪器设备

单卧轴式强制混凝土搅拌机——60L；

坍落度筒——同混凝土试验；

台称、天平——称量骨料精度为±0.5%，其他材料为±0.2%；

钢直尺、铁锹等。

3．试验方法与步骤

（1）原材料和配合比

水泥——基准水泥；

砂——细度模数为2.6～2.9级配良好的中砂；

石——碎石或卵石，粒径为5～20mm，二级配：5～10mm为40%，10～20mm为60%，连续级配，针片状颗含量小于10%，空隙率小于47%，含泥量小于0.5%；

配合比——水泥用量：掺高性能减水剂或泵送剂试验时为360kg/m³，其他外加剂为330kg/m³；砂率：掺高性能减水剂或泵送剂试验时为43%～47%，其他外加剂为36%～40%，掺引气类外加剂的比基准低1%～3%；用水量：掺高性能减水剂或泵送剂试验时，使混凝土坍落度达到210±10mm，其他外加剂为80±10mm；外加剂掺量：根据生产厂家要求确定；用水量包含液体外加剂、砂、石材料中所含水量；每次拌合量为20～45L。

（2）按配合比称取各项材料的质量

1）粉体外加剂：将所有干料一次性投入搅拌机，干拌均匀后再加水，一起搅拌2min。

2）液体外加剂：将所有干料一次性投入搅拌机，干拌均匀，将外加剂加入水中，一起加入，搅拌2min。

（3）出料后，在铁板上人工翻拌均匀。

（4）坍落度为 210 ± 10mm 的混凝土拌合物，测试坍落度时，分为筒高 1/2 的两层，分两次装料，每层插捣 15 次；其他同混凝土拌合物和易性试验；坍落度值精确至 1mm。

（5）如坍落度不能满足规定要求，则调整用水量继续按上述步骤进行试验，直至坍落度与基准混凝土基本相同。

4. 试验结果的计算与确定

（1）按下式计算单批减水率 W_R，精确至 0.1%：

$$W_R = \frac{W_0 - W_1}{W_0} \times 100$$

式中　W_0——基准混凝土单位用水量（kg/m^3）；

　　　W_1——掺外加剂混凝土单位用水量（kg/m^3）。

（2）减水率结果取三批试验结果的平均值，精确至 1%。如三批试验结果中的最大和最小值有一个超出中间值的 15%，则取中间值为试验结果；如两批试验结果超出中间值的 15%，则试验结果作废，应重做试验。

试验五　混凝土试验

本章试验内容有混凝土的拌合方法，新拌混凝土的和易性、表观密度、试件的成型和养护，硬化混凝土的抗压强度、劈裂抗拉强度和抗折强度试验。

试验参照《普通混凝土配合比设计规程》JGJ 55—2011、《普通混凝土拌合物性能试验方法》GB/T 50080—2016、《水工混凝土试验规程》SL 352—2006、《混凝土物理力学性能试验方法标准》GB/T 50081—2019、《普通混凝土长期性能和耐久性能试验方法标准》GB/T 50082—2009 进行。

一、混凝土拌合物实验室拌合方法

（一）目的

通过混凝土的拌合，掌握普通混凝土拌合物的拌制方法，加强对混凝土配合比设计的实践性认识，并为测定混凝土拌合物以及硬化后混凝土性能作准备。

（二）一般规定

1. 拌制混凝土环境条件：室内的相对湿度不宜小于 50%，温度应保持在 $20\pm5℃$，所用材料、器具应与试验室温度保持一致。当需要模拟施工条件下所用的混凝土时，所用原材料和实验室的温度应与施工现场保持一致，且搅拌方法宜与施工采用的方法相同。

2. 砂石材料：一般情况下，采用干燥状态的砂石，则砂的含水率应小于 0.5%，石的含水率应小于 0.2%。若采用含水状态的砂石，用水量则应进行相应扣减。

3. 搅拌机最小搅拌量：采用机械搅拌时，搅拌量不应小于搅拌机额定搅拌容量的 1/4，且不少于 20L。

4. 原材料的称量精度：骨料为 $\pm0.5\%$，水、水泥、掺合料和外加剂为 $\pm0.2\%$。

（三）主要仪器设备

骨料台秤——称量骨料的精度为 $\pm0.5\%$；

其他台秤、天平——称量水、水泥、掺合料、外加剂质量的精度为 $\pm0.2\%$；

搅拌机、拌合钢板、钢抹子、拌铲等。

（四）拌合方法

1. 人工拌合法

（1）按实验室配合比备料，称取各材料用量。

（2）将拌板和拌铲用湿布润湿后，将砂倒在拌板上，加入胶凝材料（水泥和掺合料预先拌合均匀），用拌铲翻拌，反复翻拌混合至颜色均匀，再放入称好的粗骨料与之拌合，继续翻拌，至少翻拌三次，直至混合均匀。

（3）将干混合物堆成锥形，在中间做一凹坑，倒入称量好的水（外加剂一般先溶于水），小心拌合，至少翻拌六次，每翻拌一次后，用铲在混合料上铲切一次，直至混合物均匀，没有色差。加水完毕至拌合完成应在 10min 内。

2. 机械搅拌法

在实验室制备混凝土拌合物，宜采用机械搅拌方法。

（1）按实验室配合比及拌合物总量备料，称取各材料用量。

（2）搅拌机拌前应预拌同配合比混凝土或同水胶比砂浆，搅拌机内壁和搅拌叶挂浆后，卸除余料。

（3）将称好的粗骨料、胶凝材料、细骨料和水按顺序倒入搅拌机内。粉状外加剂宜与胶凝材料同时加入；液体和可溶外加剂与拌合水同时加入。

（4）启动搅拌机至搅拌均匀，搅拌时间不少于 2min；需要时，也可采用干拌、加水、湿拌分段搅拌。

（5）将拌合物从搅拌机中卸出，倾倒在拌板上，再人工拌合 2～3 次，使之均匀。

二、混凝土拌合物和易性试验

（一）目的

通过和易性试验，可以判定混凝土拌合物的工作性即在工程应用中的适宜性，也是混凝土配合比调整的重要依据。

（二）坍落度和扩展度试验

坍落度试验适用于骨料最大粒径不大于 40mm、坍落度不小于 10mm 的混凝土拌合物坍落度测定。扩展度试验适用于骨料最大粒径不大于 40mm、坍落度不小于 160mm 的混凝土拌合物扩展度测定。

1. 主要仪器设备

混凝土坍落度筒、钢尺（坍落度 2 把 30cm，扩展度 1 把 1m）、捣棒、钢底板等，见附图 5-1。

2. 试验方法及步骤

（1）湿润坍落度筒及底板且无明水。底板应放置在坚实水平面上，筒放在底板中心，用脚踩住两边的脚踏板，装料时保持固定的位置。

（2）将混凝土分三层（捣实后每层高度约为筒高 1/3）装入筒内。每层沿螺旋方向由边缘向中心插捣 25 次，插捣底层时，捣棒应贯穿整个深度，且均匀分布，插捣筒边时捣棒可稍倾斜。插捣第二层和顶层

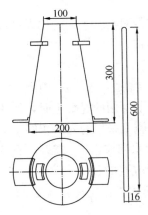
附图 5-1　坍落度筒、
捣棒（单位：mm）

时，捣棒插透本层至下一层的表面。顶层混凝土应装料到高出筒口，插捣过程中，如混凝土低于筒口，则随时添加。顶层插捣完后刮去多余的混凝土，并沿筒口抹平。

（3）清除筒边底板上的混凝土，用双手压住坍落度筒上部把手，移开双脚，3～7s内垂直平稳地提起坍落度筒。

（4）坍落度试验

提起坍落度筒后，将筒轻放于坍落混凝土边，当试样不再继续坍落或坍落时间达30s时，用钢尺测量筒高与坍落后混凝土试体最高点之间的高度差，即为该混凝土拌合物的坍落度值，见附图5-2。如混凝土发生一边崩坍或剪坏，应重新取样测定；如第二次试验仍出现上述现象，则表示混凝土和易性不好，予以记录。从开始装料到提坍落度筒的整个过程应连续进行，并在150s内完成。

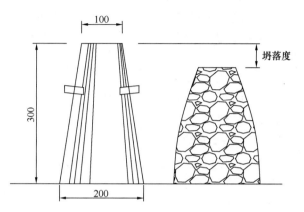

附图 5-2　坍落度（单位：mm）

（5）扩展度试验

提起坍落度筒后，当拌合物不再扩散或扩散持续时间达50s时，用钢尺测量混凝土扩展后的最大直径和与其垂直的直径，在这两个直径之差小于50mm的条件下，扩展度值取两者算术平均值，否则应重新取样测试。同时观测是否有粗骨料在中央集堆、边缘有水泥浆析出情况，来判断混凝土拌合物黏聚性或抗离析性的好坏，予以记录。从开始装料到测得扩展度值的整个过程应连续进行，并在240s内完成。

（6）黏聚性、保水性的经验性判断方法

黏聚性：对于坍落度较小的混凝土，可用捣棒在已坍落的混凝土锥体侧面轻轻敲打，如锥体逐渐下沉，则表示黏聚性良好；坍落后未成锥体情况下，可用抹刀翻拌混凝土或将混凝土上提并让其向下自然流淌，观察流动情况，或用抹刀压抹混凝土，观察压抹混凝土容易程度及流动情况，以流动情况判断黏聚性好坏。

保水性：根据混凝土周边稀浆或水析出情况进行判断，若没有或少量则较好，反之则差。

3.试验结果确定

混凝土拌合物坍落度和扩展度测量精确至1mm，结果表达修约至5mm。

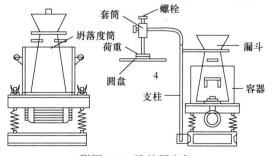

附图 5-3　维勃稠度仪

（三）维勃稠度试验

维勃稠度法适用于干硬性混凝土，骨料最大粒径不超过40mm，维勃稠度值在5～30s的混凝土拌合物稠度测定。

1.主要试验仪器设备

维勃稠度仪（附图5-3）、捣棒、小铲、秒表等。

2.试验方法及步骤

（1）维勃稠度仪应放置在坚实水平面上，用湿布把容器、坍落度筒、喂料斗内壁及其他用具润湿。

（2）将容器固定于振动台台面上。把坍落度筒放入容器并对中，将喂料斗提到坍落度筒上方扣紧，校正容器位置，使其中心与喂料中心重合，拧紧固定螺栓。

（3）混凝土拌合物分三层经喂料斗均匀地装入筒内，装料及插捣方式同坍落度试验。

（4）将圆盘、喂料斗转离，垂直地提起坍落度筒，注意不使混凝土试体产生横向扭动。

（5）把透明圆盘转到试体顶面，旋松测杆螺栓，降下圆盘，轻轻地接触到试体顶面。

（6）开启振动台同时用秒表计时，当振动到透明圆盘的底面被水泥浆布满的瞬间，停止计时，关闭振动台。

3. 试验结果确定

记录秒表的时间，精确至 1s，即为混凝土拌合物的维勃稠度值。

三、混凝土拌合物表观密度试验

（一）目的

通过表观密度试验，可以确定出单方混凝土各项材料的实际用量，避免在工程应用中出现亏方或盈方，也为混凝土配合比调整提供依据，《普通混凝土配合比设计规程》中明确规定，当表观密度实测值和计算值之差超过 2% 时，应对配合比中各项材料的用量进行修正。

（二）主要仪器设备

容量筒——骨料最大粒径不大于 40mm 时采用容积不小于 5L；骨料最大粒径大于40mm 时，容量筒高度和内径应大于最大公称粒径的 4 倍；

电子天平——称量为 50kg，感量不大于 10g；

（三）试验方法及步骤

1. 标定容量筒容积

（1）称量玻璃板和容量筒的质量 m_0，玻璃板能覆盖容量筒的顶面。

（2）向容量筒注入清水，至略高出筒口。

（3）用玻璃板从一侧徐徐平推，盖住筒口，玻璃板下应不带气泡。

（4）擦净外侧水分，称量玻璃板、筒及水的质量 m_1。

（5）容量筒容积 $V = (m_1 - m_0)/\rho_w$，ρ_w 可取 1000kg/m³。

2. 用湿布把容量筒内外擦干净，称量出容量筒的质量 m_2，精确至 10g。

3. 坍落度大于 90mm、容量筒体积为 5L 时：拌合物分两层装入，每层用捣棒由边缘向中心均匀插捣 25 次，并贯穿该层，每层插捣完后用橡皮锤在筒外壁敲打 5~10 次。

坍落度不大于 90mm 时用振动台振实：拌合物一次性加至略高出筒口，振动过程中混凝土低于筒口时应随时添加，振动至表面出浆。

自密实混凝土应一次性加满，且不应进行振动和插捣。

4. 刮去多余混凝土，用抹刀抹平表面，擦净筒外壁。

5. 称量拌合物和筒的总质量 m_3，精确至 10g；

（四）试验结果的计算与确定

按下式计算混凝土拌合物的表观密度，精确至 10kg/m³：

$$\rho = \frac{m_3 - m_2}{V} \times 1000$$

四、试件的制作与养护

（一）试件

1. 试件尺寸和形状

根据粗骨料的最大粒径选用试件的尺寸和形状。尺寸的一般要求为立方体试件边长大于骨料最大粒径的3倍，圆柱体试件直径大于骨料最大粒径的4倍。详见附表5-1。

试件的尺寸和形状要求

附表 5-1

试件横截面尺寸（mm）	骨料最大粒径（mm）			试件的形状和尺寸（mm）
	100×100	150×150	200×200	
抗压强度	31.5	37.5	63	立方体：边长为 100 或 150* 或 200 圆柱体：φ100×200 或 φ150×300* 或 φ200×400
抗折强度	31.5	37.5	—	棱柱体：150×150×600 或 550*；100×100×400
轴心抗压强度	31.5	37.5	63	棱柱体：100×100×300 或 150×150×300* 或 200×200×400
静力受压弹性模量	31.5	37.5	63	圆柱体：φ100×200、φ150×300* 或 φ200×400
劈裂抗拉强度	19.0	37.5	—	立方体：边长为 100 或 150* 或 200 圆柱体：φ100×200 或 φ150×300* 或 φ200×400

注：* 表示标准试件尺寸。

2. 试件尺寸公差

（1）试件的承压面的平整度公差不得超过 $0.0005d$，d 为边长。

（2）试件的相邻面夹角应为 $90°$，公差不得超过 $0.5°$。

（3）试件各边长、直径和高度的尺寸的公差不得超过 1mm。

（二）主要仪器设备

振动台——振幅为 0.5mm，振动频率为 50Hz；

试模——应符合标准要求。

（三）试验方法及步骤

1. 选用合适尺寸试模，制作试件前，检查试模，同时在其内壁涂上一薄层矿物油或其他脱模剂。

2. 按混凝土拌合物实验室拌合方法拌制混凝土拌合物。

3. 成型试件

取样或拌制好的混凝土拌合物应至少用铁锹再来回拌合三次。成型应在拌制后尽快完成，成型方法根据混凝土状况确定，应保证混凝土试件充分密实，避免分层离析。

（1）振动台成型

1）将拌好的混凝土拌合物一次装入试模，用抹刀沿试模内壁插捣，并使混凝土拌合物略高出试模口。

2）把试模放到振动台上固定，开启振动台，振动时试模不得跳动，振动到表面出浆且无明显大气泡溢出为止，不得过振，时间一般可设定为 $10\sim20s$，振动过程中随时添加混凝土使试模常满。

3）取下试模，刮去多余拌合物，临近初凝时仔细抹平。

（2）插入式振捣棒成型

养护龄期允许偏差见附表 5-2。

养护龄期允许偏差表   附表 5-2

养护龄期	1d	3d	7d	28d	56d 或 60d	≥84d
允许偏差（h）	0.5	2	6	20	24	48

1）将拌好的混凝土拌合物一次装入试模，用抹刀沿试模内壁插捣，并使混凝土拌合物略高出模口。

2）宜用直径为 25mm 的振捣棒，振捣棒距试模底板 10～20mm，振动到表面出浆且无明显大气泡溢出为止，不得过振。振捣时间约为 20s，振捣棒拔出要缓慢，拔出后不得留有孔洞。

3）刮去多余拌合物，临近初凝时抹平。

（3）人工捣实成型

1）将混凝土拌合物分二层装入试模，每层装料厚度大致相同。

2）用捣棒按螺旋方向由边缘向中心进行垂直插捣，插捣底层时捣棒应达到试模底面，插捣上层时，捣棒应贯穿到下层深度 20～30mm，并用抹刀沿试模内侧插入数次。每层插捣次数不少于 12 次/10000mm²。

3）插捣后用橡皮锤轻轻敲击试模四周，直至捣棒留下的孔洞消失。

4）刮去多余拌合物，临近初凝时抹平。

4. 养护试件

（1）标准养护

1）试件成型后，宜立即用湿布或用塑料薄膜覆盖表面防止水分大量蒸发，在 $20\pm5℃$ 的环境中静置 24～48h。

2）编号并拆模，将试件放入温度为 $20\pm2℃$、相对湿度 95％ 以上标准养护室养护，试件应放置于支架上，间隔为 10～20mm，试件表面应保持潮湿，并不得被水直接冲淋。无标准养护室时可放在 $20\pm2℃$ 的不流动的 $Ca(OH)_2$ 饱和溶液中养护。

3）标准养护龄期为 28d，也可为 1d、3d、90d、180d 等其他设定龄期，龄期从搅拌加水开始计时。

（2）同条件养护

1）同条件养护试件拆模时间与构件拆模时间相同。

2）拆模后放置在靠近相应结构构件或结构部位的适当位置，并采取相同的养护方法。

五、混凝土强度试验

（一）目的

混凝土强度包括了立方体抗压强度、轴心抗压强度、劈裂抗拉强度、抗折强度和抗拉强度。通过混凝土强度试验，确定强度是否达到设计要求，也可考察各强度之间的相关性。

（二）混凝土立方体抗压强度试验

1. 主要仪器设备

压力试验机——精度为1%；

钢直尺、毛刷等。

2. 试验方法及步骤

(1) 试件从养护地点取出，将试件表面与上下承压板面擦干净，测量受压面的边长 a 与 b 各 4 次，精确至 0.1mm，结果分别取 4 次平均值 $\bar{a}$、$\bar{b}$。

(2) 应将试件居中放置在下压板上，受压面应与成型时的顶面垂直。开动试验机，当上压板与试件或钢垫板接近时，调整球座，使接触均衡。

(3) 在试验过程中应连续均匀地加荷，加载速度详见附表 5-3。

(4) 试件接近破坏开始急剧变形时，应停止调整试验机油门，直至破坏，然后记录破坏荷载 F（N）。

抗压强度试验加载速度对照表　　　　　　附表 5-3

试件 立方体边长 （mm）	强度					
	<30MPa		≥30MPa 且<60MPa		≥60MPa	
	MPa/s	kN/s	MPa/s	kN/s	MPa/s	kN/s
100	0.3～0.5	3.0～5.0	0.5～0.8	5.0～8.0	0.8～1.0	8.0～10.0
150		6.8～11.2		11.3～18.0		18.0～22.5
200		12.0～20.0		20.0～32.0		32.0～40.0

3. 试验结果的计算与确定

(1) 按下式计算试件的受压面积 A（mm²）：

$$A = \bar{a} \times \bar{b}$$

式中　$\bar{a}$、$\bar{b}$ ——受压面边长平均值。

(2) 按下式计算试件的抗压强度 f_{cu}，精确至 0.1MPa：

$$f_{cu} = \frac{P}{A}$$

(3) 抗压强度取三个试件的算数平均值，精确至 0.1MPa。三个试件中如有一个与中间值的差值超过中间值的 15% 时，取中间值作为该组试件的抗压强度值。三个试件中如有两个与中间值的差值超过中间值的 15% 时，则该组试件的试验结果无效。

(4) 混凝土强度等级小于 C60 时，边长为 200mm 和 100mm 非标准立方体试件的抗压强度值需乘以对应的尺寸换算系数 1.05 和 0.95，换算成标准立方体试件抗压强度值。混凝土强度等级不小于 C60 时，宜采用标准试件，大于 C60 且不大于 C100 时，使用非标准试件的尺寸换算系数宜根据试验确定，未经试验边长为 100mm 的试件系数可取 0.95。

（三）混凝土立方体劈裂抗拉强度试验

1. 主要仪器设备

压力试验机——精度为 1%；

混凝土劈裂抗拉试验装置——见附图 5-4；

垫条——半径为 75mm，高 20mm 钢垫条；

垫层——宽 20mm，厚 3～4mm 木质垫层，长度不短于试件

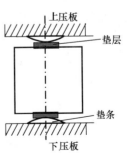

附图 5-4　劈裂抗拉
试验装置

边长，不得重复使用。

2. 试验方法及步骤

（1）试件从养护地点取出，将试件表面与上下压板面擦干净。标出试件的劈裂面位置线，立方体试件劈裂面与成型时顶面垂直，测量劈裂面的边长 a、b，精确至 0.1mm，尺寸公差应符合要求。

（2）将试件放在试验机下压板的中心位置，在劈裂面位置线上，上、下压板与试件之间垫以垫条及垫层各一条，受压面应为试件成型时侧面。试验时可采用专用辅助夹具装置。

（3）开动试验机，当上压板与垫条接近时，调整球座，使接触均衡。加荷应连续均匀，加载速度详见附表 5-4。

（4）至试件接近破坏时，应停止调整试验机油门，直至试件破坏，然后记录破坏荷载。

劈裂抗拉强度试验加载速度对照表　　　　　　　　　　　　附表 5-4

试件	强度					
立方体边长（mm）	<30MPa		≥30MPa 且<60MPa		≥60MPa	
	MPa/s	kN/s	MPa/s	kN/s	MPa/s	kN/s
100	0.02~0.05	0.3~0.8	0.05~0.08	0.8~1.3	0.08~0.10	1.3~1.6
150		0.7~1.8		1.8~2.8		2.8~3.5

3. 试验结果的计算与确定

（1）按下式计算试件的劈裂面积 A（mm²）：

$$A = \bar{a} \times \bar{b}$$

式中　$\bar{a}$、$\bar{b}$——劈裂面边长平均值，当 $\bar{a}$、$\bar{b}$ 与试件尺寸公差小于等于 1.0mm 时，可直接取试件规格尺寸。

（2）按下式计算混凝土的劈裂抗拉强度 f_{st}，精确至 0.01MPa：

$$f_{st} = \frac{2P}{\pi A} = 0.637 \frac{P}{A}$$

（3）劈裂抗拉强度结果确定方法同混凝土立方体抗压强度。

（4）混凝土强度等级小于 C60 时，边长为 100mm 的立方体试件需乘以尺寸换算系数 0.85。当混凝土强度等级大于等于 C60 时，宜采用标准试件，使用非标准试件时，尺寸换算系数应由试验确定。

（四）混凝土抗折强度试验

1. 主要仪器设备

压力试验机——精度为 1%；

抗折试验装置——见附图 5-5；

钢直尺、毛刷等。

2. 试验方法及步骤

（1）试件从养护地点取出，将试件擦干并检查，长向中部不得有表面直径超过 5mm，深度超过 2mm 的孔洞；标出试件的荷载作用线，试件的承压面为试件侧面；测量两处荷

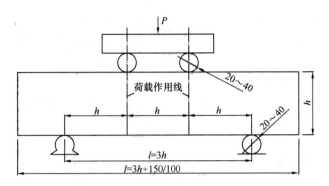

附图 5-5　混凝土抗折试验装置

载作用线高度 h 和宽度 b，精确到 0.1mm，尺寸公差应符合要求。

（2）将试件居中放于试验装置上，安装尺寸偏差不得大于 1mm。支座及受压面与圆柱的接触面应平稳、均匀，否则应垫平；试件的承压面为试件成型时侧面。

（3）开动试验机，施加荷载应保持均匀、连续，加载速度详见附表 5-5。

（4）至试件接近破坏时，应停止调整试验机油门，直至试件破坏，然后记录破坏荷载 P。

抗折强度试验加载速度对照表　　　　　　　　　　　　　　附表 5-5

试件	抗压强度					
断面边长（mm）	<30MPa		≥30MPa 且 <60MPa		≥60MPa	
	MPa/s	N/s	MPa/s	N/s	MPa/s	N/s
100	0.02～0.05	67～166	0.05～0.08	167～266	0.08～0.10	267～333
150		150～375		375～600		600～750

3. 试验结果的计算与确定

（1）按下式计算试件的抗折强度 f_f，精确至 0.1MPa：

$$f_f = \frac{Pl}{\bar{b}\,\bar{h}^2}$$

式中　l——支座间跨度（mm）；

$\bar{b}$、$\bar{h}$——分别为试件横截面宽度和高度平均值（mm），$\bar{b}$、$\bar{h}$ 与试件尺寸公差小于等于 1.0mm 时，可直接取试件规格尺寸。

（2）抗折强度的确定

1）三个试件下边缘断裂处于两个集中荷载作用线之间时：

① 抗折强度取三个试件的算数平均值，精确至 0.1MPa。

② 三个试件中如有一个与中间值的差值超过中间值的 15% 时，取中间值作为该组试件的抗折强度值。

③ 三个试件中如有两个与中间值的差值超过中间值的 15% 时，则该组试件的试验结果无效。

2）三个试件中若有一个折断面位于两个集中荷载作用线之外时：

按另外两个试验结果计算，若这两个测值的差值不大于这两个测值的较小值的 15%

325

时，则取这两个测值的平均值，否则该组试件的试验无效。

3）三个试件中若有两个折断面位于两个集中荷载作用线之外时，则该组试件试验无效。

4）非标准尺寸试件强度换算：

当试件尺寸为 100mm×100mm×400mm 非标准试件时，应乘以尺寸换算系数 0.85；当混凝土强度等级大于等于 C60 时，宜采用标准试件，使用非标准试件时，尺寸换算系数应由试验确定。

六、混凝土耐久性试验

（一）抗水渗透试验

1. 主要仪器设备

混凝土抗渗仪——见附图 5-6；

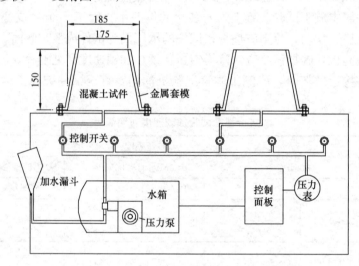

附图 5-6　混凝土抗渗试验仪示意图（单位：mm）

抗渗试模、梯形板、钢直尺、钢丝刷等。

2. 试验方法及步骤

（1）根据配合比，按混凝土强度试验中方法成型标准试件一组 6 个。

（2）拆模后，用钢丝刷刷去两端面的水泥浆膜，并立即将试件送入标准养护室进行养护。

（3）抗水渗透试验的龄期宜为 28d，在到达试验龄期前一天时从养护室取出，并擦拭干净。待试件表面晾干后，密封试件。

1）石蜡密封，在试件侧面裹涂一层熔化的内加少量松香的石蜡。然后将试件压入经预热的试模中，使试件与试模底平齐，并在试模变冷后解除压力。试模的预热温度，以石蜡接触试模缓慢熔化但不流淌为准。

2）水泥加黄油密封，其质量比为（2.5～3）∶1。用三角刀将密封材料均匀地刮涂在试件侧面上，厚度为 1～2mm。套上试模并将试件压入，使试件与试模底平齐。

3）也可以采用其他更可靠的密封方式。

（4）启动抗渗仪，开通阀门，使水充满试位坑，关闭阀门后将密封好的试件安装在抗渗仪上。

（5）渗水高度法。

1）试件安装好后，开通阀门，在5min内使水压达到1.2±0.05MPa（相对渗透性系数可采用0.8、1.0或1.2MPa），记录达到稳定压力的时间为起始时间，精确至1min。在稳压过程中随时观察试件端面的渗水情况，当有试件端面出现渗水时，停止该试件的试验并记录时间，并以试件的高度作为该试件的渗水高度。对于试件端面未出现渗水的情况，在24h后停止试验。在试验过程中，当发现水从试件周边渗出时，重新按标准进行密封。

2）将试件从抗渗仪中取出，放在压力机上，试件上下两端面中心处沿直径方向各放一根直径为6mm的钢垫条，并保持在同一竖直平面内。开动压力机，将试件沿纵断面劈裂为两半。试件劈开后，用防水笔描出水痕。

3）将梯形板放在试件劈裂面上，并用钢尺沿水痕等间距量测10个测点的渗水高度值，精确至1mm。当读数时若遇到某测点被骨料阻挡，以靠近骨料两端的渗水高度算术平均值作为该测点的渗水高度。

（6）逐级加压法。

水压从0.1MPa开始，之后每隔8h增加0.1MPa水压，并随时观察试件端面渗水情况。当6个试件中有3个试件表面出现渗水时，或加至规定压力（设计抗渗等级）在8h内6个试件中表面渗水试件少于3个时，可停止试验，并记下此时的水压力。在试验过程中，当发现水从试件周边渗出时，重新进行密封。

3. 试验结果的计算与确定

（1）渗水高度法

1）按下式计算单个试件平均渗水高度 $\overline{h}_i$，精确至1mm：

$$\overline{h}_i = \frac{1}{10} \sum_{j=1}^{10} h_j$$

式中　h_j——第 i 个试件第 j 个测点处的渗水高度（mm）。

2）一组试件的平均渗水高度 $\overline{h}$，精确至1mm：

$$\overline{h} = \frac{1}{6} \sum_{i=1}^{6} \overline{h_i}$$

3）相对渗透性系数 K_r（单位：cm/h）：

$$K_r = \frac{a\overline{h}_i^2}{2TH}$$

式中　a——混凝土的吸水率，一般取0.03；

　　　H——水压力，以水柱高度表示，0.8、1.0或1.2MPa对应的水柱高度分别取8160、10200和12240cm；

　　　T——恒压时间（h）。

相对渗透性系数取6个试件的算数平均值。

（2）逐级加压法

以每组6个试件中有4个试件未出现渗水时的最大水压力乘以10来确定混凝土的抗渗等级。

按下式计算混凝土的抗渗等级 P：

$$P = 10H - 1$$

式中 H——6个试件中有3个试件渗水时的水压力（MPa）。

（二）抗冻试验（慢冻法）

1. 主要仪器设备

冻融试验箱——试件静止的情况下可通过气冻水融进行冻融循环；满载时，冷冻温度能保持在 $-20\sim-18℃$，溶解温度能保持在 $18\sim20℃$，极差不超过 $2℃$。也可采用自动冻融试验设备；

压力试验机——精度为 1%；

台秤——称量为 20kg，精度为 5g。

2. 试验方法及步骤

（1）按混凝土强度试验中方法成型试件，采用边长为 100mm 的立方体试件。

（2）龄期为 24d 时，从养护地点取出试件，泡入 $20\pm2℃$ 水中 4d，浸泡时水面应高出试件顶面 $20\sim30mm$。

（3）龄期达到 28d 时，用湿布擦干试件表面水分，量测外观尺寸，编号，称重后置入试件架内。试件的尺寸公差应符合要求。试件架与试件的接触面积不超过试件底面的1/5；试件与箱体内壁的空隙至少留有 20mm；试件架中各试件之间的空隙至少保持 30mm。

（4）冻融过程

1）冷冻时间从冻融箱内降至 $-18℃$ 开始计算，冻融箱内温度在冷冻时应保持在 $-20\sim-18℃$，每次冷冻时间不应少于 4h。

2）冻完后取出放入 $18\sim20℃$ 水中，在 30min 内水温不应低于 $10℃$，并在 30min 后水温应保持在 $18\sim20℃$，且水面应高于试件顶面 20mm，融化时间不应少于 4h，完成后为一次冻融循环。

3）每 25 次循环检查试件外观，出现严重破坏时应称重，若质量损失超过 5%，可停止试验。

（5）若试验中达到规定的冻融循环次数，或抗压强度损失率达到 25%，或试件的质量损失率达到 5%，可停止试验。

（6）停止试验后，应称重并检查试件外观，记录表面破损、裂缝和缺棱掉角情况。表面破损严重的试件应用高强石膏找平后，按混凝土强度试验方法测试抗压强度。

（7）部分破损或失效试件取出后，应用空白试件补充空位。

（8）对比试件应保持标准养护，与冻融后试件同时测试抗压强度。

3. 试验结果的计算与确定

（1）按下式计算强度损失率（Δf_c），精确至 0.1%：

$$\Delta f_c = \frac{f_{c0} - f_{cn}}{f_{c0}} \times 100$$

式中 f_{c0}——对比用的一组混凝土试件的抗压强度测定值（MPa），精确至 0.1MPa；

f_{cn}——经 N 次冻融循环后的一组混凝土试件抗压强度测定值（MPa），精确至 0.1MPa。

（2）质量损失率。

1）单个试件的质量损失率（ΔW_{ni}），精确至 0.01%：

$$\Delta W_{ni} = \frac{W_{0i} - W_{ni}}{W_{0i}} \times 100$$

式中 W_{0i}——冻融循环试验前第 i 个混凝土试件的质量（g）；

$\quad\quad W_{ni}$——N 次冻融循环后第 i 个混凝土试件的质量（g）。

2）质量损失率测定值取三个试件的算数平均值，某个试件结果出现负值，则取 0 后再取三个试件的算术平均值，精确至 0.1%。三个值中的最大值或最小值与中间值之差超过 1% 时，取其余两值的算术平均值作为测定值。最大值和最小值与中间值之差均超过 1% 时，取中间值作为测定值。

（3）混凝土抗冻等级

以 F_n（n 为冻融循环次数）表示，即同时满足强度损失率不超过 25%，质量损失率不超过 5% 的最大冻融循环次数。

（三）碳化试验

1. 主要仪器设备

碳化试验箱——二氧化碳浓度能控制在 $20\pm3\%$，温度能控制在 $20\pm2℃$，相对湿度能控制在 $70\pm5\%$，见附图 5-7；

2. 试验方法及步骤

（1）根据配合比拌制混凝土，按混凝土强度试验中方法成型 1 组 3 块，棱柱体的长宽比不小于 3 的混凝土试件，也可采用立方体试件，数量相应增加。

（2）宜采用标准养护，并在 28d 龄期进行碳化试验，在试验前 2d 从标准养护室取出试件，然后在 60℃ 下烘 48h，也可根据需要调整养护龄期。

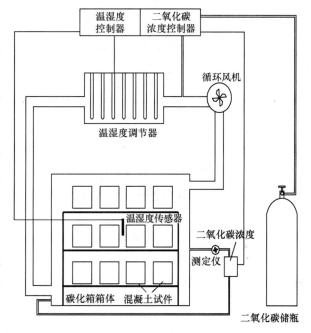

附图 5-7 混凝土碳化试验箱示意图

（3）初步处理后的试件，除留下一个或相对的两个侧面外，其余表面用加热的石蜡密封。然后在暴露侧面上沿长度方向用铅笔以 10mm 间距画出平行线，作为预定碳化深度的测量点。

（4）将试件放入碳化箱并密封，启动试验装置。

（5）经过碳化 3d、7d、14d 和 28d 时，分别取出试件，破型测定碳化深度。棱柱体试件采用压力试验机劈裂法或干锯法从一端开始破型，破型厚度为试件宽度的一半，破型后将需要继续试验的试件用石蜡封好断面，再放入箱内继续碳化。采用立方体试件时，在试件中部破型，每个试件只做一次试验，不得重复使用。

（6）刷去切除所得的试件部分断面上粉末，喷或滴上浓度为 1% 的酚酞酒精溶液（含 20% 的蒸馏水）。经约 30s 后，按原先标划的每 10mm 一个测量点用钢板尺测出各点碳化深度 d_i。当测点处的碳化分界线上刚好嵌有粗骨料颗粒，可取该颗粒两侧处碳化深度的算术平均值作为该点的深度值。

3. 试验结果的计算与评定

（1）按下式计算各混凝土试件的平均碳化深度 $\overline{d}_\mathrm{t}$，精确至 0.1mm：

$$\overline{d}_\mathrm{t}=\dfrac{\sum\limits_{i=1}^{n}d_i}{n}$$

式中　　n——测点总数。

（2）混凝土碳化测定值取 3 个试件碳化 28d 的碳化深度算术平均值。碳化结果处理时绘制碳化时间与碳化深度的关系曲线。

试验六　混凝土无损检测试验

混凝土无损检测是指在不破坏混凝土结构的条件下，在混凝土结构构件原位上，直接测试相关物理量，推定混凝土强度和缺陷的技术，一般还包括局部破损的检测方法。混凝土无损检测方法中对于强度检测有压痕法、射钉法、回弹法、超声法、超声回弹综合法、钻芯法、拉拔法等，对于内部缺陷检测有超声脉冲法、声发射法、射线法、红外热谱法、雷达波反射法等。

本章试验内容有最常用的混凝土强度检测的回弹法、超声回弹综合法和钻芯法。

试验参照《回弹法检测混凝土抗压强度技术规程》JGJ/T 23—2011、《超声回弹综合法检测混凝土强度技术规程》CECS02：2005、《钻芯法检测混凝土强度技术规程》CECS03：2007 进行。

一、回弹法检测混凝土抗压强度试验

（一）基本原理

回弹法是用弹簧驱动弹击锤，通过弹击杆，弹击混凝土表面，并测出锤被反弹回来的距离即回弹值 R，通过回归的方法与混凝土的抗压强度 f_cu 建立函数 $f_\mathrm{cu}=aR^b$ 来推定混凝土的抗压强度。即通过混凝土抗压强度—混凝土表层硬度—回弹能量—回弹值建立相关联，以表面的状况推定混凝土的抗压强度。

（二）主要仪器设备

回弹仪——使用的环境温度应为 −4~40℃；在硬度为 HRC（60±2）的钢砧上率定的回弹值应为 80±2。并应按标准规定要求进行检定/校准和保养。见附图 6-1。

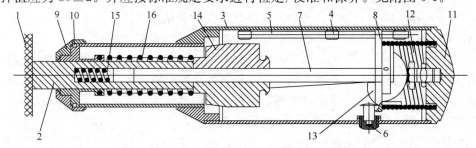

附图 6-1　回弹仪构造示意图

1—混凝土表面；2—弹击杆；3—体甲；4—指针滑块；5—刻度尺；6—按钮；
7—中心导杆；8—导向法轮；9—盖帽；10—卡环；11—尾盖；12—压力弹簧；
13—挂钩；14—弹击锤；15—缓冲弹簧；16—弹击拉簧

电锤、凿子、1‰酒精酚酞溶液等。

（三）检测要求

1. 回弹法不适用于表层和内部质量有明显差异或内部存在缺陷的混凝土强度检测。

2. 对于回弹时产生颤动的小型构件应进行适当的固定。

3. 对于统一测强曲线：混凝土表面应干燥；龄期为 14～1000d；强度为 10.0～60.0MPa。若不适用时，则应采用专用测强曲线或地区测强曲线。

4. 检测方式。单个检测：单个结构或构件的检测。批量检测：在相同的生产工艺条件下，强度等级相同、原材料、养护条件基本一致且龄期相近的同类构件，抽样数不少于构件总数的 30％且不少于 10 件。

5. 测区布置。测区宜布置在对称的混凝土浇筑侧面，每一构件不少于 10 个测区，小尺寸的构件的数量不应少于 5 个。测区的面积不宜大于 0.04m²。测区表面应清洁、平整，不应有疏松层、蜂窝麻面和杂物。

6. 碳化深度的测量。选择具有代表性的 30％测区，用适当工具在混凝土表面打开直径约 15mm 的孔洞，清除粉末，用浓度为 1％的酒精酚酞溶液指示碳化边界，每孔测量 3 次，精确至 0.25mm，取平均值后精确至 0.5mm。若所测碳化深度值极差大于 2.0mm 时，应在每测区测量碳化深度值。

7. 当检测条件与测强曲线有较大差异时，可采用同条件试块或混凝土芯样修正。试件或芯样的数量不应少于 6 个。按下式计算修正量，精确至 0.1MPa：

$$\Delta_{tot} = f_m - f_{cu,m0}$$

$$f_{cu,m0} = \frac{1}{n}\sum_{i=1}^{n} f_{cu,i}^c$$

$$f_m = \frac{1}{n}\sum_{i=1}^{n} f_{cu,i}$$

式中　Δ_{tot} ——测区混凝土强度修正量，精确至 0.1MPa；

　　$f_{cu,m0}$ ——同条件标准立方体试件或混凝土芯样部位的测区混凝土强度换算值的平均值，精确至 0.1MPa；

　　f_m ——同条件标准立方体试件或混凝土芯样强度平均值，精确至 0.1MPa；

　　$f_{cu,i}^c$ ——第 i 个同条件标准立方体试件或混凝土芯样部位的测区混凝土强度换算值的平均值，精确至 0.1MPa；

　　$f_{cu,i}$ ——第 i 个同条件标准立方体试件或混凝土芯样的抗压强度值，精确至 0.1MPa。

（四）试验方法及步骤

1. 在需要测试的构件上按规定要求画出测区，标记测区编号。

2. 用回弹仪以垂直表面的方式测试各测区的回弹值，每个测点只允许弹一次。每测区测试 16 个回弹值，精确至 1。

（1）使回弹仪弹击杆处于伸出状态，即使锤挂于挂钩上。

（2）将回弹仪垂直于检测面，缓慢施压，至听到弹击及回弹声音。

（3）读出并记录回弹值，并快速使弹击杆脱离检测面。数字式回弹仪自动记录储存数据。

（4）重复步骤（2）、（3）至完成测试。

3. 测量代表性测区或全部测区的碳化深度。

（五）试验结果的计算与确定

1. 测区回弹值的计算。

将一个测区的 16 个回弹值中剔除 3 个最大值和 3 个最小值，按下式计算余下 10 个回弹值的算术平均值 R_m，即测区平均回弹值，精确至 0.1：

$$R_m = \frac{\sum\limits_{i=1}^{10} R_i}{10}$$

式中　R_i——第 i 个测点的回弹值。

2. 非水平方向检测时，对所得回弹值进行角度影响修正，得到修正后的测区平均回弹值 $R_{m\alpha}$，修正值 $R_{a\alpha}$ 可查阅相关规范，即：

$$R_{m\alpha} = R_m + R_{a\alpha}$$

3. 检测面为混凝土浇筑表面和底面时，需要对回弹值进行角度影响修正外，再进行浇筑面修正，得到修正后的测区平均回弹值 R_{mm}，修正值 R_{ab} 可查阅相关规范，即：

$$R_{mm} = R_{m\alpha} + R_{ab}$$

4. 测区混凝土强度换算值 $f_{cu,i}^c$：

（1）根据测区平均回弹值或修正后的测区平均回弹值和碳化深度值查表或根据回归公式得到测区混凝土强度换算值 $f_{cu,i}^c$。

（2）若采用同条件试件或混凝土芯样的修正，则在（1）基础上，按下式计算测区混凝土强度换算值 $f_{cu,i1}^c$，精确至 0.1MPa：

$$f_{cu,i1}^c = f_{cu,i}^c + \Delta_{tot}$$

5. 结构或构件混凝土强度推定值。

（1）结构或构件测区数少 10 个时，按下式计算该结构或构件的混凝土强度推定值 $f_{cu,e}^c$，精确至 0.1MPa：

$$f_{cu,e}^c = f_{cu,min}^c$$

式中　$f_{cu,min}^c$——结构和构件的最小测区混凝土强度换算值。

（2）结构或构件测区数不少于 10 个和按批量检测时，应按下式计算该结构或构件和该批构件的混凝土强度推定值 $f_{cu,e}^c$，精确至 0.1MPa：

$$f_{cu,e}^c = m_{f_{cu}^c} - 1.645 s_{f_{cu}^c}$$

$$m_{f_{cu}^c} = \frac{\sum\limits_{i=1}^{n} f_{cui}^c}{n}$$

$$s_{f_{cu}^c} = \sqrt{\frac{\sum\limits_{i=1}^{n} (f_{cui}^c)^2 - n(m_{f_{cu}^c})^2}{n}}$$

式中　$m_{f_{cu}^c}$——结构或构件的测区混凝土强度换算值的平均值，精确至 0.1MPa；

　　　$s_{f_{cu}^c}$——结构或构件的测区混凝土强度换算值的标准差，精确至 0.01MPa；

　　　n——对于单构件，取该构件的测区数；对于批量构件，取所有构件测区数之和。

二、超声回弹综合法检测混凝土强度试验

（一）基本原理

超声波的传播速度与介质的物理性质以及结构存在密切关系；通过混凝土时其速度与混凝土的弹性模量、强度以及密实程度相关联，超声波波速可在相当程度上反映出混凝土的整体质量。将回弹法和超声波法相结合，建立了超声回弹综合法检测混凝土强度试验方法。

（二）仪器设备

回弹仪——同回弹法检测混凝土抗压强度试验。

超声波检测仪——使用的环境温度应为 $0\sim40℃$；换能器的频率宜在 $50\sim100kHz$；空气中实测声速与理论值相比误差不应超过 0.5%。

（三）检测要求

1. 对于统一测强曲线：混凝土表面应干燥；龄期为 $7\sim2000d$；强度为 $10.0\sim70.0MPa$。若不适用时，则应采用专用测强曲线或地区测强曲线。

2. 当检测条件与测强曲线有较大差异时，可采用同条件试件或混凝土芯样的修正。试件或芯样的数量不应少于 4 个。按下式计算修正系数 η，精确至 0.01：

$$\eta = \frac{1}{n}\sum_{i=1}^{n}\frac{f_{cu,i}^{o}}{f_{cu,i}^{c}}$$

$$\eta = \frac{1}{n}\sum_{i=1}^{n}\frac{f_{cor,i}^{o}}{f_{cu,i}^{c}}$$

式中 $f_{cu,i}^{o}$——第 i 个同条件标准立方体试件的抗压强度，精确至 $0.1MPa$；

$f_{cor,i}^{o}$——第 i 个混凝土芯样的抗压强度，精确至 $0.1MPa$；

f_{cu}^{c}——对应第 i 个同条件标准立方体试件或混凝土芯样部位的测区混凝土强度换算值，精确至 $0.1MPa$；

n——试件数。

3. 混凝土表面状况及处理要求、检测数量要求、测区布置要求同回弹法检测混凝土抗压强度试验。

（四）试验方法及步骤

1. 在需要测试的构件两测面上画出对称测区，并在对称位置标记出超声波探头位置，每测区为 3 点，标记测区编号。

2. 用回弹仪以垂直表面的方式测试各测区的回弹值，每个测点只允许弹一次。每测区在构件两侧分别测试 8 个回弹值 R_i，精确至 1。

回弹仪使用方法同回弹法检测混凝土抗压强度试验。

3. 测试 3 点的声时 t_i，精确至 $0.1\mu s$。

（1）开启超声波检测仪，根据现场波形确定电压、增益。

（2）根据仪器使用要求调零。

（3）分别在测试点、发射探头和接收探头涂上耦合剂。

（4）将两探头置于检测构件对称两侧。

（5）测读出测点的声时值。

（6）测量构件的宽度即超声测距 l_i，精确至 1mm。

（五）试验结果的计算与确定

1. 测区回弹值的计算与修正

测区回弹值的计算方法、非水平方向检测时的角度影响修正、检测面为混凝土浇筑表面和底面时的浇筑面修正与回弹法检测混凝土抗压强度相同。

2. 超声声速的计算

按下式计算测区声速值代表值 v，精确至 0.01km/s：

$$v = \frac{1}{3} \sum_{i=1}^{3} \frac{l_i}{t_i}$$

当在混凝土浇筑顶面或底面测试时尚需进行再次修正。

3. 测区混凝土强度换算值 $f_{cu,i}^c$

按下式计算测区混凝土强度换算值 $f_{cu,i}^c$，精确至 0.1MPa：

粗骨料为卵石时：$f_{cu,i}^c = 0.0056 v^{1.439} R_m^{1.769}$

粗骨料为碎石时：$f_{cu,i}^c = 0.0162 v^{1.656} R_m^{1.410}$

式中　R_m——测区回弹值或修正后的测区回弹值。

4. 结构或构件混凝土强度推定值

（1）结构或构件测区数少 10 个时，按下式计算该结构或构件的混凝土强度推定值 $f_{cu,e}$，精确至 0.1MPa：

$$f_{cu,e} = f_{cu,min}^c$$

式中　$f_{cu,min}^c$——结构和构件的最小测区混凝土强度换算值。

（2）结构或构件测区数不少于 10 个和按批量检测时，应按下式计算该结构或构件和该批构件的混凝土强度推定值 $f_{cu,e}$，精确至 0.1MPa：

$$f_{cu,e} = m_{f_{cu}^c} - 1.645 s_{f_{cu}^c}$$

$$m_{f_{cu}^c} = \frac{\sum_{i=1}^{n} f_{cu,i}^c}{n}$$

$$s_{f_{cu}^c} = \sqrt{\frac{\sum_{i=1}^{n} (f_{cu,i}^c)^2 - n (m_{f_{cu}^c})^2}{n}}$$

式中　$m_{f_{cu}^c}$——结构或构件的测区混凝土强度换算值的平均值，精确至 0.1MPa；

　　　$s_{f_{cu}^c}$——结构或构件的测区混凝土强度换算值的标准差，精确至 0.01MPa；

　　　n——对于单构件，取该构件的测区数；对于批量构件，取所有构件测区数之和。

三、钻芯法检测混凝土强度试验

（一）基本原理

从混凝土结构或构件中直接钻取混凝土，并加工成高径比为 1∶1 的试件，测试得到混凝土的真实强度。钻芯法与其他方法比，具有直观、真实的特点，常作为其他无损检测方法的修正方法。

（二）仪器设备

钻芯机——具有较大的刚度，应有水冷却系统。

切割磨平机——能保证芯样的平整度。

芯样补平装置——能保证芯样端面与轴线的垂直。

钢筋探测仪——最大探测深度不小于60mm，位置偏差不大于±5mm。

（三）技术要求

1. 钻取部位要求

（1）结构或构件受力较小的部位。

（2）混凝土强度具有代表性的部位。

（3）便于钻芯机安装和操作的部位。

（4）避开主筋、预埋件和管线的位置。

2. 芯样和试件的要求

（1）芯样的直径，不宜小于骨料最大粒径的3倍，最小直径不应小于70mm且不得小于骨料最大粒径的2倍。

（2）当芯样含钢筋时，每试件最多能有2根直径小于10mm，直径小于100mm的芯样最多能有1根直径小于10mm；钢筋与轴线基本垂直并离开端面10mm以上。

（3）加工补平。宜采用磨平机磨平，也可用环氧胶泥、聚合物水泥补平；若强度低于40MPa，则还可采用厚度不大于5mm的水泥砂浆、水泥净浆补平，或厚度不大于1.5mm的硫黄胶泥补平。

（4）试件的尺寸偏差和外观质量要求。高径比应在0.95～1.05范围内；沿高度的任一直径与中部垂直方向的平均直径之差不得大于2mm；端面不平整度在100mm长度内不得大于0.1mm；端面与轴线的不垂直度不得大于1°；不得存在裂缝或其他较大缺陷。

（5）试件的干湿要求。一般应在自然干燥状态下试压，若构件实际在潮湿的条件下工作，则试压前宜在20±5℃的清水中浸泡40～48h。

3. 检测方式

（1）单个构件

单个构件的有效芯样数量不应少于3个，较小构件不少于2个。

（2）批量检测

数量根据检测批容量确定，最小数量不宜少于15个，小直径试件数量应适当增加。

（四）试验方法及步骤

1. 确定需要测试混凝土强度的构件。

2. 根据构件受力特点和其他要求确定出取芯的大概区域，并在此区域用钢筋探测仪确定出钢筋位置。

3. 避开钢筋位置并结合构件的受力特点，画出取芯和取芯机固定的位置。

4. 按取芯机操作要求钻取混凝土芯样。

5. 将芯样按适当方式编号，并记录构件和芯样的位置。

6. 把芯样加工成高径比为1∶1的试件，并根据构件所处的潮湿状况调节芯样的干湿状态。

7. 在芯样中部两垂直方向测量直径，取平均值 $\overline{d}$，精确至0.5mm；量取芯样高度，精确至 1mm；检查垂直度、平整度等是否符合要求。

8. 按混凝土立方体抗压强度试验方法测试芯样的抗压强度。

（五）试验结果的计算与确定

1. 混凝土芯样试件的抗压强度

按下式计算芯样试件的抗压强度，精确至 0.1MPa：

$$f_{cu,cor} = \frac{F_c}{A} = \frac{F_c}{1/4\pi\overline{d}^2}$$

式中　F_c——芯样试件的破坏荷载；

　　　A——芯样试件的受压面积。

2. 单构件混凝土强度推定值

单构件混凝土强度推定值取芯样试件抗压强度值中的最小值。

3. 批量检测混凝土强度推定值

（1）按下式计算混凝土强度推定区间：

$$f_{cu,e1} = f_{cu,cor,m} - k_1 S_{cor}$$

$$f_{cu,e2} = f_{cu,cor,m} - k_2 S_{cor}$$

$$f_{cu,cor,m} = \frac{\sum_{i=1}^{n} f_{cu,cor,i}}{n}$$

$$S_{cor} = \sqrt{\frac{\sum_{i=1}^{n} (f_{cu,cor,i} - f_{cu,cor,m})^2}{n-1}}$$

式中　$f_{cu,cor,m}$——芯样试件的混凝土抗压强度平均值，精确至 0.1MPa；

　　　$f_{cu,cor,i}$——单个芯样试件的混凝土抗压强度值，精确至 0.1MPa；

　　　$f_{cu,e1}$——混凝土抗压强度推定上限值，精确至 0.1MPa；

　　　$f_{cu,e2}$——混凝土抗压强度推定下限值，精确至 0.1MPa；

　　　k_1、k_2——推定区间上下限系数，置信度为 0.85 条件下根据试件数确定；

　　　S_{cor}——芯样试件的抗压强度标准差，精确至 0.1MPa。

$f_{cu,e1}$ 和 $f_{cu,e2}$ 之间的差不宜大于 5.0MPa 和 0.10 $f_{cu,cor,m}$ 两者的较大值。

（2）宜以 $f_{cu,e1}$ 作为批量检测混凝土强度推定值。

试验七　砂　浆　试　验

本章试验内容有砂浆的拌合方法，新拌砂浆的稠度和分层度，硬化砂浆的抗压强度试验。

试验参照《砌筑砂浆配合比设计规程》JGJ/T 98—2010、《建筑砂浆基本性能试验方法》JGJ/T 70—2009 进行。

一、砂浆的拌合方法

（一）目的

通过砂浆的拌制，加强对砂浆配合比设计的实践性认识，掌握砂浆的拌制方法，为测定新拌砂浆以及硬化后砂浆性能作准备。

（二）主要仪器设备

台秤或天平——满足：细骨料称量精度为±1%；水泥、外加剂、掺合料等称量精度为±0.5%；

砂浆搅拌机、铁板、铁铲、抹刀等。

（三）技术要求

1. 制备砂浆环境条件：室内的温度应保持在20±5℃，所用材料的温度应与实验室温度保持一致。当需要模拟施工条件下所用的砂浆时，所用原材料的温度宜与施工现场保持一致，且搅拌方式宜与施工条件相同。

2. 原材料

（1）水泥：M15及以下强度等级的砌筑砂浆宜选用32.5级水泥，M15以上强度等级砌筑砂浆宜选用42.5级水泥。

（2）砂：砌筑砂浆宜选用中砂。

（3）石灰膏：生石灰的熟化时间不得少于7d，磨细生石灰粉的熟化时间不得少于2d。稠度应为120±5mm。严禁使用脱水硬化的石灰膏。

3. 搅拌：试验室应采用机械搅拌，搅拌量宜为搅拌机额定搅拌容量的30%～70%，搅拌时间不少于120s，掺有掺合料和外加剂的砂浆，搅拌时间不少于180s。

（四）试验方法与步骤

1. 可先拌适量砂浆，使搅拌机内壁黏附一薄层砂浆。

2. 将称好的砂、水泥装入砂浆搅拌机内，开机进行干拌，时间为30～60s。

3. 继续搅拌并将水徐徐加入（混合砂浆需将石灰膏或黏土膏稀释至浆状），使物料拌合均匀，总搅拌时间符合规定要求。

4. 将砂浆拌合物倒在铁板上，再用铁铲翻拌，使之均匀。

二、砂浆稠度试验

（一）目的

通过稠度试验，可以测定达到设计稠度时的加水量，或在施工期间控制稠度以保证施工质量。

（二）主要仪器设备

砂浆稠度仪——试锥高度145mm、锥底直径75mm，试锥及滑杆质量300±2g，见附图7-1。

捣棒——直径10mm、长350mm，端部磨圆。

小铲、秒表等。

（三）试验方法及步骤

1. 用湿布擦试试锥及盛浆容器。

2. 将砂浆拌合物一次装入容器，装至低于器顶约10mm，用捣棒捣25次，然后将筒在桌上轻轻晃动或敲击5～6次，使之表面平整，随后移置于砂浆稠度仪台座上。

3. 调整试锥的位置，使其尖端和砂浆表面接触，并对准中心，拧紧固定螺栓，将指针调至刻度盘零点，然后突然放开固定螺栓，使圆锥体自由沉入

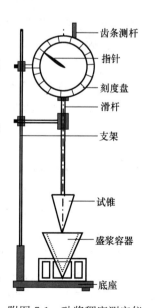

附图7-1　砂浆稠度测定仪

砂浆中 10s 后，读出下沉的距离，即为砂浆的稠度值 K_1，精确至 1mm。

4. 圆锥体内砂浆只允许测定一次稠度，重复测定时应重新取样。

（四）试验结果的计算与确定

砂浆稠度取两次测定结果的算术平均值，如两次测定值之差大于 10mm，应重新取样测试。

三、砂浆分层度试验

（一）目的

通过分层度试验，可测定砂浆在运输及停放时的稳定性。

（二）主要仪器设备

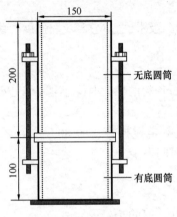

附图 7-2　砂浆分层度仪

（单位：mm）

分层度测定仪——见附图 7-2；

小铲、木锤等。

（三）试验方法与步骤

1. 测试砂浆拌合物稠度 K_1，精确至 1mm。

2. 再把砂浆一次注入分层度测定仪中，装满后用木槌在四周 4 个不同位置敲击容器 1～2 次，刮去多余砂浆并抹平。

3. 静置 30min 后，去除上层 200mm 砂浆，然后取出底层 100mm 砂浆重新拌合均匀，再测定砂浆稠度值 K_2，精确至 1mm。

（四）试验结果的计算与评定

1. 砂浆的分层度为两次砂浆稠度值的差值（$K_2 - K_1$）

2. 以两次试验结果的算术平均值作为砂浆分层度的试验结果，如两次测定值之差大于 10mm，应重新取样测试。

四、砂浆抗压强度试验

（一）目的

砌筑砂浆的强度等级可分为 M5、M7.5、M10、M15、M20、M25、M30。通过砂浆抗压强度试验，可检验砂浆的实际强度是否满足设计要求。

（二）主要仪器设备

压力试验机——精度为 1%，破坏荷载应在 20%～80%试验机量程范围内；

试模——70.7mm×70.7mm×70.7mm，带底试模；

捣棒、抹刀、油灰刀等。

（三）试验方法与步骤

1. 制作试件

（1）试件一组 3 个。

（2）试模内壁涂刷薄层机油或脱模剂。

（3）人工插捣：试模内一次装满砂浆，用捣棒均匀地由外向内按螺旋方向插捣 25 次，可再用油灰刀沿模壁插数次，并用手将试模一端抬高 5～10mm，各振 5 次，使砂浆高出试模顶面 6～8mm。机械振动：试模内一次装满砂浆，放在振动台上振动 5～10s，或持续到表面泛浆。

（4）当砂浆表面水分稍干后，再将高出试模部分的砂浆沿试模顶面削去并抹平。

2. 养护试件

试件制作后在 20±5℃温度下静置 24±2h，当气温较低时，可适当延长时间，但不应超过 48h，然后对试件进行编号拆模。试件拆模后，应在 20±2℃，相对湿度 90％以上标养室内养护至 28 天。

3. 测试抗压强度

（1）从养护室取出并迅速擦拭干净试件，测量尺寸，检查外观。试件尺寸测量精确至 1mm。如实测尺寸与公称尺寸之差不超过 1mm，可按公称尺寸计算试件受压面积 A（mm²）。

（2）将试件居中放在试验机的下压板上，试件的受压面应垂直于成型时的顶面。

（3）开动试验机，以 0.25～1.5kN/s 加荷速度加载。砂浆强度为 5MPa 及以下时，取下限为宜。

（4）当试件接近破坏而开始迅速变形时，停止调整试验机油阀，直至试件破坏。记录破坏荷载 P（N）。

（四）试验结果的计算与评定

1. 按下式计算试件的抗压强度，精确至 0.1MPa：

$$f_{m,cu} = K \frac{P}{A}$$

式中　K——换算系数，取 1.35。

2. 砂浆抗压强度取 3 个试件抗压强度的算术平均值，精确至 0.1MPa。当 3 个试件的最大值或最小值与中间值之差超过中间的 15％时，取中间值作为该组试件的抗压强度值；当最大值和最小值与中间值之差同时超过中间值的 15％时，则该组试验结果无效。

试验八　钢　筋　试　验

本章试验内容有钢筋混凝土用钢——钢筋的力学、工艺性能试验。

试验参照《钢筋混凝土用钢　第 1 部分：热扎光圆钢筋》GB 1499.1—2017、《钢筋混凝土用钢　第 2 部分：热轧带肋钢筋》GB 1499.2—2018、《金属材料拉伸试验方法　第 1 部分：室温试验方法》GB/T 228.1—2010、《金属材料弯曲试验方法》GB/T 232—2010、《钢筋混凝土用钢材试验方法》GB/T 28900—2012。

一、钢筋的取样与检验规则

1. 组批：同一牌号、炉罐号和尺寸组成的钢筋批验收时，每批重量不大于 60t，超过 60t 的部分，每 40t（或不足的余数）分别增加一个拉伸和弯曲试样；由同一牌号、冶炼方法和浇铸方法的不同炉罐号组成混合批验收时，每批重量不大于 60t，各炉罐号含碳量之差应不大于 0.02％，含锰量之差应不大于 0.15％。

2. 钢筋的拉伸试验和弯曲试验取样数量为各 2 根，从不同根（盘）钢筋切取；对牌号带 E 的钢筋应进行反向弯曲试验，试样从任一根（盘）钢筋切取。

3. 钢筋试样制作时不允许进行车削加工。

4. 试验一般应在 10～35℃的温度下进行。

二、钢筋拉伸试验

（一）目的

在工程检验中主要检测钢筋的重量偏差、屈服强度、抗拉强度、断后伸长率、最大力总伸长率和弯曲性能，通过试验可判定钢筋的各项指标是否符合标准要求。

（二）钢筋拉伸试验

1. 主要仪器设备

万能材料试验机——精度为 1%；

钢直尺——分度值为 1mm；

天平、台秤、游标卡尺、千分尺、钢筋标点机等。

2. 试件的制作与准备

（1）确定原始标距 L_0，修约至最接近 5mm 的倍数。

$$L_0 = 5.65\sqrt{S} = 5.65\sqrt{\frac{1}{4}\pi d^2} = 5d$$

式中　　S——钢筋公称面积；

　　　　d——钢筋公称直径。

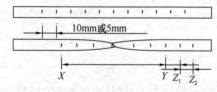

附图 8-1　钢筋标点及移位法

（2）根据原始标距 L_0、公称直径 d 和试验机夹具长度 h 确定截取钢筋试样的长度 L。L 应大于 $L_0 + 2\sqrt{S_0} + 2h$，若需测试最大力总伸长率则应增大试样长度。

（3）在试样中部用标点机标点，相邻两点之间的距离可为 5mm、10mm 或 20mm，见附图 8-1。

（4）测量试样的实际直径 d_0 和实际横截面积 S_0。

① 光圆钢筋：可在钢筋中间，用游标卡尺或千分尺分别测量 2 个互相垂直方向的直径，精确至 0.1mm，计算平均直径，精确至 0.1mm，再计算钢筋的实际横截面积 S_0，取 4 位有效数字。

② 带肋钢筋：

A. 用钢尺测量试样的长度 L，精确至 1mm。

B. 称量试样的质量 m，精确至 1g。

C. 按下式计算钢筋实际横截面积（等效圆面积）S_0（单位：mm^2），取 4 位有效数字：

$$S_0 = \frac{m}{\rho L} = \frac{m}{7.85L} \times 1000$$

注：工程进场检验钢筋的重量偏差时，取样数量不少于 5 支，每支长度不小于 500mm，结果为总重量偏差与理论重量之比。

3. 试验方法与步骤

（1）按试验机操作使用要求选用和操作试验机。

（2）夹持试样，开机拉伸。拉伸速率可采用应变速率、应力速率控制方法，应力速率控制时：屈服前，$6 \sim 60$MPa/s；屈服期间，应变速率在 $0.00025 \sim 0.0025 s^{-1}$ 之间；屈服后，试验机活动夹头的移动速度为不大于 $0.008 s^{-1}$ 应变速率，直至试件拉断。

（3）拉伸过程中，可根据荷载—变形曲线或指针的运动，直接读出或通过软件获取屈服荷载 F_{el}（N）和极限荷载 F_m（N）。

（4）将已拉断试件的两段，使断裂部分仔细配接，使其轴线位于一条直线上。测试断后标距 L_u 或 L'。

① 断后伸长率。

方法 A：以断口处为中点，分别向两侧数出标距对应的格数，用卡尺直接量出断后标距 L_u，精确至 0.25mm，见附图 8-1。

方法 B：若短段断口与最外标记点距离小于原始标距的 1/3，则可采用移位方法进行测量。短段上最外点为 X，在长段上取短段格数相同点 Y。原始标距 L_0 所需格数减去 XY 段所含格数得到剩余格数：为偶数时取剩余格数的一半，得 Z_1 点；为奇数时取所余格数减 1 的一半的格数得 Z_1 点，加 1 的一半的格数得 Z_2 点，见附图 8-1。

例：设标点间距为 10mm。若原始标距 $L_0=60$mm，则量取断后标距 $L_u=XY$；若 $L_0=70$mm，断后标距 $L_u=XY+YY+YZ_1=XY+YZ_1$；若 $L_0=80$mm，断后标距 $L_u=XY+2YZ_1$；若 $L_0=90$mm，断后标距 $L_u=XY+YZ_1+YZ_2$。

注：在工程检验中，若断后伸长率满足规定值要求，则不论断口位置位于何处，测量均为有效。

② 最大力总伸长率。

方法 A：采用引伸计或自动采集时，根据荷载—变形曲线或应力—应变曲线，可得到最大力时的伸长量经计算得到最大力总伸长率，或直接得到最大力总伸长率。

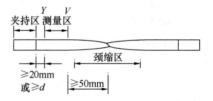

附图 8-2　最大力总伸长率测试

方法 B：在长段选择标记 Y 和 V，测量 YV 在拉伸试验前长度 L_0'，总长为 100mm，测量 YV 的断后长度 L'，精确至 0.1mm，见附图 8-2。

4. 试验结果的计算与评定

（1）按下式计算屈服强度 R_{eL}，修约至 5MPa：

$$R_{eL}=\frac{F_{el}}{S_0} \text{ 或 } R_{eL}=\frac{F_{el}}{S}$$

式中　S——公称面积（mm²），取 4 位有效数字，工程检验时采用。

（2）按下式计算抗拉强度 R_m，修约至 5MPa：

$$R_m=\frac{F_m}{S_0} \text{ 或 } R_m=\frac{F_m}{S}$$

式中　S——公称面积（mm²），取 4 位有效数字，工程检验时采用。

（3）按下式计算断后伸长率 A，修约至 0.1%：

$$A=\frac{L_u-L_0}{L_0}\times100\%$$

（4）按下式计算最大力总延伸率 A_{gt}，修约至 0.1%：

$$A_{gt}=\left[\frac{L'-L_0'}{L_0'}+\frac{R_m}{2000}\right]\times100$$

（三）钢筋弯曲试验

1. 主要仪器设备

万能试验机或弯曲试验机、冷弯压头等。

2. 试验方法及步骤

(1) 试件长度根据试验设备确定，一般可取 $5d+150$mm，d 为公称直径。

(2) 确定弯心直径 d' 和弯曲角度。

(3) 调整两支辊间距离等于 $(d'+3d)\pm d/2$，见附图 8-3 (a)。

(4) 装置试件后，平稳地施加荷载，弯曲到要求的弯曲角度，见附图 8-3 (a)、(b)。

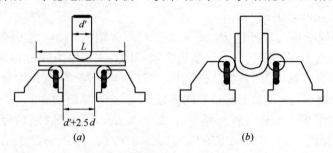

附图 8-3　钢筋冷弯试验装置

(a) 试样安装就绪；(b) 弯曲 180°

3. 结果评定

检查试件弯曲处的外表面，如无可见裂纹，即判定弯曲性能合格。

试验九　烧结多孔砖抗压强度试验

烧结多孔砖共分为 5 个强度等级，不同等级的砖可用于不同的结构部位。通过抗压强度试验，可以评定出其强度等级或评价是否满足规定强度等级的要求。

试验参照《砌墙砖试验方法》GB/T 2542—2012、《烧结多孔砖和多孔砌块》GB 13544—2011 进行。

一、取样方法

烧结多孔砖以 3.5 万～15 万块为一检验批，不足 3.5 万块也按一批计；采用随机抽样法取样，强度等级试验的试样从外观质量检验合格后的样品中抽取，数量为 10 块。

二、主要仪器设备

试验机——精度为 1%，破坏荷载应在 20%～80%试验机量程范围内；

切割设备、钢直尺、抹刀等。

三、试验方法及步骤

1. 将砖试样泡水 20～30min，取出后在钢丝架上滴水 20～30min。

2. 在模具内表涂脱模剂，加入适量净浆材料，将试样装入模具，大面与净浆接触，振动 0.5～1min，待净浆初凝后拆模。按同样方法找平另一承压面。

3. 试样在不低于 10℃的不通风室内养护 4h 后待用。

4. 测取试样的受压面的长 L 和宽 B 各两个，分别取平均值，精确至 1mm。

5. 将试样居中放在下压板上，以 2～6kN/s 的速度均匀加荷，直至试件破坏，记录最大破坏荷载 P（N）。

四、试验结果的计算与评定

1. 按下式计算砖的抗压强度 f，精确至 0.01MPa：

$$f = \frac{P}{BL}$$

2. 按下列公式计算 10 块砖的强度平均值 $\overline{f}$、强度标准值 f_k，精确至 0.1MPa；标准差 S，精确至 0.01MPa：

$$\overline{f} = \frac{1}{10} \sum_{i=1}^{10} f_i$$

$$S = \sqrt{\frac{1}{9} \sum_{i=1}^{10} (f_i - \overline{f})^2}$$

$$f_k = \overline{f} - 1.8S$$

3. 根据强度平均值 $\overline{f}$ 和强度标准值 f_k 或单块最小抗压强度值，判定砖的强度等级。

试验十 沥青试验

本章沥青试验内容有沥青针入度、延度和软化点试验。

试验参照《建筑石油沥青》GB/T 494—2010、《沥青软化点测定法（环球法）》GB/T 4507—2014、《沥青延度测定法》GB/T 4508—2010、《沥青针入度测定法》GB/T 4509—2010 进行。

一、针入度试验

（一）目的

通过针入度的测定可以确定石油沥青的稠度，针入度越大说明稠度越小，同时它也是划分沥青牌号的主要指标。

（二）主要仪器设备

针入度仪——见附图 10-1；

标准钢针、恒温水浴、秒表等。

（三）试样准备

1. 均匀加热沥青至流动，将其注入试样皿，放置于 15~30℃的空气中冷却 45min～1.5h（小试样皿）、1～1.5h（中试样皿）或 1.5～2.0h（大试样皿）。

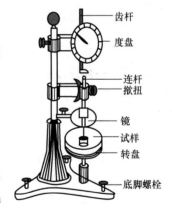

附图 10-1 沥青针入度仪

2. 把试样皿浸入 25 ± 0.1℃ 的水浴恒温（小皿 45min～1.5h，中皿 1～1.5h，大皿 1.5～2.0h），水面高于试样表面 10mm 以上。

（四）试验方法与步骤

1. 调整针入度仪水平，检查连杆和导轨。

2. 用溶剂将针擦干净，再用干布擦干，然后将针插入连杆中固定。

3. 取出恒温的试样皿，置于水温为 25℃ 的平底保温皿中，再将保温皿置于转盘上。

4. 调节针尖与试样表面恰好接触，移动齿杆与连杆顶端接触时，将度盘指标调至"0"。

5. 用手紧压撤钮，同时开动秒表或计时装置，使针自由针入试样，经 5s，使针停止下沉。

6. 拉下齿杆与连杆顶端接触，读出指针读数，即为试样的针入度，1/10mm。

7. 在试样的不同点重复试验 3 次，测点间及与金属皿边缘的距离不小于 10mm；每次试验用溶剂将针尖端的沥青擦净。

（五）试验结果的计算与评定

针入度取三次试验结果的算术平均值，取至整数。三次试验所测针入度的最大值与最小值之差不应超过附表 10-1 的规定，否则重测。

石油沥青针入度测定值的最大允许差值　　　　　　　　　附表 10-1

针入度（1/10mm）	0～49	50～149	150～249	250～350	350～500
最大差值	2	4	6	8	20

二、延度试验

（一）目的

延度是沥青塑性的指标，是沥青成为柔性防水材料的最重要性能之一。

（二）主要仪器设备

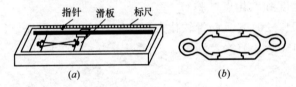

附图 10-2　延度仪及模具
(a) 延度仪；(b) 模具

延度仪及模具——见附图 10-2；瓷皿、温度计、水浴、隔离剂等。

（三）试样制备

1. 将隔离剂涂于金属板上及测模的内侧面，然后将试模在金属垫板上卡紧。

2. 均匀加热沥青至流动，将其从模一端至另一端往返注入，沥青略高出模具。

3. 试件空气中冷却 30～40min 后，再将试件及模具置于温度 25±0.5℃ 的水浴 30min，取出后用热刀将多余沥青刮去，至与模平。再将试件及模具放入水浴恒温 85～95min。

（四）试验方法及步骤

1. 去除底板和侧模，将试件装在延度仪上。试件距水面和水底的距离不小于 2.5cm。

2. 调整延度仪水温至 25±0.5℃，开机以 5±0.25cm/min 速度拉伸，观察沥青的延伸情况。如沥青细丝浮于水面或沉入槽底时，则加入酒精或食盐水，调整水的密度与试样的密度相近后，再测定。

3. 试件拉断时，试样从拉伸到断裂所经过的距离，即为试样的延度，以"cm"表示。

（五）试验结果的计算与评定

延度值取三个平行试样的测试结果的算术平均值。如三个试样的测试结果不在其平均值的 5% 范围，但两较高值在平均值的 5% 范围，则取两较高值的平均值，否则需重做。

三、软化点试验

（一）目的

软化点是反映沥青在温度作用下，其黏度和塑性改变程度的指标，它是在不同环境下选用沥青的最重要指示之一。

（二）主要仪器设备

软化点试验仪（环球法）——见附图 10-3；

电炉、烧杯、测定架等。

（三）试验方法及步骤

1. 根据沥青种类按要求温度均匀加热至流动，注入铜环内至略高出环面。

2. 在空气中冷却不少于 30min 后，用热刀刮去多余的沥青至与环面齐平。

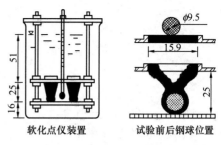

附图 10-3　沥青软化点测定仪

3. 将铜环安在环架中层板的圆孔内，与钢球一起放入加热介质中，软化点为 30～80℃ 的沥青起始温度为 5±1℃。如有必要，可在起始温度条件下恒温 15min。

4. 将钢球置于定位器中，安装温度计以 5±0.5℃/min 的速度加热。

5. 试样软化下坠，当包着沥青的钢球与下支撑板接触时，分别记录温度，为试样的软化点，精确至 0.5℃。

（四）试验结果的计算与评定

试验结果取两个平行试样测定结果的平均值。两个数值的差数不得大于 1℃。需注明加热介质种类。

参 考 文 献

[1] 钱晓倩，詹树林，金南国主编．建筑材料．北京：中国建筑工业出版社，2009.

[2] 国家质量监督检验检疫总局，中国国家标准化管理委员会．建筑石膏 GB/T 9776—2008. 北京：中国标准出版社，2008.

[3] 【英国】Bensted J，Barnes P. 水泥的结构和性能（原著第二版）．廖欣译．北京：化工出版社，2009.

[4] 【美国】Kumar Mehta P，PauloJ M Monteiro. 混凝土：微观结构、性能和材料（原著第四版）．欧阳东译．北京：中国建筑工业出版社，2016.

[5] 【英国】AM 内维尔．混凝土的性能（原著第四版）．刘数华，冷发光，李新宇等译．北京：中国建筑工业出版社，2011.

[6] 中华人民共和国住房和城乡建设部．砌筑砂浆配合比设计规程 JGJ/T 98—2010. 北京：中国建筑工业出版社，2011.

[7] 郝培文．沥青与沥青混合料．北京：人民交通出版社，2009.

[8] 张君，阎培渝，覃维祖．建筑材料．北京：清华大学出版社，2008.

[9] 杨胜，袁大伟，张福中等．建筑防水材料．北京：中国建筑工业出版社，2007.

[10] 张粉芹，赵志曼．建筑装饰材料．重庆：重庆大学出版社，2007.

[11] 钱晓倩等．建筑材料．杭州：浙江大学出版社，2013.